应用型本科计算机专业“十三五”规划教材

Office 2010 高级应用教程

主　编　朱惠娟

副主编　丛玉华　郑　磊　黄　萍

主　审　韦　伟　朱　娴

西安电子科技大学出版社

内容简介

本书根据教育部考试中心最新颁布的《全国计算机等级考试(二级)MS Office 高级应用考试大纲(2013 年版)》编写而成。

本书着重介绍 MS Office 2010 套件中 Word、Excel、PowerPoint、Access 以及 VBA 的综合应用。书中每章都配有丰富的电子资源，其中包含学习过程中用到的案例文件、素材文件、课后习题的参考答案、PPT 课件以及配套的微课等资源(书中提及时简称资源包)，这些资源均可通过扫对应二维码的方式获得，也可登录出版社网站 www.xduph.com 下载。

本书既可作为参加计算机等级考试的复习用书，也可作为中、高等学校以及各类计算机培训机构教授 MS Office 高级应用的教学用书，同时也是计算机爱好者较实用的自学参考书。

图书在版编目(CIP)数据

Office 2010 高级应用教程/ 朱惠娟主编. —西安：西安电子科技大学出版社，2018.3(2020.1 重印)
ISBN 978-7-5606-4891-0

Ⅰ. ① O… Ⅱ. ① 朱… Ⅲ. ① 办公自动化—应用软件—教材 Ⅳ. ① TP317.1

中国版本图书馆 CIP 数据核字(2018)第 040697 号

策　　划　马　琼
责任编辑　马　琼
出版发行　西安电子科技大学出版社(西安市太白南路 2 号)
电　　话　(029)88242885 88201467　　邮　　编　710071
网　　址　www.xduph.com　　电子邮箱　xdupfxb001@163.com
经　　销　新华书店
印刷单位　陕西日报社
版　　次　2018 年 3 月第 1 版　　2020 年 1 月第 3 次印刷
开　　本　787 毫米×1092 毫米　1/16　印　张　19.5
字　　数　461 千字
印　　数　4101～6100 册
定　　价　43.00 元
ISBN 978-7-5606-4891-0/TP

XDUP 5193001-3

前　言

在现有的办公自动化软件中，Microsoft 公司研制的 Office 办公系列标准套件一直处于领先地位，深受国内外用户的青睐。本书系统全面地介绍了 Office 2010 办公应用软件的基础知识与使用技巧；全书覆盖了计算机等级考试(二级)的所有知识点，同时还兼顾实用性；书中的案例均以等级考试大纲为基准，围绕考试大纲进行设计和编写；知识讲解由浅入深，并采用当前最流行的案例驱动教学模式，通过案例来讲解 Office 2010 办公组件的实际操作方法。同时，本书每章均配有相应的案例文件、素材文件、课后习题的参考答案、PPT 课件以及重要知识点的教学视频等资源。

本书在内容设计上采用以案例描述为主线、以知识模块为框架、以实例操作为基础的方式，围绕高等院校培养“应用型人才”的教学宗旨组织内容。全书共分为 5 章，主要介绍 Office 2010 组件中的 Word 2010、Excel 2010、PowerPoint 2010、Access 2010 以及 VBA 的基础知识和使用技巧等。

第 1 章：利用“创业策划书”案例全面讲解 Word 2010 基础操作中的设置文本格式、设置段落格式、设置页面布局、使用表格和图片等内容；利用“毕业论文”案例讲解编排格式中的分隔符设置、页眉页脚设置、目录创建交叉引用、域和宏的使用以及审阅和修订等内容；利用“邀请函”案例讲解邮件合并以及批量制作邀请函等操作。

第 2 章：利用“学生档案”案例全面讲解 Excel 2010 基础操作中的复制、移动、保护和隐藏工作表等内容；美化工作表中的设置单元格格式、设置表格外观、创建迷你图等内容；公式与函数中的使用运算符、创建公式、求和计算等内容；分析数据中的排序数据、筛选数据、分类汇总数据等内容。

第 3 章：利用“个人简历”案例全面讲解 PowerPoint 2010 的创建演示文稿、编辑演示文稿，设置主题和背景、设置母版、插入图片以及 SmartArt 图形，设置动画效果、设置切换效果、设置超链接、幻灯片的演示与输出等内容。

第 4 章：利用“学生管理系统”案例全面讲解 Access 2010 数据库的创建和设计、数据表的导入和导出以及数据的查询操作等内容。

第 5 章：以 VBA 在 Excel 2010 上的应用为例，讲解 Excel VBA 的宏、自定义函数的应用以及对数据表的分析等操作。

本书的编写主持工作主要由朱惠娟负责，具体的编写分工为：郑磊第 1 章、朱惠娟第 2 章、黄萍第 3 章、丛玉华第 4～5 章。此外，韦伟和朱娴参与了该书的审核和校正工作。

因时间仓促，书中难免有疏漏和不当之处，恳请读者批评指正，以便进一步修改和完善。

作　者

2017 年 12 月

目　　录

第一篇　Office 2010 实战篇

第二篇 Office 2010 进阶篇

第一篇

Office 2010 实战篇

第 1 章 Word 电子文档的应用

Office 2010 是一款非常实用的办公软件，主要用来进行文档编辑、图表设计以及简单的数据处理等操作，适合各个行业的人员制作与处理办公文档，在企业日常办公中发挥着不可替代的作用。作为 Office 套件核心程序之一的 Word，提供给用户许多易于使用的文档创建工具，同时，也提供了丰富的功能集，用于创建复杂的文档。

通过本章学习，应掌握以下内容：

(1) 创建文档、设置文本格式等基本操作。

(2) 对文档进行表格与图形设计等图文混排操作。

(3) 添加项目符号和编号，设置页眉、页码等，进行排版美化操作。

(4) 实现长文档的自动化处理。

(5) 邮件合并功能以及宏的应用。

(6) 文档的审阅与安全设置。

其中，难点包括：

(1) 长文档中页眉、页码的设置。

(2) 目录的自动生成。

(3) 有条件的邮件合并操作。

(4) 宏与域的应用。

1.1 节课件

1.1 认识 Word 2010

Word 2010 是 Office 产品多次升级后的新版本，具有强大的文字处理功能，能够创建和编辑具有专业外观的文档，实现文本的编辑、排版、审阅和打印等功能。与 Word 2007 相比，Word 2010 的操作界面有了很大的改变，新增了“文件”按钮代替原来的 Office 按钮，同时增加了许多新功能，全新的导航搜索窗口、专业级的图文混排功能、丰富的样式效果，使得整个工作界面更加友好，用户操作起来更加方便。

1.1.1 Word 2010 工作界面

Word 2010 的工作界面主要由快速访问工具栏、标题栏、窗口控制按钮、“文件”按钮、选项卡、功能区、文档编辑区和状态栏组成，如图 1-1 所示。

1. 快速访问工具栏

快速访问工具栏用来放置一些常用的命令，例如“保存”、“撤销键入”、“恢复键入”等。用户也可以根据需要自己添加命令，单击其右侧的【自定义快速访问工具栏】按钮 ，在弹出的下拉菜单中选择所需要的命令即可，如图 1-2 所示。

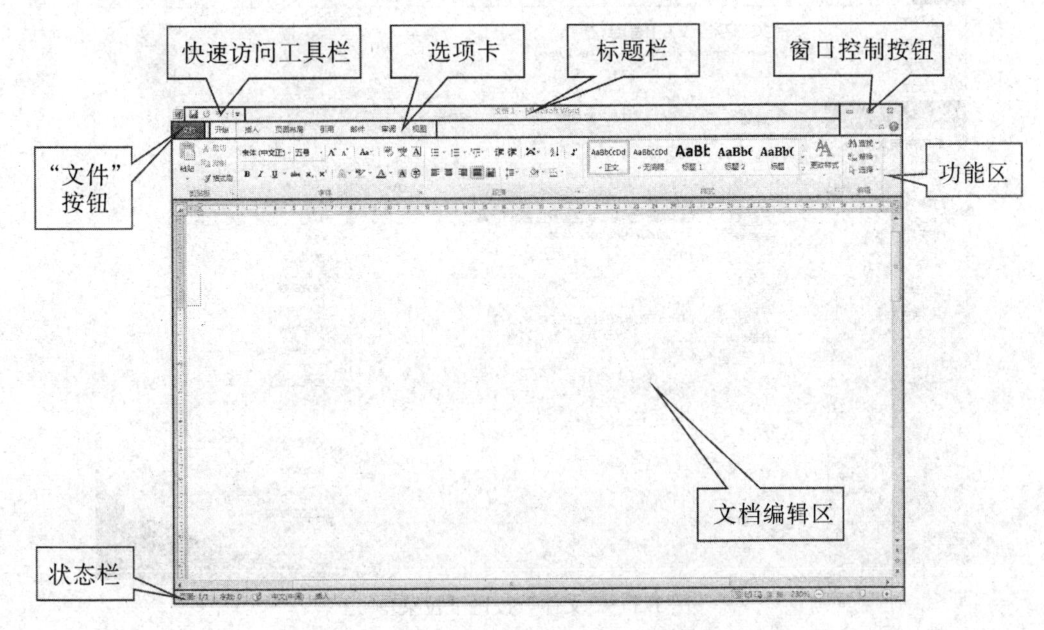

图 1-1　Word 2010 工作界面

2. 标题栏

标题栏用于显示当前所打开文档的名称和类型。

3. 窗口控制按钮

窗口控制按钮从左到右分别为“最小化”按钮、“最大化”按钮和“关闭”按钮，按钮用于显示或隐藏功能区，按钮用于获取 Microsoft Word 的帮助信息。

4. “文件”按钮

“文件”按钮的功能相当于 Word 2007 中的 Office 按钮，单击 文件 按钮可打开针对文档的操作菜单，包括“保存”、“另存为”、“打开”、“关闭”、“信息”、“最近所用文件”、“新建”、“打印”、“保存并发送”、“帮助”、“选项”和“退出”等菜单选项，如图 1-3 所示。

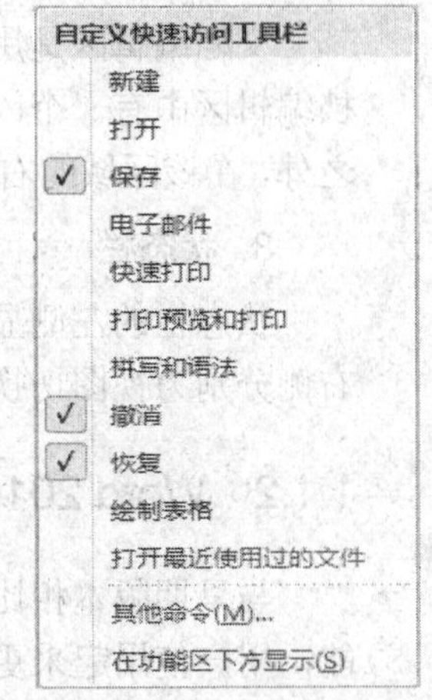

图 1-2　自定义快速访问工具栏

5. 选项卡

选项卡用于不同功能区之间的相互切换，Word 2010 主要包括“开始”、“插入”、“页面布局”、“引用”、“邮件”、“审阅”和“视图”等选项卡，单击不同的选项卡，功能区即可显示相应的命令集合。

6. 功能区

功能区是菜单和工具栏的主要显示区域，几乎涵盖了 Word 中的所有编辑功能。单击功能区上方的选项卡，此区域将显示出该选项卡下属的所有功能组，每个功能组中又细分为不同的功能命令。

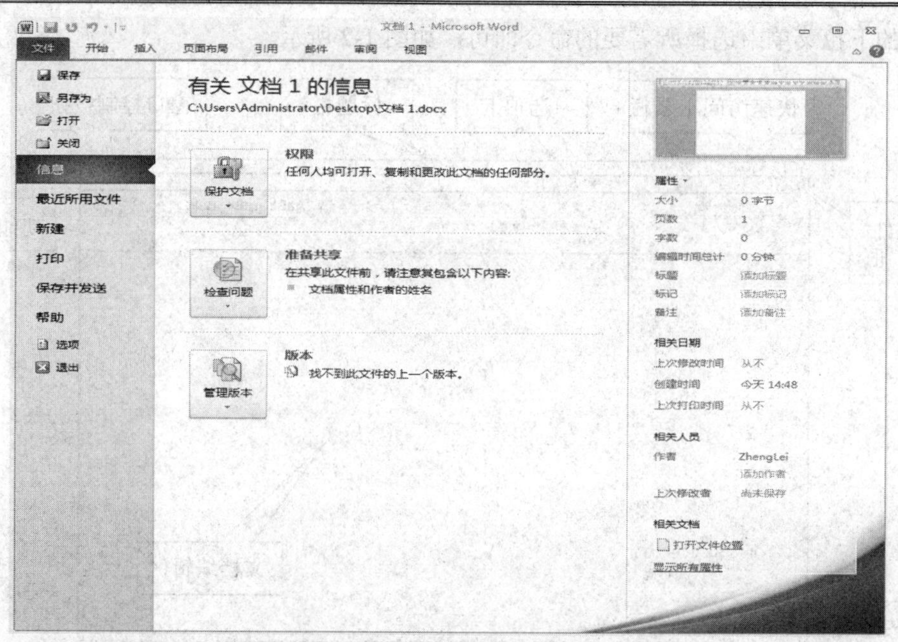

图 1-3　“文件”按钮下拉菜单

7. 文档编辑区

文档编辑区是用户工作的主要区域，用来实现文档、表格和图表的显示与编辑。在文档编辑区中有一个闪烁的黑色竖线，称为“插入点”，用于表示当前输入文本的位置。除此之外，在该区域的右侧和底部分别有垂直滚动条和水平滚动条，可用于拖动查阅整个文档。

8. 状态栏

状态栏的左侧显示文档的基本信息，包括当前页数/总页数、字数、校对、输入状态等，右侧分别为视图切换按钮、显示比例和缩放滑块。

1.1.2　Word 2010 新增功能

与早期版本相比，Word 2010 不仅继承了以往版本的强大功能，而且增加了许多新功能，用户使用起来更加方便。本小节将介绍新增的功能，如自定义功能区、“导航”窗格、图片编辑、新增 SmartArt 模板、屏幕截图等。

1. 自定义功能区

在 Word 2010 中，用户可以自定义功能区，创建自己的选项卡和组，也可以重命名选项卡，或者更改内置选项卡的顺序，具体操作步骤为：① 单击 Word 文档左上角的“文件”按钮，打开文件下拉菜单，在下拉菜单中单击“选项”命令；② 弹出“Word 选项”对话框，切换至“自定义功能区”选项面板，在“自定义功能区”列表框中即可设置所要显示的选项卡和组，如图 1-4 所示。

图 1-4　自定义功能区

2. “导航”窗格

Word 2010 新增了“导航”窗格，其功能类似于早期版本中的“文档结构图”。单击“视图”选项卡，在“显示”组中勾选“导航窗格”，即可在文档的左侧打开导航窗格，如图 1-5 所示。“导航”窗格中包含“浏览您的文档中的标题”、“浏览您的文档中的页面”和“浏览您当前搜索的结果”三个选项卡标签，用户可以通过标题样式快速定位到文档所需位置，浏览文档缩略图，通过关键字对文档进行搜索定位。

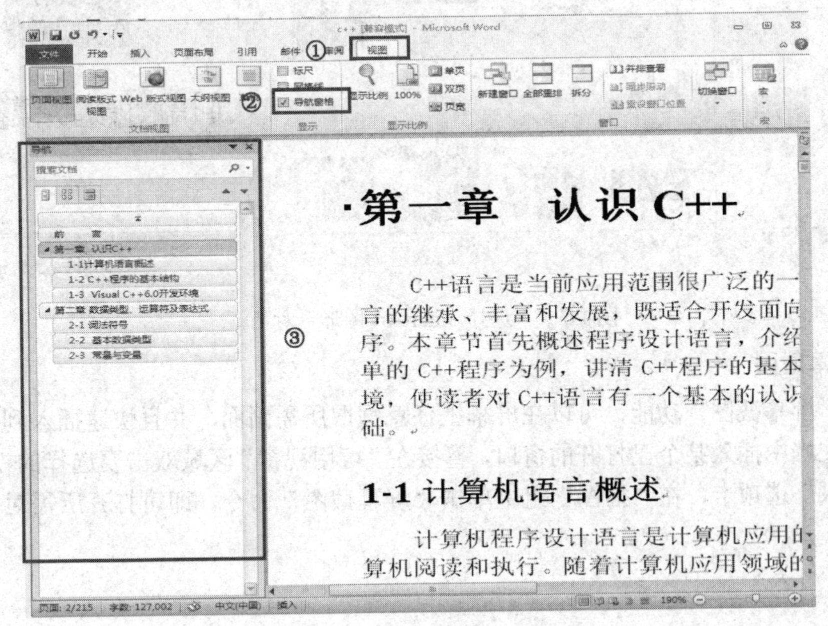

图 1-5　文档的“导航”窗格

3. 图片编辑

通过图片编辑工具，用户可以对图片进行格式设置，比如删除图片背景、更正图片亮度及对比度、调整图片颜色、给图片添加艺术效果、压缩图片等，使得设置格式后的图片视觉效果更加完美。单击需要编辑的图片，标题栏和选项卡区域出现图 1-6 所示的“图片工具”的“格式”选项卡，用户可以通过相应的命令对图片进行设置。

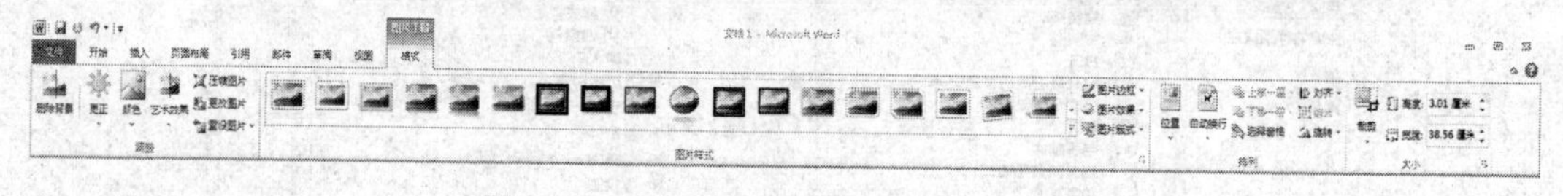

图 1-6　“图片工具”的“格式”选项卡

4. 新增 SmartArt 模板

SmartArt 是 Word 2007 引入的功能，利用它可以轻松、快捷地制作出专业的图形效果。在已有类别的基础上，Word 2010 又增加了大量的新模板，还新增了多种类别可供用户选择。单击“插入”选项卡，在“插图”组中单击“SmartArt”命令，即可打开“选择 SmartArt 图形”对话框，如图 1-7 所示。

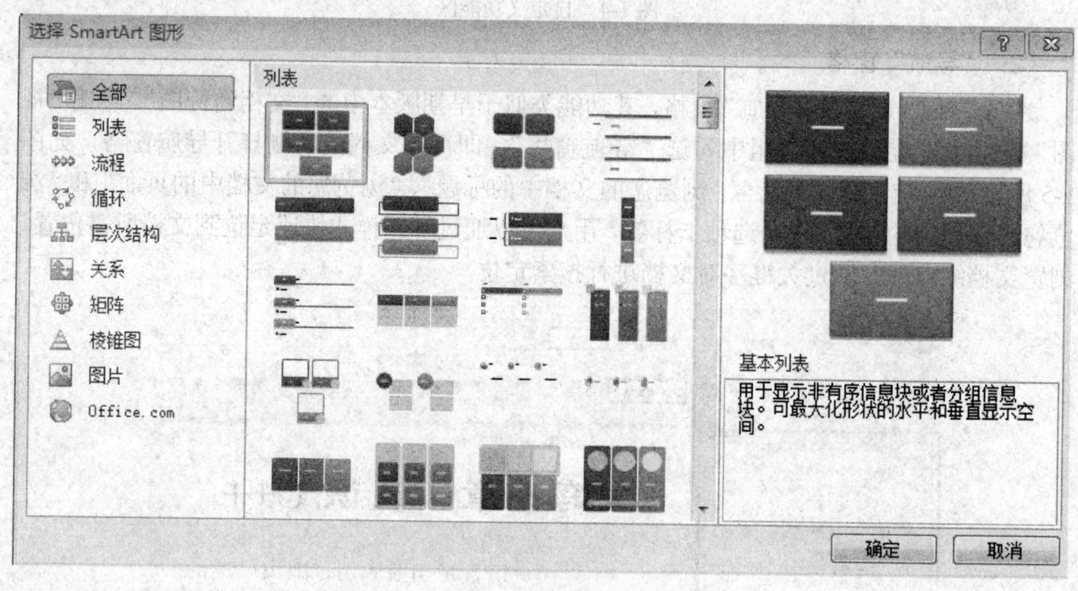

图 1-7　“选择 SmartArt 图形”对话框

5. 屏幕截图

通过“屏幕截图”功能，可以在屏幕上任意截取所需画面，并且快速插入到文档中。如果要在文档中插入某个已打开的窗口，直接在“可用视窗”区域双击要选择的视窗即可。单击“插入”选项卡，在“插图”组中单击“屏幕截图”命令，即可打开所需对话框，如图 1-8 所示。

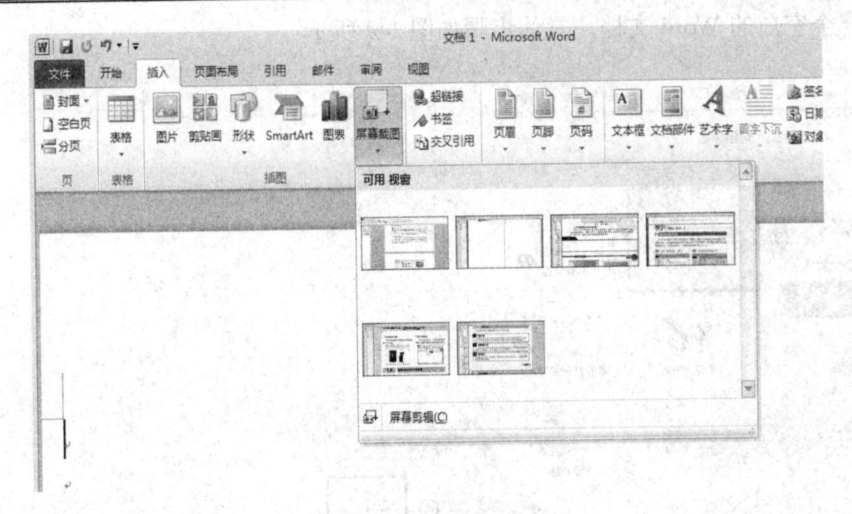

图1-8 “屏幕截图”功能

1.2 节课件

1.2 编写“创业策划书”文档

Word是一个文档编辑软件，可以用来处理文字、制作简单的表格与图形等，从而帮助用户制作出具有专业水准的文档。

【案例】王群是计算机专业的学生，准备在大三下学期报名参加“大学生创业大赛”，主办方规定将创业策划书、现场答辩等作为参赛项目的主要评价内容。

本节将以王群编写“创业策划书”的案例为线索，完成以下几个学习目标：

(1) 掌握文档新建、打开与保存的方法。

(2) 掌握设置文本格式、段落格式的方法。

(3) 掌握设置文档页面布局的方法。

(4) 掌握文本框的使用方法。

(5) 掌握表格的创建与美化方法。

(6) 掌握在文档中插入图片、SmartArt图形的方法。

1.2.1 新建“创业策划书”文档

要想使用Word进行文档编辑，首先需要创建一个Word文档，然后才能在其中输入文本内容、插入图表等，最后还要记得对其进行保存。

1. 创建文档

一般情况下，用户双击桌面上的Word 2010快捷方式图标，或者通过“开始”菜单启动Word 2010程序，即可创建一个空白Word文档。如果用户还要新建更多的文档，例如在文档中创建空白文档或模板文档，可以按照下面的方法进行操作。

(1) 创建空白文档：单击“文件”按钮，在弹出的下拉菜单中选择“新建”菜单项，然后在右侧的“可用模板”列表框中选择“空白文档”选项，最后单击右下角的“创建”

按钮，即可创建一个空白的 Word 文档，具体步骤如图 1-9 所示。

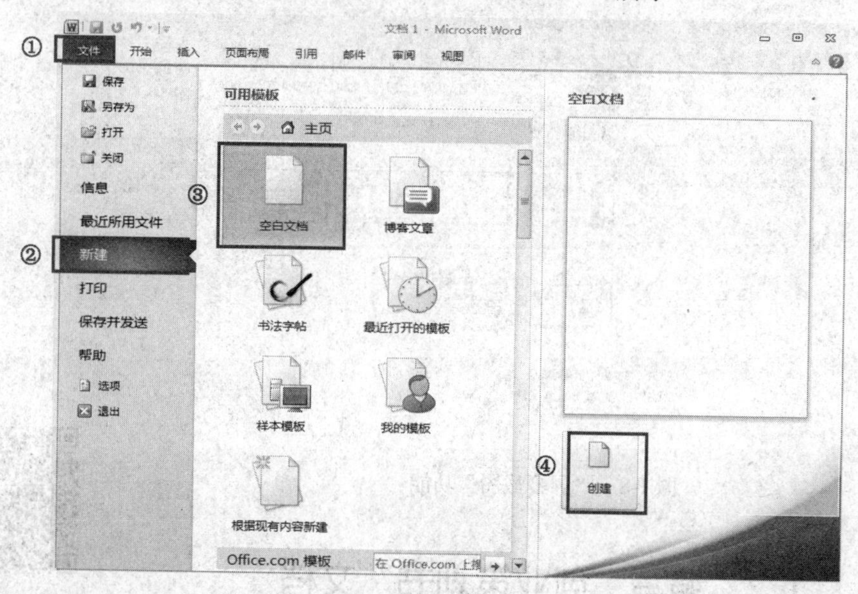

图 1-9　创建空白文档

(2) 创建模板文档：Word 2010 为用户提供了两类模板：一类是本机上已经存储的内置模板，包括“博客文章”、“书法字帖”、“样本模板”等；另外更多、更丰富的模板需要用户连接到 Internet，从 Office.com 主页上下载，共包括几十种模板类型，如“业务计划”、“传单”、“信函”以及“日历”等。

在创建模板文档时，用户需要在“可用模板”列表框中选择自己所需要的模板类型，比如创建“样本模板”，单击“样本模板”选项后，会弹出所有的样本模板类型，如图 1-10 所示。用户单击具体的模板样式，比如“基本报表”，然后选中右下角的“文档”单选按钮，再单击“创建”按钮。最终系统会根据所选的模板，自动创建一个基于该模板的新文档。

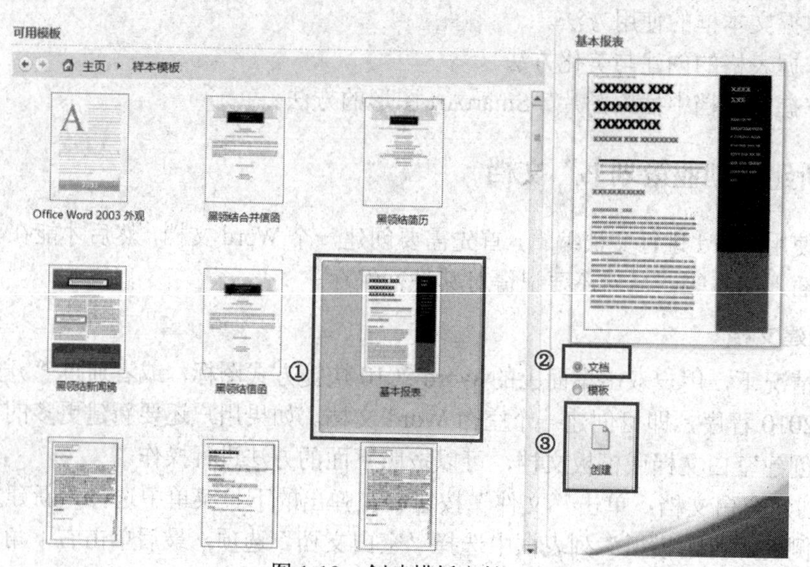

图 1-10　创建模板文档

在熟悉了文档的创建方法后，我们为本节的案例创建一个空白文档。直接双击桌面上的 Word 快捷方式图标，打开了一个空白的 Word 文档。

2. 保存文档

在编辑文档的过程中，要及时对文档进行保存，只有这样，才不会因用户操作失误或者电脑死机等意外情况而导致文件丢失。保存文档的方法主要有以下几种。

(1) 保存文档：单击“快速访问栏”最左侧的“保存”按钮，或者在“文件”按钮的下拉菜单中选择“保存”菜单项，即可完成对文档的保存工作。这里我们要注意区分的是：

① 如果该文档是第一次进行保存，在单击“保存”按钮后，会弹出“另存为”对话框，让用户输入文档的名称、选择文档的保存类型。

② 如果该文档曾经保存过，则会自动保存到原来的目录下，并且覆盖掉原先的文档。

(2) 另存文档：如果用户想要对已经保存的文档进行修改，但是又不希望丢失原先的文档，那么就可以选择另存文档。在“文件”按钮的下拉菜单中选择“另存为”菜单项，即可对修改后的文档重新命名、设置新的保存路径。这相当于为文档重新保存一个副本，而原先的文档依然存在。

(3) 文档的自动保存：Word 2010 具有自动保存功能，即每隔一段时间系统会自动对文档进行一次保存操作。自动保存功能的时间间隔可以由用户自己设置，具体操作步骤为：

① 单击“文件”按钮，在下拉菜单中选择“选项”菜单项；

② 弹出“Word 选项”对话框，在左侧列表中选择“保存”选项；

③ 在“保存文档”选项区中，勾选“保存自动恢复信息时间间隔”复选框，并在其右侧的文本框中输入一个时间间隔，例如输入 10，就表示每隔 10 分钟自动保存一次文档，如图 1-11 所示。

图 1-11　设置文档的自动保存

上面已经创建好一个空白 Word 文档，这里我们需要对它进行保存。点击“快速访问栏”中的“保存”按钮，弹出“另存为”对话框，将文件名称设置为“创业策划书”，保存路径选择 D 盘根目录，然后点击对话框右下侧的“保存”按钮，即可完成保存操作，如图 1-12 所示。

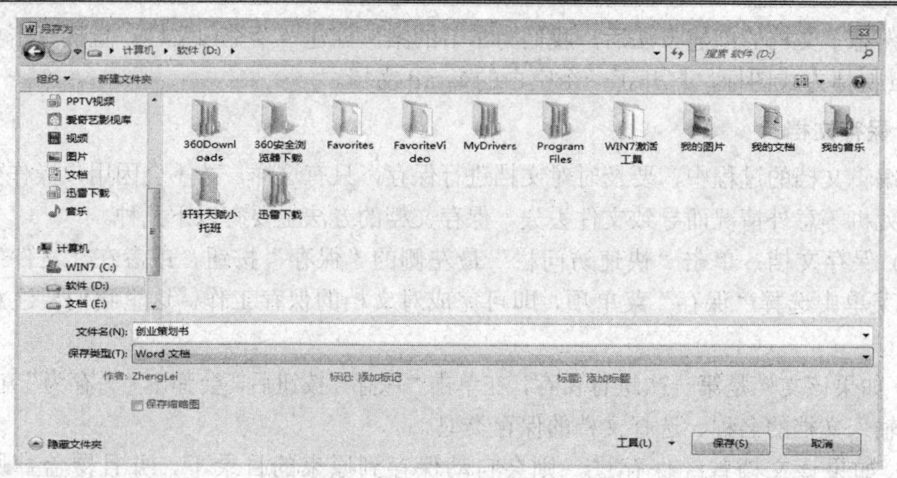

图 1-12　保存“创业策划书”文档

1.2.2　设置文本格式

创业策划书

(素材)

王群在刚刚新建的“创业策划书”文档中完成了对策划书内容的输入，如图 1-13 所示。输入内容参见本书资源包/素材/第 1 章/创业策划书原始素材.txt 文档。但是，要想在比赛中给评委留下较好的印象，所提交的文档必须要做到层次分明、结构清晰。因此，要对文本进行格式设置，包括设置文本的字体、字号、颜色，以及文本的显示形式等各种效果。

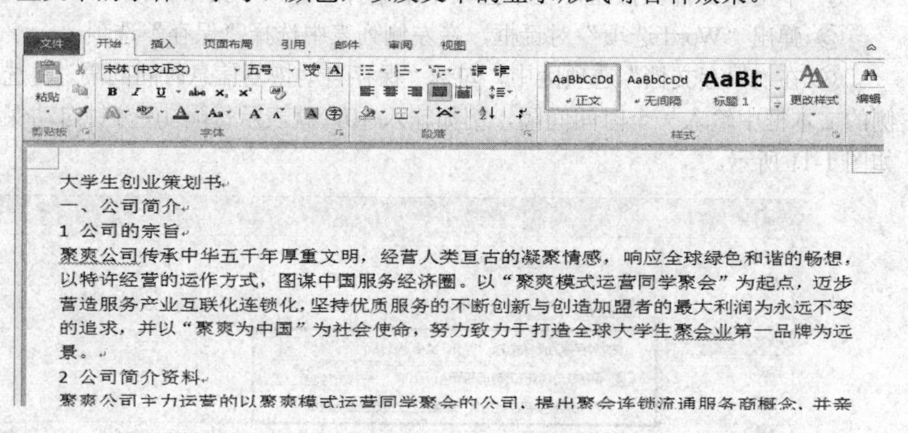

图 1-13　文本输入原始效果图

1. 设置文本的字体、字号及字形

对文本的字体、字号及字形进行格式设置，以区分不同的文本，可以使文档中的文本更便于阅读。在 Word 2010 中，设置字体格式的方法有很多，下面介绍两种不同的操作方法。

(1) 使用“字体”组快捷键设置文本的字体、字号及字形。

选中文档中所需文本，切换到“开始”选项卡，用户可以在“字体”组中选择合适的字体和字号，设置字体的字形，如图 1-14 所示。Word 2010 中提供了“常规”、“倾斜”、“加粗”和“加粗倾斜”四种字形。

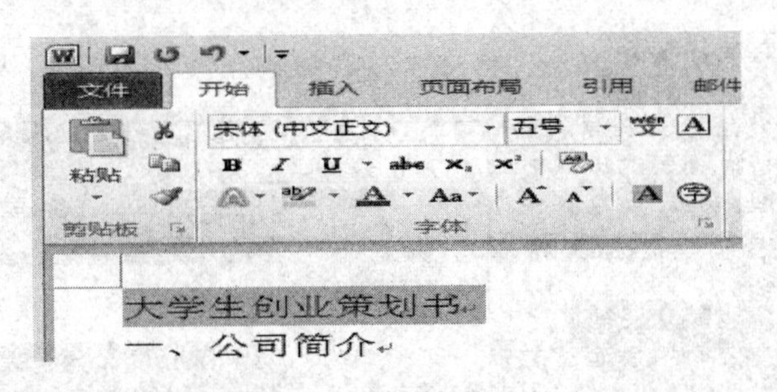

图 1-14　使用“字体”组

针对本案例，选中文档标题“大学生创业策划书”后，在“字体”组中进行字体格式设置：

① 单击“字体”下拉列表框右侧的下三角按钮，在展开的下拉列表中选择“华文行楷”字体，如图 1-15 所示；

② 单击“字号”下拉列表框右侧的下三角按钮，在展开的下拉列表中选择“二号”，如图 1-16 所示；

③ 单击“加粗”按钮，将文档标题加粗，标题最终效果如图 1-17 所示。

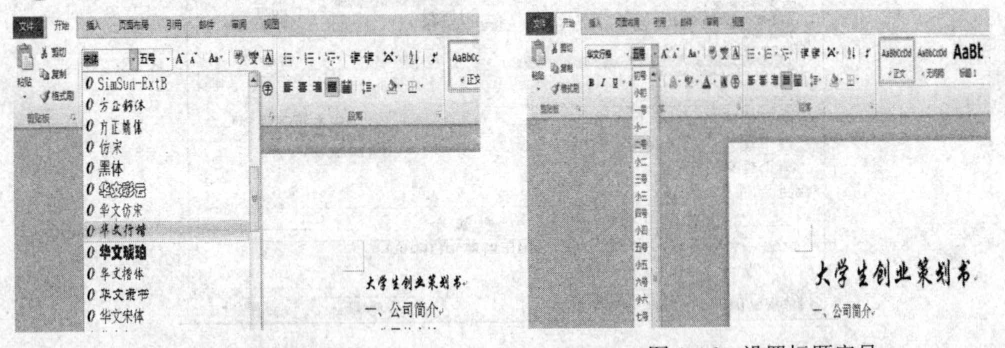

图 1-15　设置标题字体　　图 1-16　设置标题字号

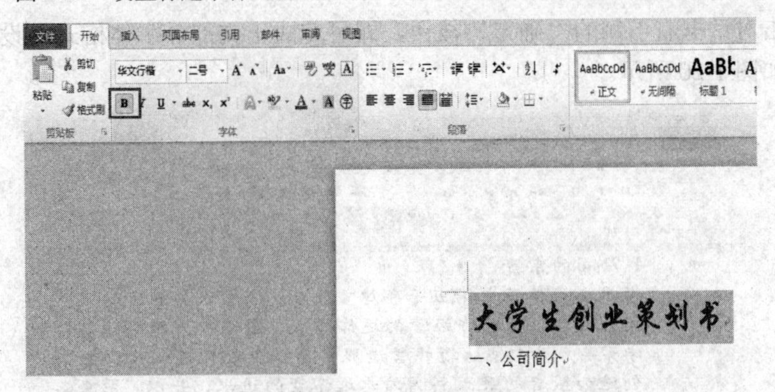

图 1-17　设置标题字形

(2) 使用“字体”对话框设置文本的字体、字号与字形。

首先选中文档的正文部分，右击鼠标，在弹出的快捷菜单中单击“字体”命令，界面如图 1-18 所示。

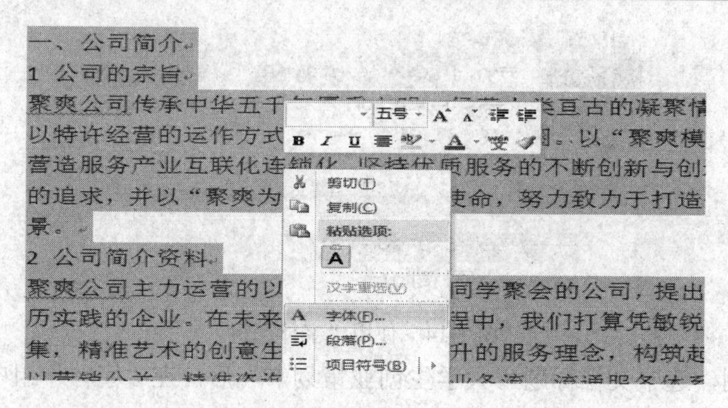

图 1-18　快捷菜单单击“字体”命令

然后在弹出的“字体”对话框中，中文字体选择“华文楷体”，西文字体选择“Times New Roman”，字号选择“小四”，字形选择“常规”，如图 1-19 所示。

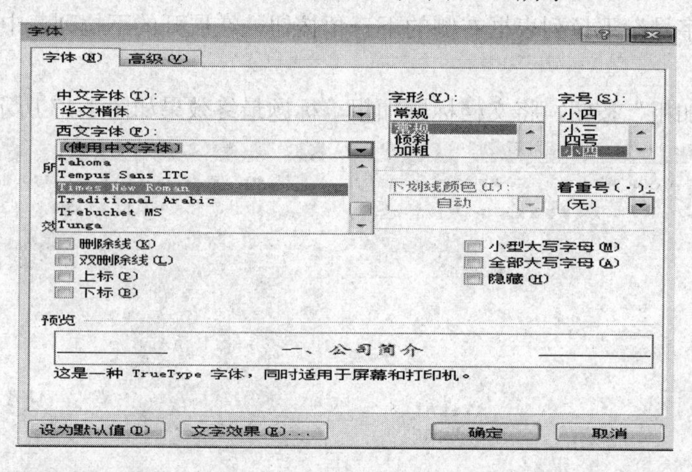

图 1-19　通过“字体”对话框设置字体格式

最后单击对话框右下侧的“确定”按钮，即可完成正文部分字体格式的设置，设置后的字体效果如图 1-20 所示。

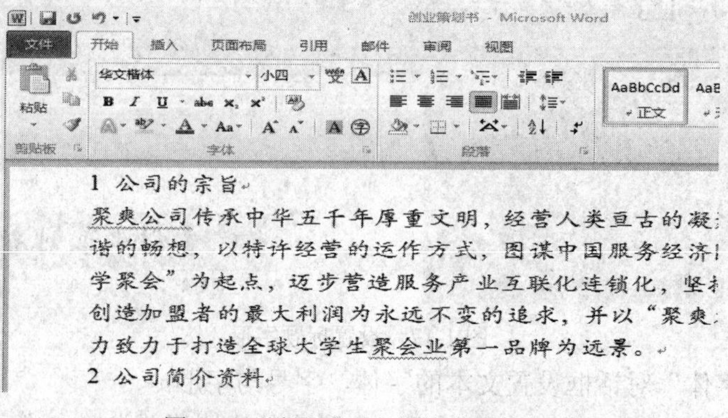

图 1-20　设置后正文部分字体效果

Tips：在设置完字体后，从视觉效果上看，可能会出现正文部分行距过大的情况，这是因为文档默认为对齐网格，在“段落”对话框中，注意不要勾选“对齐网格”复选框。

通过“字体”对话框，还可以对文本的颜色、下划线以及着重号等进行设置。比如，想要标题变得醒目一点，可以将标题设置为红色并加下划线，具体操作步骤为：

① 选中文本标题，打开“字体”对话框(方法同上)；

② 在“所有文字”选项区中，单击“字体颜色”下拉列表框右侧的下拉按钮，在打开的颜色列表中选择“红色”，如图 1-21 所示；

③ 单击“下划线线型”下拉列表框右侧的下拉按钮，在打开的线型列表中选择“双线条”，如图 1-22 所示；

④ 单击“下划线颜色”下拉列表框右侧的下拉按钮，在打开的颜色列表中选择“红色”，如图 1-23 所示；

⑤ 点击“字体”对话框右下侧的“确定”按钮，即可完成对文档标题的颜色和下划线的设置，效果如图 1-24 所示。

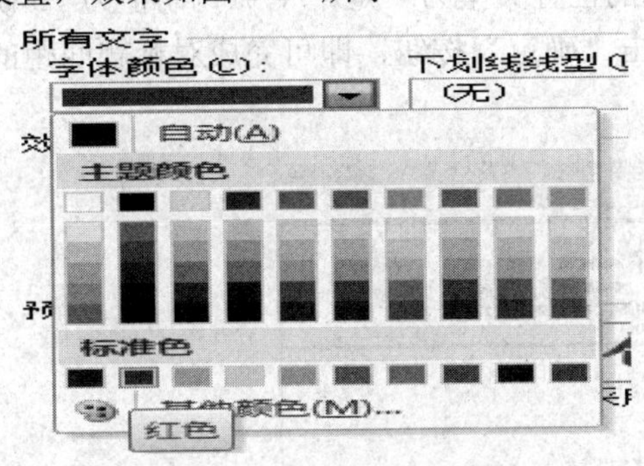

图 1-21　设置字体颜色

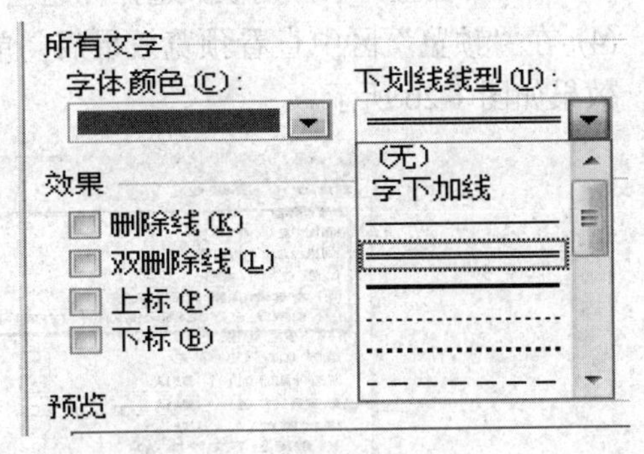

图 1-22　设置下划线线型

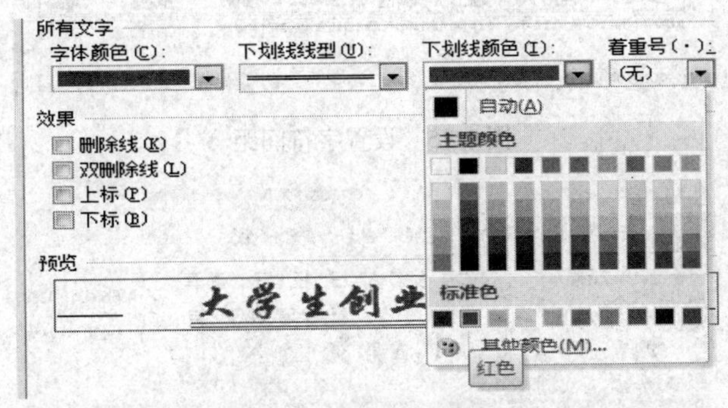

图 1-23 设置下划线颜色

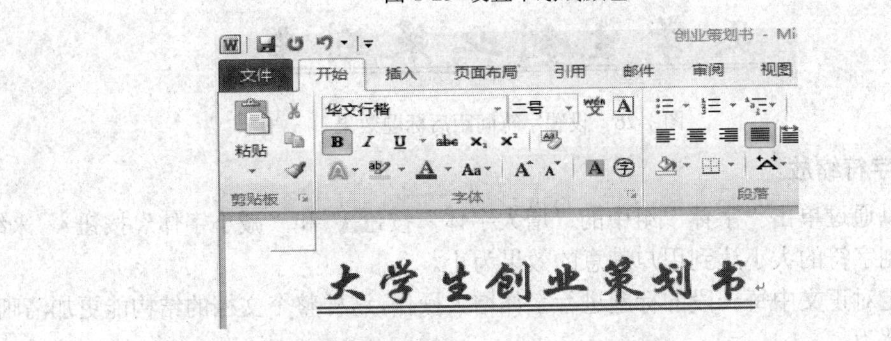

图 1-24　设置颜色和下划线后标题的效果

2. 设置字符间距

在“字体”对话框中，不仅可以对文本进行字体、字号等基本格式的设置，还可以对字符间距、字符缩放比例以及字符位置等进行调整。Word 2010 中，字符间距分为“标准”、“加宽”和“紧缩”三种，字符位置分为“标准”、“提升”和“降低”三种，在选定字符间距和字符位置之后，用户还可以通过各自右侧的磅值微调框对磅值进行调整。

下面继续对标题进行字符间距的设置。在弹出的“字体”对话框中，切换到“高级”选项卡，如图 1-25 所示，按以下步骤进行操作：

(1) 单击“缩放”下拉列表，设置文本的缩放比例为“150%”；

(2) 单击“间距”下拉列表，选择字符间距的类型为“加宽”，通过右侧的“磅值”微调框将磅值调整为“2 磅”；

(3) 单击“位置”下拉列表，选择标题显示的位置类型为“提升”，微调磅值为“3 磅”；

(4) 在“预览”区中查看预览效果后，单击“确定”按钮，即可完成对标题间距的设置，效果如图 1-26 所示。

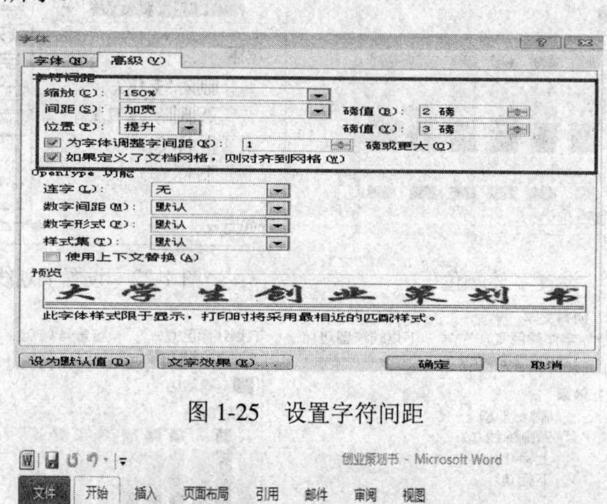

图 1-25　设置字符间距

图 1-26　设置字符间距后标题效果

3. 设置字符缩放

用户可以通过单击“字体”组中的“增大字体”按钮 A˄ 和“减小字体”按钮 A˅ 来缩放字符，直到字符的大小达到用户满意的效果为止。

王群决定对正文中每一段的标题进行字体增大操作，这样整个文档的结构能更加清晰，具体操作步骤为：

(1) 选中要增大字体的文本，在“字体”组中单击“增大字体”按钮，如图 1-27 所示；

(2) 单击多次后，字体会被明显增大，如图1-28所示。

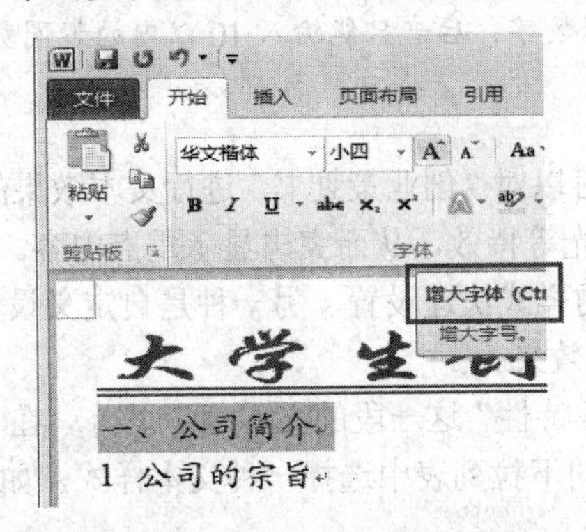

图1-27　单击“增大字体”按钮

图1-28　增大字体后的效果

4. 制作带圈字符

为了突出显示某个指定的文本，或者增强文档的美观性，我们可以为文本设置带圈字符。通过Word中的“带圈字符”对话框，可以快速设置样式和圈号。

在本案例中，将正文第一部分每小节的小标题序号设置为带圈字符，操作步骤如下：

(1) 选中需要插入带圈字符的小标题序号，单击“字体”组中的“带圈字符”按钮，如图1-29所示；

(2) 弹出“带圈字符”对话框，如图1-30所示，在样式列表中选择一种样式，如“缩小文字”样式，在“圈号”列表中单击“○”选项，设置完毕后单击“确定”按钮。

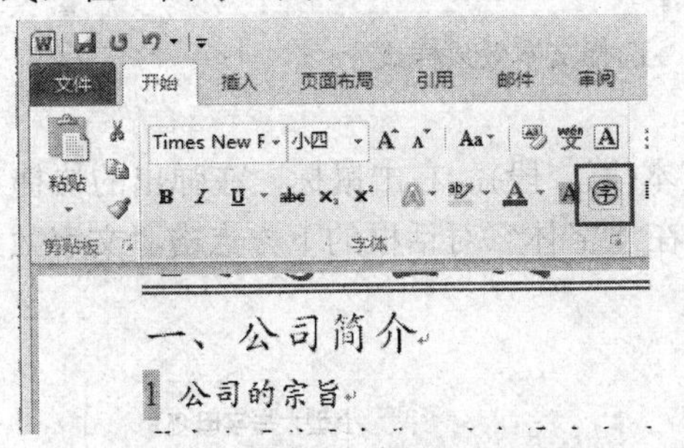

图1-29　单击“带圈字符”按钮

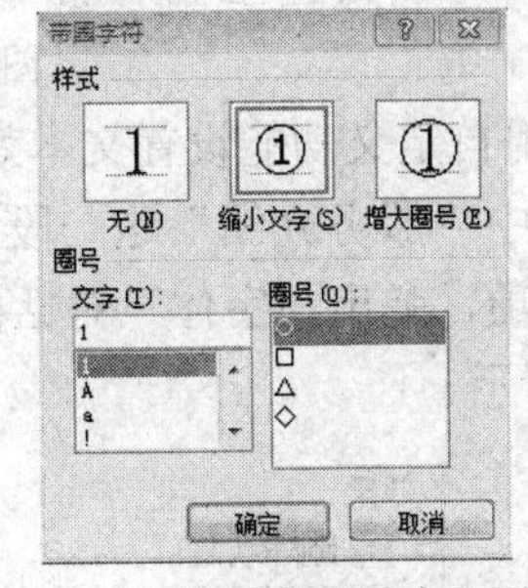

图1-30　设置带圈样式和圈号

经过以上操作后，该小标题的序号就变成了带圈字符，效果如图1-31所示，其余的小标题按照同样的方法进行设置，这里不再赘述。

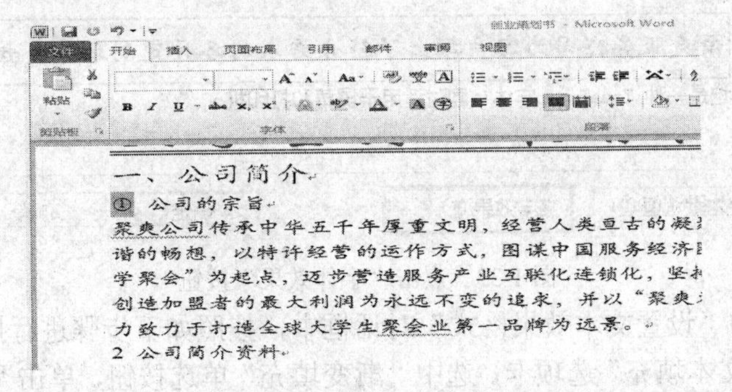

图1-31　显示设置的带圈字符效果

Tips：除了通过“带圈字符”对话框输入带圈字符外，也可以用“插入符号”的方式输入带圈字符。区别在于前者可以输入 10 以上的带圈数字，后者只能输入 10 以内的带圈数字。

5. 设置文本效果

通过 Word 2010 中新增的文本效果功能，可以对“创业策划书”进行文本效果的设置，比如为相应的字体添加轮廓、阴影、映象、发光等特效，从而突出显示重点内容。文本效果有两种设置方法，一种是使用 Word 中已有的样式快速设置，另一种是自定义设置。

(1) 使用 Word 中的已有样式快速设置文本效果。

为了突出创业项目的特色，王群选中“服务特性”这一段的文本(第三段)，在“字体”组中单击“文本效果”的下三角按钮，在展开的下拉列表中选择一种文本样式，如图 1-32 所示。

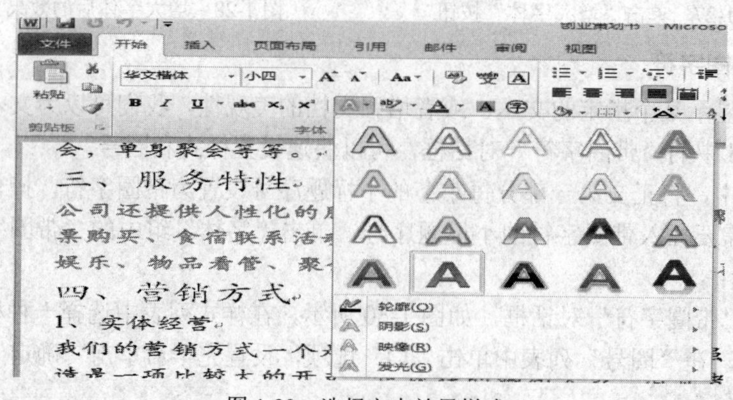

图 1-32　选择文本效果样式

(2) 使用自定义功能设置文本效果。

首先选中“服务介绍”这一段的文本(第二段)，右击鼠标，在弹出的快捷菜单中选择“字体”选项，弹出“字体”对话框，在“字体”对话框的下方点击“文字效果”按钮，如图 1-33 所示。

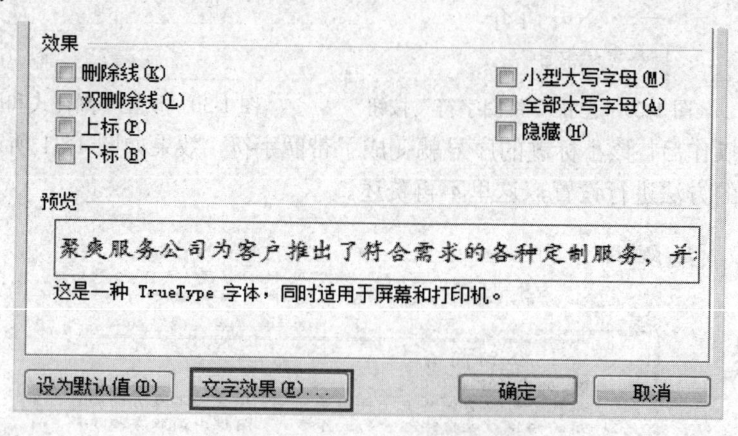

图 1-33　点击“字体效果”按钮

然后在弹出的“设置文本效果格式”对话框中，按照如下步骤进行操作：

① 切换至“文本填充”选项卡，选中“渐变填充”单选按钮，单击“预设颜色”按钮，在展开的下拉列表中选择“红日西斜”，如图 1-34 所示。

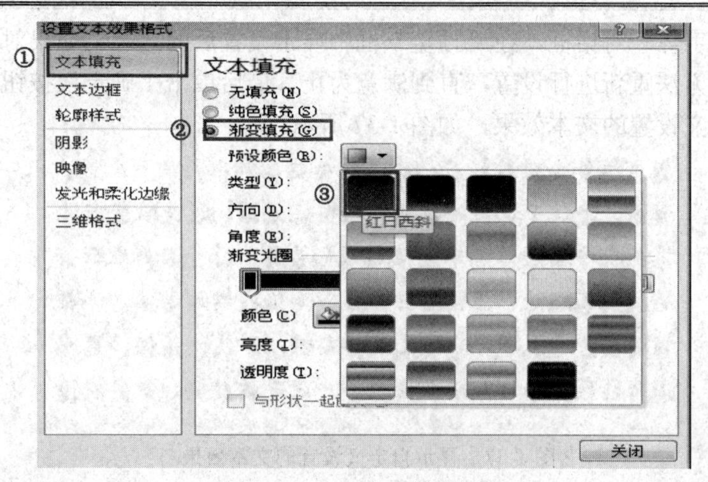

图 1-34　选择文本填充样式

② 切换至“文本边框”选项卡，选中“渐变线”单选按钮，单击“预设颜色”按钮，在展开的下拉列表中选择“茵茵绿原”，如图 1-35 所示。

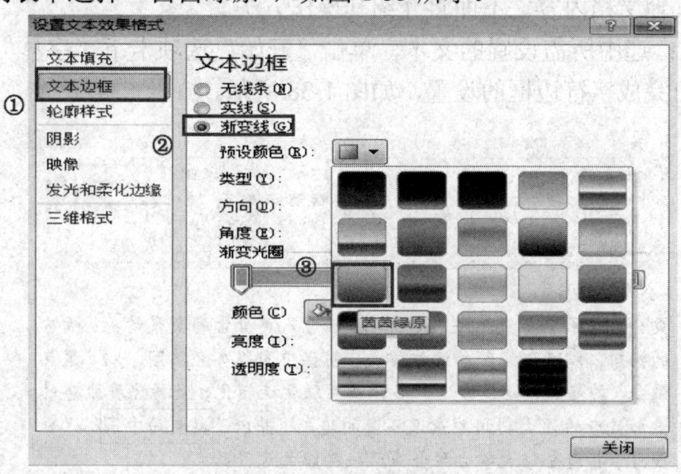

图 1-35　选择文本边框样式

③ 切换至“阴影”选项卡，单击“预设”按钮，在弹出的下拉列表中选择“右下斜偏移”，如图 1-36 所示。设置完毕后单击“关闭”按钮。

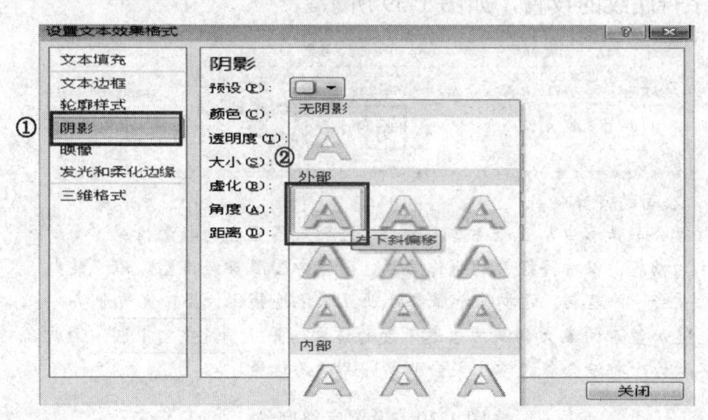

图 1-36　选择阴影样式

最后返回“字体”对话框，在“预览”框中显示设置后的效果。如果对效果不满意，可以按照同样的方法重新进行设置，直到满意为止。最后单击“确定”按钮，所选中的文本就应用了自定义设置的文本效果，如图 1-37 所示。

聚爽服务公司为客户推出了符合需求的各种定制服务，
需求，进行了专项的项目活动项目策划，最大限度上满
客户在今后的活动中继续与我们合作。对于客户在服务
将提供最迅速、最优质的服务，保证我们的老客户不丢
目标客户：大学、中学学生，白领，驴友，情侣，家庭
服务特色：作为同学聚会服务产业咨询提供、会务执行

图 1-37　显示自定义设置的文本效果

6. 设置字符边框和底纹

编辑 Word 文档时，出于美化或者突出显示等目的，用户可以对指定文本添加边框和底纹，以区别于其他文档内容。下面将介绍其操作方法。

(1) 添加边框：选中所需设置的文本，单击“开始”选项卡下“字体”组中的“字符边框”按钮，即可完成字符边框的设置，如图 1-38 所示。

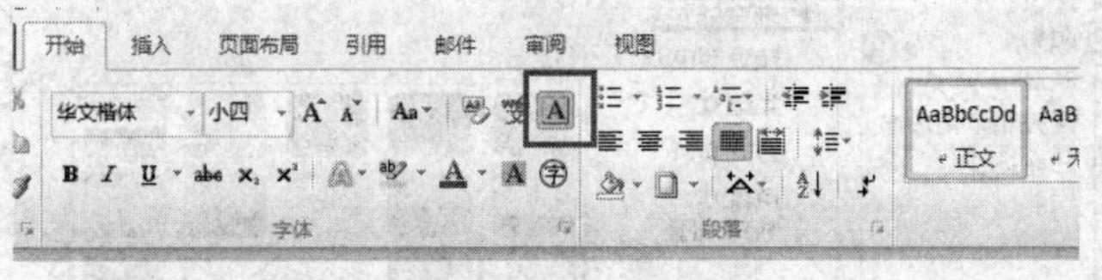

公司的宗旨
爽公司传承中华五千年厚重文明，经营人类亘古的凝聚情感，响应
的畅想，以特许经营的运作方式，图谋中国服务经济圈。以“聚爽
聚会”为起点，迈步营造服务产业互联化连锁化，坚持优质服务的
造加盟者的最大利润为永远不变的追求，并以“聚爽为中国”为
致力于打造全球大学生聚会业第一品牌为远景。

图 1-38　设置字符边框

(2) 添加底纹：继续选中上面已添加边框的文本，单击“字体”组中的“字符底纹”按钮，即可完成字符底纹的设置，如图 1-39 所示。

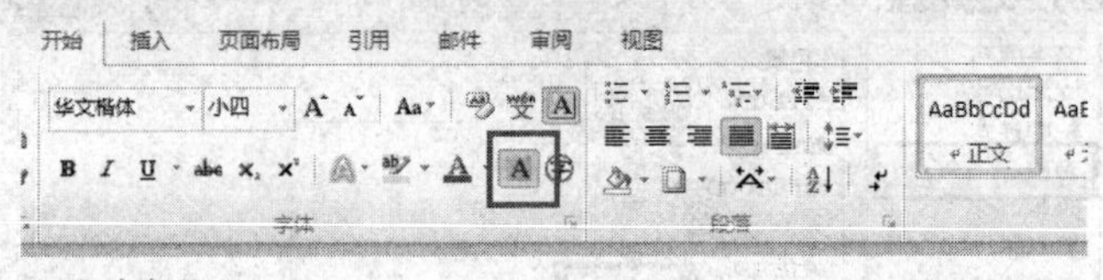

公司的宗旨
公司传承中华五千年厚重文明，经营人类亘古的凝聚情感，响应
畅想，以特许经营的运作方式，图谋中国服务经济圈。以“聚爽
会”为起点，迈步营造服务产业互联化连锁化，坚持优质服务的
造加盟者的最大利润为永远不变的追求，并以“聚爽为中国”为
力于打造全球大学生聚会业第一品牌为远景。

图 1-39　设置字符底纹

(3) 改变底纹颜色：设置完毕后，王群发现所添加的底纹是灰色的，在整个文档中还是不够醒目，于是他尝试改变底纹的颜色。单击“字体”组中“以不同颜色突出显示文本”下拉按钮，在弹出的调色板中，选择不同的颜色，就可以为文本添加不同颜色的底纹，实现底纹颜色的改变，如图 1-40 所示。设置后的效果见本书资源包中“案例/第 1 章/设置文本格式.docx”文档。

设置文本格式(案例)

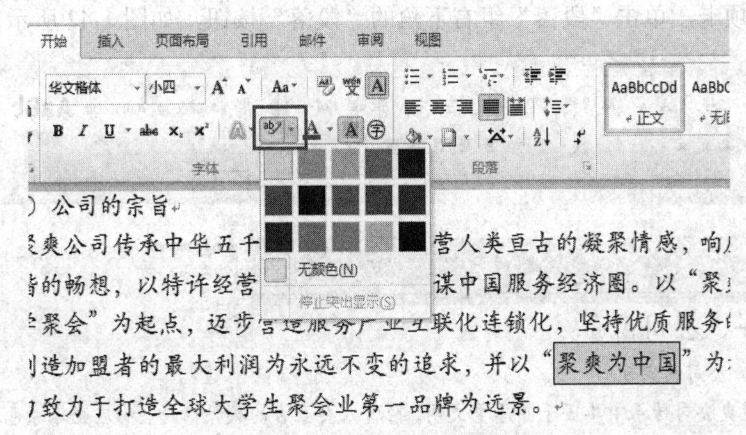

图 1-40　改变字符底纹的颜色

1.2.3　设置段落格式

使用 Word 2010 制作规范整洁的文档，除了要对字体格式进行设置之外，还要设置文档的段落格式。通过设置段落对齐方式、段落缩进和段落间距等，可以使文档条理清晰、错落有致。

1. 设置对齐方式

对齐方式是指段落在文档中的对齐基础，Word 2010 提供的段落对齐方式主要有左对齐、居中、右对齐、两端对齐和分散对齐 5 种，用户可以在“段落”组中进行设置，如图 1-41 所示。

图 1-41　段落对齐方式

(1) 左对齐：指段落中所有行的文本在页面中都靠左对齐排列。

(2) 居中：指段落中所有行的文本都居中对齐，每一行距页面的左、右边的间距相同。

(3) 右对齐：指段落中所有行的文本在页面中都靠右对齐排列。

(4) 两端对齐：指段落每行的首尾对齐，这是 Word 2010 的默认对齐方式。当各行之间字体大小不一致时，系统将自动调整字符间距，以保持段落的两端对齐。对于段落的最后一行，如果没有占满整行，则保持左对齐。

(5) 分散对齐：与两端对齐的方式类似，区别在于，采用分散对齐时，对于段落的最后一行，如果没有占满整行，则自动调整该行的字符间距，直到该行两端的文本和其他行两端的文本对齐为止。

用户也可以通过“段落”对话框来设置段落对齐方式，例如，在上一小节的文档中，王群想要将文档的标题设置为“居中”对齐，具体步骤如下：

(1) 打开本书资源包中“案例/第 1 章/设置文本格式.docx”文档，选中文档标题，切换到“开始”选项卡，单击“段落”组右下角的“段落”按钮，如图 1-42 所示。

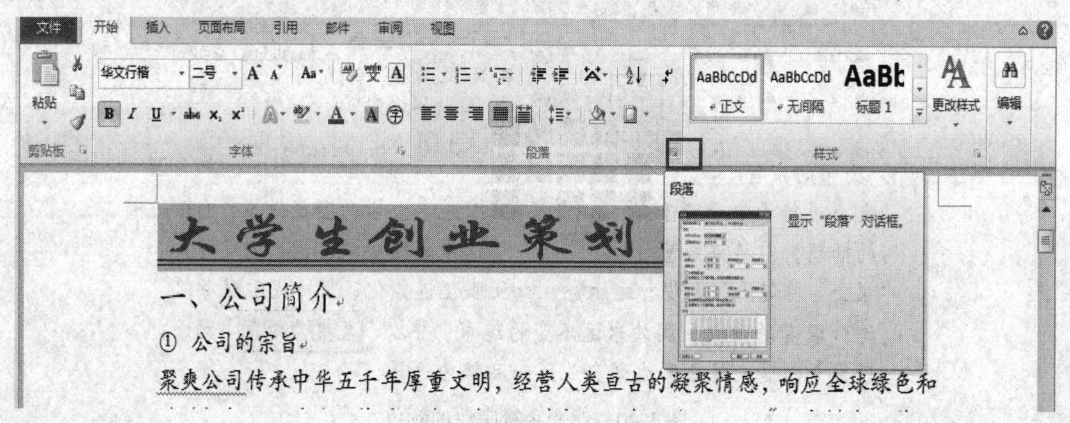

图 1-42　单击“段落”按钮

(2) 弹出“段落”对话框，切换到“缩进和间距”选项卡，在“常规”选项区中，单击“对齐方式”下拉按钮，在下拉列表中选择“居中”，单击“确定”按钮，即可将文档标题设置为居中对齐方式，如图 1-43 所示。

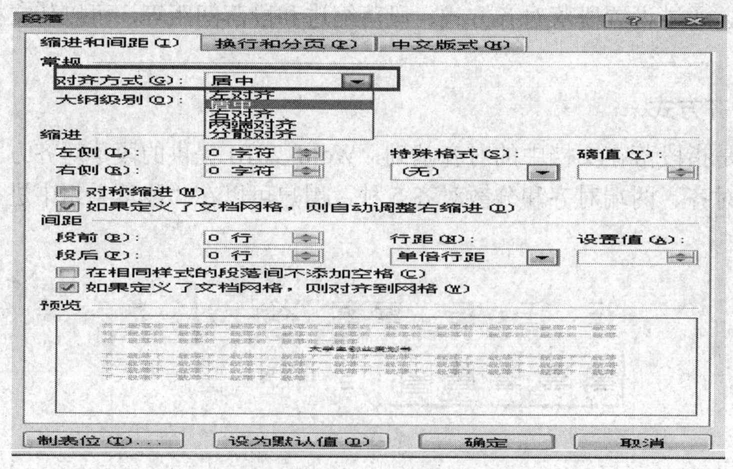

图 1-43　使用“段落”对话框设置对齐方式

2. 设置段落缩进

在编排文档时，有时需要某些段落缩进显示，如最常见的首行缩进、悬挂缩进等。在 Word 2010 中，可以直接单击“段落”组中的缩进按钮，也可以使用“段落”对话框来设置缩进。下面首先介绍设置段落缩进的两种方法：

(1) 使用“段落”组设置缩进：使用“段落”组中的缩进按钮“减少缩进量( )”

和“增加缩进量( )”，可以进行快速缩进设置。例如，单击两次“增加缩进量( )”按钮，即可将文本往右缩进两个字符。

(2) 使用“段落”对话框设置缩进：使用“段落”对话框设置缩进是一种较为精确的方法，具体操作步骤如下：

① 选中需缩进的段落并右击，在弹出的快捷菜单中选择“段落”命令，如图 1-44 所示。

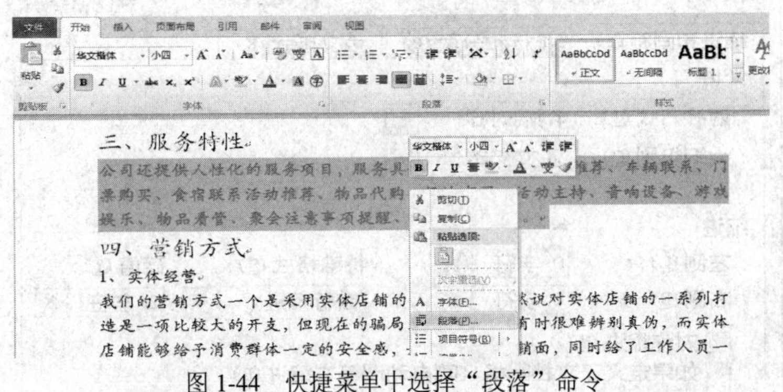

图 1-44　快捷菜单中选择“段落”命令

② 弹出“段落”对话框，切换到“缩进和间距”选项卡，在“缩进”选项区中，设置“左侧”缩进量为“2 字符”，“右侧”缩进量为“4 字符”，如图 1-45 所示。

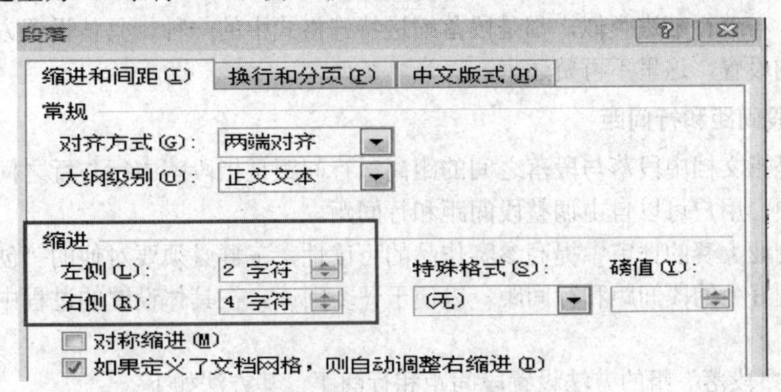

图 1-45　设置左右缩进量

③ 单击“确定”按钮，设置缩进后的效果如图 1-46 所示。

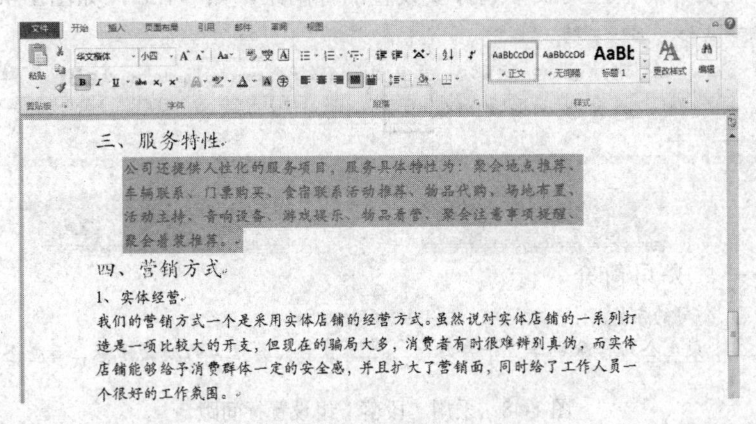

图 1-46　设置缩进后的效果

最常见的段落缩进格式有首行缩进和悬挂缩进两种，以下分别介绍。

(1) 设置首行缩进：首行缩进是最常见的一种缩进方法，是指段落的首行相对于段落的左边界缩进。设置首行缩进的方法如下：选择要进行首行缩进的段落，打开“段落”对话框，在“缩进”选项区的“特殊格式”下拉列表中选择“首行缩进”命令，默认设置“磅值”为“2 字符”，单击“确定”按钮即可，如图 1-47 所示。

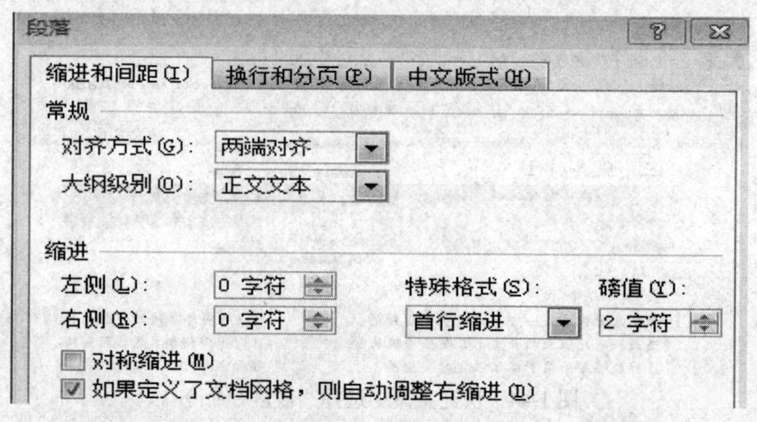

图 1-47 设置首行缩进

(2) 设置悬挂缩进：悬挂缩进是指段落中除了首行以外，其他所有行都相对于段落的左边界缩进。与首行缩进类似，都是段落缩进特殊格式中的一种，具体设置方法请参照上面首行缩进的设置，这里不再赘述。

3. 设置段间距和行间距

段间距是指文档中段落与段落之间的距离，行间距是指段落中行与行之间的距离，在文档的编排中，用户可以自由调整段间距和行间距。

要想在创业大赛的评审中提高参赛作品的可读性，王群必须要对他的“创业策划书”文档设置恰到好处的段间距和行间距，以便于评委阅读。在具体设置的过程中，可以采用两种方法。

(1) 采用“段落”组的方法设置段间距和行间距，其方法如下：

① 选中文档标题，切换至“开始”选项卡，在“段落”组中单击“行和段落间距”的下三角按钮，在展开的下拉列表中选择要设置的行间距，如“1.5”，如图 1-48 所示。

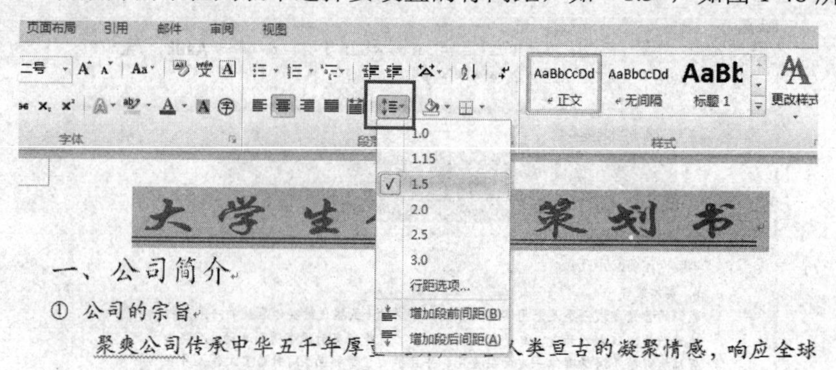

图 1-48 采用“段落”组设置行间距

② 再次单击“行和段落间距”的下三角按钮，在展开的下拉列表中选择“增加段后间距”命令，此时可以看到标题下面的距离增加了，如图 1-49 所示。

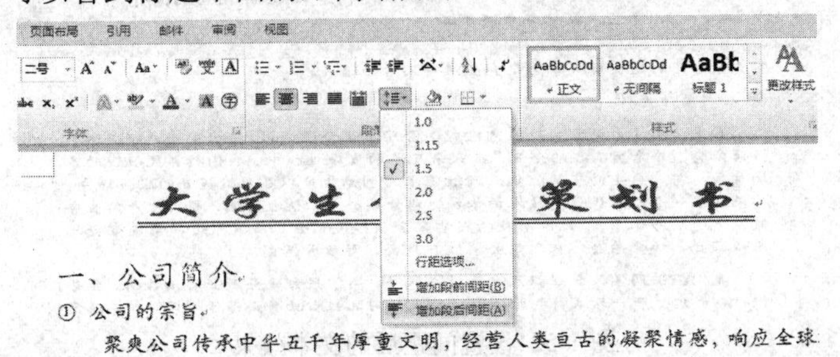

图 1-49　采用“段落”组设置段间距

(2) 采用“段落”对话框的方式设置段间距和行间距，其方法如下：

① 选中文档中除标题之外的文本，切换到“开始”选项卡，单击“段落”组右下角的“段落”按钮，打开“段落”对话框；

② 在“缩进和间距”选项卡的“间距”选项区中，单击“行距”下拉按钮，在展开的下拉菜单中选择适当的行距，用户也可以根据需要自行设定行距的磅值。本案例中，王群选择行距为“固定值”，在“设置值”微调框中设定“18 磅”，如图 1-50 所示；

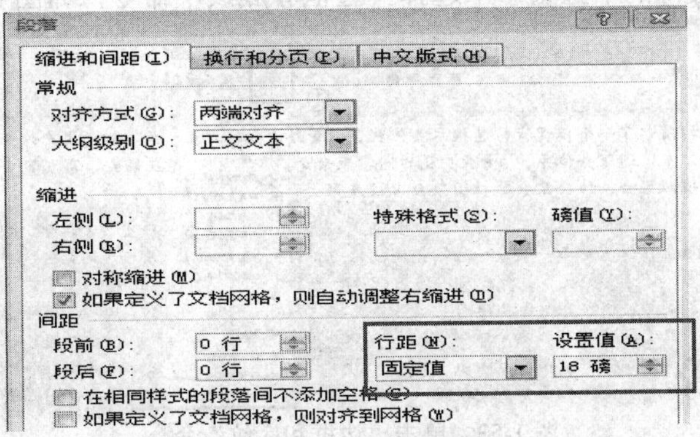

段落
缩进和间距(I)　换行和分页(P)　中文版式(H)
常规
对齐方式(G)：两端对齐
大纲级别(O)：正文文本
缩进
左侧(L)：　特殊格式(S)：　磅值(Y)：
右侧(R)：
对称缩进(M)
如果定义了文档网格，则自动调整右缩进(D)
间距
段前(B)：0 行　行距(N)：固定值　设置值(A)：18 磅
段后(F)：0 行
在相同样式的段落间不添加空格(C)
如果定义了文档网格，则对齐到网格(W)

图 1-50　采用“段落”对话框设置行间距

③ 单击“段前”和“段后”两个微调框右侧的上、下选择按钮，可以设置段前和段后的间距，通常只设置其中的一个即可。这里，王群设置“段前”间距为“0.5 行”，“段后”间距为“0 行”，如图 1-51 所示；

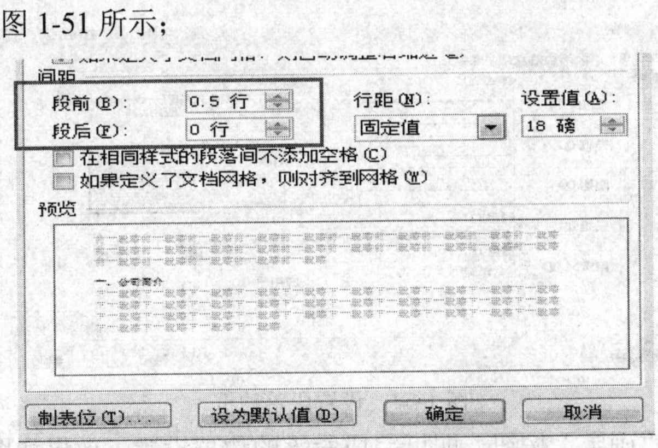

间距
段前(B)：0.5 行　行距(N)：固定值　设置值(A)：18 磅
段后(F)：0 行
在相同样式的段落间不添加空格(C)
如果定义了文档网格，则对齐到网格(W)
预览
一、公司简介
制表位(T)...　设为默认值(D)　确定　取消

图 1-51　采用“段落”对话框设置段间距

④ 单击“确定”按钮，完成行间距和段间距的设置，效果如图 1-52 所示。

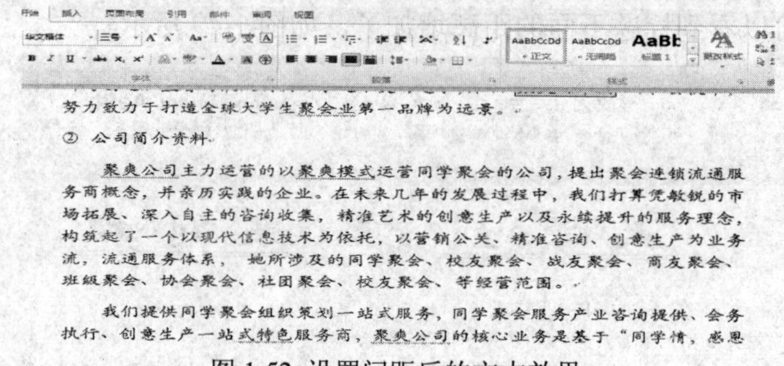

图 1-52 设置间距后的文本效果

4. 设置段落边框和底纹

在 Word 2010 中，可以为文档设置边框和底纹，从而使相关段落的内容更加醒目，增强文档的可读性。

(1) 设置边框：默认情况下，段落边框的格式为黑色直线。为了增强文档的美观性，通常用户会自行设置边框的格式，具体操作方法如下：

① 选中要设置的段落内容，切换至“开始”选项卡，在“段落”组中单击“边框和底纹”下拉按钮，在展开的下拉菜单中选择“边框和底纹”命令，如图 1-53 所示；

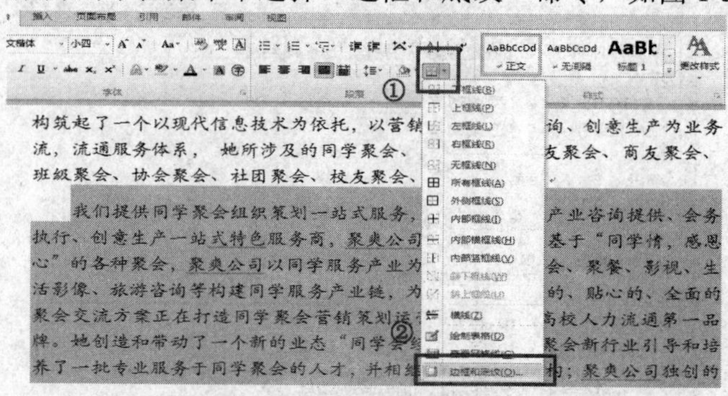

图 1-53 单击“边框和底纹”命令

② 弹出“边框和底纹”对话框，在“边框”选项卡中，设置边框为“阴影”模式，边框样式选择“-----”，颜色选择“橙色”，宽度设定为“1.5 磅”，设置边框应用于“段落”，如图 1-54 所示；

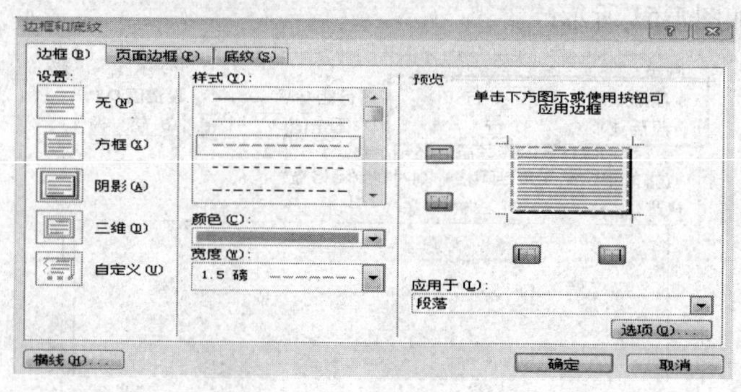

图 1-54 设置段落边框

③ 预览后单击“确定”按钮，即可完成段落的边框设置，效果如图 1-55 所示。

我们提供同学聚会组织策划一站式服务，同学聚会服务产业咨询提供、会务执行、创意生产一站式特色服务商，聚爽公司的核心业务是基于“同学情，感恩心”的各种聚会，聚爽公司以同学服务产业为目标，整合聚会、聚餐、影视、生活影像、旅游咨询等构建同学服务产业链，为同学提供专业的、贴心的、全面的聚会交流方案正在打造同学聚会营销策划运营服务及中企高校人力流通第一品牌。她创造和带动了一个新的业态“同学会经济”，为同学聚会新行业引导和培养了一批专业服务于同学聚会的人才，并相继成立了聚会机构；聚爽公司独创的“人人互联”模式，使校友汇和聚爽品牌联袂形成聚会产业链，成为最专业的聚会产业链一站式服务商。

图 1-55　设置边框后的效果

(2) 设置底纹：与边框设置方法类似，在“边框和底纹”对话框中，切换到“底纹”选项卡，如果需要填充颜色作为段落底纹，那么只需要在“填充”下拉菜单中选择所需要的颜色即可。这里，王群要设置图案底纹，具体操作步骤为：在“底纹”选项区中，单击“样式”下拉菜单选择一种合适的样式，如“深色横线”，单击“颜色”下拉菜单选择“黄色”，设置底纹应用于“段落”，如图 1-56 所示。设置底纹后的段落效果如图 1-57 所示。设置后的效果见本书资源包“案例/第 1 章/设置段落格式.docx”文档。

设置段落格式(案例)

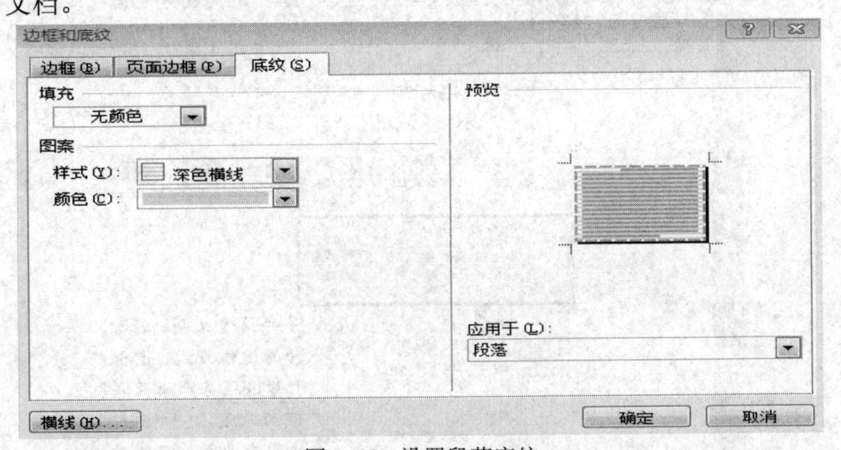

图 1-56　设置段落底纹

我们提供同学聚会组织策划一站式服务，同学聚会服务产业咨询提供、会务执行、创意生产一站式特色服务商，聚爽公司的核心业务是基于“同学情，感恩心”的各种聚会，聚爽公司以同学服务产业为目标，整合聚会、聚餐、影视、生活影像、旅游咨询等构建同学服务产业链，为同学提供专业的、贴心的、全面的聚会交流方案正在打造同学聚会营销策划运营服务及中企高校人力流通第一品牌。她创造和带动了一个新的业态“同学会经济”，为同学聚会新行业引导和培养了一批专业服务于同学聚会的人才，并相继成立了聚会机构；聚爽公司独创的“人人互联”模式，使校友汇和聚爽品牌联袂形成聚会产业链，成为最专业的聚会产业链一站式服务商。

图 1-57　设置底纹后的效果

1.2.4 设置页面布局

至此，“创业策划书”文档已经初步编写完成，王群想把文档打印出来看一下效果。但是现在还不能直接打印，因为即使文档内容编辑的再好，如果没有根据实际需要设置页面布局，所打印出来的文档也会逊色不少。

为了得到满意的打印效果，本小节将对“创业策划书”文档进行页面设置，主要包括页边距、纸张、版式和文档网格等的设置。

1. 设置页边距

页边距是指页面内容与页面边缘之间的区域，通过设置页边距，可以使文档的正文部分与页面边缘保持比较合适的距离。在具体设置的过程中，用户可以使用 Word 中预定的页边距，也可以自定义页边距。

(1) 使用预定的页边距。打开本书资源包中“案例/第 1 章/设置段落格式.docx”文档，切换到“页面布局”，在“页面设置”组中单击“页边距”下拉按钮，在展开的下拉列表中，共列出了 5 种预定的页边距，这里选择“适中”并单击，如图 1-58 所示。

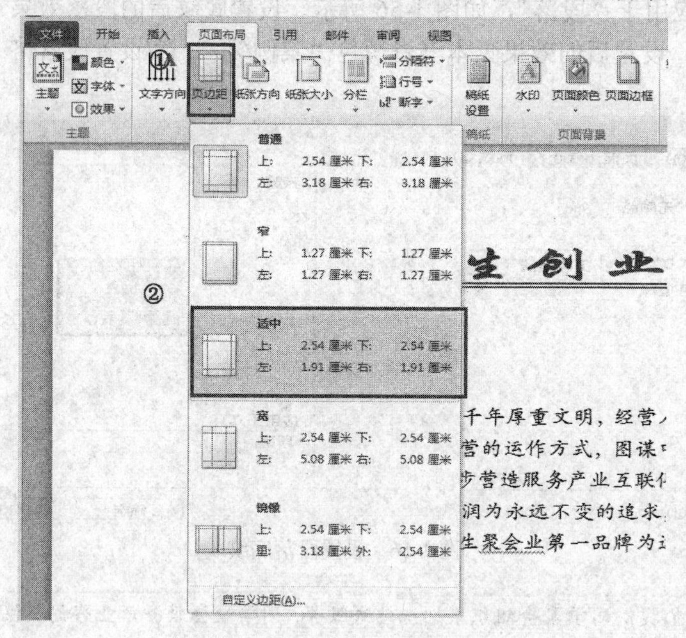

图 1-58 使用预定页边距

(2) 自定义页边距。如果上面预定的页边距均不符合实际打印需求，那么就必须重新设定页边距，具体操作步骤如下：

① 在“页边距”下拉列表中单击最下面的“自定义边距”命令；

② 弹出“页面设置”对话框，切换到“页边距”选项卡，在“页边距”选项区中设置各项的参数，包括上、下、左、右的边距大小，以及装订线大小和位置。这里，王群在“上”和“下”的微调框中输入“2.4 厘米”，在“左”和“右”的微调框中输入“2.8 厘米”，其他选项保持默认不变，设置完毕后单击“确定”按钮即可，如图 1-59 所示。

图 1-59 自定义页边距

2. 设置纸张

Word 2010 中默认文档纵向排列，纸张类型是 A4 纸。在实际排版过程中，用户可以根据需要调整纸张的方向和大小。

(1) 设置纸张方向的操作步骤和方法如下：

① 在“页面布局”选项卡下，单击“页面设置”组中的“纸张方向”下拉按钮，如图 1-60 所示。

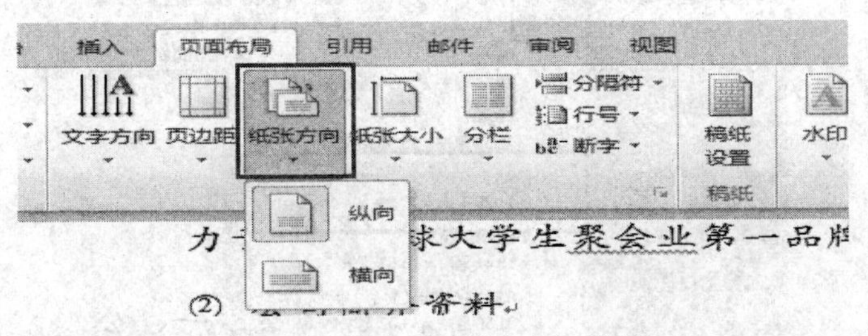

图 1-60 单击“纸张方向”按钮

② 在展开的下拉菜单中，选择“纵向”命令，即可得到纵向排列的纸张效果，如图 1-61 所示；若选择“横向”命令，即可得到横向排列的纸张效果，如图 1-62 所示。

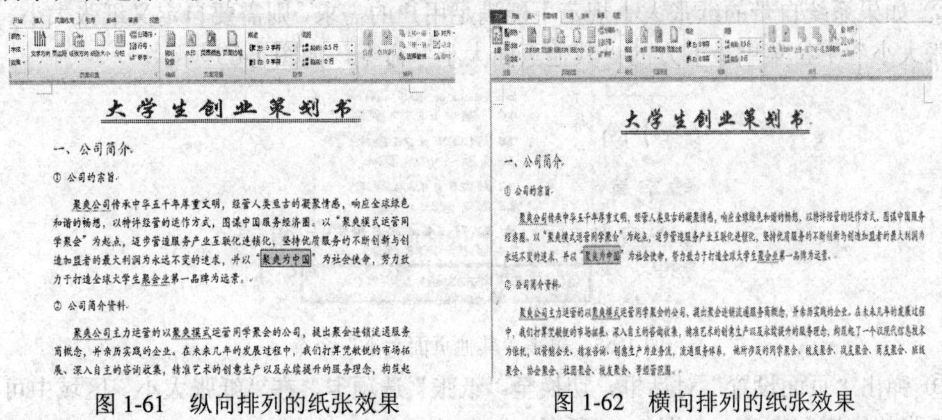

图 1-61 纵向排列的纸张效果　　图 1-62 横向排列的纸张效果

③ 除此之外，用户还可以打开“页面设置”对话框，在“页边距”选项卡中进行设置，在“纸张方向”选项区中选择“纵向”即可，如图 1-63 所示。

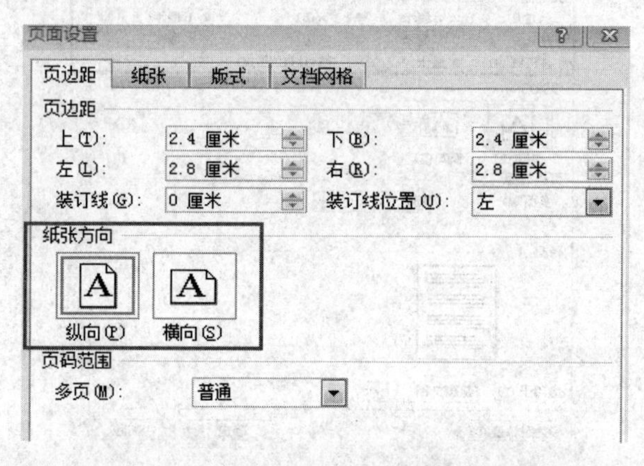

图 1-63　通过“页面设置”对话框设置纸张方向

(2) 设置纸张大小。Word 2010 为用户提供了多种常见的纸张类型，用户可以根据需要选择不同大小的纸张对文档进行打印，具体操作方法如下：

① 在“页面布局”选项卡下，单击“页面设置”组中“纸张大小”下拉按钮，在展开的下拉菜单中选择系统自带的纸张大小规范，一般情况下选择“A4”纸，如图 1-64 所示。

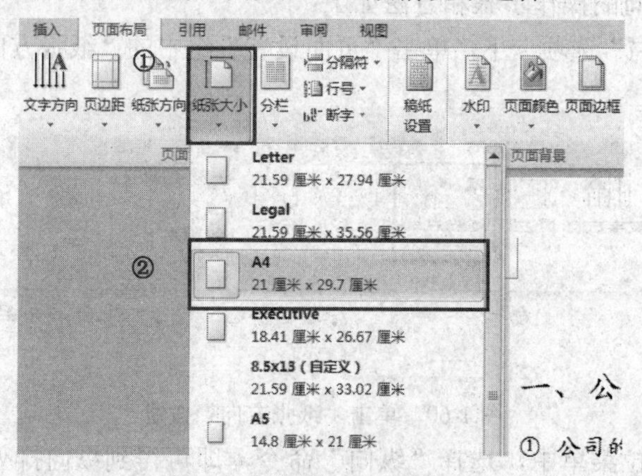

图 1-64　设置 A4 纸张大小

② 如果系统自带的纸张大小规范不能满足用户的需求，则需要自定义纸张大小，单击“纸张大小”下拉菜单最下方的“其他页面大小”命令，如图 1-65 所示。

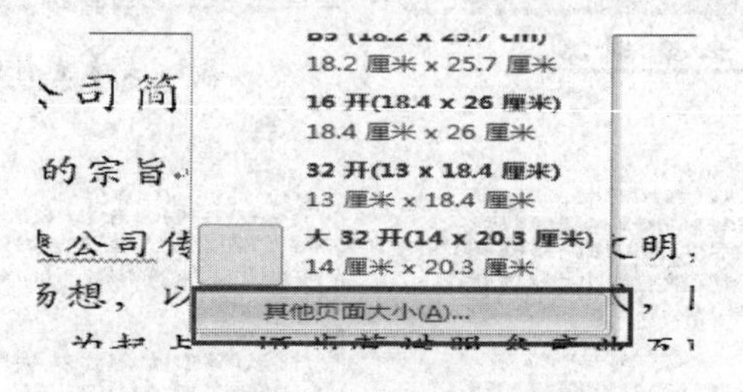

图 1-65　单击“其他页面大小”命令

③ 弹出“页面设置”对话框，切换至“纸张”选项卡，在“纸张大小”区域中可以自定义纸张的宽度和高度，如图 1-66 所示。

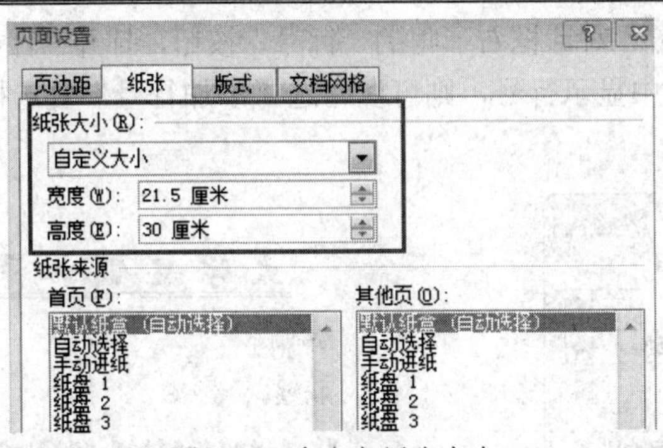

图 1-66　自定义纸张大小

3. 设置版式

版式即版面格式，通过设置版式，用户可以调整页眉和页脚距边界的距离。设置版式的具体步骤如下：

(1) 切换至“页面布局”选项卡，单击“页面设置”组右下角的“页面设置”按钮，如图 1-67 所示。

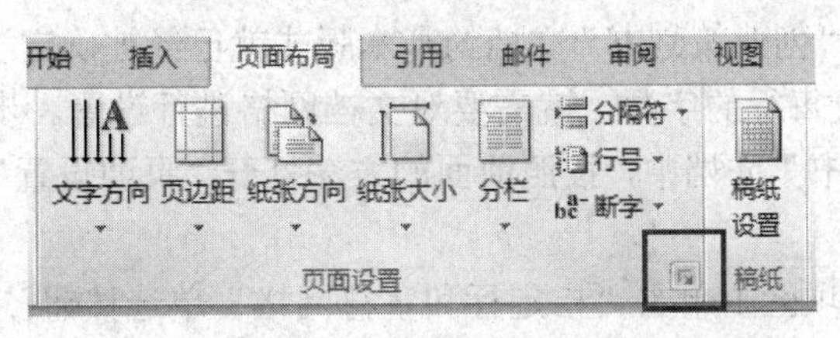

图 1-67 单击“页面设置”按钮

(2) 弹出“页面设置”对话框，切换到“版式”选项卡，在“节的起始位置”下拉列表中选择“新建页”，在“页眉”和“页脚”微调框中分别输入“1.5 厘米”和“1.75 厘米”，在“垂直对齐方式”下拉列表中选择“顶端对齐”，如图 1-68 所示。

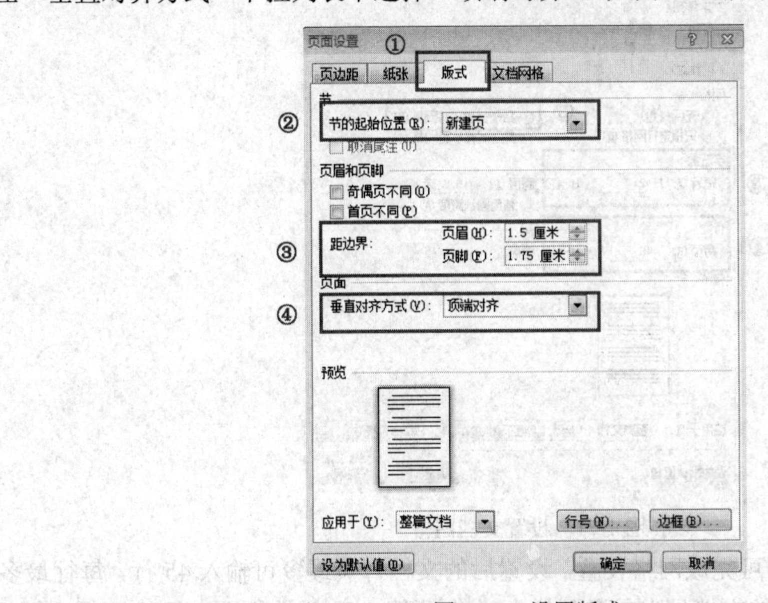

图 1-68　设置版式

(3) 单击“页面设置”对话框右下角的“行号”按钮，打开“行号”对话框，如图 1-69 所示。如果需要在页面中显示行号，则可以勾选“添加行号”复选框，添加行号后的页面如图 1-70 所示。

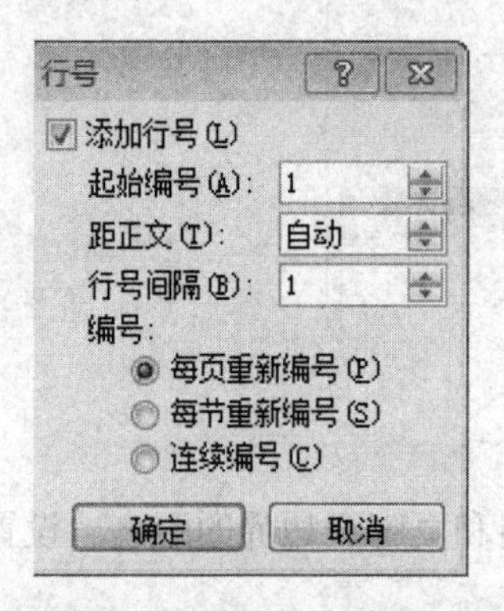

图 1-69　“行号”对话框

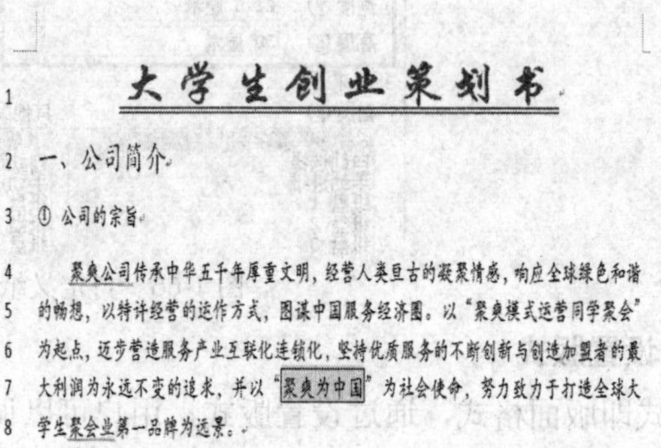

1 大学生创业策划书
2 一、公司简介
3 ① 公司的宗旨
4 聚爽公司传承中华五千年厚重文明，经营人类亘古的凝聚情感，响应全球绿色和谐
5 的畅想，以特许经营的运作方式，图谋中国服务经济圈。以“聚爽模式运营同学聚会”
6 为起点，逐步营造服务产业互联化连锁化，坚持优质服务的不断创新与创造加盟者的最
7 大利润为永远不变的追求，并以“聚爽为中国”为社会使命，努力致力于打造全球大
8 学生聚会业第一品牌为远景。

图 1-70　设置行号后的页面效果

4. 设置文档网格

通过前面的设置，“创业策划书”文档的基本版式就已经被确定了。如果王群还想要精确指定每页的行数以及每行的字数，就需要对文档网格进行设置。步骤如下：

(1) 在“创业策划书”文档中，按照前面的方法打开“页面设置”对话框，切换到“文档网格”选项卡；

(2) 在“网格”选项区中单击“指定行和字符网格”单选按钮；

(3) “字符数”选项区中的“每行”微调框设置为“42”，“行数”选项区中的“每页”微调框设置为“45”，如图 1-71 所示。

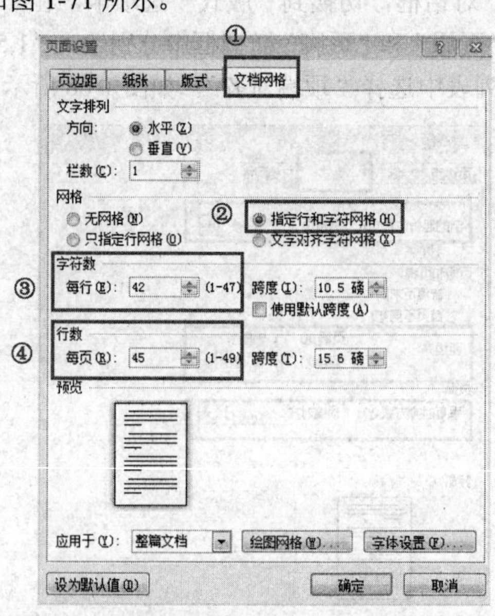

设置页面布局(案例)

图 1-71　设置文档网格

通过以上的步骤，即可完成网格设置，设置后的文档每页最多可输入 45 行，每行最多输入 42 个字符。设置后的文档见本书资源包中“案例/第 1 章/设置页面布局.docx”文档。

1.2.5　文本框的使用

文本框是一种可以在文档中添加文本的图形对象，可以将它作为独立窗口放置在页面的任意位置，也可以根据实际需要任意调整其大小，还可以进行一些特殊处理，以增强文本效果。

王群准备在“创业策划书”文档中使用文本框，以便评委在评阅文档时对他的创业项目中所提供的服务一目了然。本小节将以此为例，讲解文本框的具体使用方法。

1. 插入文本框

插入文本框有两种方法：一种是将文档中已有的文本内容保存到文本框中，另一种是在新建的文本框中输入文本。这里我们介绍第二种方法，具体操作步骤如下：

(1) 在“创业策划书”文档中将光标定位到需要插入文本框的位置，切换到“插入”选项卡，在“文本”组中单击“文本框”下拉按钮，如图 1-72 所示。在展开的下拉列表中，Word 2010 提供三类文本框，分别是：

① 多种内置的文本框样式，用户可以从中选择一种样式插入。

② 如果当前计算机已经接入到 Internet 中，用户也可以从 Office.com 网站上获取更多的文本框样式。只需要在下拉列表中单击“Office.com 中的其他文本框”命令，就可以显示出更多的文本框样式。

③ 用户还可以手动绘制文本框，根据文本的排列方向，所绘制的文本框分为横排文本框和竖排文本框两种。

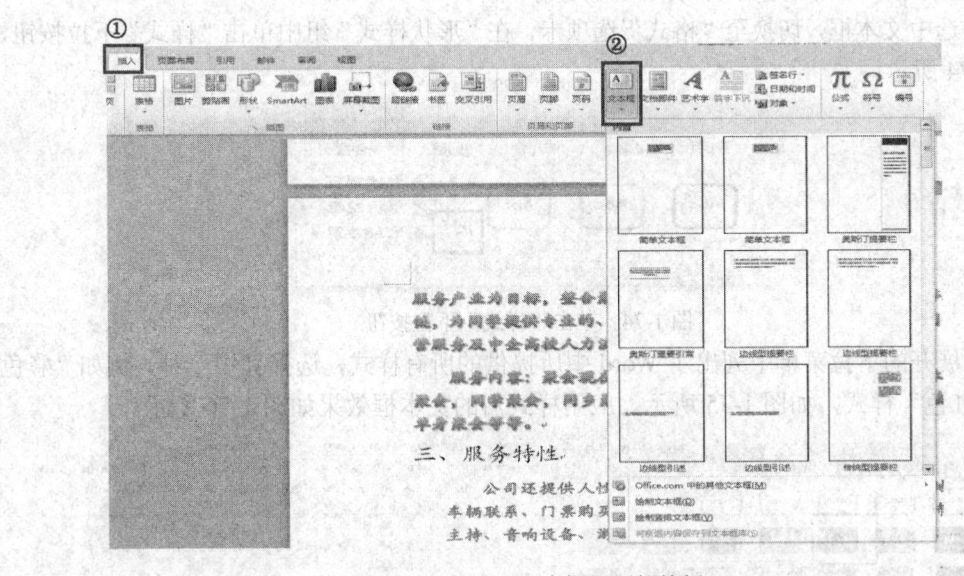

图 1-72　单击“文本框”下拉按钮

(2) 这里王群选择绘制横排文本框，即单击“文本框”下拉列表中的“绘制文本框”命令。

(3) 返回文档编辑界面，当光标变成十字形状时，单击并且拖动鼠标即可绘制所需大小的文本框。绘制完毕后，光标自动定位在文本框中，输入相应的文本内容，并通过“字体”组对文本格式进行设置，效果如图 1-73 所示。

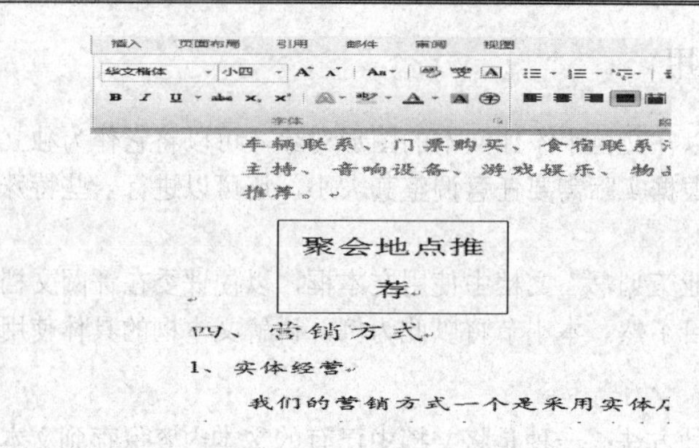

图 1-73　绘制横排文本框

2. 调整文本框的位置和大小

(1) 移动文本框的位置：单击选中文本框，然后将鼠标移动到文本框的边缘，此时光标变为四向箭头的形状，按住鼠标左键并拖动鼠标到合适的位置松开，即可移动文本框的位置。

(2) 调整文本框的大小：选中文本框后，将鼠标移动到文本框的对角上，此时光标变为双向箭头的形状，按住鼠标左键并拖动鼠标，即可调整文本框的大小。

3. 设置文本框的样式

为了使文档的效果更加美观，我们可以对文本框的样式进行相应的设置。

(1) 选择文本框样式，具体操作步骤如下：

① 选中文本框，切换至“格式”选项卡，在“形状样式”组中单击“样式”下拉按钮，如图 1-74 所示。

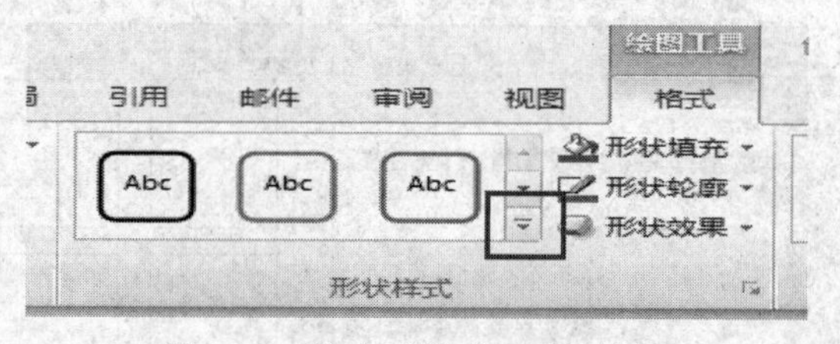

图 1-74　单击“样式”下拉按钮

② 展开的下拉菜单中列出了 Word 中所提供的所有样式，选择其中一种，例如“彩色填充→红色”样式，如图 1-75 所示。应用样式后的文本框效果如图 1-76 所示。

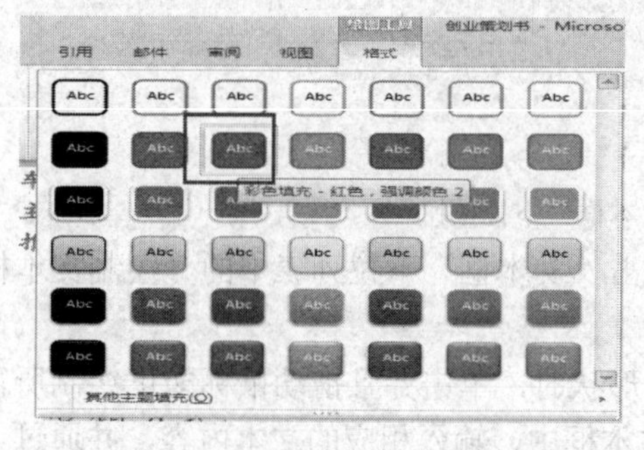

图 1-75　选择“彩色填充-红色”样式

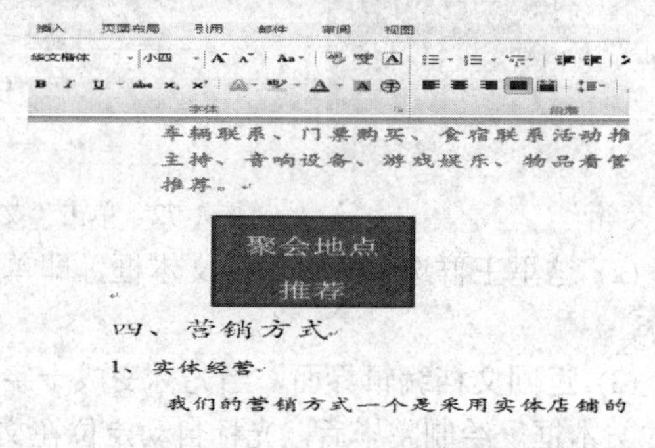

图 1-76　应用样式后的文本框效果

(2) 隐藏文本框的边框。选中文本框，单击“形状样式”组中的“形状轮廓”下拉按钮，在展开的下拉菜单中选择“无轮廓”，即可隐藏文本框的边框，如图 1-77 所示。

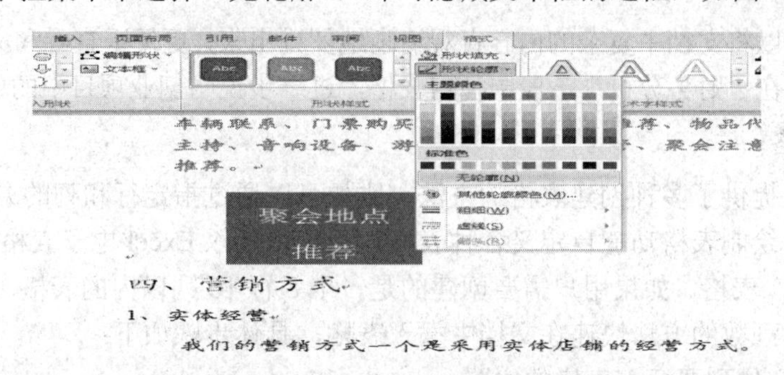

图 1-77　隐藏文本框的边框

(3) 设置文本框的效果。选中文本框，单击“形状样式”组中的“形状效果”下拉按钮，在弹出的下拉菜单中选择一种形状效果，例如选择“阴影”，继续弹出阴影效果下拉菜单，选择一种具体的阴影效果，这里选择“外部”阴影中的“右上斜偏移”效果，如图 1-78 所示。

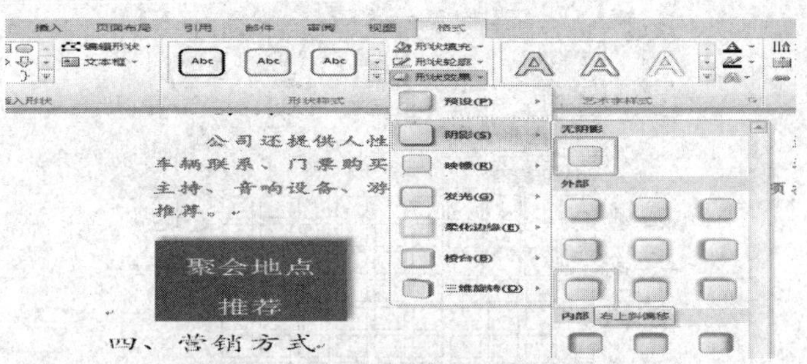

图 1-78　设置文本框的阴影效果

按照同样的方法，王群设置了多个文本框，通过这些文本框能够清晰地显示出他的创业项目中所提供的服务，最终效果如图 1-79 所示。设置后的效果见本书资源包“案例/第 1 章/文本框的使用.docx”文档。

图 1-79　文本框最终效果图

1.2.6　表格的使用

运用表格可以将文档中复杂的内容直观清晰地罗列出来，更便于查看和浏览。本小节的案例中，王群将在“财务分析”一段中使用表格，进一步说明创业项目中的资金使用情况。

1. 创建表格

Word 2010 提供了多种创建表格的方法，比如可以通过指定行和列的方式直接插入表格，也可以使用绘制表格功能自定义各种表格，还可以插入 Excel 电子表格等。

(1) 快速插入表格。如果用户需要创建的是一个 8 行 10 列以内的表格，那么可以直接通过选择表格行列数的方法快速在文档中插入表格，具体步骤如下：

① 将光标定位到要插入表格的位置；

② 切换到“插入”选项卡，在“表格”组中单击“表格”下拉按钮；

③ 在展开的下拉列表网格中拖动鼠标选择表格的行列数，比如 3 行 4 列(4×3 表格)，如图 1-80 所示；

④ 选择好表格行列数后，单击鼠标左键，即可将 4×3 的表格插入到文档中。

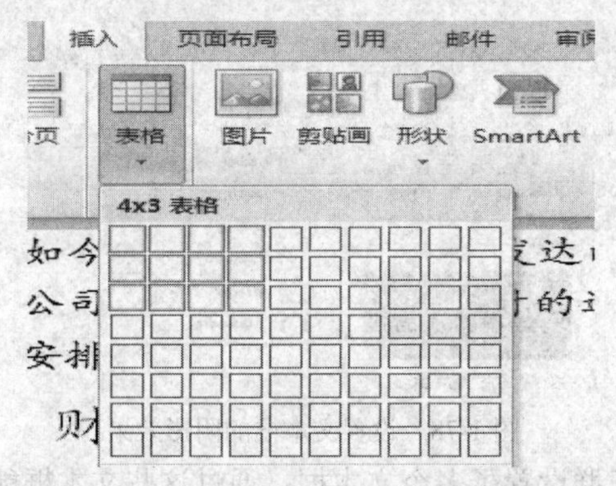

图 1-80　选择表格的行列数

(2) 通过对话框插入表格。通过对话框插入表格需要用户自定义表格的行数和列数，以及表格的列宽等属性，具体步骤如下：

① 在“插入”选项卡下，单击“表格”组中“表格”下拉按钮，在展开的下拉菜单中选择“插入表格”命令，如图 1-81 所示。

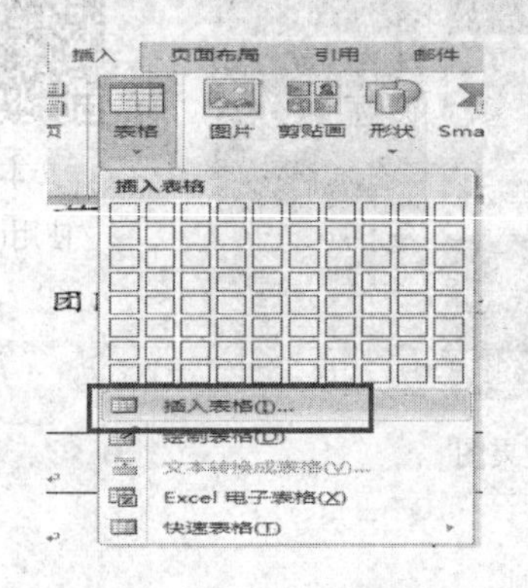

图 1-81　单击“插入表格”命令

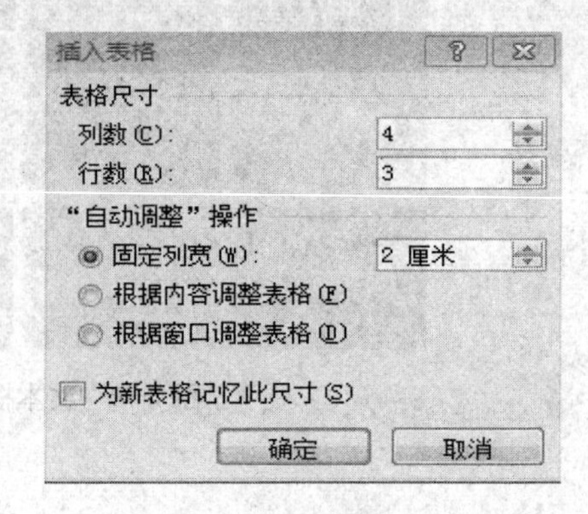

图 1-82　“插入表格”对话框

② 弹出“插入表格”对话框，在“表格尺寸”选项区中，通过“列数”和“行数”微调框设置表格的尺寸，例如设置列数为“4”，行数为“3”。在该对话框中，用户还可以通过“自动调整”操作选项区来设置表格的列宽，比如设定为“固定列宽”，宽度值为“2 厘米”，如图 1-82 所示。

③ 单击“确定”按钮，即可在文档中创建一个列宽固定为 2 厘米的 4×3 表格。

(3) 绘制表格。对于一些特殊的表格，比如表格中包含不同高度的单元格或者每行有不同的列数时，用户可以自己动手绘制表格，具体操作步骤如下：

① 在“插入”选项卡下，单击“表格”组中“表格”下拉菜单中的“绘制表格”命令，如图 1-83 所示。

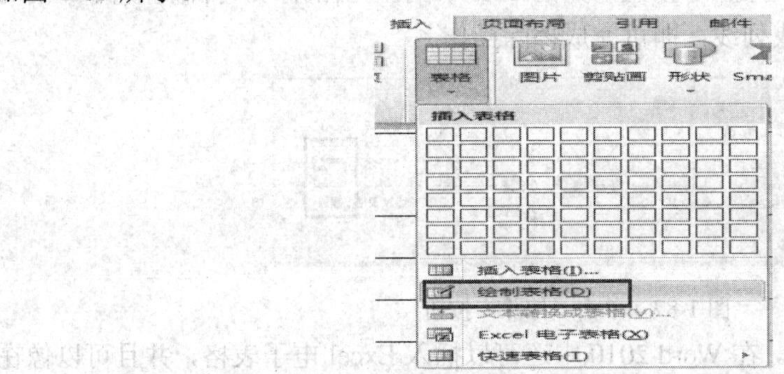

图 1-83　单击“绘制表格”命令

② 此时鼠标指针变成笔状，按住鼠标左键不放向右下角拖动，即可绘制出表格的外边框，如图 1-84 所示。松开鼠标虚线即可变为实线。

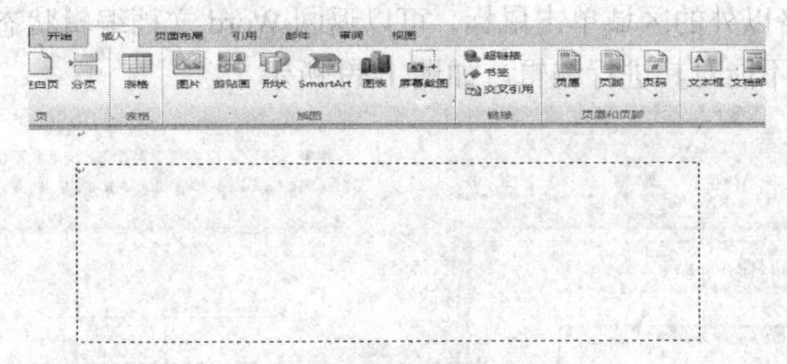

图 1-84　绘制表格外边框

③ 移动笔形鼠标指针到表格的左边框，按住鼠标左键横向拖动，即可绘制出表格的行线，如图 1-85 所示，共绘制出 5 行的单元格。

图 1-85　绘制表格的行线

④ 按照同样的方法，移动笔形鼠标指针到表格的上边框，按住鼠标左键纵向拖动，即可绘制出表格的列线，最终绘制出的表格如图 1-86 所示。

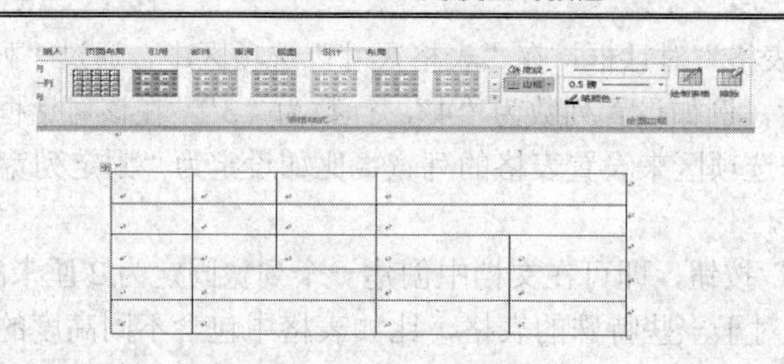

图 1-86　绘制表格的列线

如果在绘制表格的过程中发现某条行线或列线画错了，可以单击“表格工具-设计”选项卡下“绘图边框”组中的“擦除”按钮，如图 1-87 所示，当鼠标变为橡皮形状的时候，单击所需要擦除的行线或列线，即可完成擦除操作。

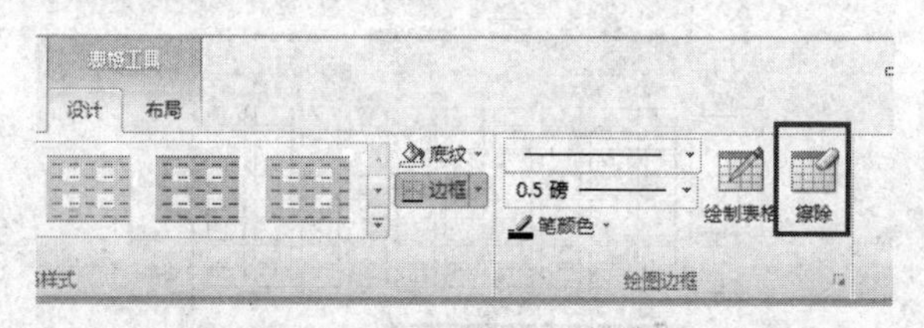

图 1-87　单击“擦除”按钮

(4) 插入 Excel 电子表格。在 Word 2010 中还可以插入 Excel 电子表格，并且可以像在 Excel 中一样进行数据运算和处理。插入 Excel 表格的具体步骤如下：

① 在“插入”选项卡的“表格”下拉菜单中选择“Excel 电子表格”命令，即可进入到 Excel 电子表格编辑状态，如图 1-88 所示。

② 在电子表格以外的区域单击鼠标，可以返回 Word 文档编辑状态，此时所插入的表格变为图片形式，不能对其进行编辑，如图 1-89 所示。

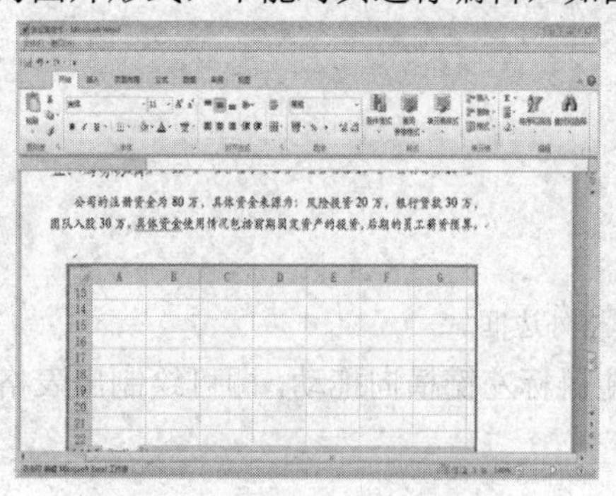

图 1-88　可编辑的 Excel 表格

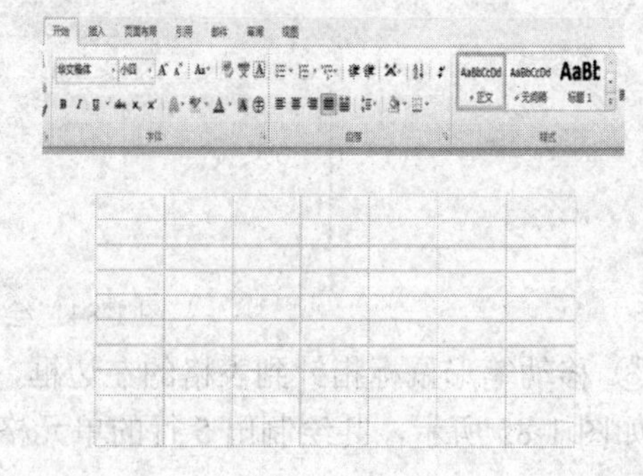

图 1-89　返回 Word 后不可编辑的 Excel 表格

如果想要继续对表格进行编辑，只需要按照状态栏中的提示信息，双击该 Excel 表格，就可以回到可编辑的状态。

(5) 使用快速表格模板插入表格。Word 2010 中内置了多种带有格式的表格，如表格式列表、带副标题、矩阵、日历等内置表格样式，用户可以快速插入这些表格，具体操作步骤如下：

① 单击“表格”下拉菜单中的“快速表格”命令，在展开的内置表格下拉菜单中选择所需要的表格样式，比如“带小标题 1”，如图 1-90 所示。

② 单击所选样式，文档中就插入了一个带小标题样式的表格，用户根据需要进行简单

的修改即可。

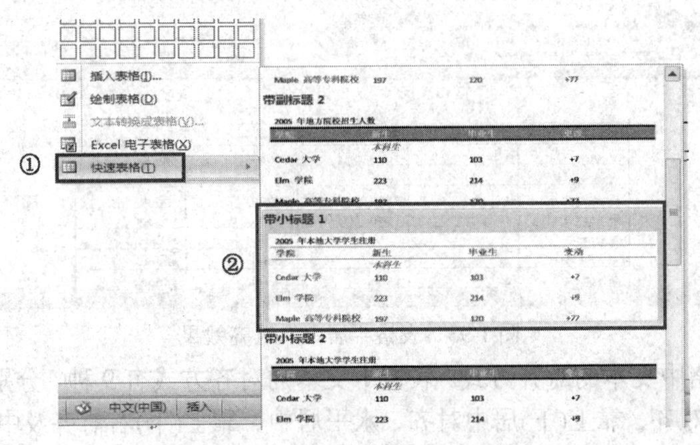

图 1-90　使用快速表格模板

在掌握了创建表格的 5 种具体方法之后，王群使用“插入表格”对话框的方法创建了一个固定列宽为 3 厘米的 5×19 的表格，暂且叫做“薪酬预算表”，用于记录财务支出中员工的薪酬预算。

2. 设置表格对齐方式

王群在“薪酬预算表”中完成了文本的输入，并且对表格中的文本进行了字体、字号等格式的设置。为了使表格看上去更加美观整齐，还需要设置表格的对齐方式，包括表格在文档中的对齐方式和表格中文本的对齐方式。

(1) 设置表格在文档中的对齐方式。具体操作步骤如下：

① 鼠标单击表格中的任意单元格，切换至“表格工具→布局”选项卡，单击“单元格大小”组右下角的“表格属性”按钮，如图 1-91 所示。

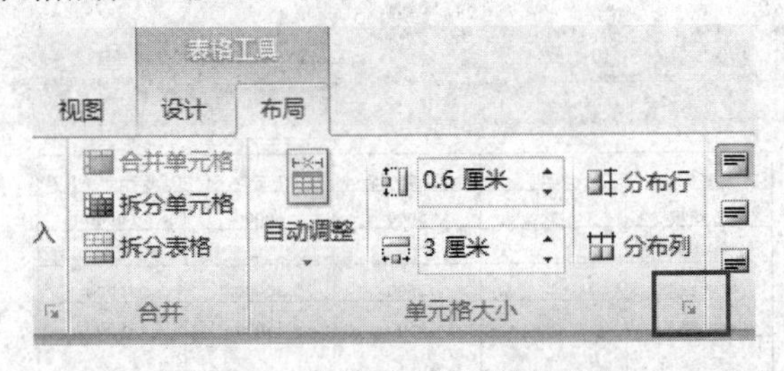

图 1-91　单击“表格属性”按钮

② 弹出“表格属性”对话框，“表格”选项卡下的对齐方式选择“居中”，如图 1-92 所示。

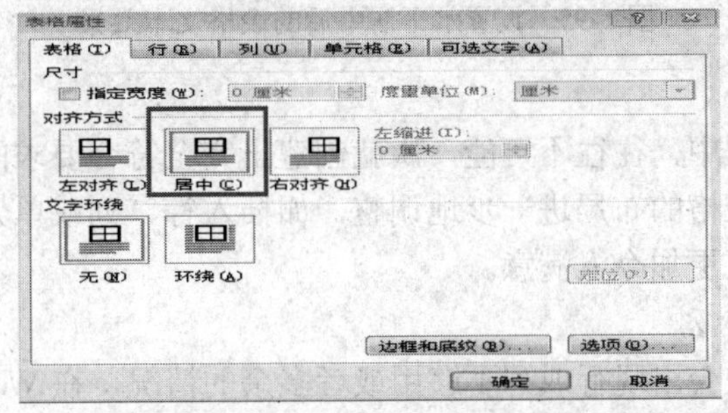

图 1-92　设置表格“居中”对齐

③ 单击“确定”按钮，表格在文档中居中对齐，效果如图 1-93 所示。

职位	人数	月薪/人	年薪/人	总计（年）
总经理	1	5000	60000	60000
行政部				
行政主管	1	2500	30000	30000
行政职员	1	1500	18000	18000
策划部				
策划经理	1	2500	30000	30000
策划职员	2	1500	18000	36000

图 1-93　表格“居中”对齐效果

(2) 设置表格中文本的对齐方式。表格中文本的对齐方式有 9 种，分别是靠上(下)两端对齐、中部两端对齐、靠上(下)居中对齐、水平居中、靠上(下)右对齐及中部右对齐。下面以水平居中为例，介绍王群设置表格中文本对齐方式的具体步骤：

① 移动鼠标到表格的左上角，当鼠标指针变为四向箭头时单击鼠标选中整个表格。

② 切换至“表格工具→布局”选项卡，在“对齐方式”组中单击“水平居中”按钮，如图 1-94 所示。

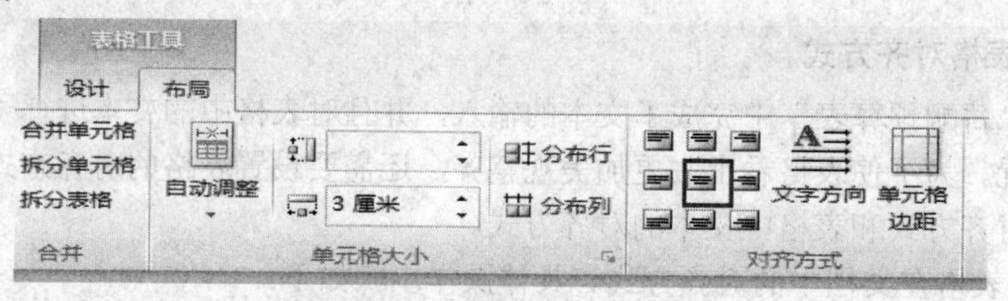

图 1-94　单击“水平居中”按钮

③ 设置水平居中对齐后的效果如图 1-95 所示。

职位	人数	月薪/人	年薪/人	总计（年）
总经理	1	5000	60000	60000
行政部				
行政主管	1	2500	30000	30000
行政职员	1	1500	18000	18000
策划部				
策划经理	1	2500	30000	30000
策划职员	2	1500	18000	36000

图 1-95　设置水平居中后的表格文本效果

3. 调整表格布局

在文档编辑的过程中，往往不可能一次就创建出完全符合要求的表格，有时由于内容变更等原因，需要对表格的布局进一步地调整，如插入行、列或单元格，合并及拆分单元格等，从而使表格效果更加令人满意。

1) 插入与删除行或列

使用表格时，有时会出现行或列不够用或者多余的情况，在 Word 2010 中，有多种方式能够实现表格行或列的插入与删除操作。这里我们以使用功能区中命令按钮为例来实现表格行或列的插入与删除。

(1) 插入行。在前面已经创建的“薪酬预算表”中，王群发现市场调研部缺少职员信息，于是想在“市场调研经理”下面插入一行，具体操作步骤如下：

① 将光标定位到“市场调研经理”这一行的任意单元格中，切换至“表格工具→布局”选项卡，在“行和列”组中单击“在下方插入”按钮，如图 1-96 所示。

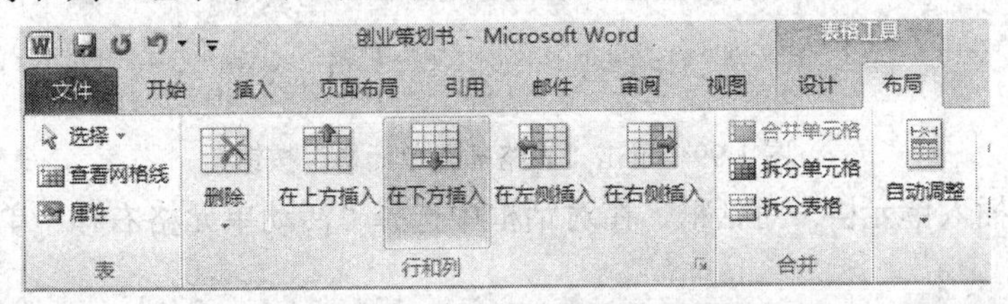

图 1-96　单击“在下方插入”按钮

② 经过上一步的操作，可以看到在“市场调研经理”这一行的下面添加了一行空的表格，并且为选中状态，效果如图 1-97 所示。

客服部				
客服经理	1	2000	24000	24000
客服专员	10	1200	14400	144000
市场调研部				
市场调研经理	1	2500	30000	30000
网络部				
网络部主管	1	2000	24000	24000

图 1-97　插入行效果

(2) 删除行。如果需要删除表格中的某一行，则将光标放置在这一行的任意单元格中，然后点击“行和列”组中的“删除”下拉按钮，在展开的下拉菜单中选择“删除行”命令即可，如图 1-98 所示。

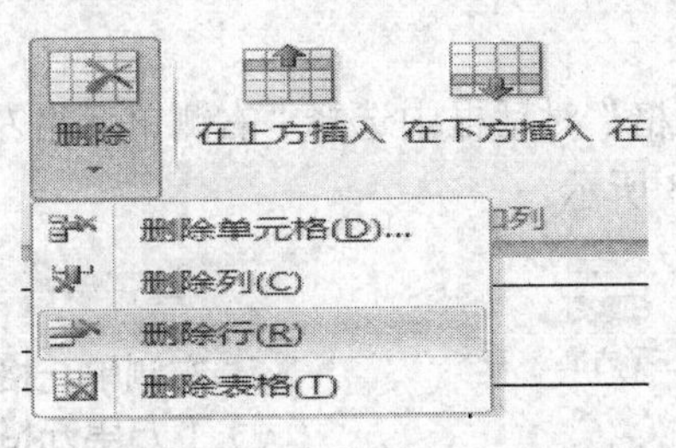

图 1-98　点击“删除行”命令

(3) 插入或删除列。插入或者删除某一列的具体方法与插入或删除行的方法类似，这里就不再进行赘述。

2) 插入与删除单元格

对于已经创建好的表格，也可以只在其中插入或者删除某个单元格。

(1) 插入单元格的具体步骤为：

① 在“薪酬预算表”中选中要插入单元格的位置，切换至“表格工具→布局”选项卡，

单击“行和列”组右下角的“表格插入单元格”按钮，如图 1-99 所示。

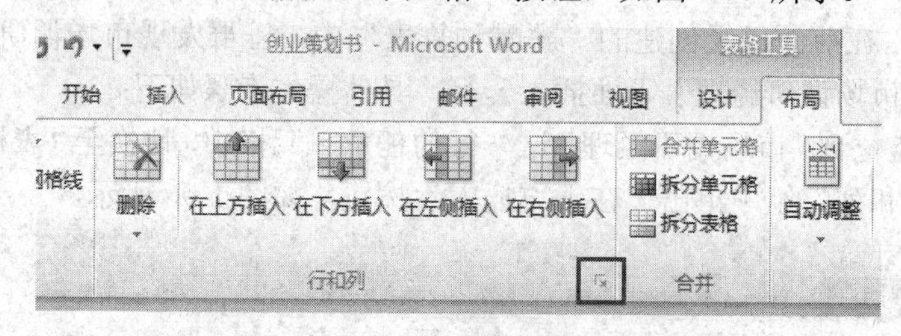

图 1-99　单击“表格插入单元格”按钮

② 弹出“插入单元格”对话框，在对话框中选择“活动单元格右移”单选按钮，如图 1-100 所示。

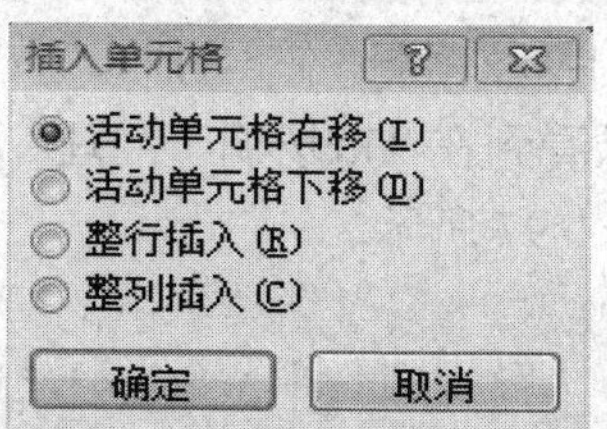

图 1-100　插入单元格对话框

③ 单击“确定”按钮，则会在选中单元格的左侧添加一个单元格，同时选中的单元格及其右边的单元格将自动右移一列，如图 1-101 所示。

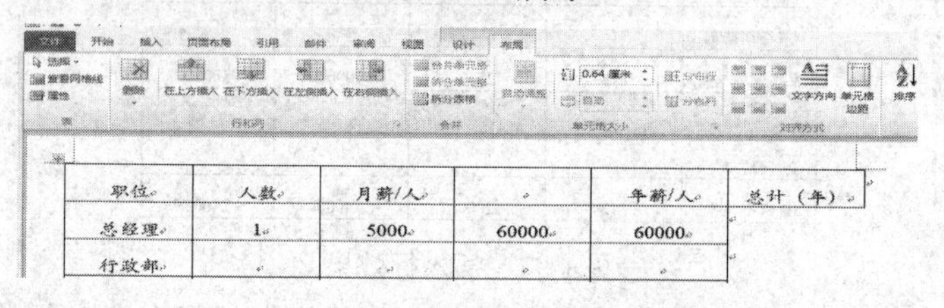

职位	人数	月薪/人		年薪/人	总计（年）
总经理	1	5000	60000	60000	
行政部					

图 1-101　插入单元格效果

(2) 删除单元格。与插入单元格相对应的操作是删除单元格，具体操作步骤为：

① 选中要删除的单元格，在“行和列”组中的“删除”下拉菜单中选择“删除单元格”命令，如图 1-102 所示。

② 在弹出的“删除单元格”对话框中选择“右侧单元格左移”单选按钮，即可完成单元格的删除操作，如图 1-103 所示。

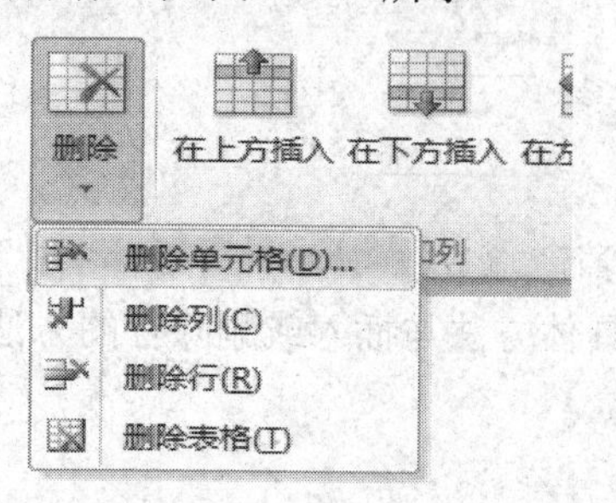

图 1-102　选择“删除单元格”命令

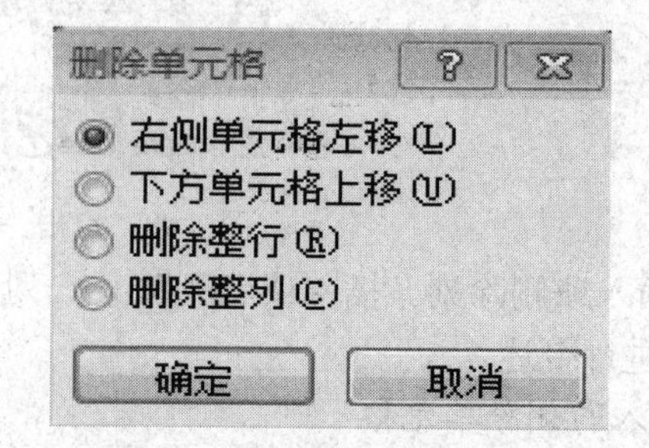

图 1-103　删除单元格对话框

3) 合并与拆分单元格

在使用 Word 表格时，用户可以对表格中的单元格进行合并与拆分操作。把相邻单元格之间的边线擦除，就可以将两个单元格合并成一个大的单元格，反之，在一个单元格中添加一条边线，就可以把一个单元格拆分成两个小单元格。

(1) 合并单元格。在前面的“薪酬预算表”中，王群要分别在写有部门名称的这些行中进行合并单元格的操作。下面以“行政部”这一行为例，合并单元格的具体步骤如下：

① 选中“行政部”这一行的所有单元格，切换至“表格工具→布局”选项卡，在“合并”组中单击“合并单元格”按钮，如图 1-104 所示。

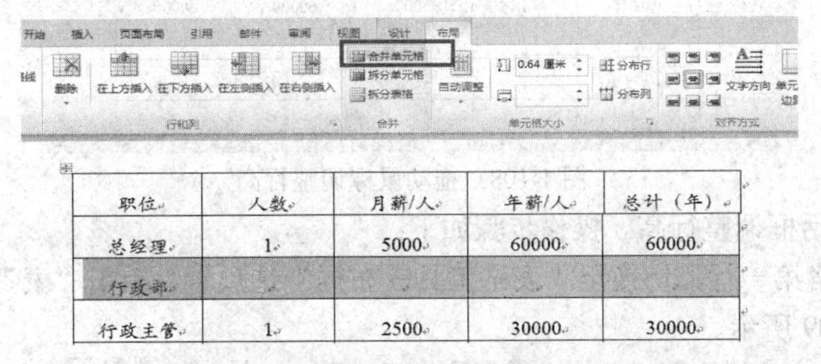

职位	人数	月薪/人	年薪/人	总计（年）
总经理	1	5000	60000	60000
行政部				
行政主管	1	2500	30000	30000

图 1-104　单击“合并单元格”按钮

② 此时，“行政部”这一行的五个单元格被合并成一个大的单元格，如图 1-105 所示。

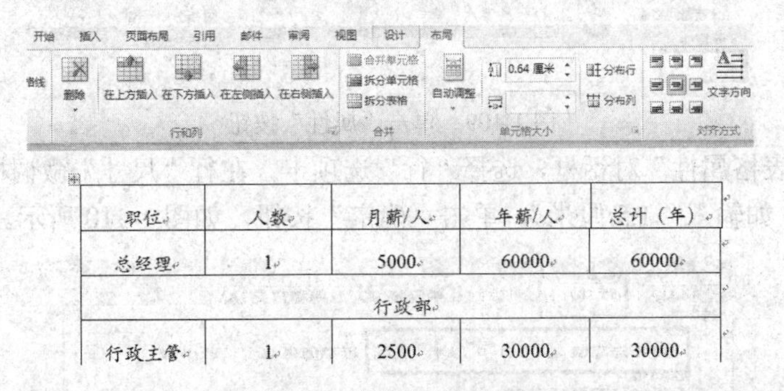

职位	人数	月薪/人	年薪/人	总计（年）
总经理	1	5000	60000	60000
行政部				
行政主管	1	2500	30000	30000

图 1-105　合并单元格后效果

(2) 拆分单元格。接着上面的示例介绍，拆分单元格的操作步骤如下：

① 选择需要拆分的单元格，在“表格工具→布局”选项卡下，单击“合并”组中的“拆分单元格”命令，如图 1-106 所示。

② 在弹出的“拆分单元格”对话框中设置拆分的行数和列数，单击“确定”按钮，即可完成单元格的拆分，如图 1-107 所示。

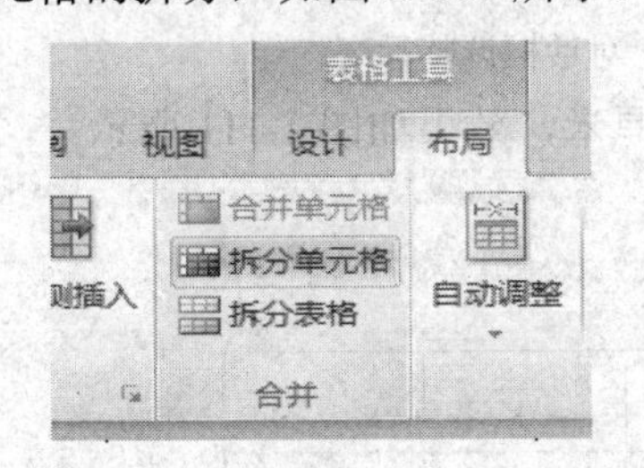

图 1-106　单击“拆分单元格”命令

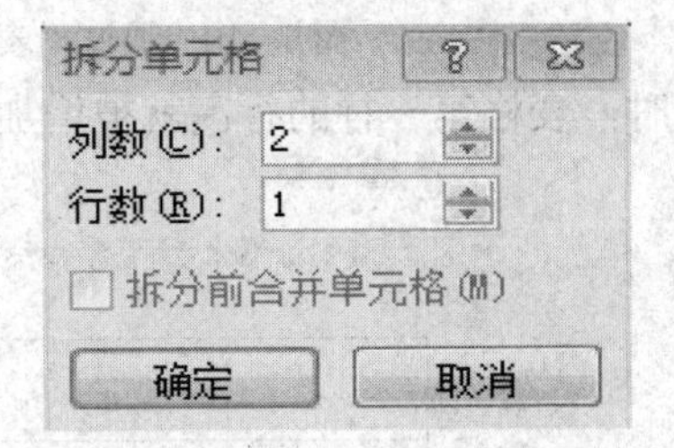

图 1-107　拆分单元格对话框

4) 调整行高和列宽

为了适应不同的表格内容，一般情况下，Word 会自动调整表格的行高，用户也可以自定义表格的行高和列宽。调整行高和列宽的方法类似，这里以调整“薪酬预算表”中第一行的行高为例，分别介绍调整行高的两种方法。

(1) 使用鼠标拖动调整行高。将鼠标移动至表格第一行的下边框线上，当鼠标指针变成÷形状时，按住鼠标左键并向下拖动，此时会显示一条虚线，如图 1-108 所示，拖到合适位置时松开鼠标，即可增大表格第一行的行高。

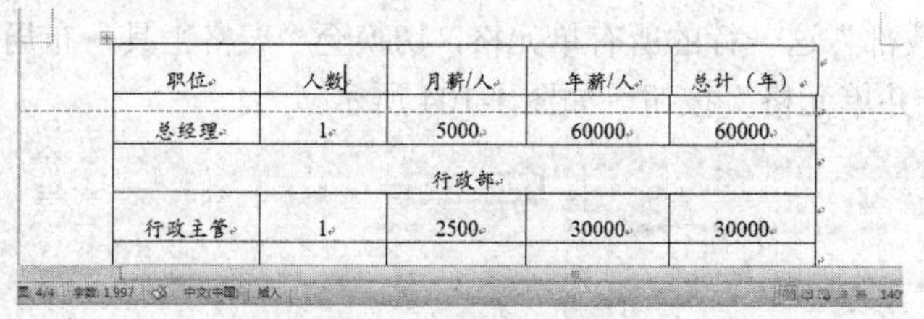

职位	人数	月薪/人	年薪/人	总计（年）
总经理	1	5000	60000	60000
行政部				
行政主管	1	2500	30000	30000

图 1-108　拖动鼠标调整行高

(2) 使用对话框调整行高。操作步骤如下：

① 选中表格第一行，切换至“表格工具→布局”选项卡，单击“表”组中的“属性”按钮，如图 1-109 所示。

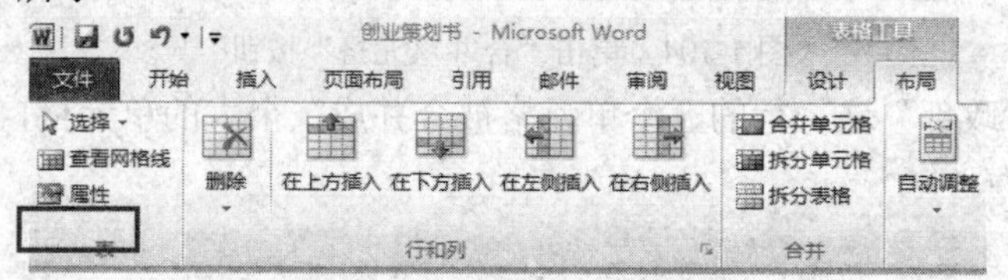

图 1-109　单击“属性”按钮

② 弹出“表格属性”对话框，选择“行”选项卡，在行“尺寸”微调框中输入一个比原来大的数值，如输入“1.5 厘米”，单击“确定”按钮，如图 1-110 所示。

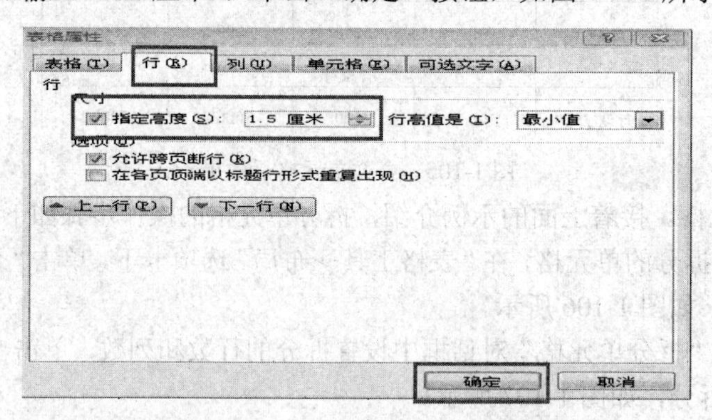

图 1-110　通过“表格属性”对话框调整行高

③ 此时，表格第一行的行高就被增加至 1.5 厘米，效果如图 1-111 所示。

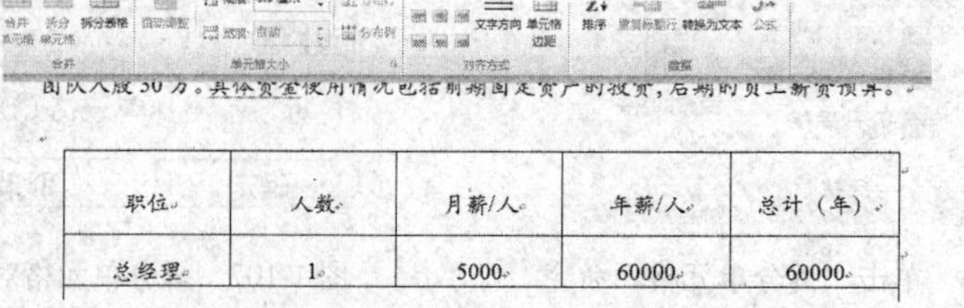

职位	人数	月薪/人	年薪/人	总计（年）
总经理	1	5000	60000	60000

图 1-111　调整行高后效果

4. 美化表格

为了使表格更加美观，在调整表格布局后，王群又通过设置表格样式、设置表格边框和底纹等，对表格进一步地美化。

(1) 套用表格样式。如果想要迅速改变表格外观，用户可以直接套用 Word 内置的表格样式，具体操作步骤如下：

① 单击表格中任意单元格，切换至“表格工具→设计”选项卡；

② 在“表格样式”下拉菜单中选择一种样式，如图 1-112 所示。

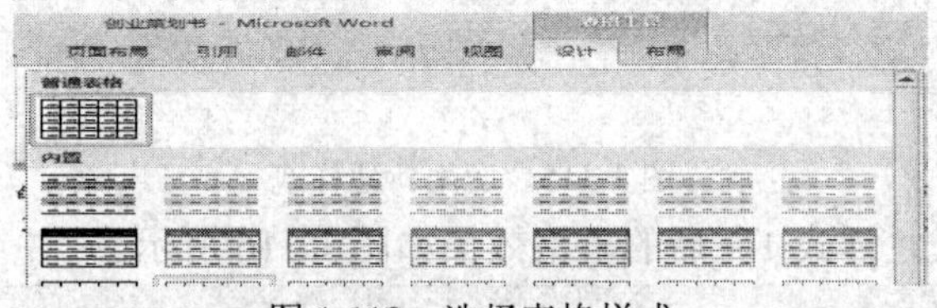

图 1-112　选择表格样式

(2) 新建表格样式。王群发现 Word 中内置的表格样式并不适合前面所创建的表格，于是他决定根据自己的需要新建一个具有特色的表格样式，具体操作步骤如下：

① 在“表格工具→设计”选项卡下，单击“表格样式”下拉菜单底部的“新建表样式”命令，如图 1-113 所示。

图 1-113　单击“新建表样式”命令

② 弹出“根据格式设置创建新样式”对话框：

· 在“属性”选项区中，设置样式基准为“网格型”样式；

· 在“格式”选项区中，依次进行如下设置：在“将格式应用于”下拉菜单中选择“标题行”，字体设置为“华文行楷”，字号为“小三”，字体颜色为“绿色”，边框宽度为“1.5 磅”，填充颜色为“橙色”；

· 设置完毕后单击“确定”按钮，如图 1-114 所示。

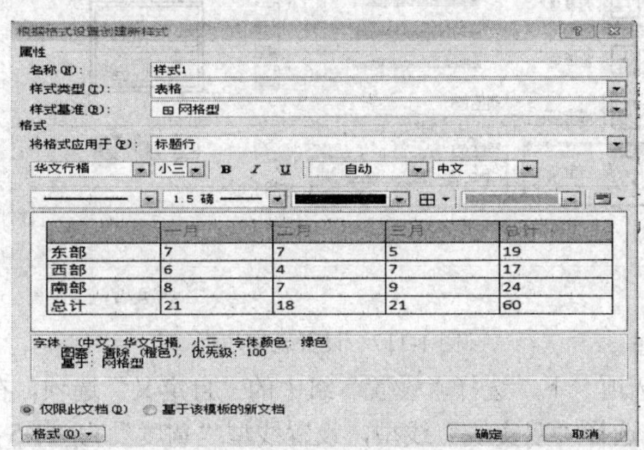

图 1-114　设置新建样式

③ 再次单击“表格样式”下拉按钮，在展开的下拉列表顶部单击“自定义”区域的“样式 1”，该样式就是刚刚新建的样式，如图 1-115 所示。

图 1-115　应用新建样式

④ 应用新建样式“样式 1”后的表格效果如图 1-116 所示。

职位	人数	月薪(人)	年薪(人)	总计(年)
总经理	1	5000	60000	60000
行政部				
行政主管	1	2500	30000	30000
行政职员	1	1500	18000	18000
策划部				
策划经理	1	2500	30000	30000
策划职员	2	1500	18000	36000

图 1-116　应用新建样式后的表格效果

(3) 设置表格边框和底纹。Word 2010 中默认的表格边框是 0.5 磅的单实线，用户如果不满意，可以重新设置任意粗细、线型的边框。设置表格边框的具体步骤如下：

① 选中前面已经设置好样式的“薪酬预算表”，单击“表格工具→布局”选项卡的“表”组中的“属性”按钮，弹出“表格属性”对话框；

② 选择“表格”选项卡，单击“边框和底纹”按钮，弹出“边框和底纹”对话框；

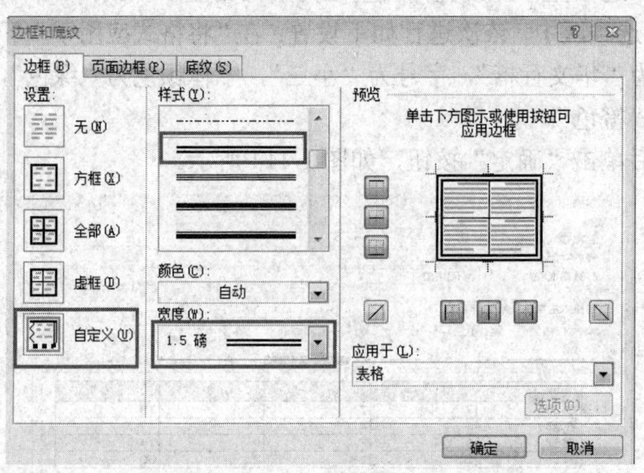

图 1-117　设置表格边框

③ 在“边框”选项卡下，选择“设置”组中的“自定义”选项，在“样式”列表框中选择一种线型，这里选择“双实线”线型，设置线型“宽度”为“1.5 磅”，然后分别双击“预览”窗口中的四个按钮，如图 1-117 所示；

④ 单击“确定”按钮，返回“表格属性”对话框，再单击“确定”按钮，即可完成表格边框的设置。

用户也可以为表格的不同单元格添加底纹，具体操作步骤如下：

① 选中上面表格中的“行政部”这一单元格，单击“表格工具→设计”选项卡；

② 在“表格样式”组中，单击“底纹”下拉按钮，选则相应的填充颜色，即可完成底纹的设置，如图 1-118 所示。

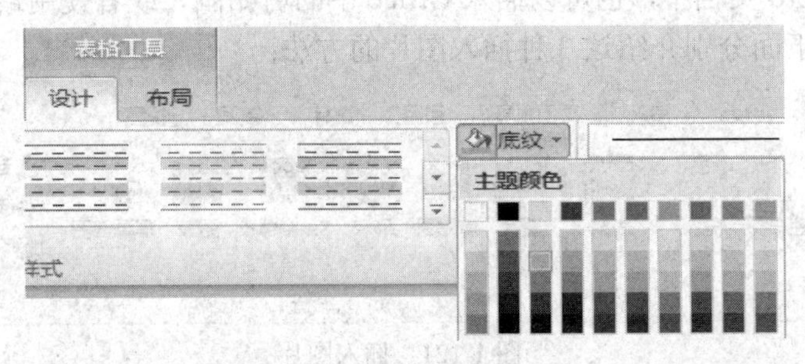

图 1-118　设置单元格底纹

表格的使用(案例)

按照同样的方式，王群对写有其他几个部门名称的单元格也进行了设置，最终设置好边框和底纹后的表格效果如图 1-119 所示。可以参照本书资源包中“案例/第 1 章/表格的使用.docx”文档。

职位	人数	月薪/人	年薪/人	总计（年）
总经理	1	5000	60000	60000
行政部				
行政主管	1	2500	30000	30000
行政职员	1	1500	18000	18000
策划部				
策划经理	1	2500	30000	30000
策划职员	2	1500	18000	36000

图 1-119　设置边框和底纹后表格的效果

(4) 表格的跨页操作。当表格内容太多的时候，可能会产生跨页操作的问题，这个时候就需要在每页的表格上都提供一个相同的标题，使之看起来仍是一个表格，可以按照如下步骤进行操作：

① 将光标定位在指定为表格标题的行中，单击“表格工具→布局”选项卡；

② 在“数据”组中，单击“重复标题行”按钮即可，如图 1-120 所示。

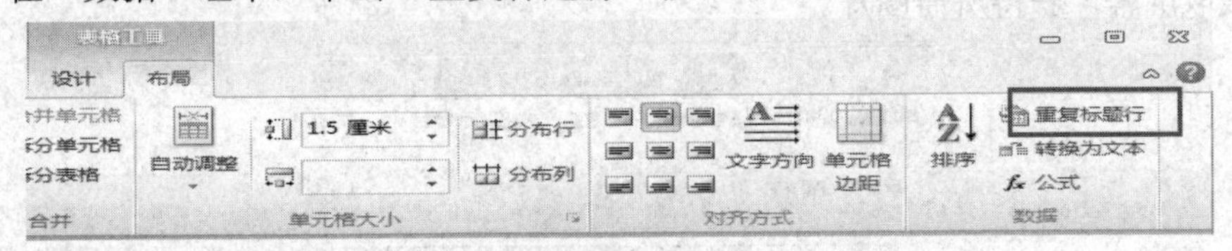

图 1-120　表格跨页设置重复标题行

1.2.7　图片的使用

在编辑文档时，插入图片可以使文档变得生动形象，做到图文并茂，从而更好地表达作者的意图。在 Word 2010 中用户不仅可以插入多种格式的图片，还能够对图片进行简单处理。

1. 插入图片

Word 2010 提供了多种插入图片的方式，切换至“插入”选项卡，在“插图”组中用户可以自由选择所需插入图片的类型，如图 1-121 所示。例如，可以直接将保存在电脑中的图片插入到 Word 文档中，也可以插入 Office 中的剪贴画，或者使用最新的“屏幕截图”功能插入图片。下面分别介绍这 3 种插入图片的方法：

图 1-121　插入图片

(1) 插入文件中的图片：在 Word 中，用户可以将保存在电脑中的图片插入到文档中，也可以将从扫描仪或者其他图形软件获取的图片插入到文档中。选择“插入”选项卡，在“插图”组中单击“图片”按钮，从弹出的“插入图片”对话框中选择所需要的图片即可。

(2) 插入剪贴画：Word 2010 中自带了丰富多彩的剪贴画图库，用户可以直接在“剪贴画”窗格中按图片关键字进行搜索，如图 1-122 所示。选中“包括 Office.com 内容”复选框，可以搜索 Office.com 网站所提供的更多的剪贴画。

图 1-122　“剪贴画”窗格

(3) 使用“屏幕截图”功能插入图片：如果用户需要在文档中使用当前页面中某个图片或者图片的一部分，则可以通过 Word 2010 中新增的“屏幕截图”功能来实现，如图 1-123 所示。此功能不但可以快速捕捉当前打开的窗口到文档中，还可以使用“屏幕剪辑”选项自定义截取屏幕，获得所需图片。

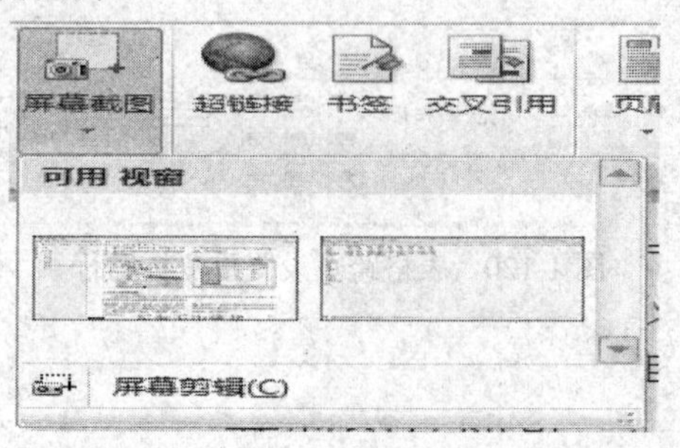

图 1-123　使用“屏幕截图”功能

图片(素材)

在本小节的案例中，王群要将素材文件夹中的图片插入到“创业策划书”文档中，具体操作步骤如下：

(1) 打开本书资源包中“案例/第 1 章/表格的使用.docx”文档，将光标定位至需要插入图片的位置，切换至“插入”选项卡，单击“插图”组中“图片”按钮。

(2) 在弹出的“插入图片”对话框中，找到需要插入的图片(本书资源包中“素材/第 1 章/图片.jpg”文件)，单击“插入”按钮，如图 1-124 所示。

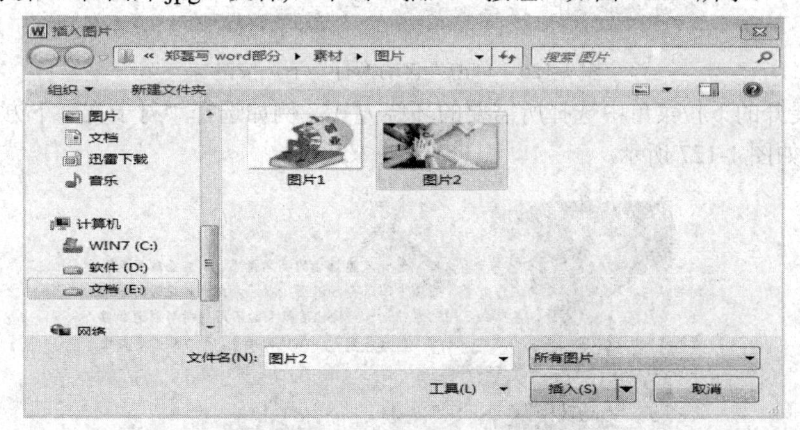

图 1-124　“插入图片”对话框

(3) 经过以上操作步骤，光标定位点处即可显示所插入的图片，如图 1-125 所示，并且在功能区中出现了“图片工具→格式”上下文选项卡，在该选项卡下可以对图片进行相应的设置。

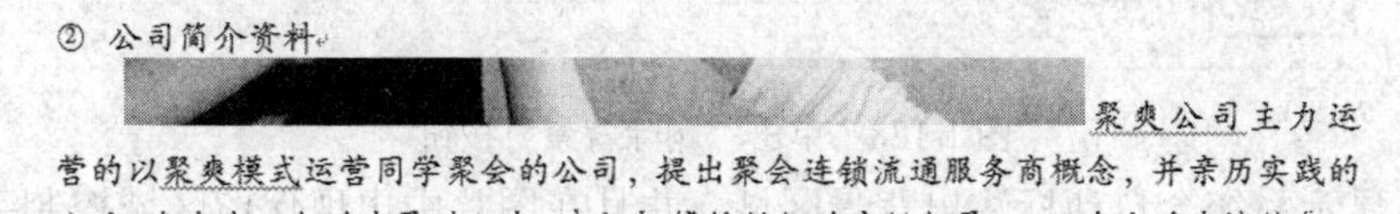

① 公司的宗旨

聚爽公司传承中华五千年厚重文明，经营人类亘古的凝聚情感，响应全球绿色和谐的畅想，以特许经营的运作方式，图谋中国服务经济图。以“聚爽模式运营同学聚会”为起点，迈步营造服务产业互联化连锁化，坚持优质服务的不断创新与创造加盟者的最大利润为永远不变的追求，并以“聚爽为中国”为社会使命，努力致力于打造全球大学生聚会业第一品牌为远景。

② 公司简介资料

聚爽公司主力运营的以聚爽模式运营同学聚会的公司，提出聚会连锁流通服务商概念，并亲历实践的

图 1-125　插入图片后效果

2. 编辑图片

图 1-125 中，图片的效果显然不符合要求，接下来就要对图片进行适当的编辑和调整。

(1) 设置图片环绕方式。默认情况下插入的图片是以“嵌入型”方式显示的，如果用户需要在文档中灵活地排列与移动图片，那么就需要重新设置图片的环绕方式。具体操作步骤如下：

① 选中图片，切换至“图片工具→格式”选项卡，在“排列”组中点击“自动换行”下拉按钮，如图 1-126 所示。

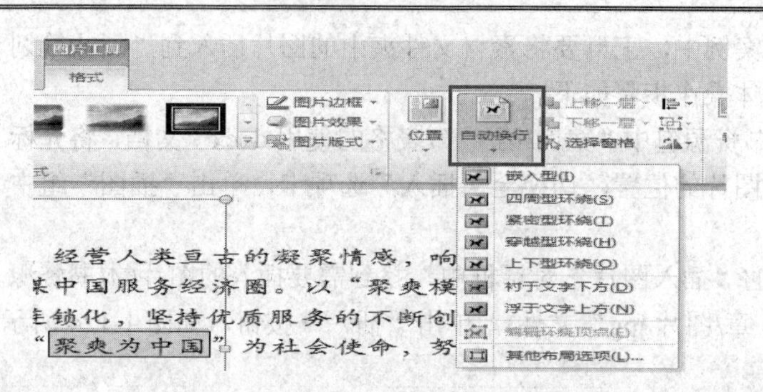

图 1-126　单击“自动换行”下拉按钮

② 在展开的下拉菜单中选择所需要的环绕方式，例如选择“衬于文字下方”，设置完后图片效果如图 1-127 所示。

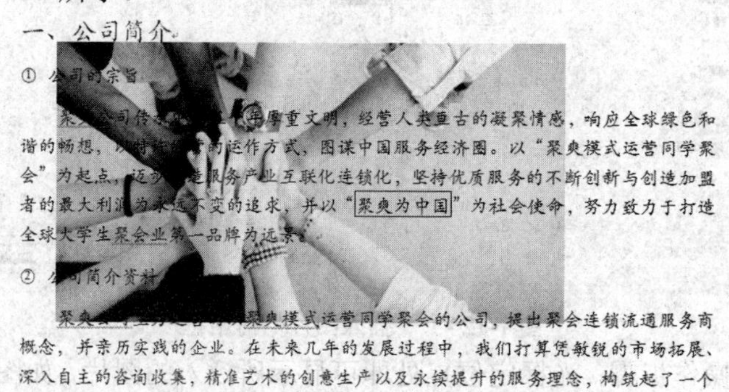

一、公司简介

① 公司的宗旨

聚爽公司倍[illegible]尊重文明，经营人类亘古的凝聚情感，响应全球绿色和谐的畅想，以持[illegible]的运作方式，图谋中国服务经济圈。以“聚爽模式运营同学聚会”为起点，迈[illegible]服务产业互联化连锁化，坚持优质服务的不断创新与创造加盟者的最大利润为永远不变的追求，并以“聚爽为中国”为社会使命，努力致力于打造全球大学生聚会业第一品牌为远景。

② 公司简介资料

聚爽公[illegible]聚爽模式运营同学聚会的公司，提出聚会连锁流通服务商概念，并亲历实践的企业。在未来几年的发展过程中，我们打算凭敏锐的市场拓展、深入自主的咨询收集，精准艺术的创意生产以及永续提升的服务理念，构筑起了一个

图 1-127　“衬于文字下方”环绕方式效果

(2) 删除图片背景。如果用户不需要图片的背景部分，那么可以使用 Word 2010 新增的删除背景功能，快速去除图片的背景部分，具体操作步骤如下：

① 选择图片并切换至“图片工具→格式”选项卡，在“调整”组中单击“删除背景”按钮，如图 1-128 所示。

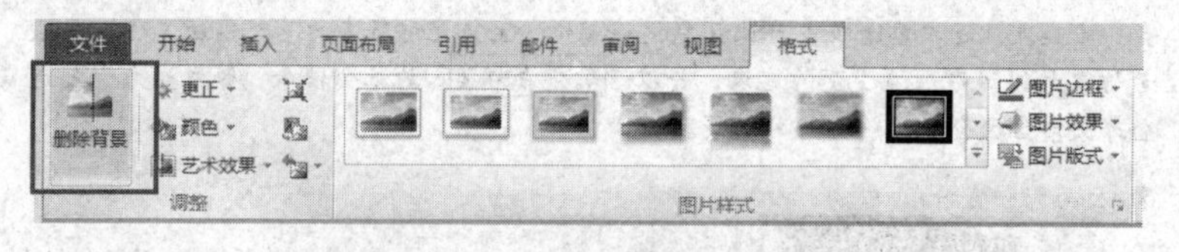

图 1-128　单击“删除背景”按钮

② 此时显示系统会自动标注出背景区域，并且在图片中出现保留区域控制手柄，拖动手柄，以设置要保留的区域，如图 1-129 所示。

图 1-129　设置图片保留区域

③ 设置好保留区域后，按下 Enter 建，就可以看到图片的背景已删除，效果如图 1-130

所示。

图 1-130　删除背景后图片效果

(3) 调整图片大小。对于插入到文档中的图片，用户也可以根据需要调整图片的大小。调整图片大小的方法有两种：

① 选中图片，将鼠标移动到图片的任意对角控制点上，当光标变成双向箭头时，按住鼠标左键并拖动，即可调整图片的大小。

② 除此之外，用户还可以对图片的大小进行精确调整，切换至“图片工具→格式”选项卡，在“大小”组中的“高度”微调框中输入高度值，如图 1-131 所示，按 Enter 键后，系统会根据比例自动设置其宽度值。

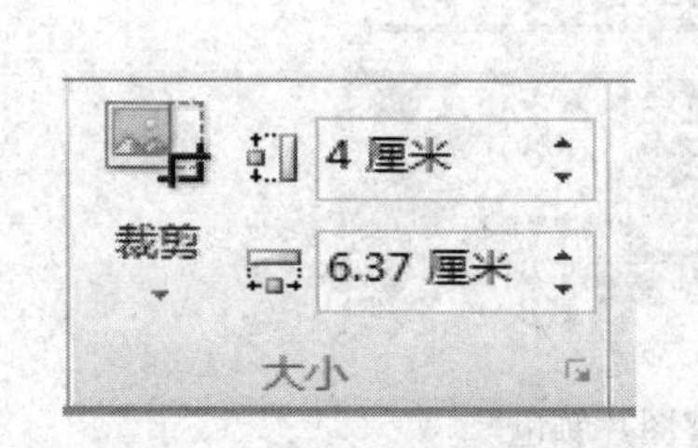

图 1-131　调整图片高度或宽度

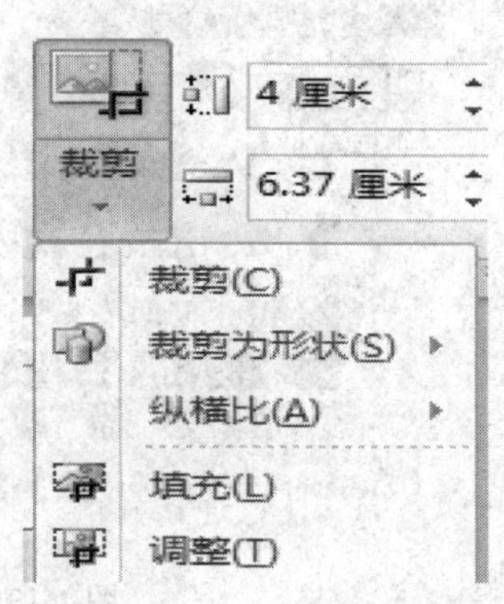

图 1-132　“剪裁”下拉菜单

Tips：*在精确调整图片大小时，如果希望图片的长宽比例可以自由调整，则打开“布局”对话框，在“大小”选项卡的“缩放”区域中，不要勾选“锁定纵横比”复选框即可。*

(4) 剪裁图片。如果只用到一张图片中的一部分，则需要对多余的部分进行剪裁。点击 “大小”组中的“剪裁”下三角按钮，展开“剪裁”下拉菜单，如图 1-132 所示。用户可以通过剪裁去掉原始图片中不需要的部分，也可以按照比例剪裁图片，甚至还可以将图片剪裁为不同的形状。

案例中王群需要将图片剪裁为椭圆形，剪裁图片的具体步骤为：

① 选中图片，单击“剪裁”下拉按钮，在展开的下拉菜单中选择“剪裁为形状”命令，在下级下拉列表中的“基本形状”区域单击“椭圆”形状，如图 1-133 所示。

② 按照默认的最大尺寸剪裁为椭圆后的图片效果如图 1-134 所示。

图 1-133　选择“剪裁为形状”命令　　　图 1-134　剪裁为椭圆形状的图片效果

3. 美化图片

编辑好图片后，就需要对图片进行美化设置，包括调整图片的颜色、更正图片亮度和对比度、更改图片样式以及为图片应用艺术效果等。

(1) 调整图片颜色。如果用户对图片的颜色不满意，可以对其进行调整，在 Word 2010 中，可以快速得到不同的图片颜色效果。选中图片后，在“图片工具→格式”选项卡的“调整”组中，单击“颜色”下拉按钮，在展开的下拉列表中的“重新着色”区域内选择“橙色”，即可将图片的颜色调整为橙色，如图 1-135 所示。

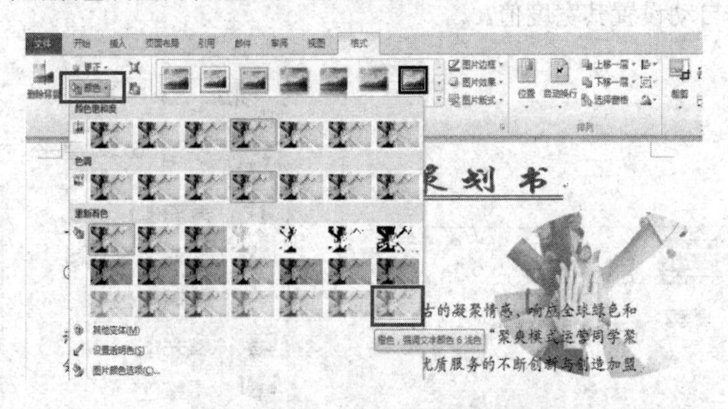

图 1-135　调整图片颜色

(2) 更正图片亮度和对比度。Word 2010 还为用户提供了设置图片亮度和对比度的功能，用户可以通过预览到的图片效果来进行选择。单击“调整”组中的“更正”下拉按钮，在展开的下拉列表中选择合适的亮度和对比度即可，如图 1-136 所示。

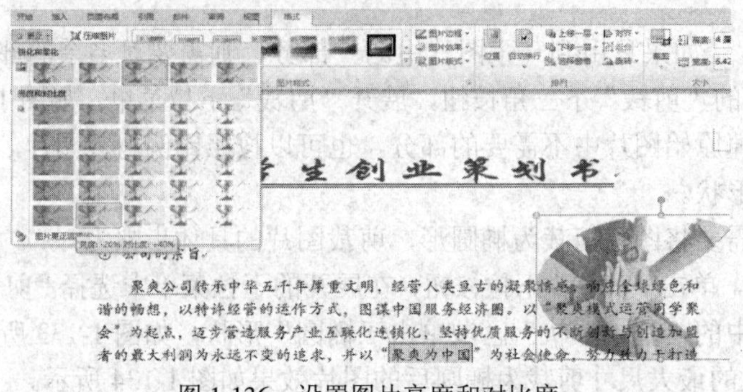

图 1-136　设置图片亮度和对比度

(3) 设置图片样式。还可以为文档中插入的图片应用样式，使其在最短的时间内拥有专业的外观。单击“图片样式”组中的快翻按钮，在展开的样式列表中选择自己喜欢的样式。应用样式之后的图片效果如图 1-137 所示。

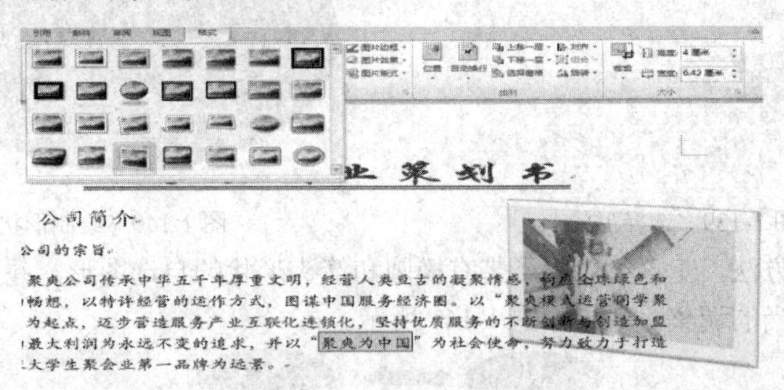

图 1-137　设置图片样式

(4) 为图片应用艺术效果。在 Word 2010 中内置了丰富的图片艺术效果，如铅笔灰度、铅笔素描、画图笔画及纹理化等效果，用户可以将这些艺术效果应用于图片。在“调整”组中单击“艺术效果”下拉按钮，在展开的下拉列表中选择所需要的艺术效果，如选择“纹理化”，效果如图 1-138 所示。此时可以看到图片发生了变化，已经应用了所选的“纹理化”艺术效果。

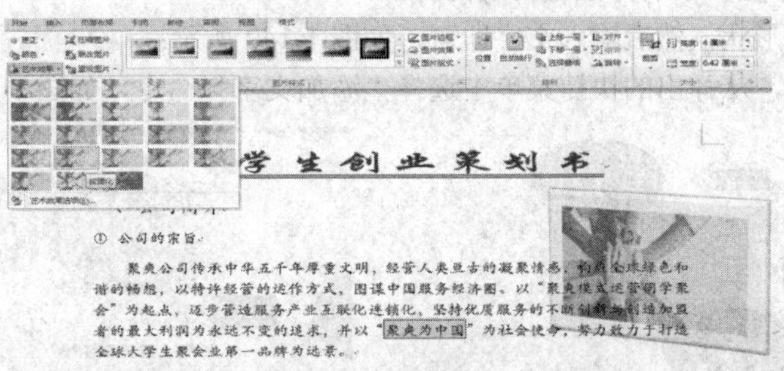

图 1-138　为图片应用“纹理化”艺术效果

4. 自选图形的应用

自选图形是指利用现有图形绘制所需要的图形样式，Word 中可用的现有图形包括线条、基本几何形状、箭头、公式形状、流程图、星、旗帜和标注。在本小节中，为了直观显示出案例中创业项目的特色，王群希望利用椭圆和箭头两种形状来绘制自选图形，并对其进行格式设置。

(1) 绘制自选图形。在“创业策划书”文档中，将光标放置到需要插入自选图形的位置后，切换到“插入”选项卡，在“插图”组中单击“形状”下拉按钮，在展开的下拉列表中选择“椭圆”形状，如图 1-139 所示。然后拖动鼠标在文档中绘制一个椭圆形状，如图 1-140 所示。

Tips：如果用户希望绘制的是圆形或正方形，只要在“形状”下拉列表中单击“圆形”或“矩形”形状，拖动鼠标绘制图形时按住 Shift 键即可。

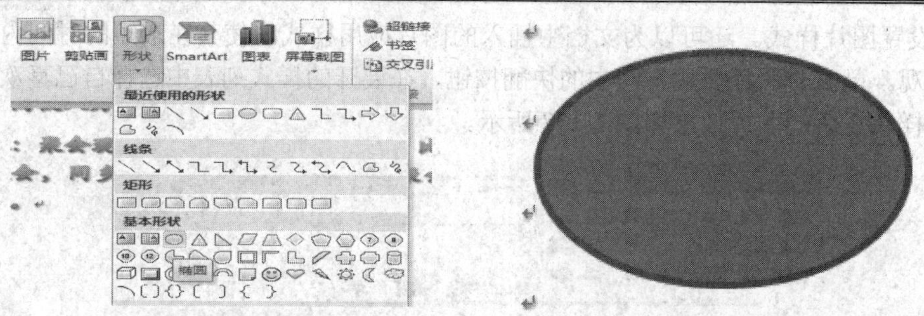

图 1-139　选择形状　　　　图 1-140　绘制形状

按照同样的方法，王群绘制出了带有椭圆和箭头形状的自选图形，并且对形状的大小和位置进行了适当的调整，效果如图 1-141 所示。

图 1-141　自选图形绘制效果

(2) 在形状中添加文字。为了充分表达所绘制图形的意思，还需要在形状中添加文字说明。向形状中添加文字的方法通常有两种：

① 直接单击形状，然后输入文字即可，如图 1-142 所示；

② 右击形状，从弹出的快捷菜单中选择“添加文字”命令，如图 1-143 所示。

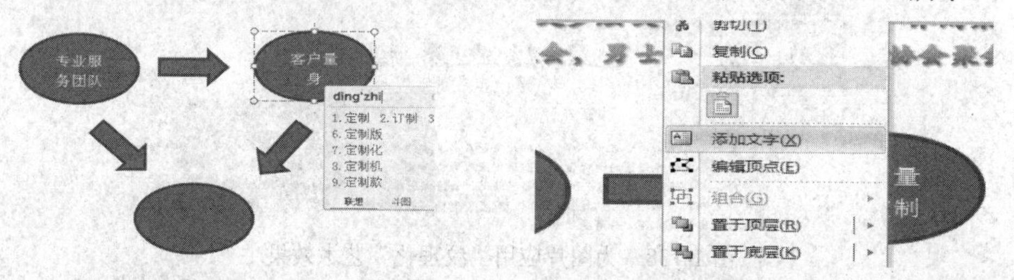

图 1-142　单击输入文字　　　　图 1-143　在快捷菜单中选择“添加文字”命令

(3) 设置自选图形样式。为了使创建的自选图形拥有更美观的效果，可以在“形状样式”组中为图形应用样式，如图 1-144 所示。在 Word 2010 中内置了很多形状样式，用户如果需要快速完成图形的制作，可以使用内置的预设样式。如果想要制作出独特的图形效果，也可以自己设置形状填充、形状轮廓以及形状效果。

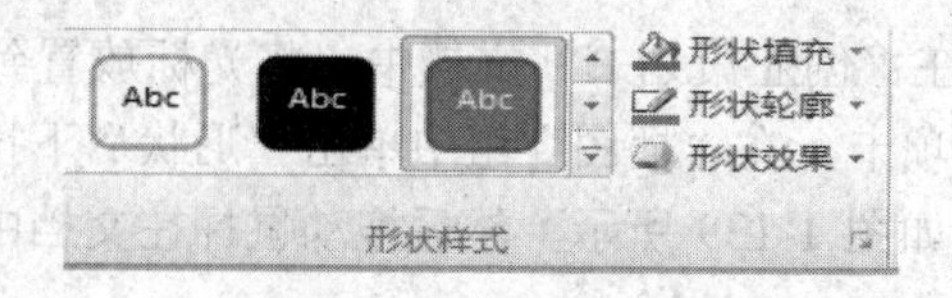

图 1-144　“形状样式”组

这里以应用内置样式为例，王群将所绘制的自选图形设置为“浅色轮廓彩色填充”效果，具体操作步骤如下：

① 按住 Shift 键，选中所有形状，右击鼠标，在弹出的快捷菜单中选择“组合”命令，将所有形状组合成一个图形，如图 1-145 所示。

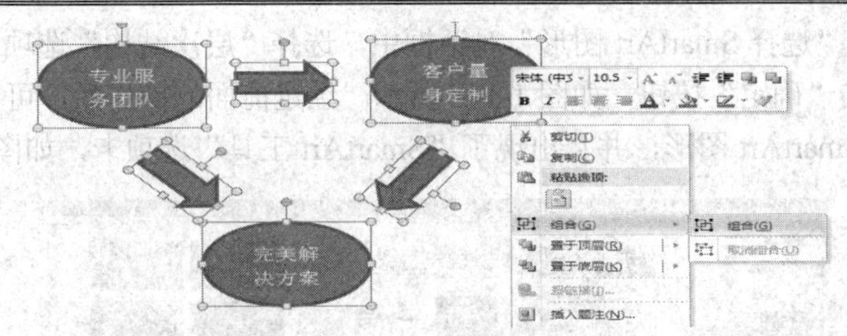

图1-145 组合形状

② 单击组合后的图形，在“图片工具→格式”选项卡中，单击“形状样式”组中的“样式”快翻按钮，在展开的样式库中选择所需要的样式。应用“浅色轮廓彩色填充”后的效果如图1-146所示。设置后的效果见本书资源包“案例/第1章/图片的使用.docx”文档。

图片的使用(案例)

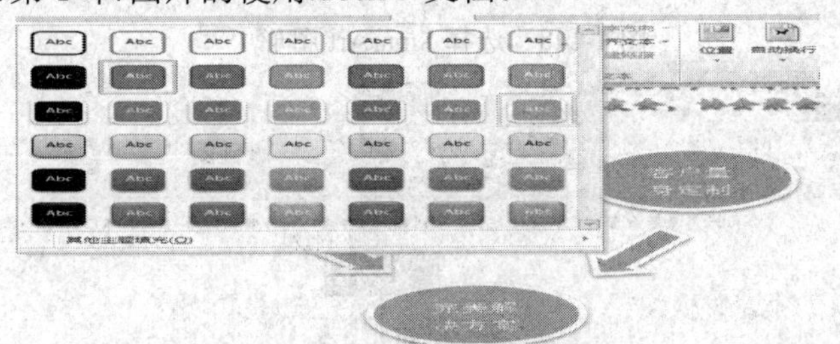

图1-146 为图形应用内置样式

1.2.8 SmartArt的使用

SmartArt图形用来表明对象之间的从属关系、层次关系等，在实际工作中经常用到。用户可以从多种不同布局中选择，创建适合自己的SmartArt图形，从而快速、轻松、有效地传达各种信息。

1. 创建SmartArt图形

SmartArt图形共分为八类：列表、流程、循环、层次结构、关系、矩阵、棱锥图和图片。在创建SmartArt图形之前，用户需要考虑最适合显示数据的类型和布局，以及SmartArt图形要表达的内容是否要求特定的外观等问题。

在本小节的案例中，对于“创业策划书”文档中的公司简介部分，王群想要以组织结构图的形式显示管理职能分配情况，具体操作步骤如下：

(1) 打开本书资源包中“案例/第1章/图片的使用.docx”文档，将光标定位到“公司管理职能分配”这一行的末尾，按Enter换行。

(2) 切换至“插入”选项卡，单击“插图”组中的“SmartArt”按钮，如图1-147所示。

图1-147 单击SmartArt按钮

(3) 在弹出的“选择 SmartArt 图形”对话框中，选择“层次结构”选项区中的“组织结构图”选项，单击“确定”按钮，如图 1-148 所示。经过前面的操作后，可以看到文档中出现了所选类型的 SmartArt 图形，并且出现了“SmartArt 工具”选项卡，如图 1-149 所示。

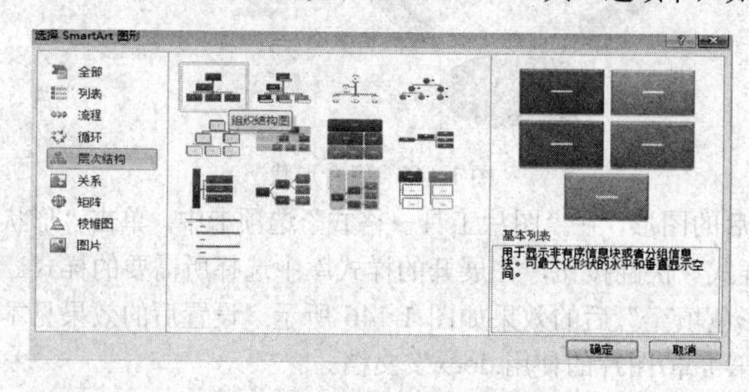

图 1-148　选择 SmarArt 图形

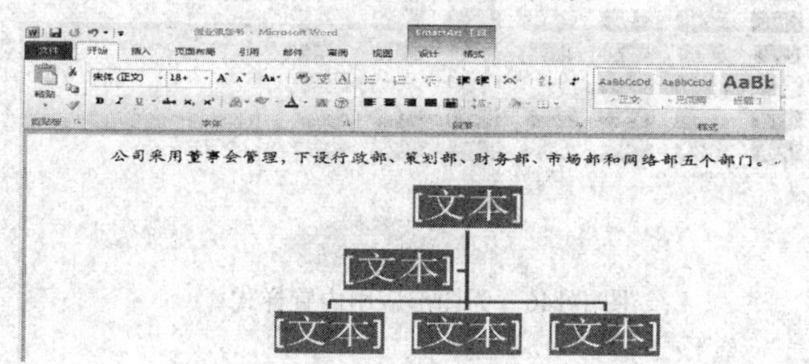

图 1-149　显示插入的图形

(4) 往图形中添加文字。可以直接单击图形中的文本占位符，并输入所需要的文字，如图 1-150 所示。也可以单击 SmartArt 图形边框左侧的小三角形按钮，在展开的“文本编辑窗格”中输入文字，如图 1-151 所示。

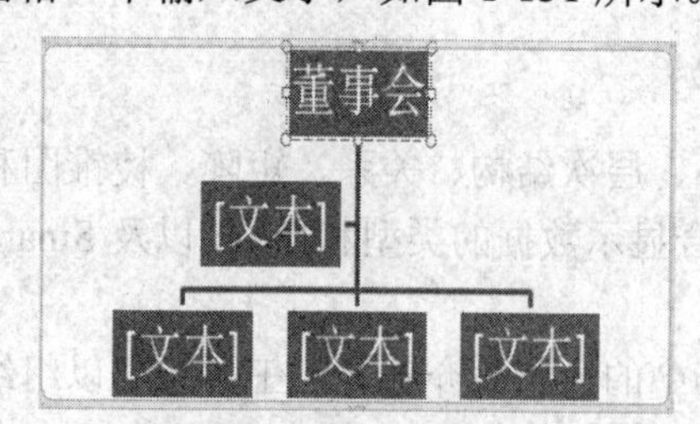

图 1-150　直接单击输入文字

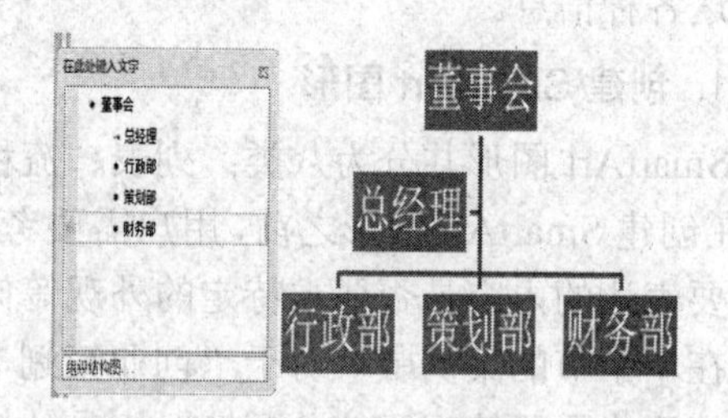

图 1-151　在文本窗格中输入文字

2. 修改 SmartArt 图形

第 1 部分创建的 SmartArt 图形采用默认的布局结构，这种布局未必能够满足实际需要，用户在编辑和使用的过程中需要在图形中添加或删除形状。

在本案例的“创业策划书”文档中，公司共设有 5 个部门，因此需要在“财务部”后面再添加两个同级的空白形状，并且输入相应的部门名称。具体操作步骤为：

① 选中 SmartArt 的最后一个形状“财务部”，切换至“SmartArt 工具→设计”选项卡；

② 在“创建图形”组中单击“添加形状”下拉按钮，在展开的下拉菜单中选择“在后面添加形状”命令，如图 1-152 所示。

③ 重复同样的操作两次，就会在“财务部”后面添加两个与其相同的同级别的空白形状，分别在其中输入所需要的文字，添加形状后的组织结构图如图 1-153 所示。

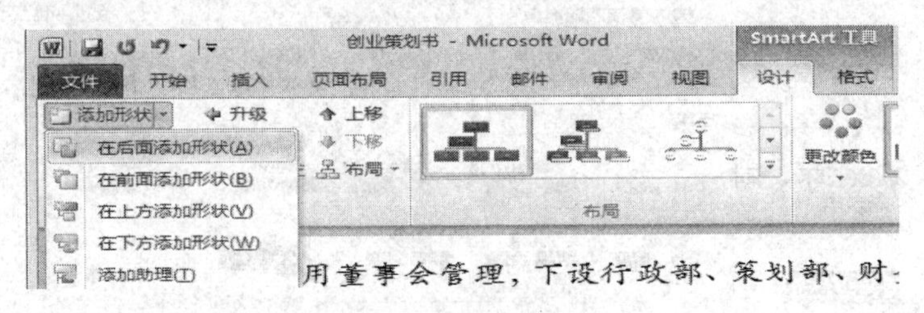

图 1-152　添加形状

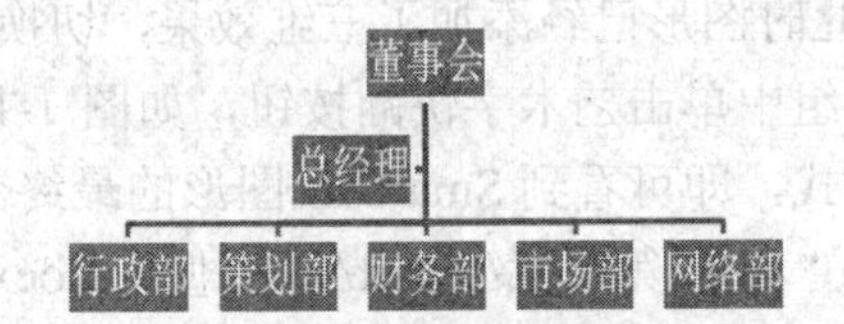

图 1-153　添加形状后效果

在 SmartArt 图形中，除了可以添加或者删除形状外，用户还可以更改每个形状的级别，选中具体形状后，在“创建图形”组中单击“升级”或“降级”按钮即可，如图 1-154 所示。

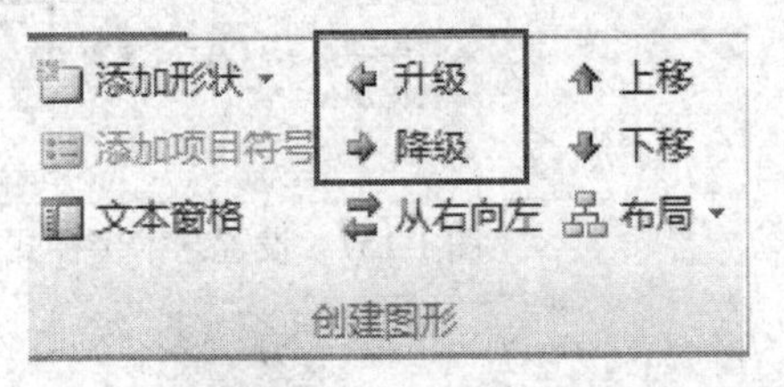

图 1-154　更改形状的级别

3. 美化 SmartArt 图形

对于已经创建好的 SmartArt 图形，用户可以为其设置样式和色彩风格，以达到美化 SmartArt 图形的效果。

(1) 选择颜色样式。选中 SmartArt 图形，切换至“SmartArt 工具→设计”选项卡，在“SmartArt 样式”组中单击“更改颜色”下拉按钮，在展开的下拉列表中选择要设置的颜色即可，如图 1-155 所示。

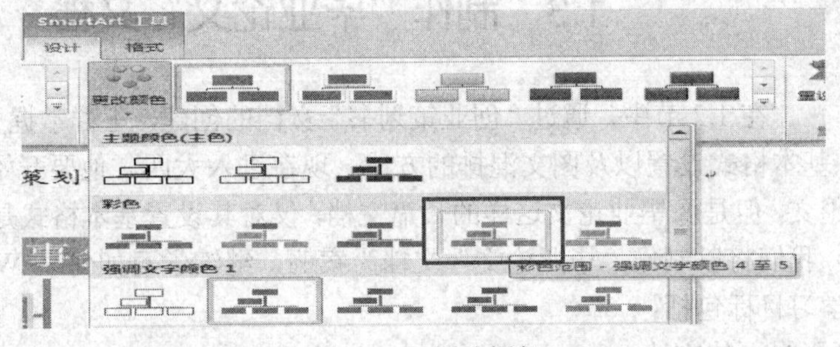

图 1-155　更改颜色

(2) 设置三维样式。此时所选的图形已经变为彩色，单击“SmartArt 样式”组右下角的样式快翻按钮，在展开的样式列表中选择“三维→嵌入”样式，如图 1-156 所示。

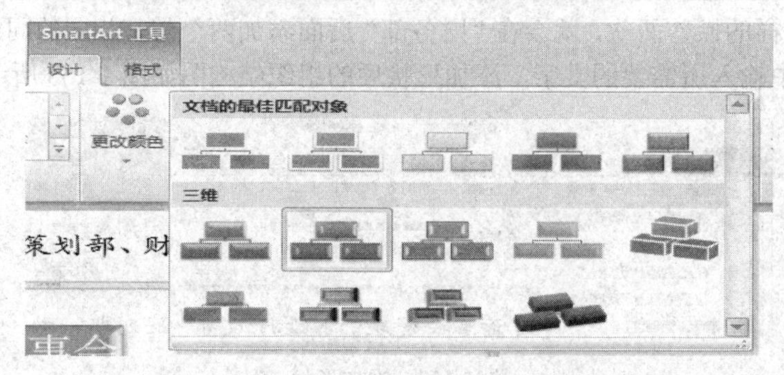

图 1-156　设置三维样式

(3) 设置艺术字样式。此时图形已经添加了三维效果，切换至“SmartArt 工具→格式”选项卡，在“艺术字样式”组中单击艺术字快翻按钮，如图 1-157 所示。在展开的艺术字列表中选择喜欢的艺术字样式，即可看到 SmartArt 图形的最终效果，如图 1-158 所示。设置后的效果见本书资源包中“案例/第 1 章/SmartArt 的使用.docx”文档。

设置的方法扫二维码见 SmartArt 的使用(微课)文件。

SmartArt 的使用(案例)

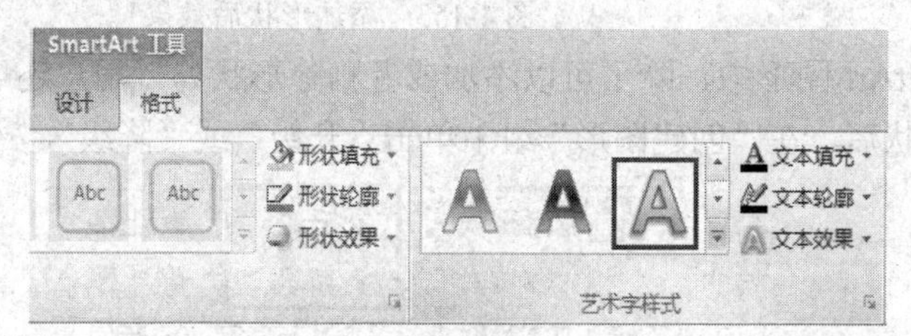

图 1-157　设置艺术字样式

SmartArt 的使用(微课)(微课)

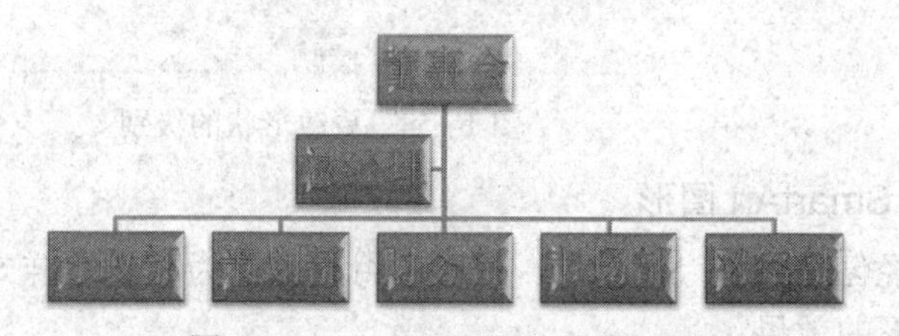

图 1-158　SmartArt 图形最终效果

1.3 节课件

1.3　制作“毕业论文”文档

在 1.2 节中，通过“创业策划书”文档的创建，王群掌握了 Word 中的基本格式设置以及图文混排的方法。现在进入大四，他要开始做毕业设计并且完成毕业论文，但是像毕业论文这样的长篇文档，仅对其设置基本格式是远远不够的。

在本节中，我们将以制作“毕业论文”文档为案例，继续学习如何在 Word 中对长文档进行编排，学习目标包括：

(1) 掌握插入封面的方法。

(2) 学会使用分隔符。

(3) 掌握设置页眉、页脚、页码的方法。

(4) 掌握创建及更新目录的方法。

(5) 学会使用文档视图查看论文。

1.3.1　插入封面

在制作毕业论文的时候，首先需要为论文插入封面，用于描述个人信息。用户可以快速插入 Word 中内置的模板封面，也可以按照实际需要自定义封面。

1. 插入模板封面

Word 2010 中内置了很多现成的模板封面，用户可以直接将其快速插入到文档中。切换至“插入”选项卡，在“页”组中的“封面”下拉列表中选择所需要的封面即可，如图 1-159 所示。

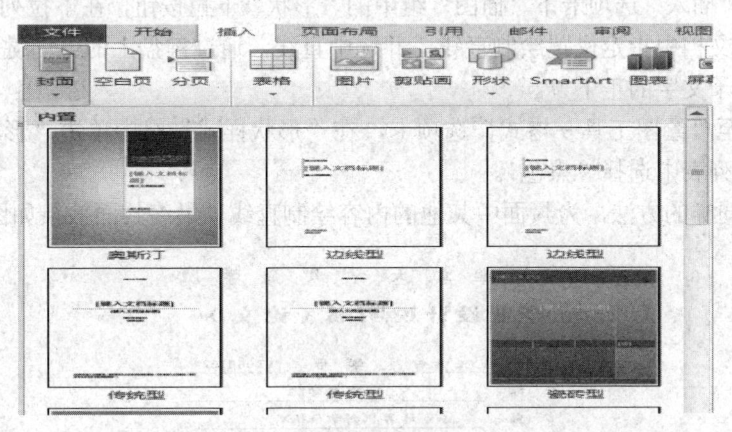

图 1-159　插入模板封面

2. 自定义封面

对于毕业论文，通常每个学校都会有各自固有的格式要求，因此，在这里王群必须自己设计出符合学校要求的论文封面。具体操作步骤如下：

毕业论文
(素材)

(1) 打开本书资源包中“素材/第 1 章/毕业论文.docx”文档，将光标定位在文档首页“毕业设计说明书(论文)中文摘要”文本行的前面。

(2) 单击“页”组中的“空白页”按钮，插入新的空白页，如图 1-160 所示。

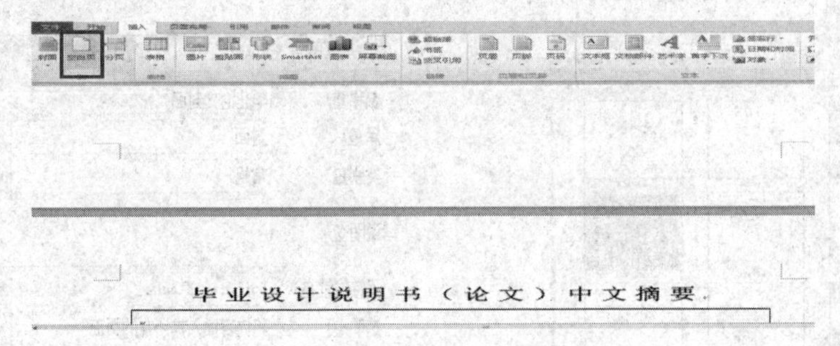

图 1-160　插入空白页

(3) 选择刚创建的空白页，在其中输入学校、个人介绍和指导教师等基本信息。并根据需要为不同的信息设置不同的格式，使所有的信息占满论文封面，如图 1-161 所示。

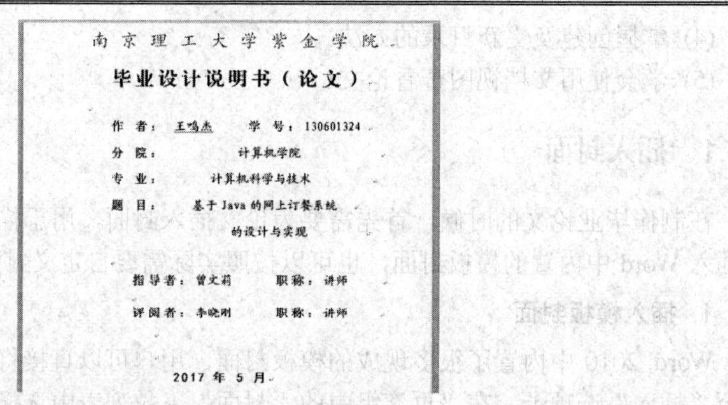

图 1-161　输入封面内容并设置文本格式

(4) 单击“插入”选项卡下“插图”组中的“形状”下拉按钮，在下拉列表中选择“直线”选项，在文档中指定位置绘制直线，并选中直线，通过键盘上的方向键来改变直线的位置，使其位于文字的正下方。

(5) 切换至“绘图工具→格式”选项卡，在“形状样式”组中单击“形状轮廓”下拉按钮，在下拉列表中选择“黑色”。

(6) 使用同样的方法，为封面中其他的内容绘制直线，最终封面效果如图 1-162 所示。

图 1-162　添加直线后封面效果

(7) 选中封面中所有内容，在“插入”选项卡的“封面”下拉菜单中选择“将所选内容保存到封面库”命令，如图 1-163 所示。

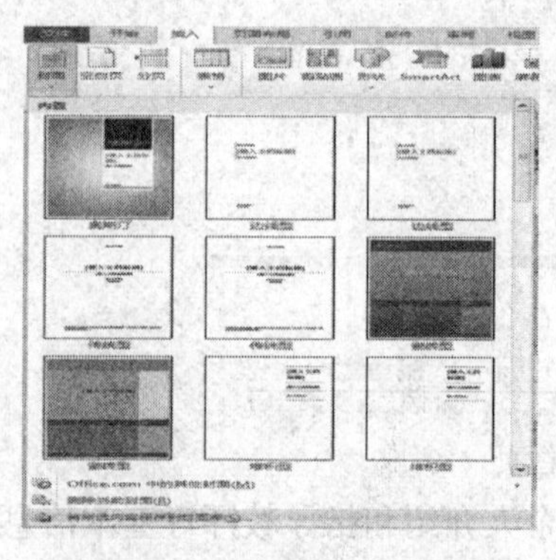

图 1-163　保存自定义封面

图 1-164　“新建构建基块”对话框

(8) 弹出“新建构建基块”对话框，如图 1-164 所示，命名后点击“确定”按钮，即可将自定义的封面保存到封面库中。再次单击“封面”下拉按钮，就可以在下拉列表中看到该封面，效果如图 1-165 所示。设置后的效果见本书资源包中“案例/第 1 章/插入封面.docx”文档。

插入封面
(案例)

图 1-165　在封面库中显示自定义的封面

1.3.2　分隔符的应用

Word 2010 提供的分隔符有分页符和分节符两种。在 Word 中编排文档时，如果文字或图形填满一页，Word 就会自动插入一个分页符，并转到下一页。如果用户有特定的需要，对文档进行强行分页，也可以手动插入分页符。分节符则是将整篇文档分成若干节，每节可以设置成不同的格式。

1. 设置分页符

如果整篇文章使用的格式是统一的，只是在不同的地方需要从新的一页开始，这就需要用到分页符。例如，在毕业论文中，每一章的格式设置都是一样的，但是对于每一个章节都必须另页起，这时就需要在文档中手动插入分页符。Word 中的分页符共有三种，分别是“分页符”、“分栏符”和“自动换行符”。

(1) “分页符”：指标记一页终止并开始下一页的点。

(2) “分栏符”：指示分栏符后面的文字将从下一栏开始。

(3) “自动换行符”：分隔网页上的对象周围的文字，比如分隔题注文字与正文。

下面，我们以在毕业论文的第一章和第二章之间插入“分页符”为例，介绍在文档中插入分页符的具体操作步骤：

(1) 打开本书资源包中“案例/第 1 章/插入封面.docx”文档，将光标定位到正文第二章的标题“2 开发工具与开发技术介绍”文本的前面；

(2) 切换至“页面布局”选项卡，在“页面设置”组中单击“分隔符”下拉按钮，在展开的下拉列表中选择“分页符”选项组中的“分页符”命令，如图 1-166 所示；

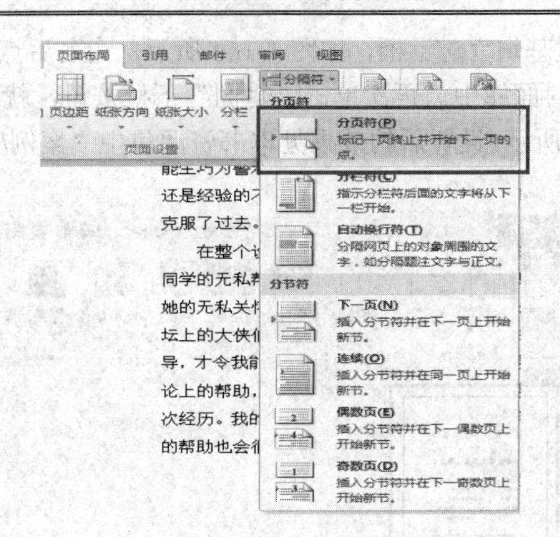

图 1-166　设置分页符

(3) 此时，可以看到论文的第二章是另起一页开始的，效果如图 1-167 所示。

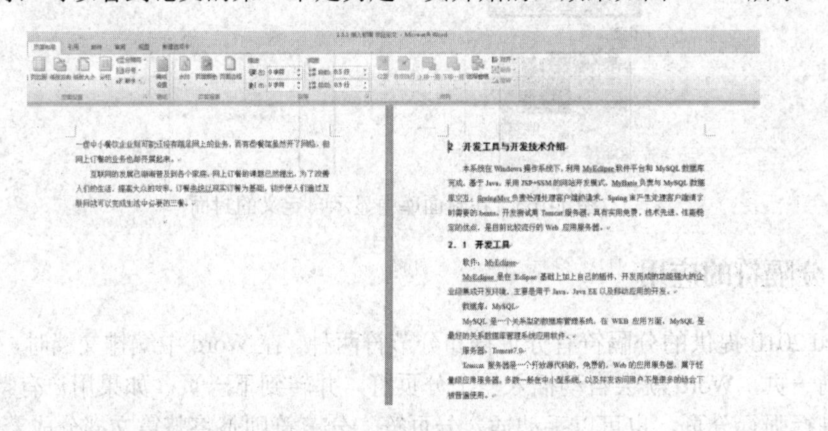

图 1-167　在第一章和第二章之间插入分页符效果

(4) 使用同样的方法，可以在毕业论文的其他章节之间分别插入分页符，这样就可以实现每一章均是另页起，最终效果如图 1-168 所示。

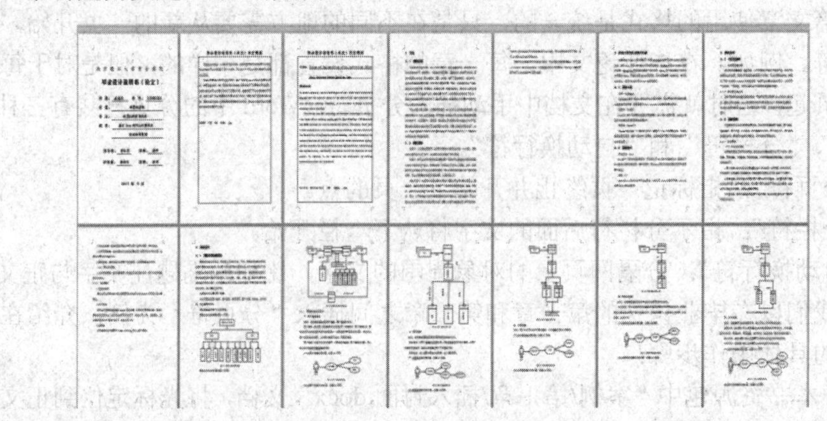

图 1-168　插入分页符最终效果

此外，用户也可以在“插入”选项卡下，通过单击“页”组中的“分页”按钮实现分页符的插入。

2. 设置分节符

由于“节”不是一种可视的页面元素，所以很容易被用户忽视。但是如果少了节的参与，很多排版效果将无法实现。默认情况下，Word 将整个文档视为一节，当插入“分节符”将文档分为几“节”后，可以根据需要为文档中的每一节设置不同的格式。

例如，后面王群会在“毕业论文”文档中设置页眉和页码，但是他希望论文目录和正文部分分别显示不同的页眉，并且各自单独使用页码，这就需要使用分节符来实现。Word 中的分节符共有四种，分别是“下一页”、“连续”、“偶数页”和“奇数页”。

(1) “下一页”：插入分节符并在下一页上开始新节。

(2) “连续”：插入分节符并在同一页上开始新节。

(3) “偶数页”：插入分节符并在下一偶数页上开始新节。

(4) “奇数页”：插入分节符并在下一奇数页上开始新节。

在本案例中，毕业论文将会被分为“封面”、“摘要”、“目录”和“正文”共四节，因此需要在合适的位置设置分节符，并且每一节都要从下一页开始。这里，我们以在“封面”和“摘要”之间插入“下一页”分节符为例，介绍插入分节符的具体操作步骤：

(1) 继续在上面已经设置完分页符的文档中，将光标定位到论文摘要这一页中的“毕业设计说明书(论文)中文摘要”文本的前面；

(2) 切换至“页面布局”选项卡，单击“页面设置”组中的“分隔符”下拉按钮，在展开的下拉列表中选择“分节符”选项组中的“下一页”命令，即可完成分节符的设置；

(3) 此时，单击“开始”选项卡“段落”组中的“显示/隐藏编辑标记”按钮 ↵，就会在页面中看见论文封面的底部显示出分节符的标志，如图 1-169 所示。

分隔符的应用

(案例)

图 1-169　显示分节符

使用同样的方法，可以在毕业论文的其他“节”之间分别插入分节符，这里不再进行赘述，请读者自行设置。设置后的效果见本书资源包中“案例/第 1 章/分隔符的应用.docx”文档。

1.3.3　设置页眉与页脚

页眉和页脚分别是指在页面的顶部和底部添加的相关说明信息，在长文档中，一般都需要添加页眉和页脚信息。在文档中可以自始至终使用同一个页眉和页脚，也可以在文档的不同部分使用不同的页眉和页脚。因为页眉和页脚的设置方法相同，本小节以页眉为例进行介绍，包括使用 Word 内置页眉样式、自定义设置页眉以及制作奇偶页不同的页眉等。

1. 插入页眉

Word 2010 内置了许多页眉样式，用户可以快速套用预设页眉样式设置页眉，以节省文档的编辑时间。在“插入”选项卡下，单击“页眉和页脚”组中的“页眉”下拉按钮，在展开的下拉列表中选择一种内置的页眉样式即可，如图 1-170 所示。

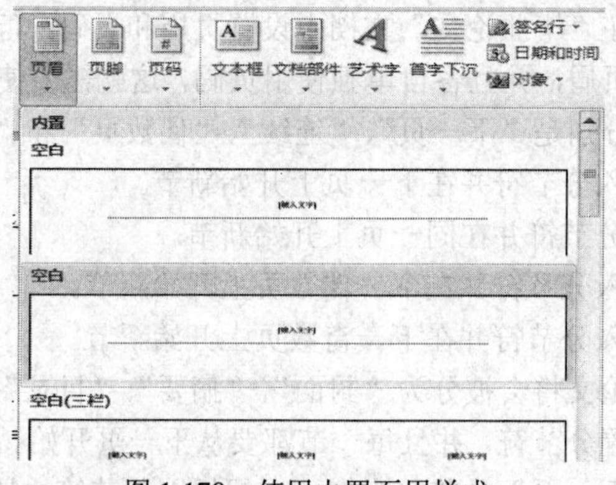

图 1-170　使用内置页眉样式

用户也可以自定义页眉，具体操作步骤如下：

(1) 打开本书资源包中“案例/第 1 章/分隔符的应用.docx”文档，在“插入”选项卡下，单击“页眉和页脚”组中的“页眉”下拉按钮，在展开的下拉列表中点击“编辑页眉”命令，如图 1-171 所示。

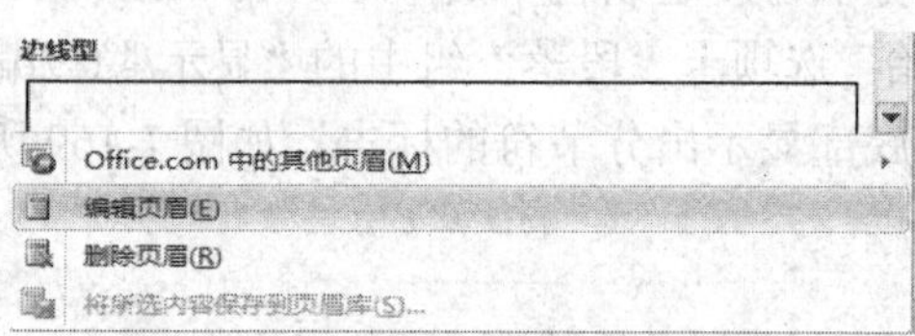

图 1-171　单击“编辑页眉”选项

(2) 此时文档的页眉呈编辑状态，输入页眉内容“基于 Java 的网上订餐系统的设计与实现”，并选中该页眉内容，在“开始”选项卡中将页眉的字体设置为“华文楷体”，如图 1-172 所示。

图 1-172　输入页眉内容

(3) 设置完毕后切换至“页眉和页脚工具→设计”选项卡，单击“关闭页眉和页脚”按钮，即可完成页眉的设置，如图 1-173 所示。

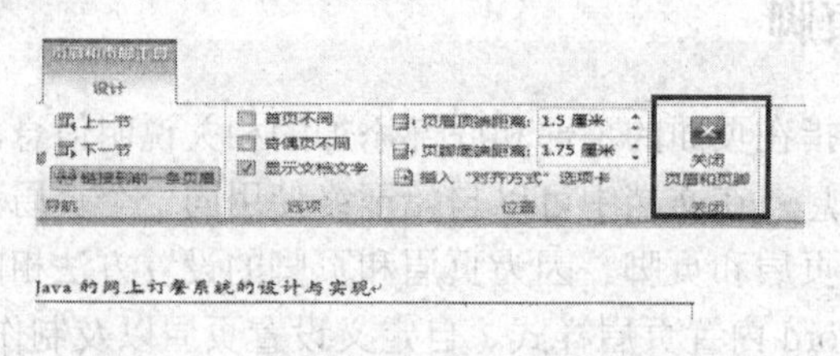

图 1-173　单击“关闭页眉和页脚”按钮

2. 制作首页不同的页眉

经过以上的操作步骤，便完成了自定义页眉的设置。但是在返回文档后，王群发现封面中也插入了页眉。下面，他要将封面中的页眉去除，可按如下步骤进行操作：

(1) 在上面已设置页眉的文档中，将鼠标指针指向页眉处，并双击，此时页眉重新回到可编辑状态，并且功能区中自动出现“页眉和页脚工具→设计”选项卡，如图 1-174 所示。

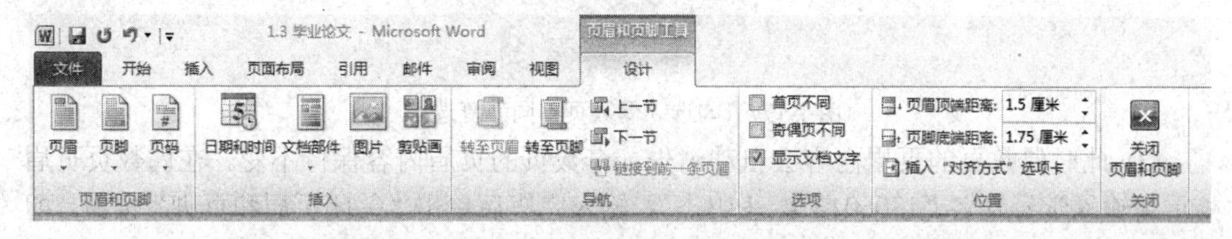

图 1-174　页眉和页脚工具

(2) 在“选项”组中勾选“首页不同”复选框，此时毕业论文封面中原先输入的页眉内容会自动消失，如图 1-175 所示。

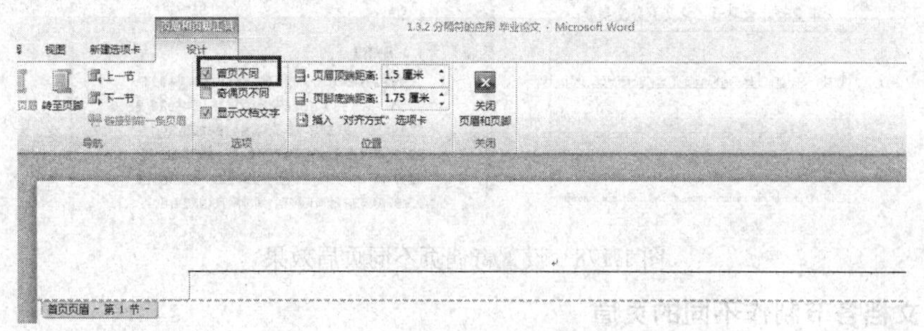

图 1-175　设置首页不同的页眉

(3) 单击“关闭页眉和页脚”按钮，即可设置首页不同的页眉，此时，论文的封面是没有页眉的，而其他页均有页眉，效果如图 1-176 所示。

图 1-176　设置首页不同页眉的效果

3. 制作奇偶页不同的页眉

在一个文档中，奇偶页可以显示不同的页眉。例如，王群想要毕业论文的正文部分奇数页的页眉显示论文标题，偶数页的页眉显示学号和姓名，可以按照如下步骤进行操作：

(1) 对于上面已设置完首页不同页眉的文档，在正文部分的任意一页中双击已经插入的页眉，此时在功能区中自动出现“页眉和页脚工具→设计”选项卡；

(2) 在“选项”组中勾选“奇偶页不同”复选框，如图 1-177 所示；

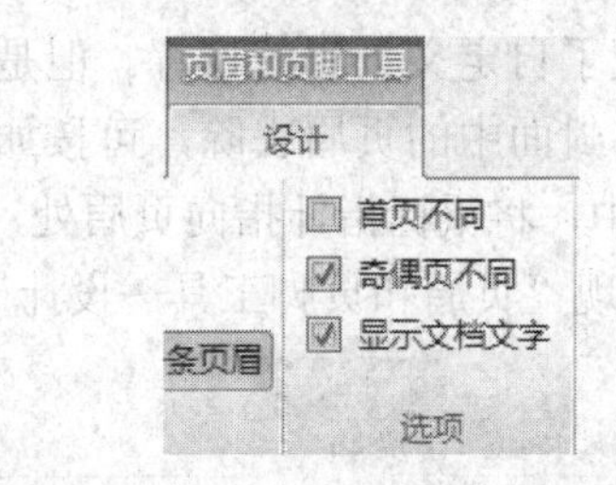

图 1-177 勾选“偶数页不同”复选框

(3) 此时偶数页的页眉内容会自动消失，奇数页的页眉内容保持不变。在偶数页页眉处重新输入学号姓名“130601324 王鸣杰”，输入完毕后单击“关闭页眉和页脚”按钮，即可设置奇偶页不同的页眉，效果如图 1-178 所示。

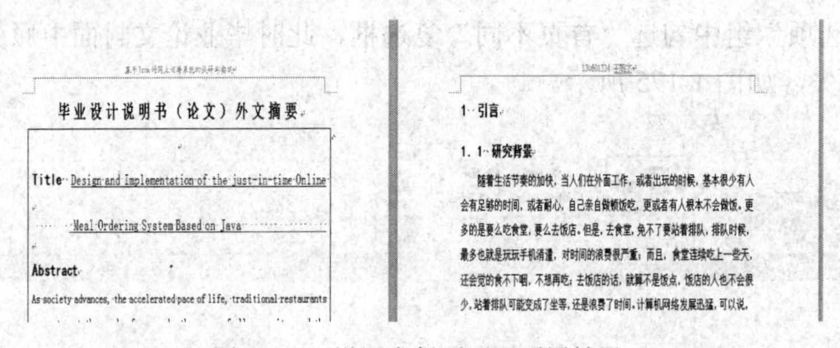

图 1-178 设置奇偶页不同页眉效果

4. 为文档各节制作不同的页眉

用户可以在文档的各节中设置不同的页眉，例如，在本案例的“毕业论文”文档中，“封面”这一节已经没有页眉了，但是王群在预览文档的时候发现，“摘要”和“正文”这两节的页眉设置是一样的。如果要让“摘要”这一节能够单独设置页眉，可以按照如下步骤进行操作：

(1) 打开本书资源包中“案例/第 1 章/设置页眉与页脚.docx”文档，在“封面”一页中双击页眉处，此时在功能区中自动出现“页眉和页脚工具→设计”选项卡；

(2) 在“导航”组中单击“下一节”按钮，进入到页眉的第 2 节区域中，此时光标自动定位到“中文摘要”这一页的页眉中，如图 1-179 所示；

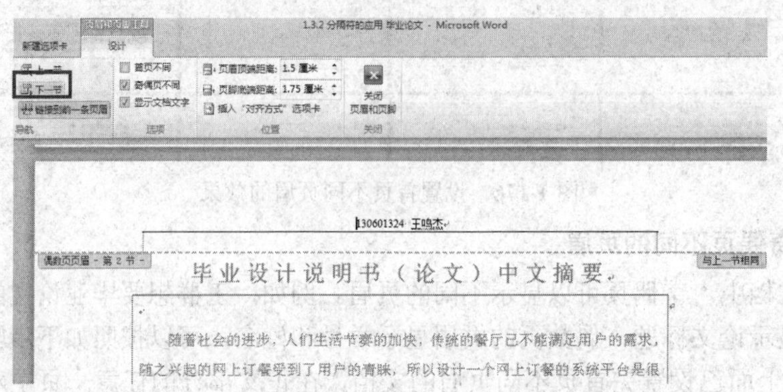

图 1-179 单击“下一节”按钮

(3) 在“导航”组中单击“链接到前一条页眉”按钮，即可断开当前“摘要”这一节的页眉与前一节“封面”页眉之间的链接。此时，文档页面中将不再显示“与上一节相同”的提示信息，如图 1-180 所示，用户便可随意修改当前这一节中的页眉。

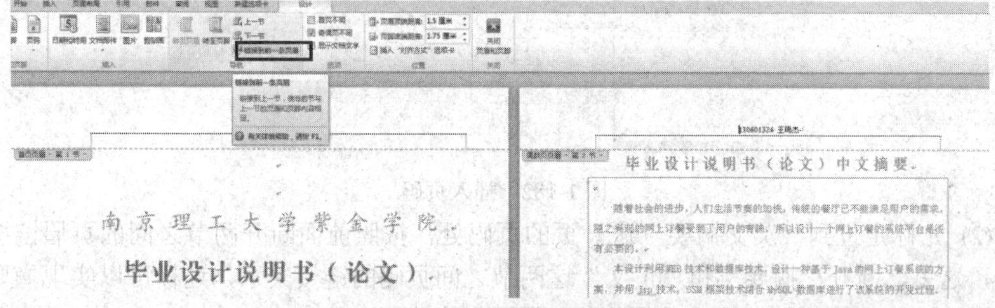

图 1-180　单击“链接到前一条页眉”按钮

(4) 分别在“中文摘要”、“英文摘要”和“正文第一页”这三页中重复上面的步骤(1)、(2)、(3)，断开“摘要”这一节的页眉与“正文部分”这节页眉之间的链接；

(5) 光标重新回到“中文摘要”这一页的页眉处，重新输入页眉内容“毕业论文中文摘要”；

(6) 同样的方法，光标重新回到“英文摘要”这一页的页眉处，重新输入页眉内容“毕业论文英文摘要”；

(7) 单击“关闭页眉和页脚”按钮，回到文档中，此时，摘要和正文就分别显示了不同的页眉，效果如图 1-181 所示。

图 1-181　各节显示不同页眉的效果

5. 插入页码

通常毕业论文文档的页数很多，为其设置漂亮的页码，不仅能美化文档，还能方便查找。这里以为正文部分插入页码为例，介绍插入页码的具体操作步骤：

(1) 打开本书资源包中“案例/第 1 章/设置页眉与页脚.docx”文档，光标定位到正文部分的任意一页中，在“插入”选项卡下，单击“页眉和页脚”组中的“页码”按钮，在“页面底端”下拉列表中选择一种页码样式，如“普通数字 2”，如图 1-182 所示。

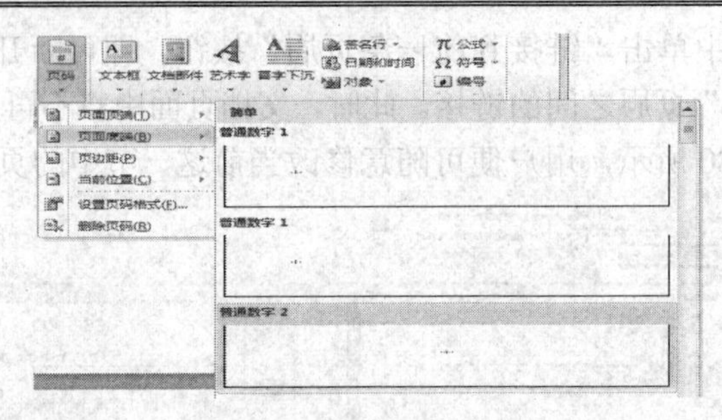

图 1-182　插入页码

(2) 光标定位到“英文摘要”这一页的页码处，按照前面断开两节之间的页眉链接的方法，这里，断开“摘要”和“正文”这两节之间页码的链接关系，这样可以实现摘要和正文部分分别设置页码，具体步骤请参照前面，此处不再赘述；

(3) 光标重新定位到“正文第一页”中，回到“插入”选项卡，单击“页码”按钮，在其下拉菜单中选择“设置页码格式”命令，弹出“页码格式”对话框，在“编号格式”下拉菜单中选择表示页码的编号格式，页码编号可以延续前页，也可以自行指定，这里指定起始页码为 1，如图 1-183 所示。

设置页眉与页脚(案例)　设置页眉与页脚(微课)

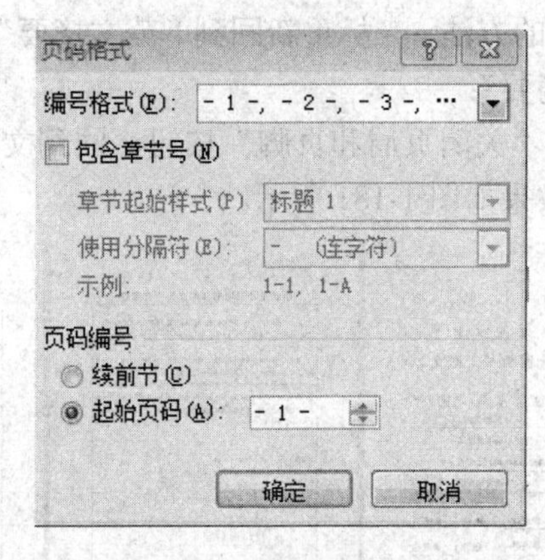

图 1-183　设置页码格式

Tips：页码是位于页脚中的，一般文档的页脚信息仅包括页码就可以了。如果之前插入了页脚再插入页码，则可能会将前面的页脚内容替换掉。

页码设置完毕后，封面不再显示页码，摘要和正文的页码是分开来设置的，都是从第 1 页开始，并且均为奇偶页不同的页码。设置后的效果见本书资源包中“案例/第 1 章/设置页眉与页脚.docx”文档。设置方法扫二维码见页眉页脚的使用(微课)文件。

1.3.4　创建文档目录

文档创建完后，为了便于阅读，用户可以为文档创建一个目录。目录可以使文档的结构更加清晰，便于阅读者对整个文档进行定位。

在创建目录之前，首先要根据文本的标题样式设置大纲级别，大纲级别设置完毕后才能在文档中自动生成目录。

1. 设置大纲级别

Word 2010 是使用层次结构来组织文档的，大纲级别就是段落所处层次的级别编号。Word 2010 中所提供的内置标题样式中的大纲级别都是默认的，用户可以借其直接生成目录。更多的时候，用户需要自定义大纲级别，例如分别将标题 1、标题 2、标题 3 设置成 1 级、2 级和 3 级。设置大纲级别的具体步骤如下：

(1) 打开本书资源包中的“案例/第 1 章/设置页眉与页脚.docx”文档，将光标定位在一级标题的文本上，切换至“开始”选项卡，单击“样式”组右下角的“样式”按钮，弹出“样式”任务窗格，单击“标题 1”选项下拉按钮，在展开的下拉菜单中选择“修改”命令，如图 1-184 所示。

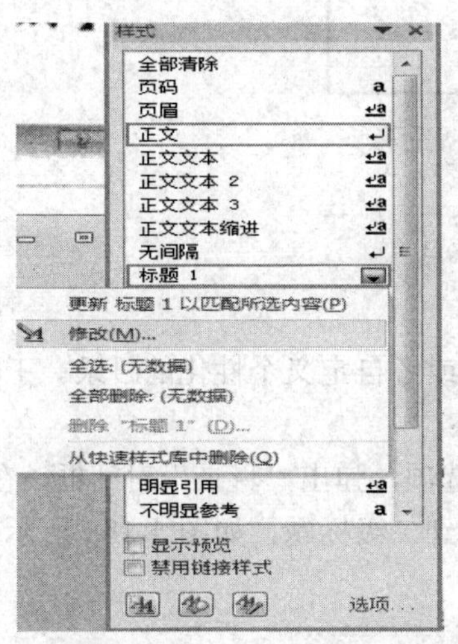

图 1-184　“样式”任务窗格

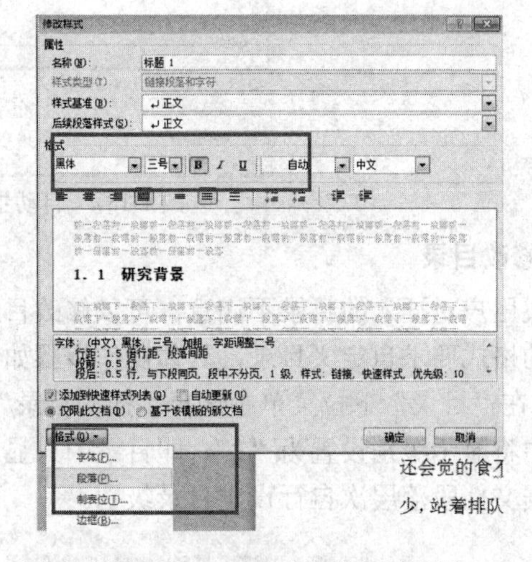

图 1-185　“修改样式”对话框

(2) 在弹出的“修改样式”对话框中，设置字体和字号为“黑体、三号、加粗”，然后单击左下角的“格式”按钮，在展开的下拉列表中选择“段落”选项，如图 1-185 所示。

(3) 弹出“段落”对话框，在“缩进和间距”选项卡中，设定大纲级别为“1 级”，段前和段后为“0.5 行”，行距为“1.5 倍”，如图 1-186 所示。

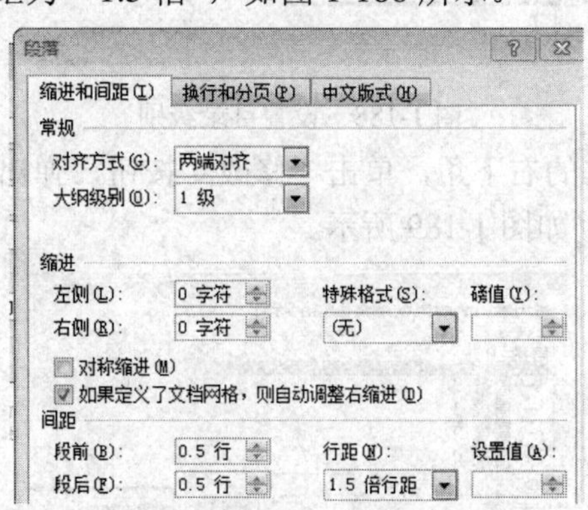

图 1-186　设置大纲级别和段距

(4) 单击“确定”按钮返回“修改样式”对话框，再次单击“确定”按钮，即可完成 1 级大纲的设置。用户可以按照同样的方式自行设置 2 级和 3 级大纲，这里不再赘述。

(5) 设置完大纲级别后，分别将不同级别的标题样式应用于对应的标题。

2. 插入目录

自动生成目录的具体步骤如下：

(1) 将光标放置在英文摘要的末尾处，在“插入”选项卡下单击“空白页”。

(2) 在新插入的空白页的第一行中输入“目录”两字后，按下 Enter 键。

(3) 切换至“引用”选项卡，单击“目录”组中的“目录”下拉按钮，在展开的下拉列表中选择一种内置的目录样式即可，如选择“自动目录 1”样式，如图 1-187 所示。

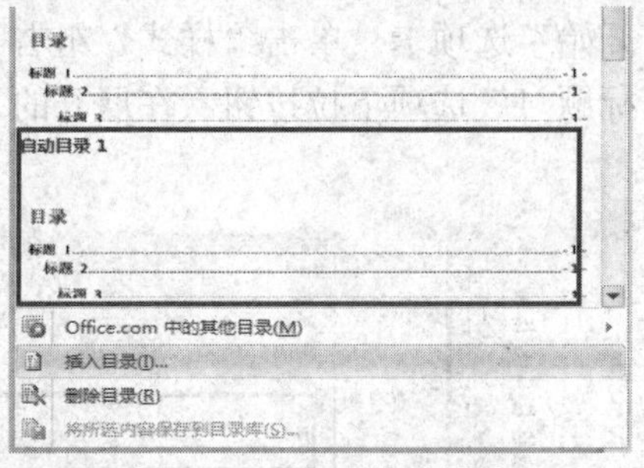

图 1-187　自动生成目录

3. 修改目录

如果用户对插入的目录不满意，可以修改目录或者自定义个性化的目录。王群按照毕业论文的格式要求自定义目录，具体操作步骤如下：

(1) 在“目录”下拉菜单中选择“插入目录”选项，弹出“目录”对话框，在“常规”选项区中将显示级别设置为“2”，即目录中只显示到二级标题，如图 1-188 所示，用户也可以根据文档段落层次自行设定目录级别。

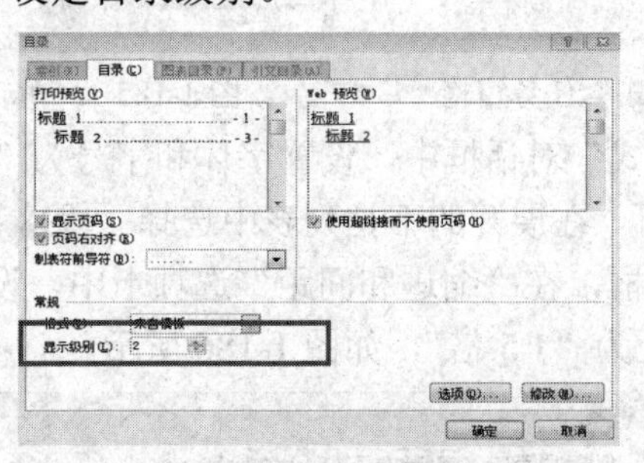

图 1-188　设置目录级别

(2) 在“目录”对话框的右下角，单击“修改”按钮，弹出“样式”对话框，在该对话框中单击“修改”按钮，如图 1-189 所示。

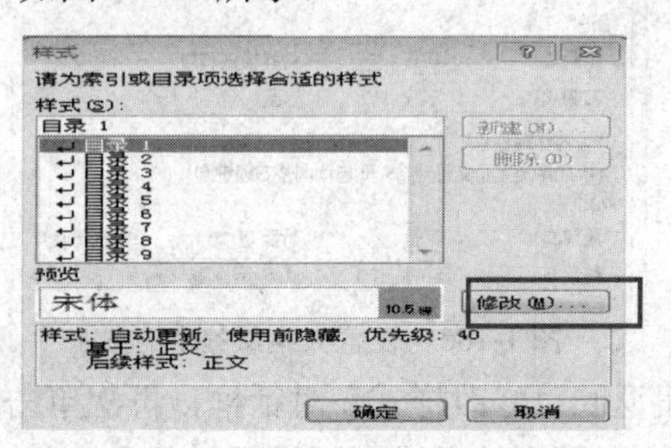

图 1-189　单击“修改”按钮

(3) 弹出“修改样式”对话框，在“格式”区域中设置字体为“宋体、小四”，行距为“18 磅”，如图 1-190 所示。

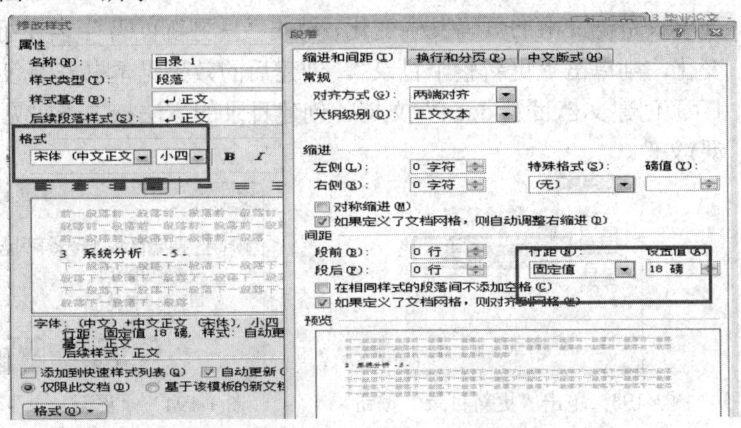

图 1-190　修改目录样式

(4) 单击“确定”按钮，返回“样式”对话框，可以预览到“目录 1”的效果。最后单击“目录”对话框中的“确定”按钮，弹出“MicroSoft Word”对话框，并提示用户“是否替换所选目录”，如图 1-191 所示。

图 1-191　“MicroSoft Word”对话框

(5) 单击“确定”，即可完成目录的自定义设置，效果如图 1-192 所示。

目　录

1　引言 .... - 1 -
1. 1　研究背景 .... - 1 -
1. 2　研究现状 .... - 1 -
2　开发工具与开发技术介绍 .... - 3 -
2. 1　开发工具 .... - 3 -
2. 2　开发技术 .... - 3 -
3　系统分析 .... - 4 -
3. 1　可行性分析 .... - 4 -
3. 2　需求分析 .... - 4 -

图 1-192　生成的二级目录效果

4. 更新目录

在编辑或修改文档的过程中，如果文档的内容或格式发生了变化，则需要对目录进行更新。更新目录的方法为：

(1) 选中目录，在“引用”选项卡的“目录”组中，单击“更新目录”按钮，如图 1-193 所示。

创建文档目录(案例)

创建目录(微课)

(2) 弹出“更新目录”对话框，选中“只更新目录”或者“更新整个目录”单选按钮，即可完成对目录的更新操作，如图 1-194 所示。在这里，如果只是论文中的页码发生变化，单击“只更新页码”；若是标题也发生了变化，则单击“更新整个目录”。创建后的效果见本书资源包中“案例/第 1 章/创建文档目录.docx”文档。创建目录的方法扫二维码见创建目录(微课)文件。

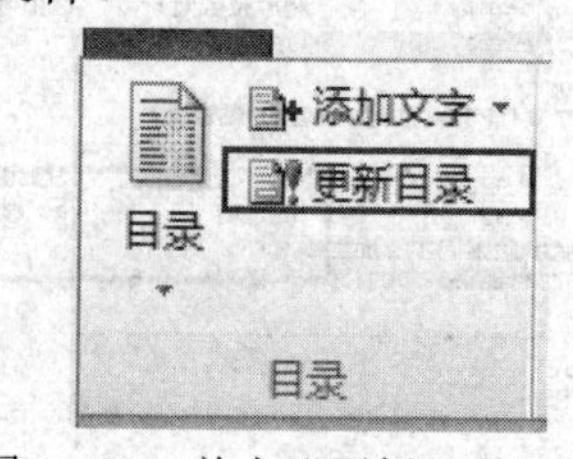

图 1-193　单击“更新目录”按钮

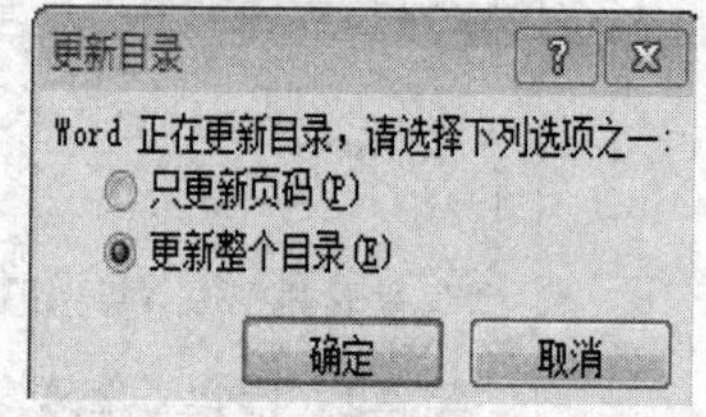

图 1-194　“更新目录”对话框

1.3.5　文档视图

在“毕业论文”制作完成之后，王群想要利用文档视图功能来查看论文。所谓视图是指文档的显示方式，在文档编辑的过程中，用户往往需要从不同角度、按不同方式来显示文档，以适应不同的工作要求。因此，采用合理的视图方式，能够有效地帮助用户提高文档的编辑效率。

Word 2010 中提供了页面视图、阅读版式视图、Web 版式视图、大纲视图和草稿 5 种视图方式，在“视图”选项卡下的“文档视图”组中，用户可以随意地切换视图方式，如图 1-195 所示。

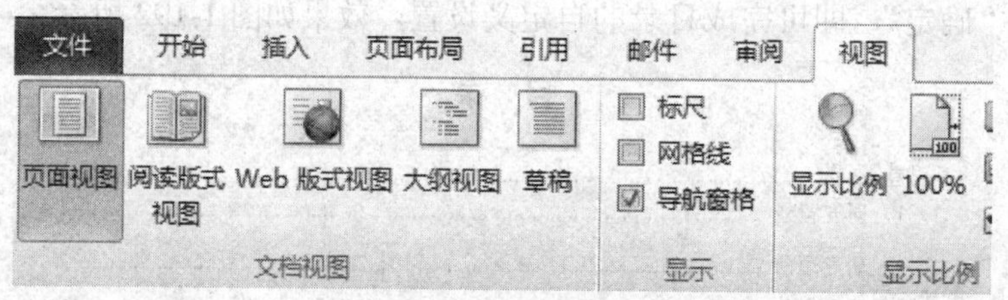

图 1-195　文档视图方式

(1) 页面视图：页面视图是 Word 中最常用的视图方式，它按照文档的打印效果显示文档，具有“所见即所得”的效果。由于页面视图可以更好地显示排版的格式，因此常用于对文本、段落、版面或者文档的外观进行修改。

(2) 阅读版式视图：阅读版式视图是 Word 2010 新增的视图方式，它是以模拟阅读书本的方式，让人感觉是在翻阅书籍。在该视图方式下，Word 会隐藏许多工具栏，从而使窗口工作区中显示最多的内容，但仍然有部分工具栏未隐藏，以便于对文档进行简单的修改。

(3) Web 版式视图：Web 版式视图以网页的形式来显示文档中的内容，具有专门的 Web 页编辑功能，在 Web 版式下得到的效果就像在浏览器中显示的一样。

(4) 大纲视图：大纲视图用于显示、修改或创建文档的大纲，它将所有的标题分级显示出来，层次分明，特别适合于较多层次的文档，如报告文体和章节排版等。在大纲视图方式下，可以方便地移动和重组长文档。

(5) 草稿视图：草稿视图主要用于查看草稿形式的文档，便于快速编辑文本。在草稿视图中不会显示页眉、页脚等文档元素。当转换为草稿视图时，页面上下的空白处将转换为虚线。

1.4 节课件

1.4　优化“毕业论文”文档

在上一节中，王群对毕业论文进行了初步的排版，实现了封面、目录和页眉页脚的制作，并且把论文初稿提交给了指导老师。老师在看完后给出了反馈意见，建议他可以继续完善论文格式，比如对论文实现自动化处理。

在本节中，我们将以王群优化“毕业论文”文档为例，继续学习如何在 Word 中对长文档进行自动化处理。通过本节的学习，实现以下几个学习目标：

(1) 掌握项目符号、编号和多级列表的使用。

(2) 掌握添加脚注、尾注和题注的方法。

(3) 熟悉交叉引用的方法。

(4) 熟悉域和宏的简单应用。

(5) 掌握审阅与修订文档的方法。

1.4.1　项目符号和编号的使用

项目符号和编号是指放在文本前的用于强调效果的符号或图片。合理使用项目符号和编号，可以使文档的层次结构更清晰、更有条理。

1. 使用项目符号

在 Word 2010 中，系统提供了大量的内置项目符号，用户可以直接从这些符号中选择，也可以自定义项目符号。

(1) 使用内置项目符号。

打开本书资源包中“案例/第 1 章/创建文档目录.docx”文档“2.1　开发工具”这一段中，三种开发工具是并列关系，为了突出显示，可以为其添加项目符号，具体操作步骤为：

① 鼠标选中文本“软件：MyEclipse”这一行，切换至“开始”选项卡，在“段落”组中单击“项目符号”下拉按钮，如图 1-196 所示。

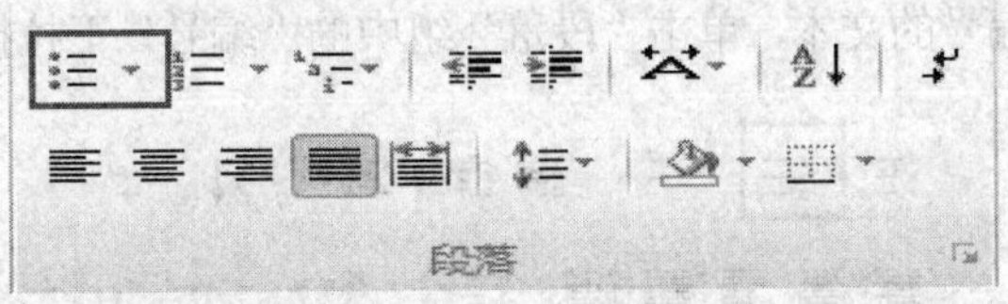

图 1-196　单击“项目符号”下拉按钮

② 从展开的“项目符号库”中选择一种项目符号样式，比如圆点，如图 1-197 所示。

③ 此时，文本“软件：MyEclipse”这一行就使用了项目符号，按照同样的方法对其他文本进行设置，应用内置项目符号后的最终效果如图 1-198 所示。

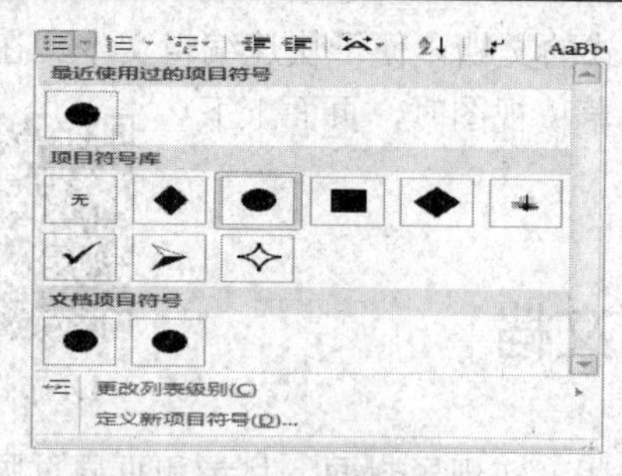

图 1-197　选择项目符号

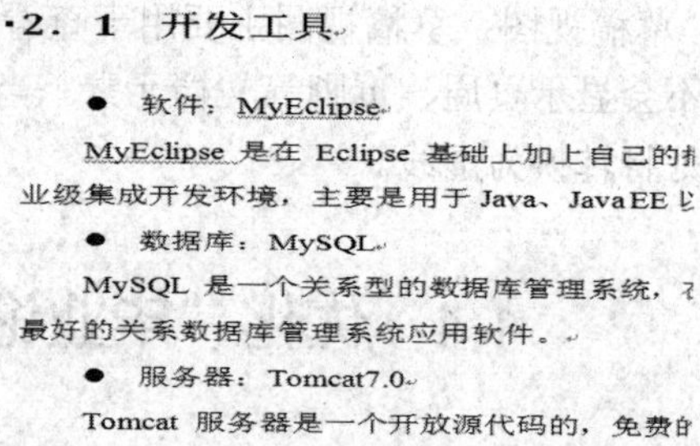

2.1　开发工具

● 软件：MyEclipse

MyEclipse 是在 Eclipse 基础上加上自己的插

业级集成开发环境，主要是用于 Java、Java EE 以

● 数据库：MySQL

MySQL 是一个关系型的数据库管理系统，

最好的关系数据库管理系统应用软件。

● 服务器：Tomcat7.0

Tomcat 服务器是一个开放源代码的，免费的

图 1-198　应用内置项目符号后效果

(2) 自定义项目符号。如果系统内置的项目符号库中的样式不能满足用户需求，还可以自定义项目符号，具体操作步骤如下：

① 单击“项目符号”下拉按钮，在展开的下拉列表中选择“定义新的项目符号”命令，弹出“定义新项目符号”对话框，如图 1-199 所示。

② 在“定义新项目符号”对话框中单击“符号”按钮，弹出“符号”对话框，选择要作为项目符号的符号，单击“确定”按钮，如图 1-200 所示。

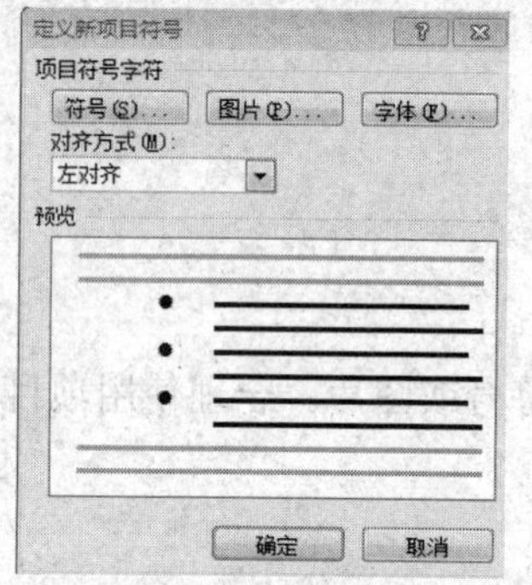

图 1-199　“定义新项目符号”对话框

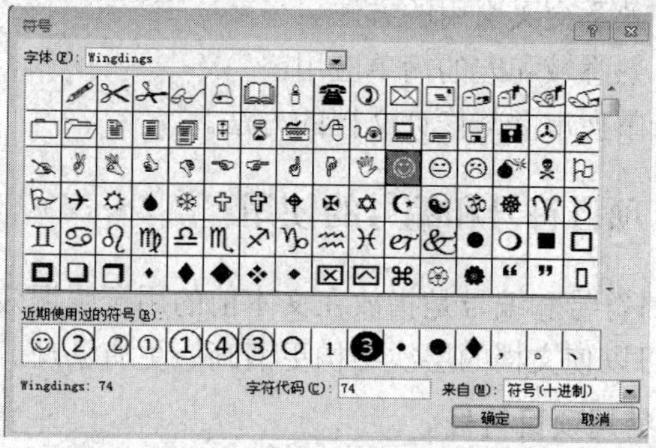

图 1-200　选择符号

③ 返回“定义新项目符号”对话框，单击“确定”按钮，此时如果再单击“项目符号”下拉按钮，新定义的项目符号就会显示在展开的“项目符号库”列表中。

2. 使用编号

编号是指放在文本前具有一定顺序的字符，在文本中使用编号有助于增强文本的逻辑性。使用编号和使用项目符号的方法类似，用户可以快速给现有文本添加系统内置的编号，也可以自定义编号。这里仅以添加内置编号为例，添加编号的具体操作步骤如下：

(1) 选中需要添加编号的文本，单击“段落”组中的“编号”下拉按钮，如图 1-201 所示。

图 1-201　单击“编号”下拉按钮

(2) 从展开的“编号库”列表中选择一种编号样式，添加编号后的文本效果如图 1-202 所示。

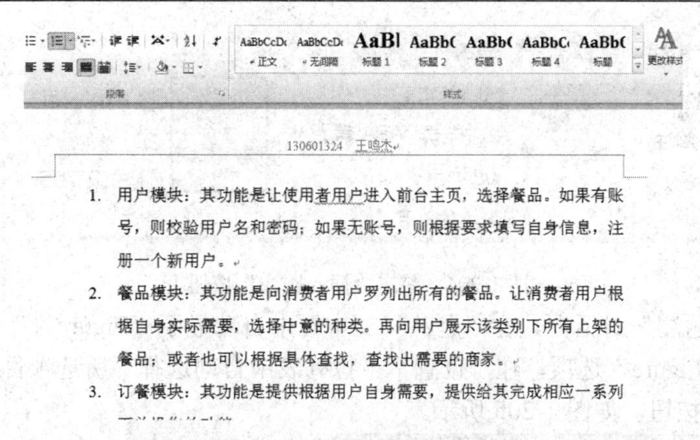

图 1-202　添加编号后文本效果

当文档或列表的层次结构比较复杂时，还可以使用多级列表，单击“段落”组中的“快速列表”下拉按钮，在展开的下拉列表中选择一种样式，即可快速让文档内容显得层次分明，如图 1-203 所示。设置后的效果见本书资源包中“案例/第 1 章/项目符号和编号的使用.docx”文档。

项目符号和编号的使用(案例)

图 1-203　使用多级列表

1.4.2　题注、脚注、尾注的使用

在优化毕业论文文档格式的过程中，为了便于指导老师阅读和理解毕业论文，王群在文档中多次插入题注、脚注和尾注，对论文中的内容进行解释说明。

1. 插入题注

毕业论文中有大量的图形和表格，虽然可以手动为每张图或者表添加名称，但是当添加或删除中间某张图或表时，就需手动修改剩余部分图或表的序号，效率很低。使用题注，可以为图片或表格自动添加编号，如果中间添加或删除了某个图或表，剩下的图或表的序号将自动更新。插入题注的具体步骤如下：

(1) 选中论文中准备插入题注的一张图片，切换至“引用”选项卡，单击“题注”组中的“插入题注”按钮，如图 1-204 所示。

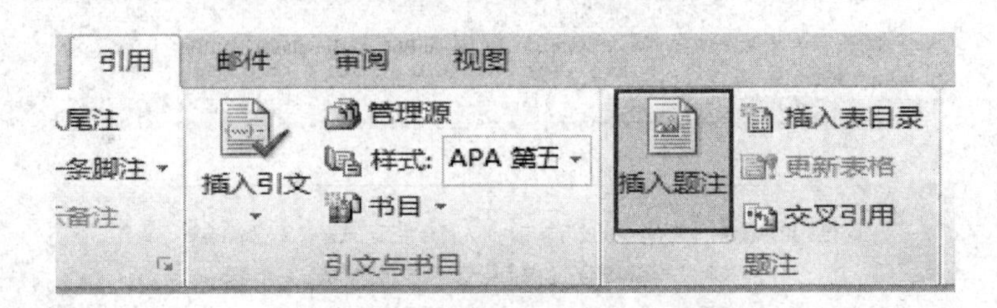

图 1-204　单击“插入题注”按钮

(2) 弹出“题注”对话框，在“题注”文本框中自动显示“Figure 1”，在“标签”下拉列表中选择“Figure”选项，在“位置”下拉列表中自动选择“所选项目下方”，然后单击“新建标签”按钮，如图 1-205 所示。

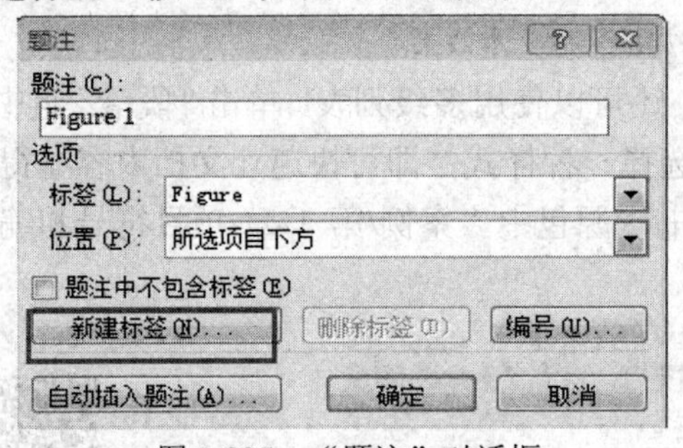

图 1-205　“题注”对话框

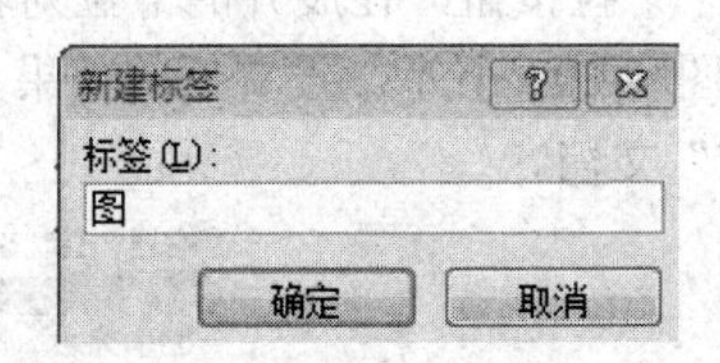

图 1-206　“新建标签”对话框

(3) 弹出“新建标签”对话框，在“标签”文本框中输入“图”，如图 1-206 所示。

(4) 单击“确定”按钮，返回“题注”对话框，再次单击“确定”按钮返回 Word 文档，此时在选中图片的下方自动显示题注“图 1”，如 1-207 所示。

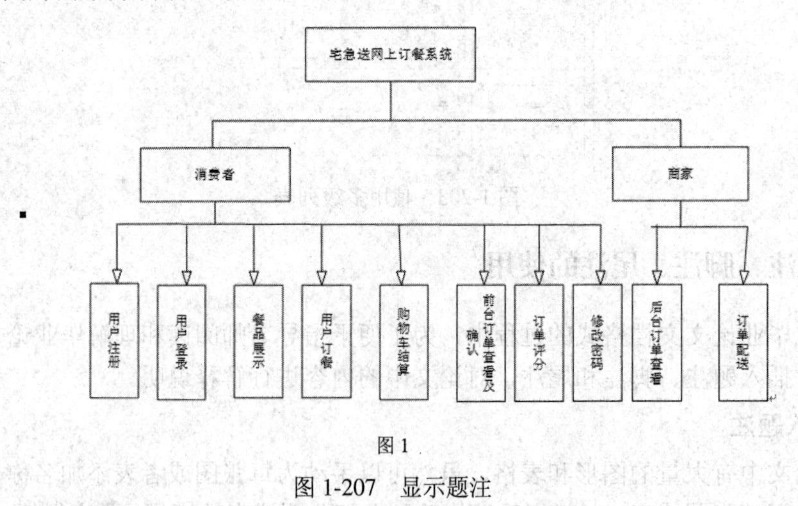

图 1-207　显示题注

(5) 选中下一张图片，然后单击“插入题注”按钮，在弹出的“题注”对话框中，“题注”文本框将会自动显示为“图 2”，单击“确定”按钮后，此时图片下方自动显示题注“图 2”。按照同样的方法，可以为所有的图片添加序号连续的题注。

2. 插入脚注和尾注

除了插入题注以外，用户还可以在文档中插入脚注和尾注，用来对文档中某个内容进行解释说明。脚注一般位于页面的底部，可以作为文档某处内容的注释；尾注一般位于文档的末尾，用于列出引文的出处等。

(1) 插入脚注的操作步骤如下：

① 在要插入脚注的文字后单击，切换至“引用”选项卡，单击“脚注”组中的“插入脚注”按钮，如图 1-208 所示。

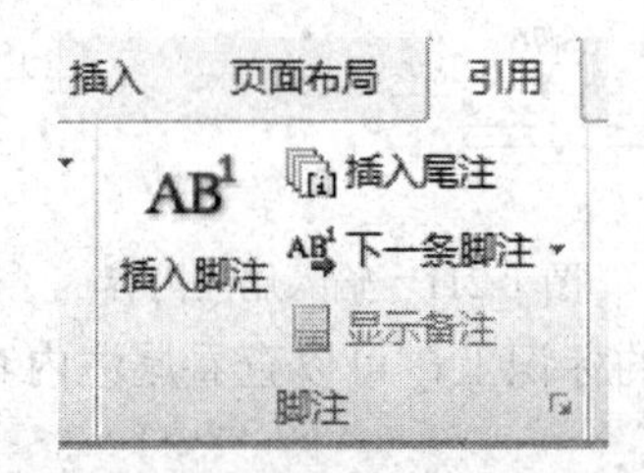

图 1-208　单击“插入脚注”按钮

② 此时在文档的底部出现一个脚注分隔符，在分隔符下方输入脚注内容即可，如图 1-209 所示。

图 1-209　输入脚注内容

③ 同时，插入脚注的文本后也添加了脚注序号，将鼠标指针移动到插入脚注的序号上，就会显示出脚注内容，如图 1-210 所示。

图 1-210　查看脚注内容

(2) 插入尾注的操作步骤如下：

① 在要插入尾注的文字后单击切换至“引用”选项卡，单击“脚注”组中的“插入尾注”按钮。

② 此时，在文档的结尾处，也就是论文最后一页“参考文献”这一页的结尾处出现一个尾注分隔符，在分隔符下方输入尾注内容即可，如图 1-211 所示。

[12]吴海山.基于 Spring 框架的权限控制系统的设计与实现[D].厦门：厦
2010.

[13]毕建信.基于 MVC 设计模式的 Web 应用研究与实现[D].武汉：武汉理
2006.

[14]谢希仁.计算机网络[M].北京：电子工业出版社，2005.

[15]杜选.基于 MVC 模式的 Struts 框架在大型网站开发中的应用[J].中国
化，2008(33)：66-76.

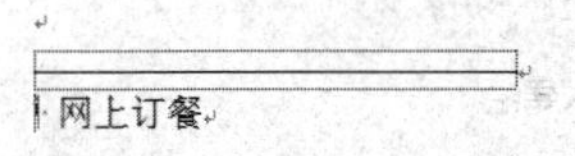

图 1-211　输入尾注内容

③ 将光标移动到插入尾注的标识上，可以查看尾注内容。

3. 删除脚注和尾注

删除脚注和尾注的方法类似，这里我们以尾注为例，介绍删除两者的方法。若要删除某个不需要的尾注，可将其选中并按“Delete”键即可，系统会对剩余的尾注重新编号。若要删除全部尾注，可以不用逐个删除。具体操作步骤如下：

(1) 打开“查找和替换”对话框，在“替换”选项卡中单击“更多”按钮，展开高级选项，如图 1-212 所示。

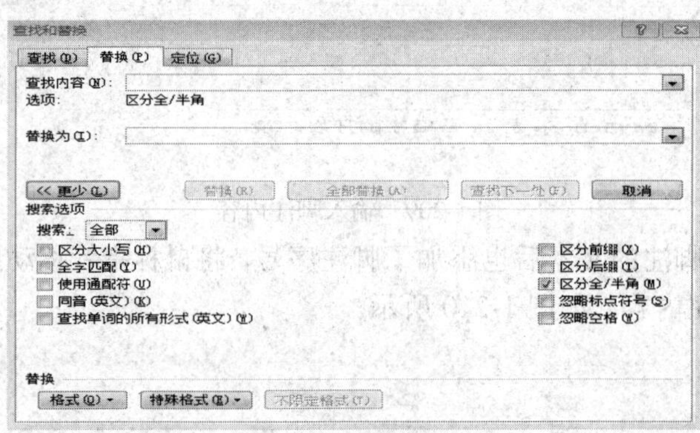

图 1-212　“查找和替换”对话框

(2) 将光标定位在“查找内容”文本框中，然后单击“特殊格式”下拉按钮，在展开的下拉菜单中选择“尾注标记”选项，如图 1-213 所示。

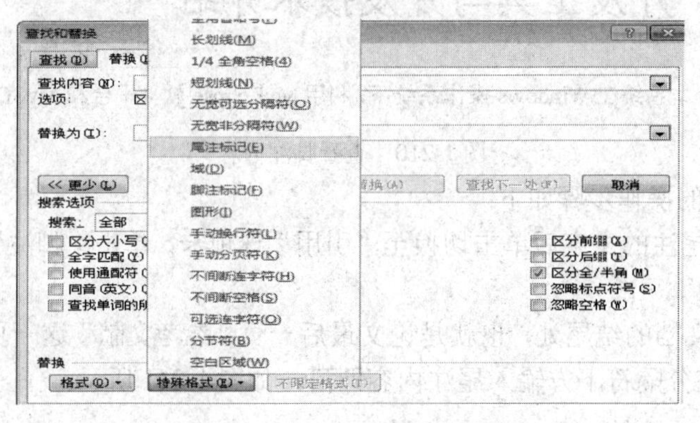

图 1-213　选择“特殊格式”

(3) 清空“替换为”文本框中的内容，然后单击“全部替换”按钮，即可将文档中的所有尾注全部删除。设置后的效果见本书资源包中“案例/第 1 章/题注、脚注与尾注的使用.docx”文档。设置方法扫二维码见插入题注、脚注与尾注(微课)文件。

题注、脚注与尾注的使用(案例)

插入题注、脚注与尾注(微课)

1.4.3　交叉引用

交叉引用是对文档中的其他位置内容的引用，通过交叉引用能使用户尽快找到想要找的内容。在 Word 2010 中，可以为标题、脚注、题注等创建交叉引用。例如，在毕业论文中，假设数据库表 4-1 的设计要参考前面已添加题注的“图 17”，具体操作步骤如下：

(1) 打开本书资源包中“案例/第 1 章/题注、脚注与尾注的使用.docx”文档，在“4.2.2 数据表结构”一节中单击“表 4-1”，王群将在此处插入交叉位置。

(2) 在“插入”选项卡的“链接”组中单击“交叉引用”按钮。

(3) 弹出“交叉引用”对话框，在“引用类型”列表中选择“图”，从“引用内容”下拉列表中选择“只有标签和编号”选项，在“引用哪一个题注”列表框中选择要引用的题注“图 17”，如图 1-214 所示。

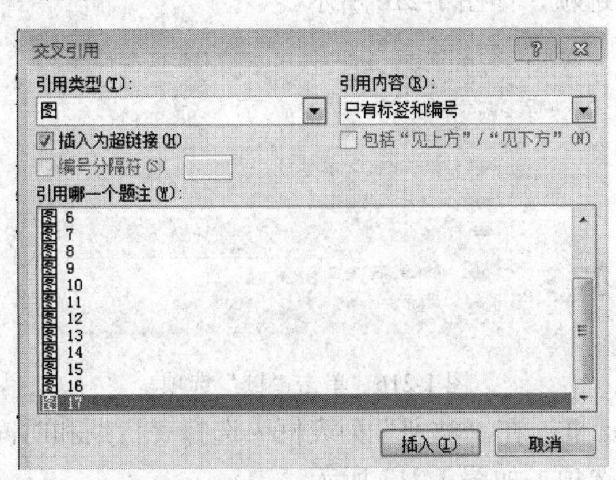

图 1-214　“交叉引用”对话框

(4) 单击“插入”按钮，即可插入交叉引用的内容，如图 1-215 所示。

数据库中主要数据表的设计结构：

一. 用户表

表 4-1 orderOnline_user（参照图 17）

字段名称	数据类型	字段大小	是否主键	说明
userId	varchar	20	是	用户编号
userName	varchar	20	否	用户名

图 1-215　插入交叉引用

交叉引用

(案例)

(5) 移动鼠标指针到创建好交叉引用的文本上，按住“Ctrl”键单击鼠标，文档就会跳转到引用项目所在的位置。设置后的效果见本书资源包“案例/第 1 章/交叉引用.docx”文档。

1.4.4　域的使用

域是 Word 中最具特色的工具之一，它是一种代码，用于指示 Word 如何将某些信息插入到文档中。在 Word 2010 中，可以用域来插入许多有用的内容，比如页码、时间等；也可以利用域完成一些复杂的功能，比如自动编制索引、目录等；还可以利用域来链接或交叉引用其他的文档。

1. 预定义域的使用

在 Word 2010 中，域分为编号、等式和公式、时间和日期、链接和引用、索引和表格、文档信息、文档自动化、用户信息及邮件合并 9 种类型。下面以常见的 Date 域为例，介绍王群利用 Date 域在毕业论文封面中插入日期的具体操作步骤如下：

(1) 打开本书资源包中的“素材/第 1 章/毕业论文.docx”文档，将光标定位至封面的最后一行，删除原有通过键盘输入的日期。

(2) 切换至“插入”选项卡，在“文本”组中单击“文档部件”下拉按钮，在展开的下拉列表中选择“域”选项，如图 1-216 所示。

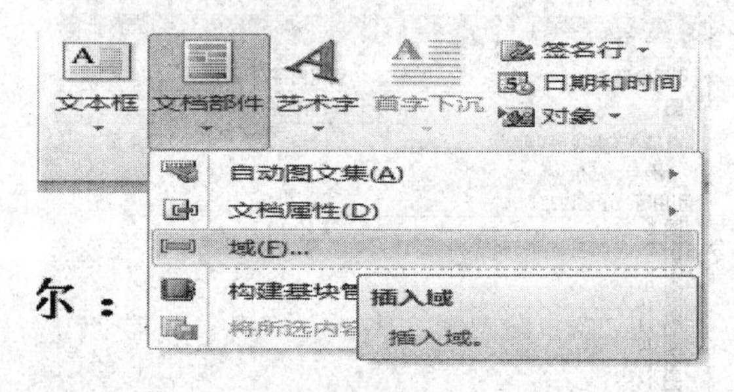

图 1-216　单击“域”选项

(3) 弹出“域”对话框，在“类别”列表框中选择“日期和时间”选项，在“域名”列表框中选择“Date”选项，如图 1-217 所示。

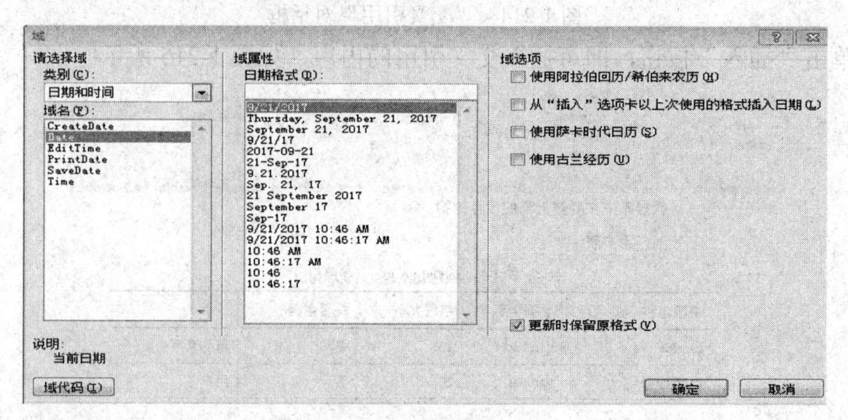

图 1-217　域对话框

(4) 单击“域代码”按钮，然后单击显示出来的“选项”按钮，弹出“域选项”对话框，单击“通用开关”选项卡，在“日期/时间”列表框中选择“yyyy-MM-dd”选项，然后单击“添加到域”按钮即可将选定的域选项添加到“域代码”文本框中，如图 1-218 所示。单击“确定”按钮即可完成文档中域的添加。

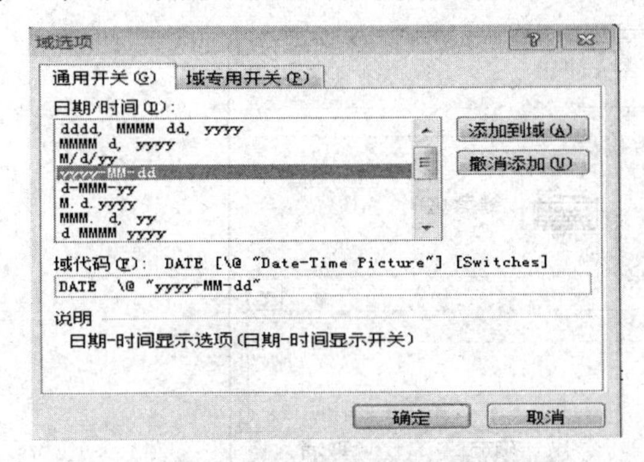

图 1-218　“域选项”对话框

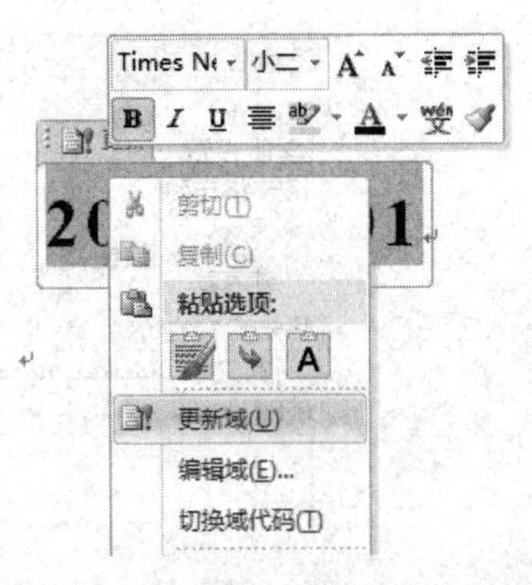

图 1-219　更新域

2. 域的更新

域和普通的文字不同，它的内容是可以更新的。更新域就是使域的内容根据情况的变化而自动更改，具体操作方法为：右击要更新的域，在弹出的快捷菜单中选择“更新域”命令即可，如图 1-219 所示。更新后的效果见本书资源包中“案例/第 1 章/域的使用.docx”文档。

域的使用
(案例)

1.4.5　宏的使用

宏是软件设计者为了让人们在使用软件进行工作时，避免一再重复相同的动作而设计出来的一种工具。它采用简单的语法，把常用的动作写成宏，当工作时，就可以直接利用事先编好的宏，自动运行完成某项特定的任务。

1. 录制宏

在 Word 2010 中进行的任何一种操作都可以制作在宏中。通过录制一系列的操作方法来创建一个“宏”，称为录制宏。用户可以通过录制宏的方法创建简单的宏，下面以录制一个字体为“隶书”、字形为“加粗”、字号为“四号”的宏为例，介绍录制宏的具体方法：

(1) 切换至“视图”选项卡，在“宏”组中单击“宏”下拉按钮，在展开的列表中选择“录制宏”命令，如图 1-220 所示。

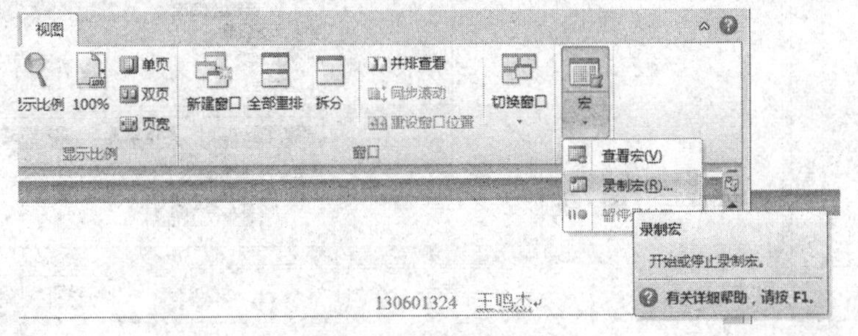

图 1-220　单击“录制宏”按钮

(2) 弹出“录制宏”对话框，在“宏名”文本框中输入需要录制的宏的名称，即“字体设置”，如图 1-221 所示。这里，在“将宏指定到”选项区中，“按钮”选项是指将录制的宏放在文档的工具栏中，并以按钮的形式出现；“键盘”选项是指将录制的宏以快捷键的方式存放在键盘中。这里选择将宏指定到按钮，弹出“Word 选项”对话框。

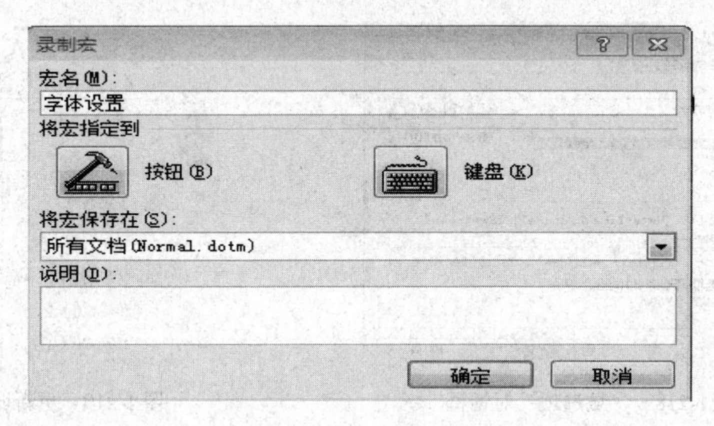

图 1-221　“录制宏”对话框

(3) 在“Word 选项”对话框中单击左侧的“自定义功能区”选项卡，在“从下列位置选择命令”下拉列表中选择“宏”，并在其下方的列表中选择“Normal.NewMacros.字体设置”选项，在“自定义功能区”列表框中单击“新建选项卡”按钮，选择“新建选项卡(自定义)”下的“新建组(自定义)”选项，如图 1-222 所示。

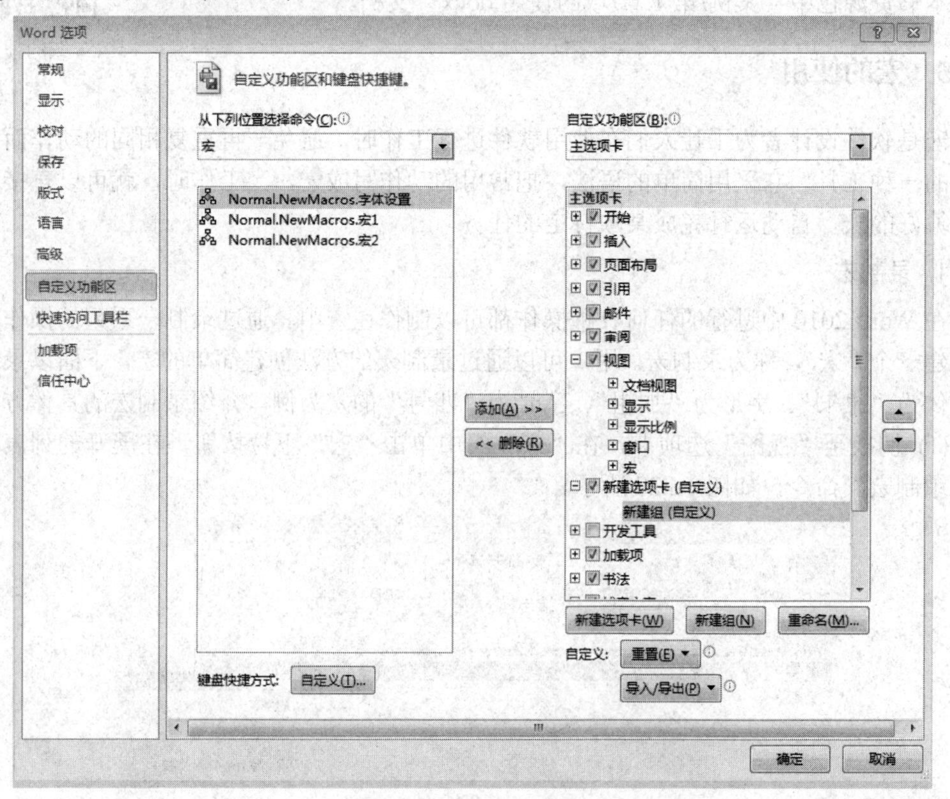

图 1-222　新建宏选项卡

(4) 单击“添加”按钮，将宏添加到“新建选项卡(自定义)”下的“新建组(自定义)”中，单击“确定”按钮，关闭“Word 选项”对话框。

(5) 此时光标变成录音机形状，同时“宏”组中的“录制宏”按钮变成“停止录制”按钮，表明正在进行宏的录制。

(6) 在“字体”组中设置字体为“隶书”，字号为“四号”，并单击“加粗”按钮。设置完成后，单击“停止录制”按钮，即可完成宏的录制。

2. 执行宏

录制好宏后，如果需要执行宏所包含的操作步骤，直接执行宏即可。具体步骤为：选中需要设置字体的段落，切换至“新建选项卡”，单击“字体设置”这个宏，就可以根据录制的宏执行所有的操作，如图 1-223 所示。执行后的效果见本书资源包中“案例/第 1 章/宏的使用.docx”文档。

使用方法扫二维码见宏的使用(微课)文件。

宏的使用
(案例)

宏的使用
(微课)

图 1-223　执行宏

1.4.6　审阅与修订

无论是检查自己的文档，还是审阅别人的文档，使用 Word 中的“文档审阅”功能快速、准确的检查出文档中的一些输入错误。Word 提供的审阅功能包括批注和修订操作，这为不同用户间协调工作提供了方便。

1. 批注的应用

批注是指作者或其他审阅者为文档添加的注释或批注，通常由批注标志、连线及批注框组成。用户可以通过添加批注的方法对浏览过的内容进行标记或注释，具体操作步骤为：

(1) 选中需要添加批注的内容，切换至“审阅”选项卡，单击“批注”组中的“新建批注”按钮，如图 1-224 所示。

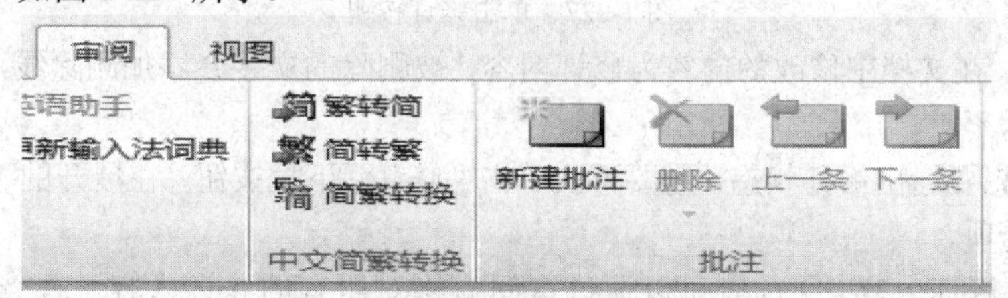

图 1-224　单击“新建批注”按钮

(2) 此时，页面的右侧出现批注框，用户可以在其中输入批注的内容，如图 1-225 所示。

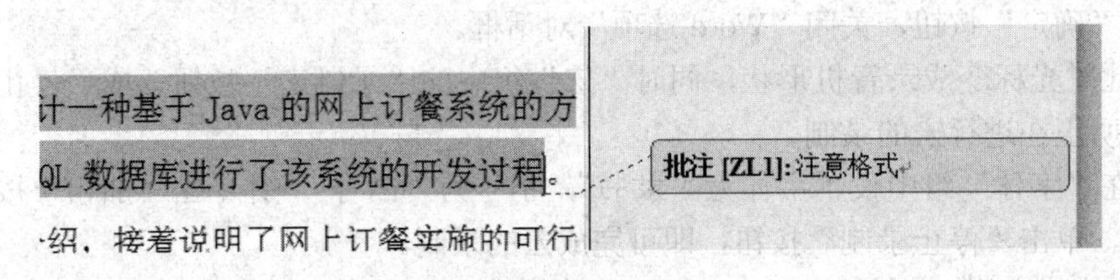

图 1-225　显示批注框

当文档中有多个批注时，可以通过“上一条”或“下一条”命令在批注之间移动查看批注。

如果想删除一条批注，需要选中批注内容后单击“批注”工具栏中的“删除”按钮，在展开的下拉列表中选择“删除”选项即可，如图 1-226 所示。

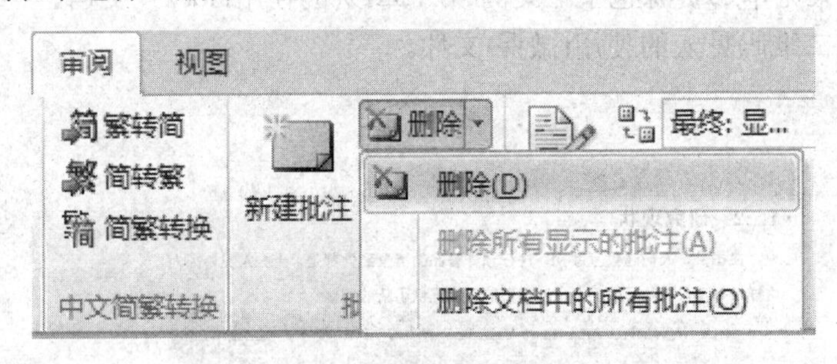

图 1-226　删除批注

2. 修订的应用

当用户要审阅别人的文档时，可以进入修订状态下直接在文档中作出修改，并且不会对作者的源文档进行实质性的删减，文档的作者也会通过修订内容明白审阅者的意思。

(1) 进入修订状态。只有在修订状态下用户对文档所做的任何改动，才会以修订方式作出标记。进入修订状态的具体操作步骤如下：

① 切换至“审阅”选项卡，在“修订”组中单击“修订”下拉按钮，在展开的下拉菜单中选择“修订”选项，如图 1-227 所示，即可进入修订状态。

图 1-227　单击修订按钮

② 此时，在文档中修改的内容为修订内容，被删除的文字会添加删除线，修改的文字会以红色显示。

③ 如果想要退出修订状态，需要再次单击“修订”下拉按钮，在展开的下拉菜单中选择“修订”选项。

(2) 查看修订内容。阅读者可以通过审阅窗格对所有的修订内容进行查看，在 Word

2010 中，有垂直审阅窗格和水平审阅窗格两种，在“修订”组中单击“审阅窗格”下拉按钮，在展开的下拉列表中选择其中一种即可，如选择“垂直审阅窗格”，如图 1-228 所示。

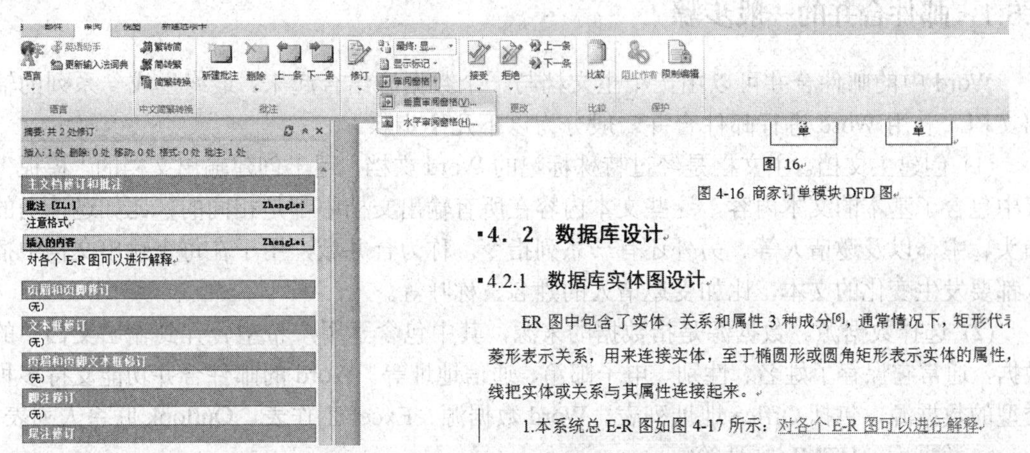

图 1-228 审阅窗格查看修订内容

(3) 接受与拒绝修订。审阅者对文章进行修订以后，其他人还可以拒绝或者接受修订，单击“更改”组中的“接受”或“拒绝”按钮即可，如图 1-229 所示。更改后的效果见本书资源包中“案例/第 1 章/审阅与修订.docx”文档。

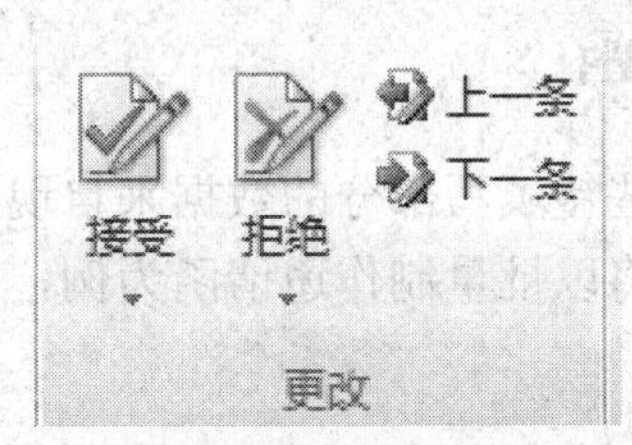

图 1-229 接受与拒绝修订

审阅与修订
(案例)

1.5 节课件

1.5 批量制作邀请函

在毕业答辩前夕，为了给大学生活画上一个圆满的句号，计算机学院学生会决定邀请所有的专业课老师参加学生的毕业答辩。于是老师给王群布置任务，让他去制作邀请函并发给所有的老师，这个时候他想到了 Word 中的邮件合并功能。

邮件合并并不是简单地将若干邮件的内容合并在一起，而是先编辑好一个包含固定内容的主文档，然后将另外一个数据源中的信息插入到主文档特定位置。例如要群发的邀请函，里面除了每个老师的称呼不同外，其他大部分内容都是相同的，这个时候就可以先将邀请函的固定内容编辑在主文档中，而在老师称呼位置留空白，然后利用邮件合并功能，将 Excel 表格中的所有人名逐一合并到文档中，从而批量送出收件人各不相同的邀请函。

通过本节的学习，实现以下学习目标：

(1) 掌握邮件合并的一般步骤。

(2) 掌握按条件进行邮件合并的方法。

1.5.1 邮件合并的一般步骤

Word 中的邮件合并可以由一个主文档与一个数据源结合起来，最终生成一系列的输出文档。利用 Word 进行邮件合并一般分为以下几个步骤：

(1) 创建主文档。主文档是经过特殊标记的 Word 文档，用于创建输出文档的“模板”，其中包含了基本的文本内容，这些文本内容在所有输出文档中都是相同的，比如邀请函的抬头、主体以及邀请人等。另外还有一系列指令，称为合并域，用于在每个输出文档中插入都要发生变化的文本，比如受邀请人的姓名、称呼等。

(2) 选择数据源。数据源是指数据的来源，其中包含了用户希望合并到输出文档中的数据，通常它保存了姓名、性别、电子邮箱、通信地址等。Word 的邮件合并功能支持多种类型的数据源，包括 Office 地址列表、Word 数据源、Excel 工作表、Outlook 联系人列表、Access 数据库、HTML 文件等。

(3) 邮件合并。利用邮件合并分布向导可以将数据源中的信息合并到主文档中，在形成的最终文档中，有些文本内容在输出时是固定的，而有些会随着收件人的不同发生变化。

1.5.2 使用邮件合并批量制作邀请函

当文档需要批量制作，且文档中一些待填写部分的数据来自现成的数据表时，就可以使用 Word 中的邮件合并功能。本小节将以批量制作邀请函为例，说明邮件合并功能的具体操作方法。

教师信息

(素材)

1. 邮件合并前的准备

在执行邮件合并之前，先准备好主文档和数据源。本例中，主文档为本书资源包中“素材/第 1 章”文件夹中的“邀请函.docx”文档，数据源为本书资源包中“素材/第 1 章/”文件夹中的“教师信息.xlsx”文档。

邀请函

(素材)

2. 使用邮件合并分布向导

对于初次使用邮件合并功能的用户，Word 提供了非常友好的用户服务，即“邮件合并分布向导”，借助它用户可以一步步地了解整个邮件合并的过程，并顺利地完成邮件合并任务。使用“邮件合并分布向导”批量制作邀请函的操作步骤如下：

(1) 打开本书资源包中“素材/第 1 章”文件夹中的主文档“邀请函.docx”文档，切换至“邮件”选项卡，单击“开始邮件合并”组中的“开始邮件合并”下拉按钮，在展开的下拉列表中单击“邮件合并分布向导”命令，如图 1-230 所示。

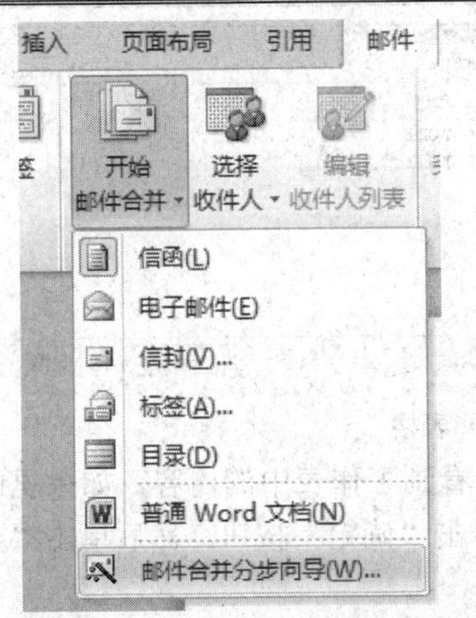

图 1-230　单击“邮件合并分布向导”

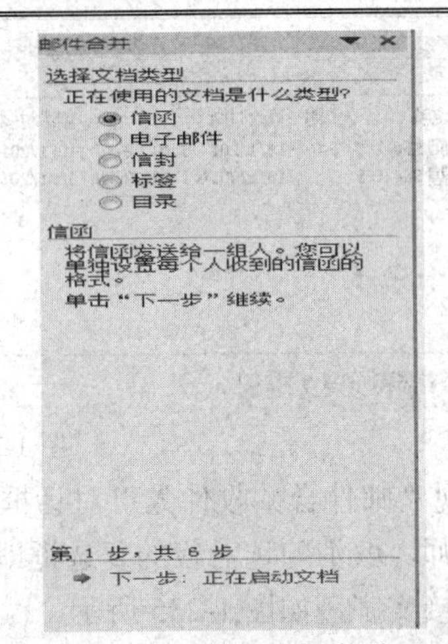

图 1-231　选择文档类型

(2) 随后，在文档右侧出现“邮件合并”窗格，选中“信函”单选按钮，单击“下一步：正在启动文档”链接文字，如图 1-231 所示。

(3) 本案例在已经打开的“邀请函”文档中编辑，因此直接选中“使用当前文档”单选按钮即可，单击“下一步：选取收件人”链接文字，如图 1-232 所示。

(4) 因为所要邀请的老师信息已经事先保存在 Excel 表格中，这里直接选中“使用现有列表”单选按钮，然后单击“浏览”链接文字，在打开的对话框中选择“教师信息.xlsx”文档，单击 “打开”按钮，如图 1-233 所示。

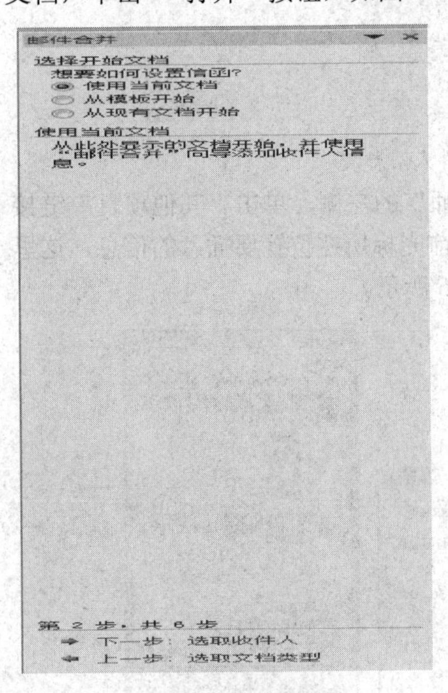

图 1-232　选择开始文档

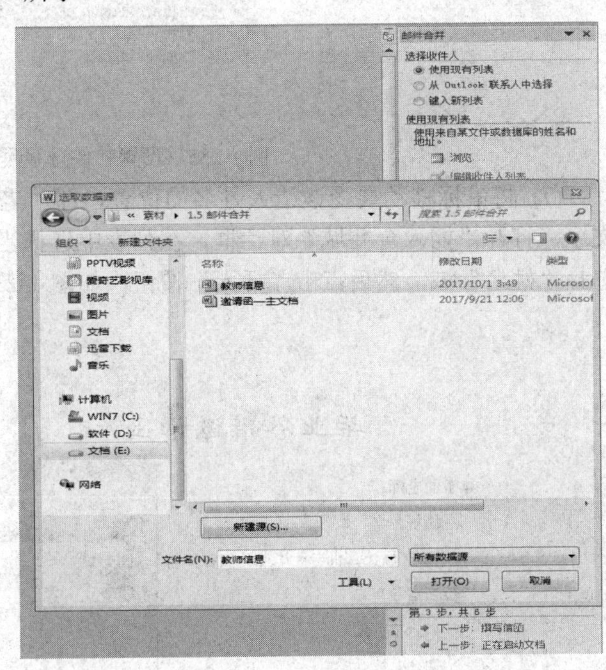

图 1-233　选择数据源

(5) 出现“选择表格”对话框，选择工作簿“Sheet1”，单击“确定”按钮，如图 1-134 所示。

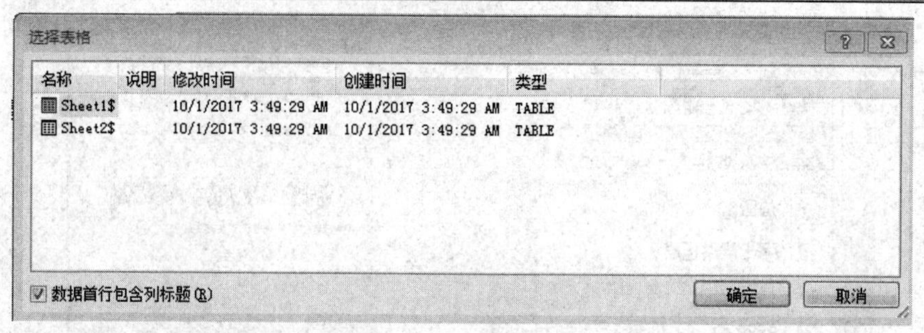

图 1-234　选择表格

(6) 出现“邮件合并收件人”对话框，可以看到工作表中的内容，如果里面包含不需要邀请的老师，取消勾选对应的复选框即可，单击“确定”按钮，然后单击“下一步：撰写信函”链接文字，如图 1-235 所示。

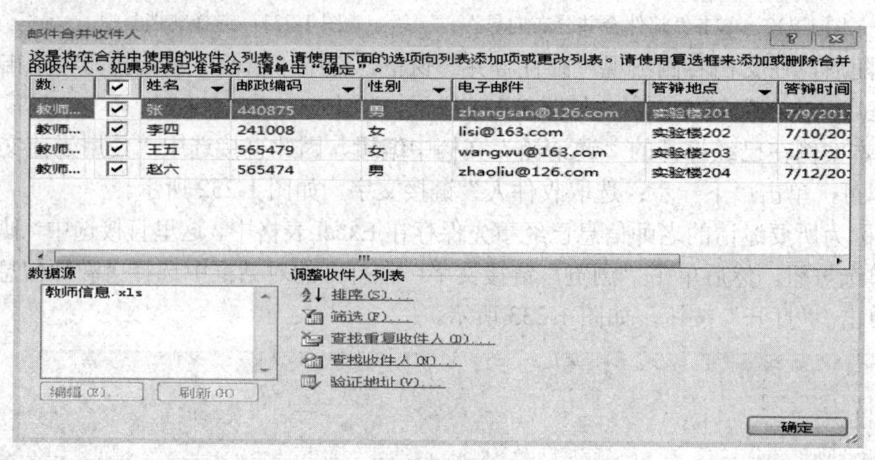

图 1-235　设置邮件合并收件人信息

(7) 将鼠标移动要受邀请人姓名的位置，即“老师”的左侧，单击“其他项目”链接文字，打开“插入合并域”对话框，在列表中选择当前光标所在位置要插入的信息，这里选择“姓名”域，然后点击“插入”按钮，如图 1-236 所示。

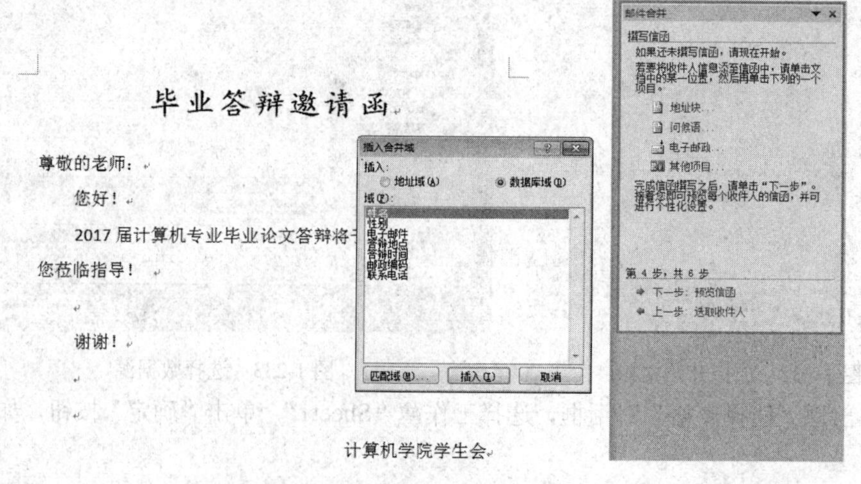

图 1-236　“插入合并域”对话框

(8) 按照同样的方法插入“答辩时间”和“答辩地点”域，然后单击“下一步：预览信函”按钮，如图 1-237 所示。

毕业答辩邀请函

尊敬的«姓名»老师：

您好！

2017 届计算机专业毕业论文答辩将于«答辩时间»在«答辩时间»举行，诚挚邀请您莅临指导！

谢谢！

计算机学院学生会

邮件合并

撰写信函

如果还未撰写信函，请现在开始。

若要将收件人信息添至信函中，请单击文档中的某一位置，然后再单击下列的一个项目。

地址块

问候语

电子邮政

其他项目

完成信函撰写之后，请单击“下一步”。接着您即可预览每个收件人的信函，并可进行个性化设置。

第 4 步，共 6 步

下一步：预览信函

上一步：选取收件人

向导下一步

图 1-237　插入合并域

(9) 可以看到在邀请函中已经出现了第一个老师的姓名等信息，在“预览结果”组中通过“上一记录”和“下一记录”按钮可以显示出所有的邀请函信息，如图 1-238 所示。确认无误后，单击“下一步：完成合并”链接文字。

图 1-238　预览邀请函信息

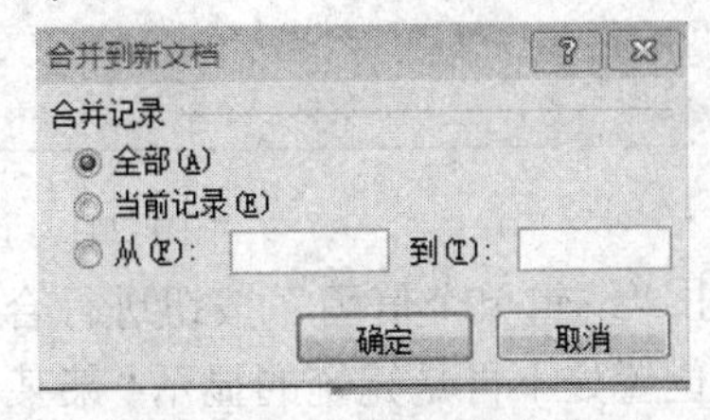

图 1-239　合并到新文档

毕业答辩邀请函(案例)

(10) 最后，用户可以根据需要选择“打印”或者是“编辑单个信函”按钮，进行合并工作。这里选择后者，弹出“合并到新文档”对话框，如图 1-239 所示，合并记录选择“全部”，即可合并生成一个如图 1-240 所示的新文档，在该文档中，每一页邀请函中的老师信息均由数据源自动创建生成。生成后的效果见本书资源包中的“案例/第 1 章/毕业答辩邀请函.docx”文档。

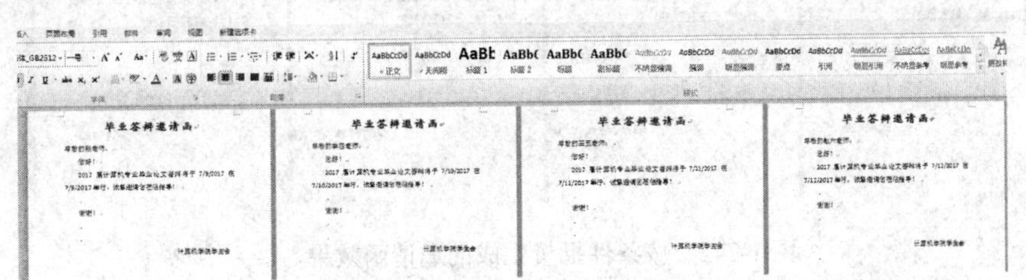

图 1-240　批量生成的邀请函效果

1.5.3　按条件进行邮件合并

在邮件合并的过程中，用户也可以对数据源中的信息进行按条件选择。比如，在有些场合下，需要将男性称呼为先生、女性称呼为女士，具体设置步骤为：

(1) 在“邮件”选项卡中单击“编写与插入域”组中的“规则”下拉菜单，在下拉列表中选择“如果…那么…否则…”命令，弹出“插入 Word 域”对话框。

(2) 在“域名”下列框中选择“性别”，在“比较条件”下拉框中选择“等于”，在“比较对象”文本框中输入“男”，在“则插入此文字”文本框中输入“先生”，在“否则插入此文字”文本框中输入“女士”，即可将性别与被邀请人的称谓建立起联系，如图 1-241 所示。

图 1-241　设置插入域规则

(3) 单击“编辑单个信函”按钮进行合并，在生成的新文档中，会发现在称呼的位置处不再是笼统的显示“某某老师”，而是根据不同的性别具体显示为“某某先生”或“某某女士”，效果如图 1-242 所示。按条件进行邮件合并见本书资源包中的 “案例/第 1 章/邮件合并.docx”文档。合并方法扫二维码见邮件合并(微课)文件。

邮件合并
(案例)

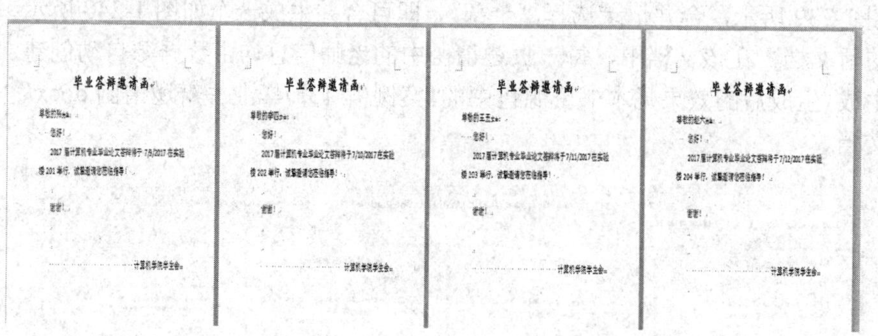

邮件合并
(微课)

图 1-242　按条件批量生成的邀请函效果

本章小结

Word 2010是Office办公软件中的重要组件，也是当前最流行的文字处理软件。它的出现，极大地方便了人们的工作和生活，用户利用Word 2010所提供的功能能够方便快捷地创建出专业而优雅的文档。

在本章每小节的学习过程中，我们从学习与生活的实际案例出发，深入详细地讲解每个知识点及其操作方法，将理论知识与实际应用完美结合。

以“创业策划书”的编写过程为例，讲解了Word文档的基本功能，包括文档的创建、保存、文本格式和段落格式的设置等基本操作；介绍了页边距、纸张、版式等文档页面布局的设置方法；学习了在文档中使用文本框、插入表格和图片、使用SmartArt图形等图文混排的方法。

以“毕业论文”的制作过程为例，讲解了在长文档中插入封面的方法，包括插入模板封面和自定义个性化封面两种；学习了如何在文档中添加分页符和分节符，并针对不同的节分别设置页眉与页脚、添加页码；掌握了为长文档自动创建目录的具体操作方法，并能够根据文档结构的变化及时对目录进行更新；介绍了“视图”选项卡下的五种视图模式，方便用户从不同角度阅读文档。

以“毕业论文”的优化过程为例，讲解了对长文档进行自动化处理的方法，包括项目符号和编号的使用，题注、脚注和尾注的使用，宏和域的应用，建立交叉引用，审阅与修订文档等具体内容。

以“毕业设计邀请函”的制作过程为例，介绍了邮件合并的一般步骤，并学习了利用Word邮件合并功能批量制作邀请函的具体操作方法，同时介绍了如何实现按照条件有选择性的进行邮件合并。

习 题

一、题目描述

文档“北京政府统计工作年报.docx”(见本书资源包中的“习题材料/第1章”中的文件)是一篇从互联网上获取的文字资料，请打开该文档并按下列要求进行排版及保存操作：

(1) 将纸张大小设为16开，上边距设为3.2 cm、下边距设为3 cm，左右页边距均设为2.5 cm。

(2) 利用素材前三行内容为文档制作一个封面页，令其独占一页(参考样例见本书资源包中的“习题材料/第1章”文件夹中文件“封面样例.png”)。

(3) 标题“(三)咨询情况”下用蓝色标出的段落部分转换为表格，为表格套用一种表格样式使其更加美观。

(4) 将文档中以“一”、“二”、……开头的段落设为“标题1”样式；以“(一)”、“(二)”、……

开头的段落设为“标题 2”样式；以“1”、“2”、……开头的段落设为标题 3 样式。

(5) 在正文第 3 段中用红色标出的文字“统计局队政府网站”后添加脚注，内容为“http://www.bjstats.gov.cn”。

(6) 在封面页与正文之间插入目录，目录要求包含标题第 1-3 级及对应页号。目录单独占用一页。

(7) 除封面页和目录页外，在正文页上添加页眉，内容为文档标题“北京市政府信息公开工作年度报告”和页码，要求正文页码从第 1 页开始，其中奇数页眉居右显示，页码在标题右侧，偶数页眉居左显示，页码在标题左侧。

二、题目描述

巨爽公司将于今年举办“创新产品展示说明会”，市场部助理王群需要制作会议邀请函，并寄送给相关的客户。

现在，请你按照如下需求，在 Word.docx 文档(见本书资源包中的“习题材料/第 1 章/Word.docx”文档) 中完成邀请函的制作：

(1) 将文档中“会议议程：”段落后的 7 行文字转换为 3 列、7 行的表格，并根据窗口大小自动调整表格列宽。

(2) 为制作完成的表格套用一种表格样式，使表格更加美观。

(3) 为了可以在以后的邀请函制作中再利用会议议程内容，将文档中的表格内容保存至“表格”部件库，并将其命名为“会议议程”。

(4) 将文档末尾处的日期调整为可以根据邀请函生成日期而自动更新的格式，日期格式显示为“2014 年 1 月 1 日”。

(5) 在“尊敬的”文字后面，插入拟邀请的客户姓名和称谓。拟邀请的客户姓名在本书资源包“习题材料/第 1 章”文件夹角中的“通讯录.xlsx”文件中，客户称谓则根据客户性别自动显示为“先生”或“女士”，例如“范俊弟(先生)”、“黄雅玲(女士)”。

(6) 每个客户的邀请函占 1 页内容，且每页邀请函中只能包含 1 位客户姓名，所有的邀请函页面另外保存在一个名为“Word-邀请函.docx”的文件中。如果需要，删除“Word-邀请函.docx”文件中的空白页面。

第 1 题(答案)

第 2 题(答案)

第 2 章　Excel 电子表格的制作

Excel 2010 可以用来制作电子表格，能够进行数据的分析和预测，并完成许多复杂的数据运算，且具有强大的制作图表的功能。Excel 2010 已成为国内外广大公司管理用户和个人财务、统计数据、绘制各种专业化表格的得力助手。通过本章学习，应掌握以下内容：

(1) 工作簿和工作表的创建、修改等基本操作。

(2) 对工作表进行美化。

(3) 理解常用的函数并能够灵活应用。

(4) 根据需求创建图表。

(5) 对数据进行综合分析。

(6) 熟练使用透视图和透视表。

其中，难点包括：

(1) 绝对地址和相对地址的引用。

(2) 常用函数的使用，包括 sumif()、sumifs()、countif()、countifs()、if()、vlookup()等。

(3) 数据的高级筛选。

(4) 数据的分类汇总。

(5) 数据透视表和透视图的创建。

2.1 节课件

2.1　认识 Excel 2010

Excel 2010 和以往的版本相比，在界面布局上有了比较明显的调整，同时提供了全新的分析和可视化工具，具有更多的计算、管理和共享信息的功能，能帮助用户跟踪和突出显示重要的数据趋势。Excel 2010 可以使用单元格内嵌的迷你图及带有新迷你图的文本数据获得数据的直观汇总，使用新增的切片器功能快速、直观地筛选大量信息。除此之外，Excel 2010 还增强了其数据透视表和数据透视图的可视化分析功能，也支持用户将文件上传到网站与其他人协同工作。不论是一般的数据统计，还是高级的财务报表生成，Excel 2010 都可以更高效、更灵活地实现目标。

2.1.1　Excel 2010 工作界面

Excel 2010 的工作界面以友好、方便著称，与 Word 2010 基本类似，但在选项卡、功能区、组、对话框启动器等处，都有比较大的变化，如图 2-1 所示。

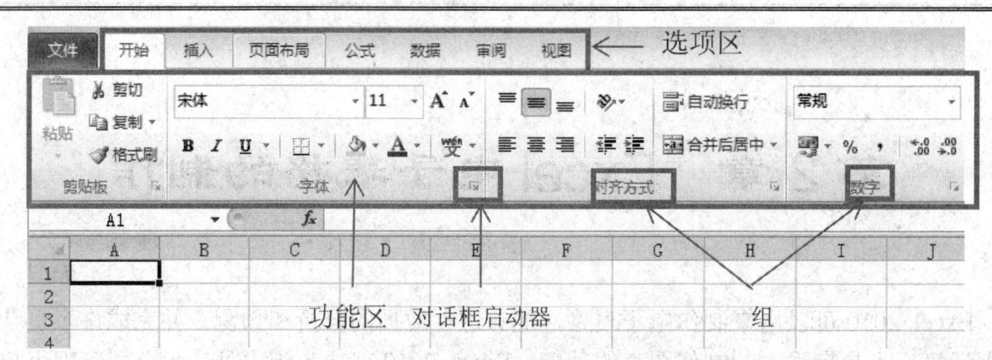

图 2-1　Excel 2010 选项卡工作界面

(1) 选项卡：Excel 2010 默认有“开始”、“插入”、“页面布局”、“公式”、“数据”、“审阅”和“视图”七个选项卡，双击每个选项卡，可以打开或者关闭对应的功能区。也可以通过“文件”→“选项”→“自定义功能区”新建选项卡。

(2) 功能区：功能区显示的是每个选项卡下对应的功能。功能区由“组”和各组的“对话框启动器”组成。

(3) 组：每个组提供了本组的相关功能，比如，“开始”选项卡下的功能区有“剪贴板”组、“字体”组、“对齐方式”组、“数字”组等。

(4) 对话框启动器：点击某组右下角的图标，可以打开对话框启动器，打开“字体”组，就弹出图 2-2 所示的“设置单元格格式”对话框，可以对单元格进行设置。

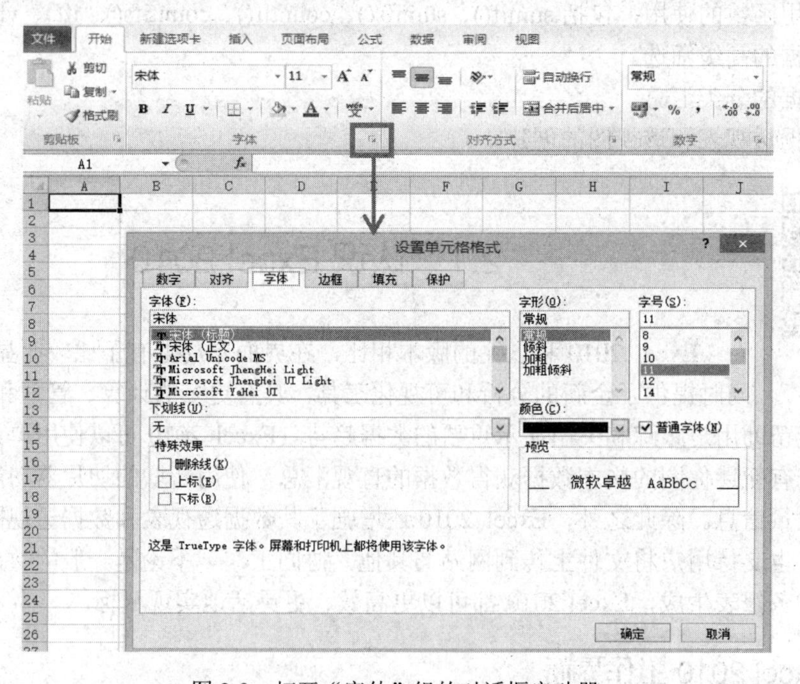

图 2-2　打开“字体”组的对话框启动器

2.1.2　Excel 2010 新增功能

一直以来，Microsoft Excel 都以其强大的数据处理和分析能力著称，被作为办公室的重要工具之一。作为 Office 2010 套件之一的 Excel 2010，更是在以往功能的基础上，新增了更多适用于日常数据统计的功能，主要包括迷你图、改进的透视表、改进的筛选功能、共同协作的新方式以及快速访问工具栏等。

1. 迷你图

Excel 2010 新增了迷你图功能，可以在工作表数据中直接进行数据展示并对趋势做出比较，如图 2-3 所示。也可参见本书资源包中的“素材/第 2 章/销售趋势图.xlsx”文档。

销售趋势图

(素材)

	A	B	C	D	E	F
1	2016年产品销售记录					
2	（单位：万）					
3	时间	第一季度	第二季度	第三季度	第四季度	销售趋势图
4	产品A	100	120	110	150	
5	产品B	120	125	125	110	
6	产品C	200	140	130	120	
7	产品D	200	210	220	250	
8						

图 2-3　迷你图

2. 改进的透视表

Excel 2010 中透视表的性能改善很多。当处理大量数据，例如对数据透视表的数据进行排序和筛选时，将更快得到结果。Excel 2010 允许在数据透视表的标签下填充内容，这样可以更轻地使用数据透视表，也可以重复使用数据透视表以显示所有行和列中的项目字段以及标题嵌套中的标签等。

3. 改进的筛选功能

Excel 2010 在筛选功能上也有一些改进，新的搜索筛选器筛选 Excel 表、数据透视表和数据透视图中的数据时，可以使用新的搜索框，帮助用户找到所需的较长的列表。

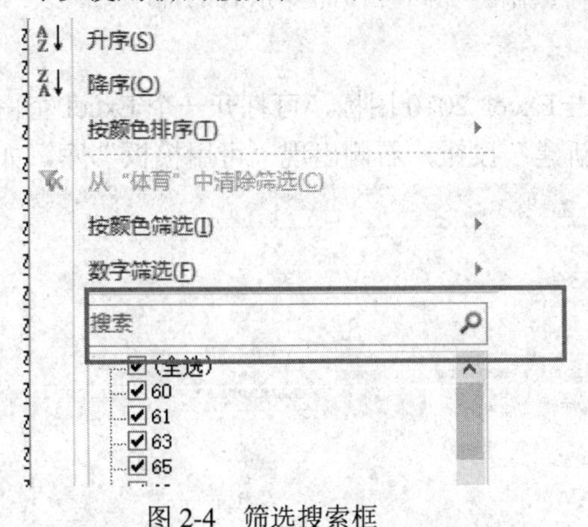

图 2-4　筛选搜索框

4. 共同协作的新方式

Excel 2010 版本有一个很大的特点，就是支持多人协作办公，可以支持不同的人从不同的位置同时编辑工作簿。大家只需基于免费的 Windows Live 账户，就可以同时在工作簿上创作。这为用户的协同工作带来了很大的便利。

5. 快速访问工具栏

Excel 2010 新增了快速访问栏。该栏位于标题栏的上部左侧，默认状态时包括保存、撤销、恢复三个基本的常用命令，用户可以根据自己的需要添加常用命令，以方便使用，这也是快速工具栏的设置意义。

2.2 创建“学生档案”工作簿

2.2 节课件

Excel 是一个表格编辑软件，可以同时处理多张工作表。用户可以用 Excel 录入数据，对数据进行计算，并生成可视化的分析图表。

张帅是大学二年级学生，计算机专业班的班长，经常要帮助老师对班上学生的学习情况进行统计汇总和分析，掌握好 Excel 可以提高张帅处理数据的效率。本节将基于张帅创建“学生档案”工作簿案例，实现以下几个学习目标：

(1) 掌握工作簿的新建、隐藏、保护的方法。

(2) 掌握工作簿的共享、修订、批注的方法。

(3) 掌握工作表新建、重命名和修改标签的方法。

(4) 掌握工作表的复制、移动、保护和隐藏的方法。

(5) 对工作窗口的灵活控制。

(6) 区分工作簿和工作表的关系。

2.2.1 工作簿的基本操作

一个 Excel 工作簿可以包含多张工作表，默认情况下，最多可以包含 255 张工作表，这可以满足用户在一个工作簿中同时存储多张表的需求。

1. 创建工作簿

默认情况下，双击 Excel 2010 图标，可打开一个 Excel 空白工作簿，点击左上角“文件”选项卡，点击“新建”按钮，右侧出现“可用模板”库，如图 2-5 所示。

图 2-5　新建工作簿模板列表

Excel 2010 中的模板库分为两类，一类是本机上存储的模板，一类是 Office 官网上的模板，前者需要预先保存在电脑上，当需要时，直接选择使用；后者需要电脑联网下载后方可使用。直接可用的模板又有 5 种创建方式：

(1) 创建空白工作簿：双击“空白工作簿”，可创建空白的工作簿，默认的工作簿有 3 张工作表，根据需要最多可以创建 255 个工作表。

(2) 选择最近打开的模板：可以快速选择最近打开的模板。

(3) 样本模板：样本模板是 Excel 中内置的常用模板，比如，贷款分期付款模板、个人月预算模板、考勤卡模板等，如图 2-6 所示。

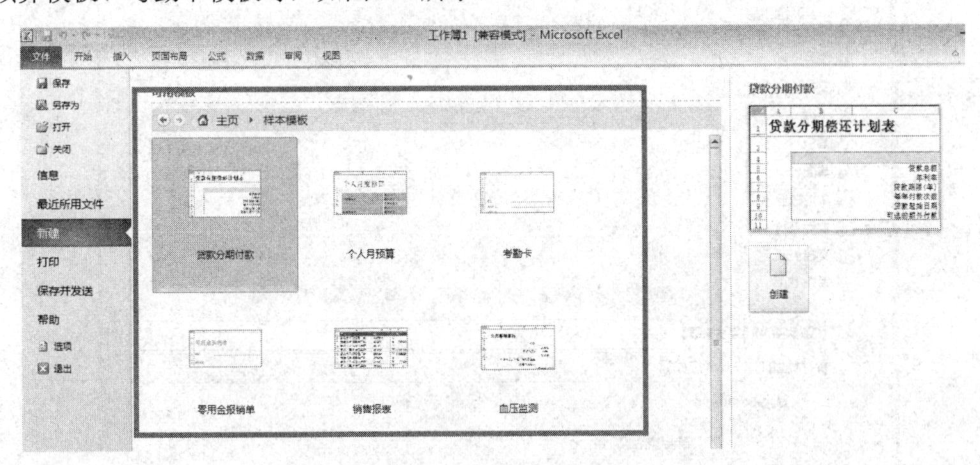

图 2-6　提供的样本模板

(4) 我的模板：某些情况下，用户经常会使用固定格式的工作簿文件，为了提高工作效率，可以将使用频率高的工作簿文件保存为模板，方便以后使用，这就是“我的模板”。

(5) 根据现有内容新建工作簿：首先选择一个已有的模板，根据需要，在模板上继续新建内容。

本案例中我们要创建一个“学生档案”工作簿，双击 Excel 图标，即可打开一个空白的工作簿。

2. 保存工作簿

工作簿创建完成后，要对其进行保存，保存时要特别注意文件存储的位置以及对文件格式的设置。

(1) 快速保存：“快速保存”按钮位于快速工具栏最左侧或者“文件”选项卡下方。

(2) 另存为：点击“文件”选项卡下的“另存为”按钮，可以在弹出的对话框中对文件名、保存类型、是否加密等常规选项进行设置。

Tips：新建文件初次保存时，可直接点击“快速保存”按钮保存，并设置文件的保存名称和存储位置。非新建文件，如果不改变文件名称和存储位置，可选择“快速保存”按钮保存文件，如果要更改文件名称和文件存储位置，则要用“另存为”的方式保存，方可修改。

通常情况下，Excel 工作簿以“.xls”格式或“.xlsx”格式文件居多，前者是 Excel 2007 以前的版本，后者是 Excel 2007 及以后的版本，当用户需要将工作簿保存为模板时，可以选择“Excel 模板”的格式。

本节中，我们需要新建一个“学生档案”工作簿，并将其保存。操作步骤如下：

(1) 打开之前新建的“空白工作簿”。

(2) 点击“保存”或者“另存为”图标，文档名称设置为“学生档案”，保存位置在E盘新建的“Excel”文件夹下(读者可自行设置)。

(3) 点击“保存”按钮，将其保存为“学生档案.xlsx”文档，如图 2-7 所示。

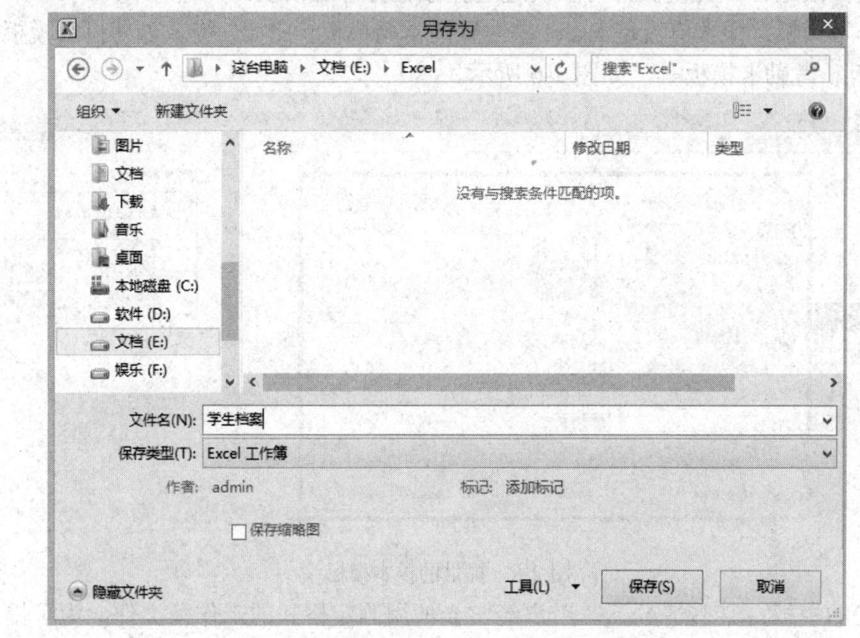

图 2-7　新建并保存“学生档案”工作簿

3. 设置工作簿密码

如果 Excel 中的数据需要保密或者不允许修改，可以通过为工作簿设置密码来保护这些数据。工作簿的密码分为“打开权限密码”和“修改权限密码”，设置方式如下：

(1) 打开“另存为”对话框，点击“保存”左边的“工具”按钮，在弹出的下拉列表中选择“常规选项”，如图 2-8 所示。

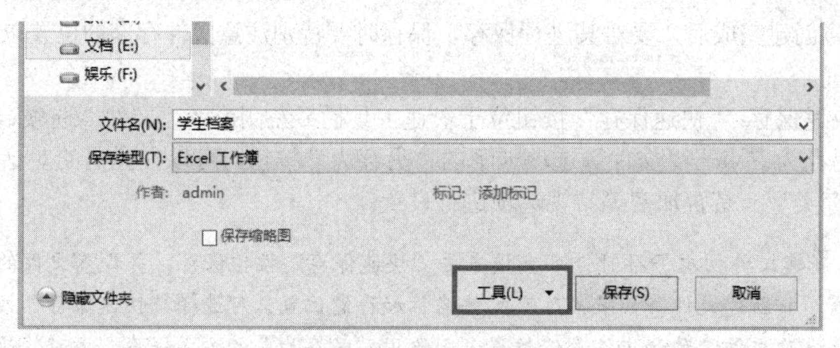

图 2-8　“工具“设置

(2) 打开“常规选项”，用户可以根据自己的实际情况设置密码，如图 2-9 所示。

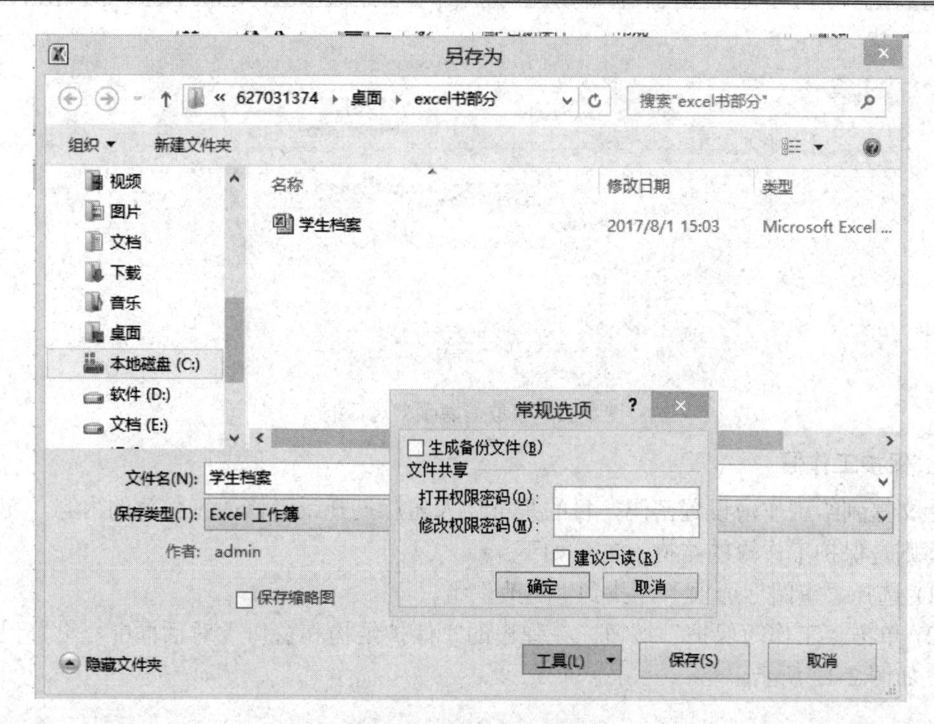

图 2-9　设置工作簿密码

Tips：如果工作簿不允许打开，请设置“打开权限密码”；如果工作簿允许打开但不能修改数据，请同时设置“修改权限密码”。用户输入的密码将以星号(*)显示。

2.2.2　隐藏和保护工作簿

当同时打开多个工作簿的时候，容易造成误操作，这时，可以用工作簿隐藏的方式，隐藏暂时不操作的工作簿，以减少误操作的可能。

1. 隐藏工作簿

日常使用 Excel，可以同时打开多个 Excel 工作簿，为了方便查看处理数据又减少误操作，可以将指定工作簿隐藏。

(1) 隐藏工作簿：点击“视图”选项卡，在“窗口”组中选择“隐藏”按钮，可以将当前工作簿隐藏起来，如图 2-10 所示。

(2) 取消隐藏工作簿：点击“视图”选项卡，在“窗口”组中，选择“取消隐藏”按钮，会弹出一个“取消隐藏”对话框，用户选择需要取消隐藏的工作簿名称即可，如图 2-11 所示。

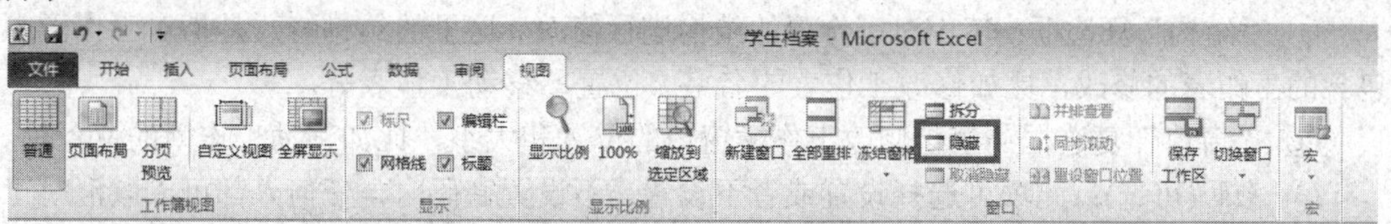

图 2-10　“隐藏”工作簿

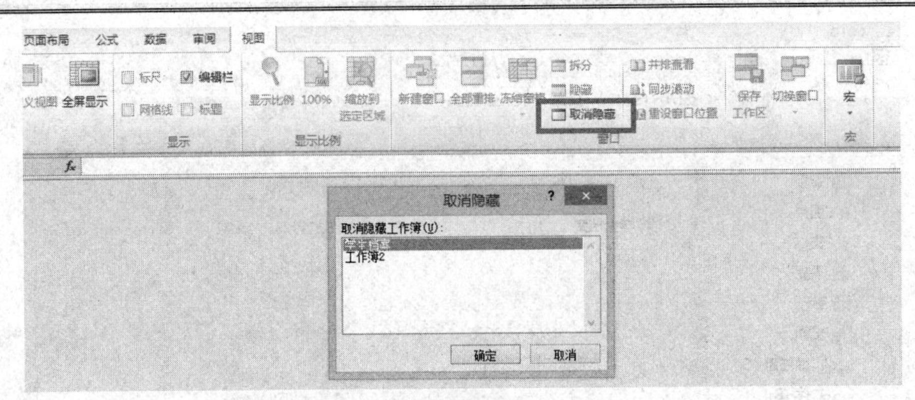

图 2-11　“取消隐藏”对话框

2. 保护工作簿

上文提到给工作簿设置密码，目的是不让人随意打开或者修改工作簿的内容。而保护工作簿则是保护工作簿的结构，方法如下：

(1) 选择“审阅”选项卡，找到“更改”组。

(2) 单击“工作簿保护”按钮，在弹出的“保护结构和窗口”对话框中，设置保护的规则，如图 2-12 所示。

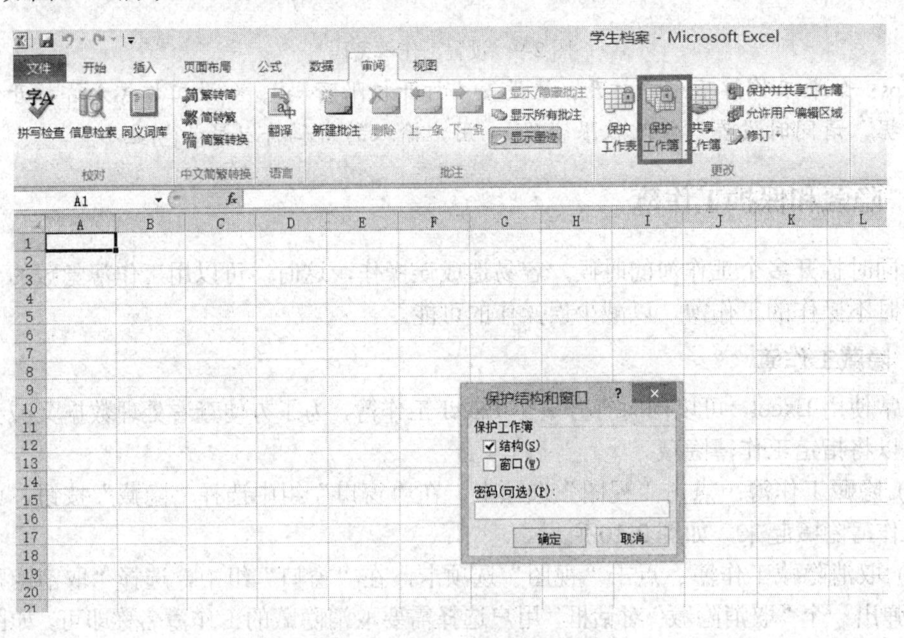

图 2-12　“保护工作簿”对话框

① “结构”复选框：禁止对工作簿的结构进行修改。这里的结构修改是指对工作簿中包含的工作表的修改，比如修改工作表的名字、位置、移动工作表等。

② “窗口”复选框：禁止修改工作簿窗口的位置和大小，比如移动工作簿的位置等。

③ 密码(可选)：此项可选择设置或者不设置。不设置密码时，任何人都可以取消对工作簿的保护；设置密码以后，一旦工作簿设置了保护，如果想取消保护，必须要输入密码方可。

2.2.3　工作表的基本操作

上文中主要讲述了工作簿的新建、保存和保护。下面我们主要介绍工作表的新建、保存和保护等。工作簿和工作表的关系可以理解为一本书和书里的页面，工作簿就是一本书，而工作表就是书里的一张张纸，一个工作簿(书)最多可以有 255 个工作表(纸)。

1. 新建工作表

每个新建的空白工作簿会自动生成 3 张工作表，如需要再新建工作表，则执行以下操作：

(1) 选定一张工作表，在其名称上点击鼠标右键，在弹出的快捷菜单中选择“插入”，如图 2-13 所示。

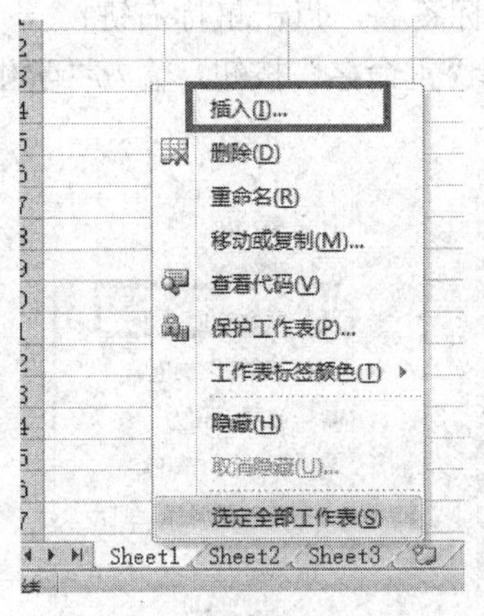

图 2-13　“插入”选项

(2) 在弹出的“插入”对话框中选择“工作表”，如图 2-14 所示，完成新建工作表的任务。新插入的工作表都是在当前选定工作表的左侧。

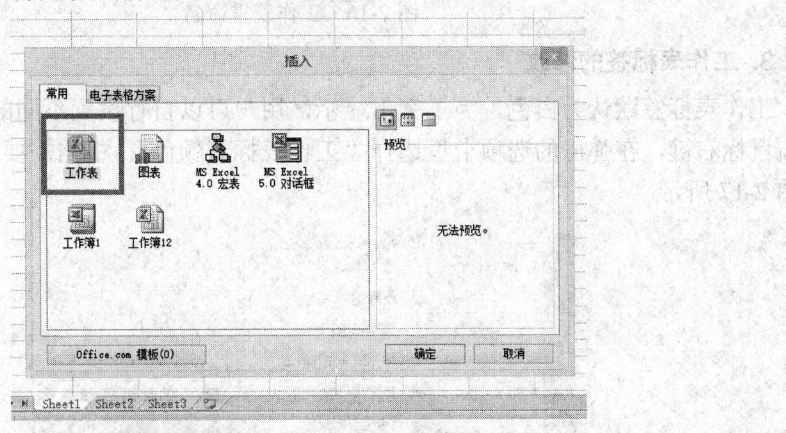

图 2-14　插入“工作表”对话框

另外一种新建工作表的方法是直接点击“Sheet3”(最后一张工作表)右边的“插入工作表”按钮，可以快速添加工作表，如图 2-15 所示。

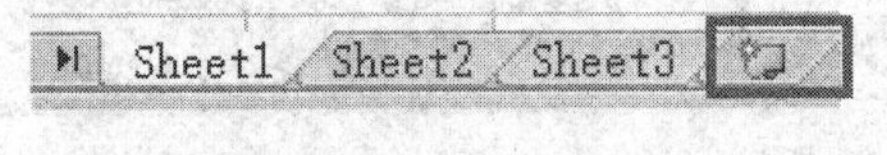

图 2-15　快速添加工作表

2. 工作表命名

工作表默认的名称都是“Sheet*”，星号“*”用阿拉伯数字表示，是工作表的序号。用户如果需要对工作表重新命名，可以有两种方法：

(1) 在工作表标签上点击鼠标右键，点击“重命名”，输入名称后按“Enter”键确定；

(2) 鼠标左键双击工作表标签，标签名称被选中后，输入新的名称，按“Enter”键确定即可。

本案例中，新建“学生档案”工作簿后，自动生成 3 张工作表，现在将“Sheet1”重新命名为“学生成绩表”。操作步骤如下：

(1) 打开“学生档案”工作簿；

(2) 选定左下方“Sheet1”标签名，点击鼠标右键；

(3) 在弹出的选项卡中选择“重命名”按钮，输入“学生成绩表”，按“Enter”键确定，如图 2-16 所示。

图 2-16　工作表重命名

3. 工作表标签的修改

工作表标签默认为白色，为了突出显示，用户可以自行设置不同的颜色。选中标签，点击鼠标右键，在弹出的选项卡里选择“工作表标签颜色”，根据需要，选取适合的颜色，如图 2-17 所示。

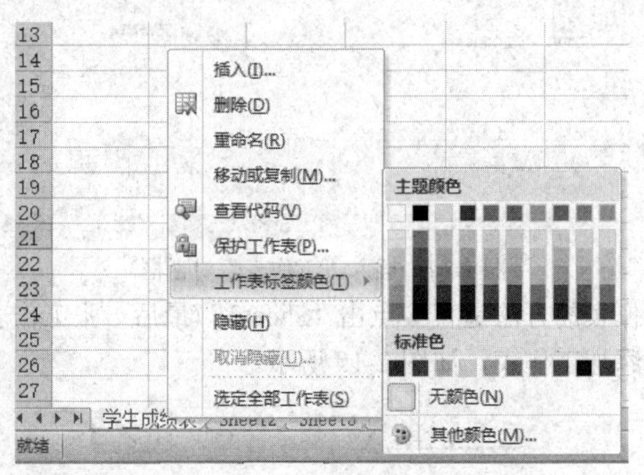

图 2-17　修改标签颜色

现在，将“学生档案”工作簿的“学生基本信息表”的标签设置为红色。操作步骤如下：

(1) 选定“学生基本信息表”标签，点击鼠标右键；

(2) 在弹出的选项卡中点击“工作表标签颜色”选项，在弹出的“主题颜色”框中选择红色。

4. 删除工作表

需要删除工作表时，在选定的工作表标签上点鼠标右键，点击“删除”即可。

2.2.4　对工作表的复制或移动、保护、隐藏

选定工作表，点击鼠标右键，在弹出的选项卡中，除了“重命名”、“更改标签颜色”、“删除工作表”等选项外，还有 3 个实用的选项，分别是“复制或移动”、“保护”和“隐藏”。

1. 复制或移动工作表

光标定位在待复制或移动的工作表上，点击鼠标右键，选择“移动或复制”按钮，会弹出“移动或复制工作表”的对话框，如图 2-18 所示。对话框中 3 个选项的功能介绍如下：

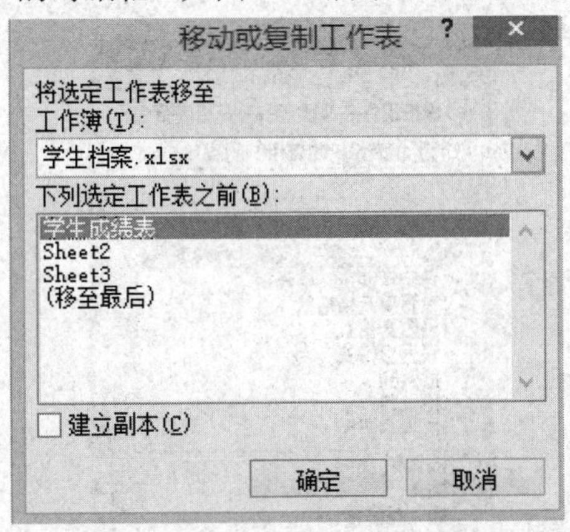

图 2-18　移动或复制工作表对话框

(1) 将选定工作表移至工作簿：用于确定当前选定的工作表移动或者复制到哪个工作簿，在下拉选框里，可以选择对应已经打开的工作簿的名称。

(2) 下列选定工作表之前：确定移动或者复制的工作表在工作簿中与其他工作表之间的位置关系。

(3) 建立副本：勾选该复选框，表示对当前选定工作表进行复制的操作；未勾选，表示不复制当前选定工作表，只进行移动位置的操作。

现在将“学生成绩表”移动至“Sheet2”之后，“Sheet3”之前，操作步骤如下：

(1) 选中“学生成绩表”，点击鼠标右键，选择“移动或复制”按钮；

(2) 打开“移动或复制工作表”对话框，在“将选定工作表移至工作簿”的下拉框中选择“学生档案.xlsx”；

(3) 在“下列选定工作表之前”选择“Sheet3”；

(4) “建立副本”复选框不勾选。设置完成后，“学生成绩表”移至“Sheet3”之前，效果如图 2-19 所示。

Sheet2 学生成绩表 Sheet3

图 2-19　效果演示

新建的文档见本书资源包中的“案例/第 2 章/新建工作簿.xlsx”。

2. 保护工作表

上文中，我们讲过“保护工作簿”，保护工作表和保护工作簿类似的地方是，都可以设置保护和取消保护，也可以设置密码；但它们的区别也很大。

保护工作簿保护的是工作簿的窗口或者结构，工作表属于工作簿的一个组成部分，也就是工作簿结构的一部分。一旦设置了工作簿保护，那么就不能再添加和删除工作表，只有解除保护后，才能进行此操作。但是，即使在工作簿受保护的情况下，工作表里的数据也是可以修改的。

而保护工作表，保护的是工作簿里一个工作表中的数据，也就是说，一旦工作表的某个区域被保护，那么这个区域里的数据就不能被编辑。如图 2-20 所示，在“保护工作表”的对话框中，“允许此工作表的所有用户进行”选项下的内容，被勾选中的，表示在启动工作表保护功能后，用户可以继续进行编辑，未勾选的，表示在启动工作表保护功能后，不能进行该操作。

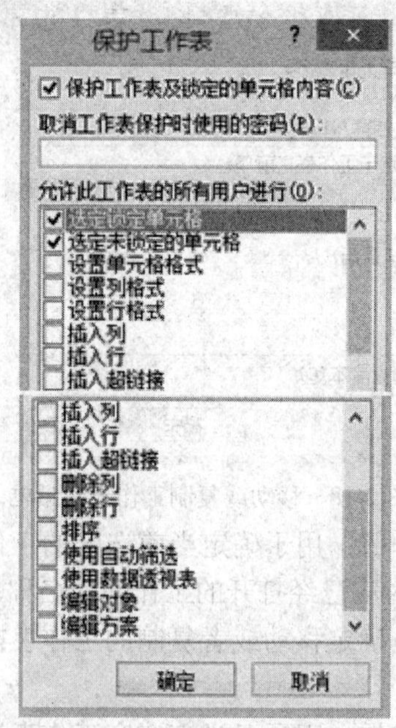

图 2-20　保护工作表对话框

如果我们对“学生成绩表”设置工作表保护，使这张表的任何内容都不可以被修改，也不可添加任何内容，同时设置取消保护的密码，操作步骤如下：

(1) 选定“学生成绩表”，点击鼠标右键，在弹出的选项卡中选择“保护工作表”按钮；

(2) 在弹出的对话框中，输入取消保护时的密码；

(3) 在“允许此工作表的所有用户进行”这里的复选框中，保留默认的选项即可；

(4) 点击“确定”按钮，保护工作表设置完成。

当再次回到“学生成绩表”的编辑界面时，点击任意单元格，会出现如图 2-21 所示的提示。

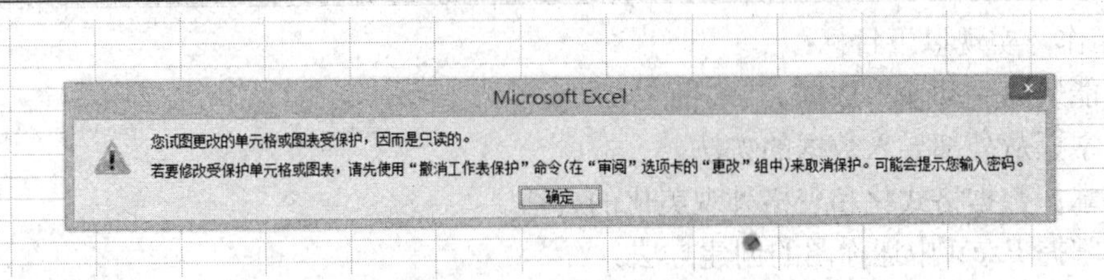

图 2-21　受保护工作表的报错提示

3. 隐藏工作表

在工作中，我们可以根据需要隐藏工作表。在工作表标签上点击鼠标右键，点击“隐藏”按钮即可。当要取消隐藏时，同样，用鼠标右键点击工作表标签，选择“取消隐藏”按钮，选中需要取消隐藏的工作表名称，即可取消隐藏。

2.2.5　工作窗口的视图控制

在实际工作中，经常发现一个问题，打开一张 Excel 表，数据量很大，一个窗口很难全部显示出来，这时，如果合理地运用窗口视图控制，将对我们观看 Excel 数据有很大的帮助。在 Excel“视图”选项卡下，有一个“窗口”组合，包含“新建窗口”、“全部重排”、“冻结窗口”以及“隐藏窗口”等命令。

(1) 新建窗口：打开一个包含当前文档视图的新窗口。新建窗口，实际就是建了一个原窗口的副本，一个原工作簿的副本。区别在于新建窗口和原窗口的名称不同。为“学生档案”创建新建窗口，则会生成“学生档案：2”的新窗口。

(2) 全部重排：可以由用户自己设定窗口的排列方式，同时查看所有打开的窗口。

(3) 冻结窗格：当工作表的数据量很大，需要不断滑动水平或垂直滚轮才能看到数据。窗格冻结的功能可以让用户把一些单元格和标题固定住，方便数据的查看。冻结窗口有 3 个选项：“冻结拆分窗格”、“冻结首行”、“冻结首列”。

① “冻结拆分窗格”首先需要用户选定某个单元格，而该单元格上方的行和左侧的列将被锁定在范围内。

②“冻结首行”是将工作表的首行冻结，鼠标滚轮的滑动不会影响首行的数据显示，这适合于很多行数据的情况，第一行数据显示的是诸如“学号”、“姓名”这样的行标题，当进行“首行冻结”后，行标题可以始终显示，方便用户随时查看行标题信息。

③“冻结首列”是将工作表的首列冻结，鼠标滚轮的滑动不会影响首列的数据显示，适合用在列标题固定的情况下，方便用户随时获得列标题的信息。

(4) 隐藏窗口：隐藏当前窗口，使其不可见。若要重新显示该窗口，单击“取消隐藏”按钮即可。

2.3 节课件

2.3　美化“学生档案”工作簿

在上一节中，我们新建了“学生档案”工作簿和工作簿中的“学生成绩表”。文件已保存在我们指定的位置。本节中，我们将继续学习 Excel

的基本操作，实现以下目标：

(1) 能快速手动输入数据。

(2) 掌握从外部导入数据的方法。

(3) 掌握数据格式化和表格外观美化的方法。

(4) 掌握 Excel 中迷你图的创建方法。

2.3.1　手动输入数据

张帅接到一个新的任务，要统计本学期同学们的成绩，现在他只能手动把每个同学的成绩输入到 Excel 工作表中。

1. 快速填充数据

输入大量数据时，可以先观察这些数据，是否遵循了某种规则，比如学号列，就是按等差数列自增 1 的规则生成的。Excel 提供了一些技巧，可以让用户快速输入有规则的数据。

1) 利用填充柄快速填充数据

如果某一列数据是按照一定规律呈现的，可以用填充柄快速填充。比如，张帅要输入学号，首行是“140601101”，学号成等差数列依次递增 1。那么，张帅首先要在新建的“学生成绩表”中，A2 单元格输入学号“140601101”，选中单元格，单元格的右下角出现一个实心方形黑点，这个黑色小点即为填充柄。然后将鼠标放在黑色小点上，光标变成黑色十字图标“+”，点击鼠标左键并往数据填充的方向拖动，直到“学号”列的最后一个单元格，再松开鼠标。最后点击右下方会出现的“自动填充选项”图标，这是设置自动填充规则的按钮，可以设置填充列的生成规则，选择“填充序列”选项，即可完成学号输入。

另外，拖动填充柄不仅可以填充等差数列，还可以填充更多自带的序列数据。比如，当 A1 单元格为“星期一”时，拖动填充柄至 A7 后，A1：A7 将分别是“星期一、星期二、星期三、星期四、星期五、星期六、星期日”。这是因为 Excel 自带了很多序列，只要是序列中的数据，都可以通过填充柄的方式快速填充。

用户可以依次点击“文件”→“选项”→“高级”→“常规”→“编辑自定义列表”，在弹出的“自定义序列”对话框中查看 Excel 中已有的序列，诸如“星期一、星期二……星期日”等，都是常用的序列，如图 2-22 所示。

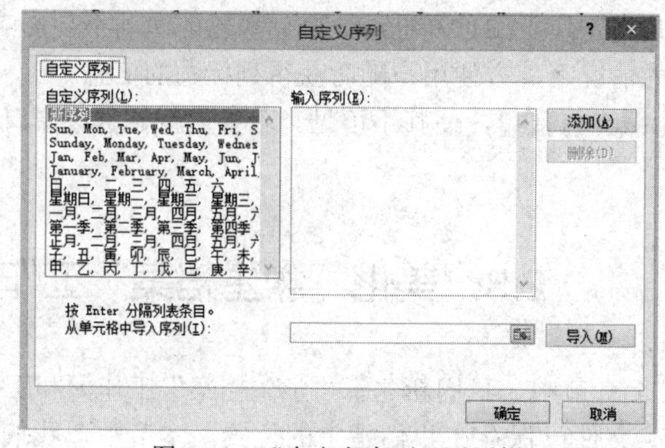

图 2-22　“自定义序列”对话框

除了 Excel 自带的序列外，用户也可以新建序列。新建序列的方式有两种，直接在“自定义序列”中输入或者从外部导入：

(1) 直接输入。打开“自定义序列”，在“输入序列”输入新的序列项，如“春天，夏天，秋天，冬天”，点击“添加”即可，如图 2-23 所示。

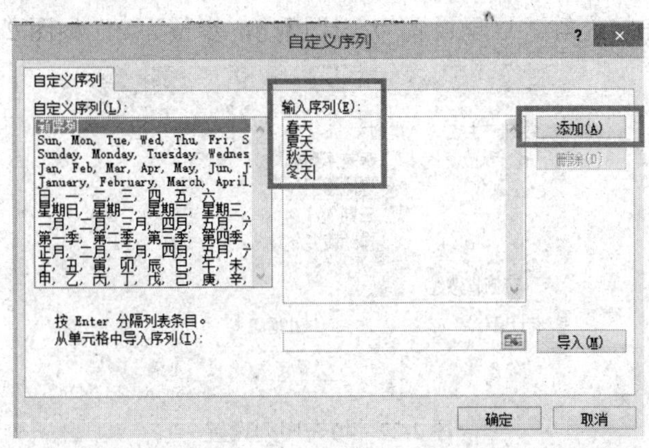

图 2-23　添加自定义序列

(2) 从外部导入。在工作表中连续的单元格内，分别输入新的序列项“计算机 1 班，计算机 2 班，计算机 3 班，计算机 4 班”，点击“从单元格中导入序列”右边的区域图标，选择 A1：D1 区域，点击“导入”，即可添加新序列，如图 2-24 所示。

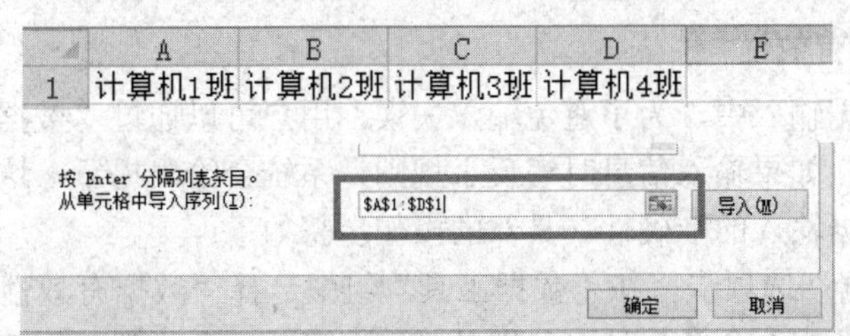

图 2-24　外部导入自定义序列

用上述两种办法添加完新序列后，新增的自定义序列将在“自定义序列中”显示。

2) 利用填充命令快速填充数据

除了填充柄，还可以选择“填充”命令填充数据。操作步骤如下：

(1) 在起始单元格填写数据后，从起始单元格起，选中待填充的全部区域。如图 2-25 所示，在 A1 单元格输入“1”，选中 A1：F1 区域。

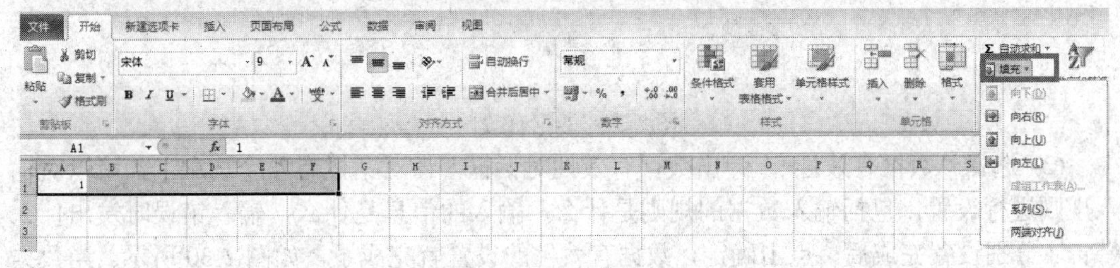

图 2-25　填充命令

(2) 选择“开始”选项卡的“编辑”组，点击“填充”命令，在弹出的快捷菜单中选择填充的方向“向右”，此时待填充区域已被填满，如图 2-26 所示。

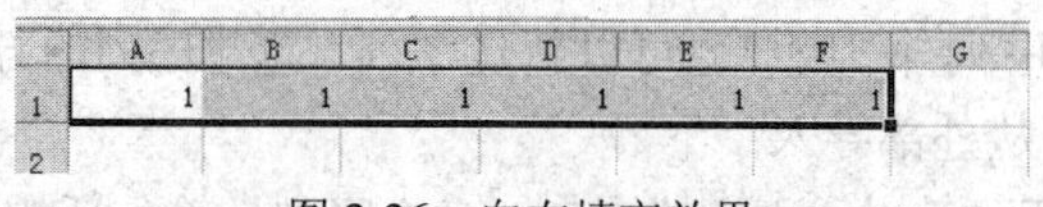

图 2-26　向右填充效果

(3) 再次点击“填充”命令，在弹出的快捷菜单中选择“系列”，设置填充方式。比如等比填充，或者等差填充等。这里设置为等比填充，步长为 2，如图 2-27 所示。

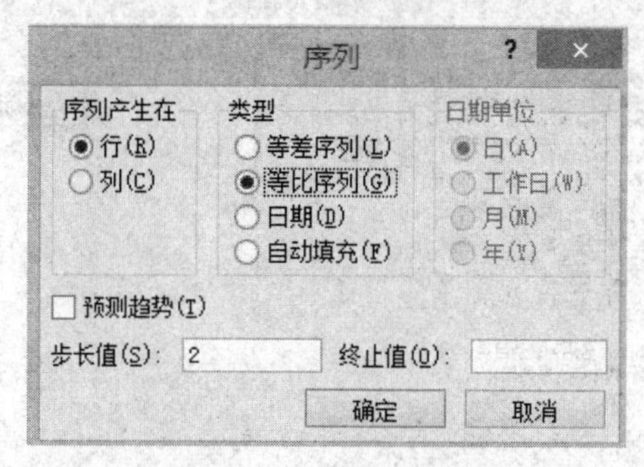

图 2-27　填充序列设置

(4) 点击“确定”后，填充完成，效果如图 2-28 所示。

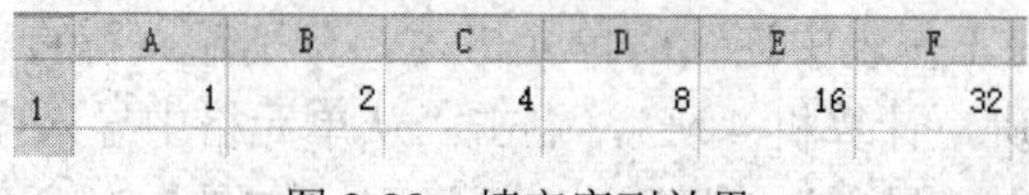

图 2-28　填充序列效果

2. 设置数据的有效性

在 Excel 的数据输入中，为了避免输入失误，用户可以通过“数据有效性”功能选项进行输入规则设置，如果输入信息时违反了规则，系统会给出提示，这样用户就可以及时改正错误，提高数据输入的准确性。具体的操作步骤如下：

(1) 选定“数据”选项卡，在“数据工具”组中选择“数据有效性”右下角的倒三角图标，弹出的下拉条中有 3 个选项，分别是“数据有效性”、“圈释无效数据”、“清除无效数据标识圈”，如图 2-29 所示。

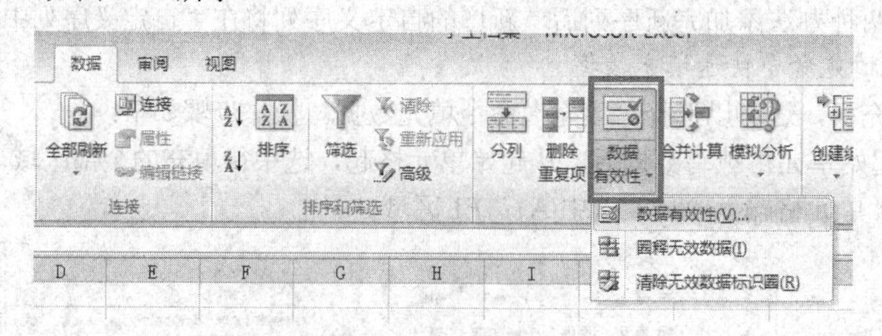

图 2-29　数据有效性

(2) 选择“数据有效性”，弹出数据有效性对话框，该对话框有 4 个选项卡，可以对输入规则进行设置，包括输入数据的规则是什么，输入的信息是什么，输入错误时发出什么警告。分别设置完成后，点击确定，数据有效性的设置就完成了，如图 2-30 所示。当数据输入没有按照规则执行，即给出警示。

现在，张帅要完成“学生成绩表”的信息输入。成绩表中必须有“学号”以及“英语”、

“体育”、“职业生涯”、“高数”和“马克思主义原理”等课程的成绩，输入的 1 班学号为“140601101～140601120”，2 班学号为“140601201～140601220”，3 班学号为“140601301～140601320”。为了减少成绩输入时的错误，给成绩列设置“大于 0，小于 100 的整数”的规则。张帅的操作步骤如下：

(1) 打开 2.2 节完成的“学生档案工作簿”，选择“学生成绩表”，在 A1：F1 输入列标题“学号”、“英语”、“体育”、“职业生涯”、“高数”、“马克思主义原理”。

(2) 用填充柄的方式填充学号列。在 A2 单元格输入“140601101”，点击单元格右下角的填充柄，往下拖动，一直到单元格 A21，在弹出的“填充方式”按钮中选择“填充序列”，这样 A1：A21 单元格的值为“140601101～140601120”，用同样的方法设置 A22：A41 区域的值为“140601201～140601220”，A42：A61 区域的值为“140601301～140601320”。

(3) 设置数据有效性条件，在成绩各列输入的值在整数范围 0～100 之间。选中 B2：F61 区域，即“英语”至“马克思主义原理”区域的所有单元格，点击“数据”→“数据工具”→“数据有效性”→“数据有效性(V)”，在弹出的“数据有效性”对话框中“设置”选项卡输入如图 2-30 所示的属性值。

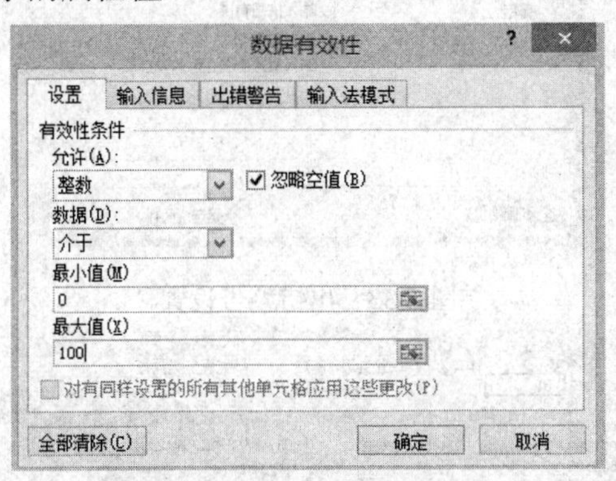

图 2-30　有效性条件设置

(4) 设置数据有效性的“输入信息”选项卡。勾选“选定单元格时显示输入信息”，在标题中输入“考试成绩”，在“输入信息”中输入“0～100 之间的整数”。这样当鼠标选中区域内的单元格时，单元格会给出提出信息，提醒用户需要输入的数据规则。设置参数如图 2-31 所示。设置完成后，在工作表中的效果如图 2-32 所示。

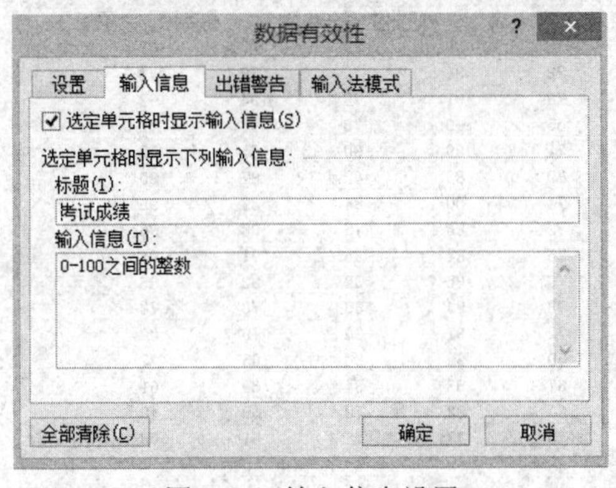

图 2-31　输入信息设置

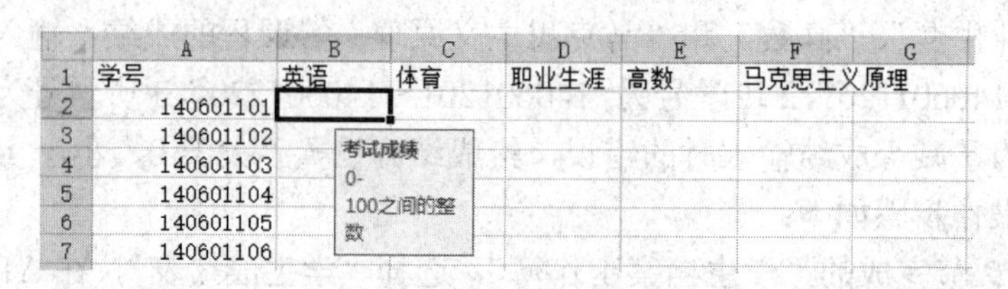

图 2-32　输入信息效果显示

(5) 设置出错警告标志。选中数据有效性设置的“出错警告”选项卡，勾选“输入无效数据时显示出错警告”，并且设置警告样式如图 2-33 所示。这样，当没有按照规则输入数据时，比如张帅在英语列输入了 101 时，Excel 将弹出“出错警告”对话框，如图 2-34 所示。出错警告的内容就是设置在该选项卡中的信息。

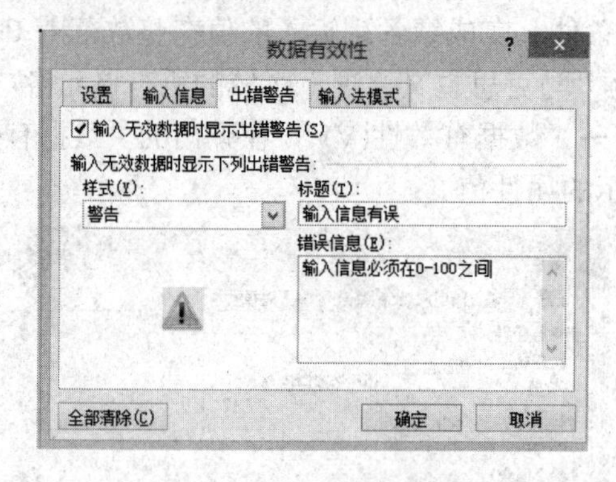

图 2-33　出错警告设置

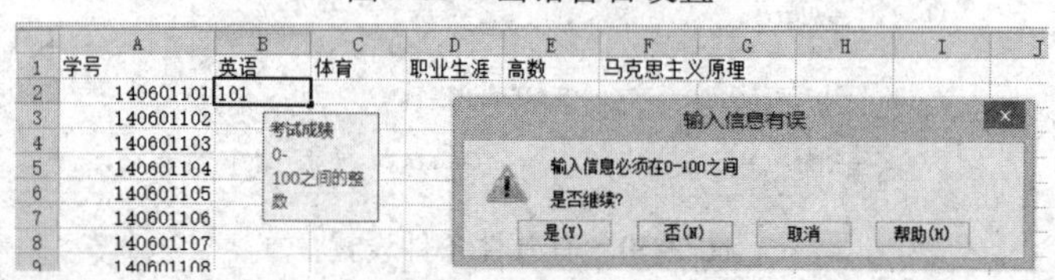

图 2-34　出错警告效果显示

有效性设置完毕之后，张帅手动逐一录入数据。最终输入完成的部分数据效果如图 2-35 所示。输入后的文档见本书资源包中的“案例/第 2 章/手动输入.xlsx”。

	A	B	C	D	E	F	G
1	学号	英语	体育	职业生涯	高数	马克思主义原理	
2	140601101	72	90	82	73	63	
3	140601102	78	84	76	72	72	
4	140601103	78	91	78	94	92	
5	140601104	65	90	78	87	72	
6	140601105	71	89	80	81	72	
7	140601106	70	83	82	87	80	
8	140601107	74	80	84	83	90	
9	140601108	72	86	76	88	86	
10	140601109	75	84	86	91	92	
11	140601110	70	85	82	82	85	
12	140601111	78	94	80	78	70	
13	140601112	72	87	80	70	68	
14	140601113	60	92	80	65	72	
15	140601114	67	83	84	66	61	
16	140601115	61	82	78	60	48	
17	140601116	75	78	75	81	70	

手动输入
(案例)

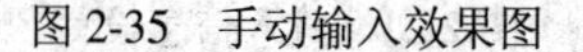

图 2-35　手动输入效果图

2.3.2　外部数据的导入

Excel 中原始数据的输入有多种方式，手动输入是最常见的方法。但是当数据量很大的时候，手动输入非常耗时。如果有数据源，用户可以选择复制数据或者从外部导入数据，这样就避免了手动输入。张帅也想到了外部导入数据的方法，所以，当他做第二张“学生基本信息表”时，他去向老师咨询是否有学生信息的文件，果然，老师给了张帅一个.txt 的学生信息文档，文档中有学生的姓名、学号、籍贯等的基础数据，张帅很开心，现在他打算将手边的数据快速导入到 Excel 中。

学生基本信息
(素材)

1. 导入文本数据

现在将本书资源包中的“素材/第 2 章”文件夹下的“学生基本信息.txt”文档数据导入 Excel，以下具体说明导入的操作方法。

(1) 打开本书资源包中的“案例/第 2 章/手动输入.xlsx”工作簿，点击“Sheet2”，先修改其名称为“学生基本信息表”，此时工作表为空，未录入数据。选中 A1 单元格，找到“数据”选项卡下的“获取外部数据”集，选择“自文本”选项，如图 2-36 所示。

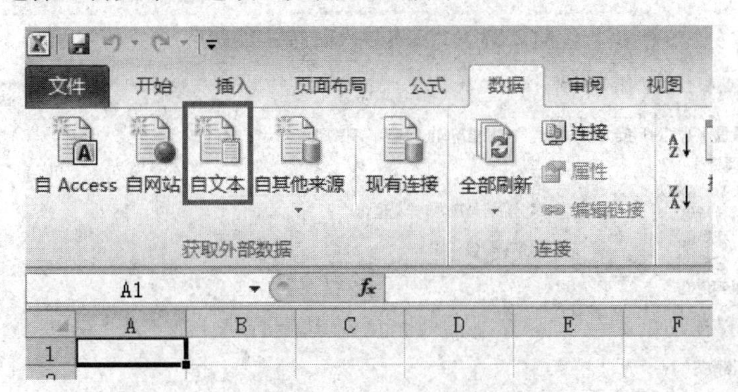

图 2-36　获取外部数据

(2) 在弹出的“导入文本文件”对话框中选择“学生基本信息(外部数据导入源).txt”文档，打开“文本导入向导”对话框，如图 2-37 所示。

在“文本导入向导”对话框中，根据数据源文件的属性，分 3 步进行相应的设置。第 1 步有 3 类 4 项属性，分别是原始数据类型(分隔符号和固定宽度)、导入起始行和文件原始格式。

① 分隔符号：说明数据源.txt 文件中的各列用什么符号分隔开的，在向导第 2 步要选择分隔的具体符号，比如逗号、分号、制表符等。本例中文档“学生基本信息(外部数据导入源).txt”文件就是以制表符分列的，因此，勾选“分隔符号”选项，如图 2-37 所示。

② 固定宽度：说明数据源.txt 文件中各列之间的宽度。若在第 1 步选择原始数据类型为“固定宽度”，则在向导第 2 步可以选择固定宽度的数值。“固定宽度”和“分隔符号”不会同时被选择。“固定宽度”一般被用在指定列与列之间的分隔中。

③ 导入起始行：将数据源的数据从第几行开始导入。默认从数据源的第一行数据开始获取，因此，本例中选择默认行数“1”。

④ 文件原始格式：确定数据源的文件格式，这由数据源的文本编码格式决定。本案例

中，数据源“学生基本信息(外部数据导入源).txt”文件的编码格式是“简体中文 GB2312”。

(3) 进入“文本导入向导”第 2 步的设置。由于上一步选择的是“分隔符号”，所以此处选择“Tab 键”，也就是制表符。选定之后，发现每一列数据都被分隔。设置完成，点击下一步，如图 2-38 所示。

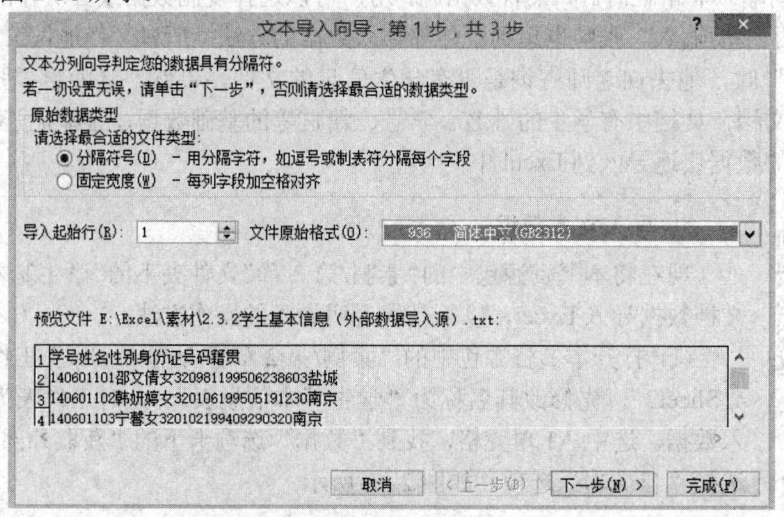

图 2-37　“文本导入向导”第 1 步

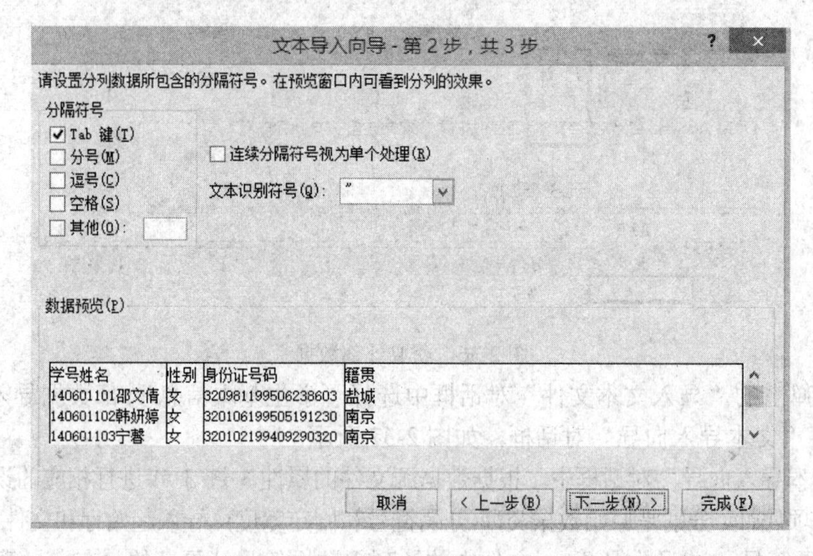

图 2-38　“文本导入向导”第 2 步

(4) 进入文本设置向导第 3 步。在第 3 步中，可以选择任何一列，对其进行数据格式的设置，被选中的列将呈黑色。数据源“学生基本信息(外部数据导入源).txt”文件中“身份证”列被选中后呈黑色，将其设置为“文本”格式，其他列不变。最后点击“完成”，如图 2-39 所示。

(5) 最后需要确定导入的数据在工作表中的位置，既可以放置在本表中，也可以放置在其他的工作表中。本案例中，我们从 A1 单元格开始放置数据，如图 2-40 所示。设置完成后点击确定。至此，数据源已被完全导入到工作表中，最终效果如图 2-41 所示。

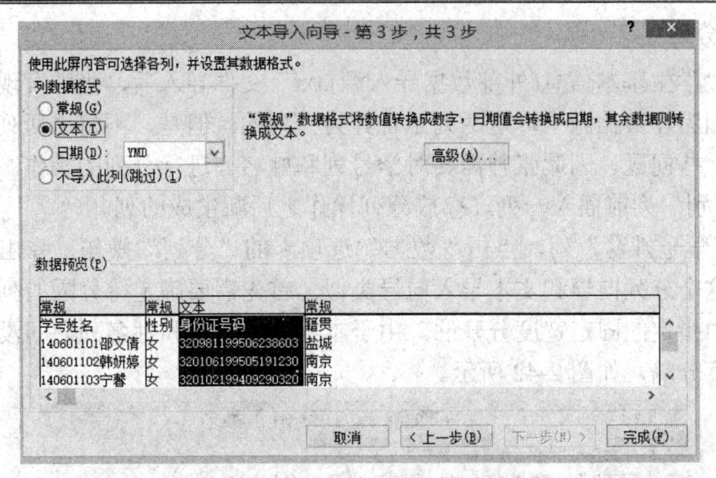

图 2-39　“文本导入向导”第 3 步

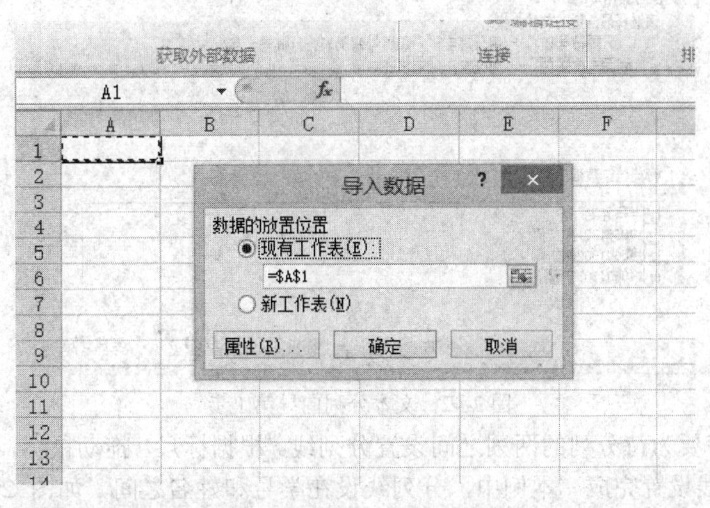

图 2-40　确定导入数据位置

	A	B	C	D
1	学号姓名	性别	身份证号码	籍贯
2	140601101邵文倩	女	320981199506238603	盐城
3	140601102韩妍婷	女	320106199505191230	南京
4	140601103宁馨	女	320102199409290320	南京
5	140601104丁丽娟	女	320981199409305907	盐城
6	140601105徐茂君	男	342401199407158508	安徽六安
7	140601106徐文秋	男	321088199409265203	扬州
8	140601107朱露	女	321084199411264605	扬州
9	140601108张盼盼	女	152123199209010323	内蒙古呼伦贝尔
10	140601109聊美燕	女	321281199301215605	泰州
11	140601110顾瑶	女	321088199503156308	扬州
12	140601111仲玥	女	320981199411180422	盐城
13	140601112施金金	女	320681199405296805	南通
14	140601113张颖	女	321282199511051407	泰州
15	140601114王文静	女	320321199401294805	徐州
16	140601115杨帆	男	320281199503016209	无锡
17	140601116赵蓓蓓	女	320684199407168707	南通
18	140601117刘俐颖	女	320982199506171003	盐城
19	140601118何璐	女	321283199410081406	南通

图 2-41　导入数据后效果

2. 将数据分列

把数据源“学生基本信息(外部数据导入源).txt”文件导入后，张帅发现学号列和姓名列没有分开，因为在数据源中，这两列是合并为一列的。但是，不将这两列分开，后期数据处理会出现一些问题，因此张帅需要对学号列和姓名列进行分列的操作。

(1) 在“性别”列前插入一列，存放分列操作之后新生成的列。

(2) 选中“学号姓名”列，点击“数据”选项卡的“分列”操作，弹出“文本分列向导”对话框，这个分列向导和文本导入向导类似。首先需要确定待分隔的列之间是由分隔符分开的还是由指定的固定宽度分开的。由于本案例中学号和姓名列之间没有分隔符，因此选择固定宽度分隔，如图 2-42 所示。

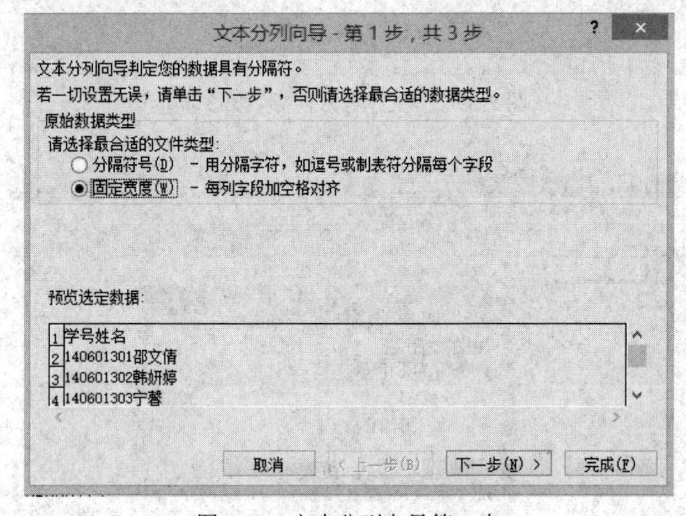

图 2-42　文本分列向导第 1 步

(3) 第 2 步要为待分列的两列之间设置分列线。根据标尺，拖动鼠标，在要分列的位置放下，分列线设置完成。本例中，分列线设在学号和姓名之间，如图 2-43 和图 2-44 所示。

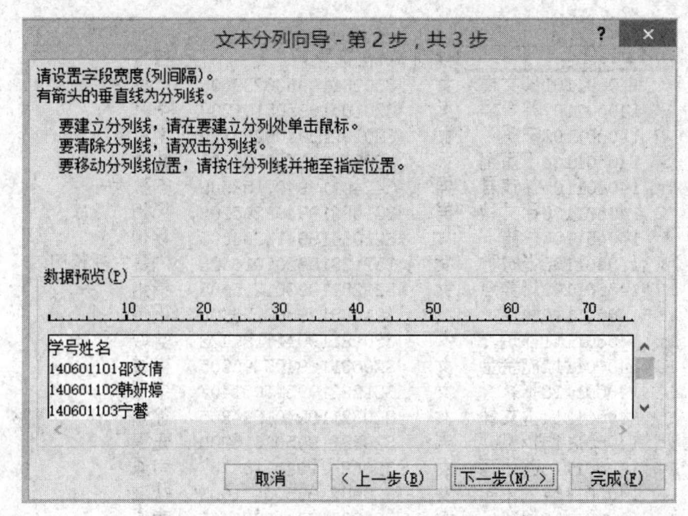

图 2-43　文本分列向导第 2 步(设置前)

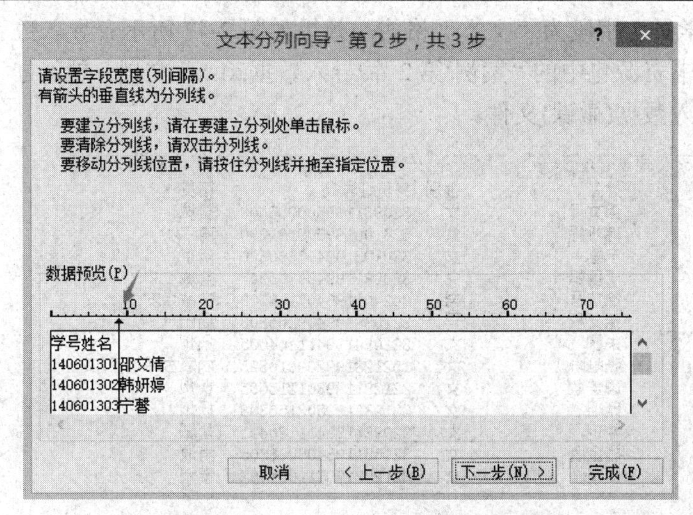

图 2-44　文本分列向导第 2 步(设置后)

(4) 第 3 步与文本导入向导的第 3 步类似。本案例中不需要更改字段的格式，如图 2-45 所示。

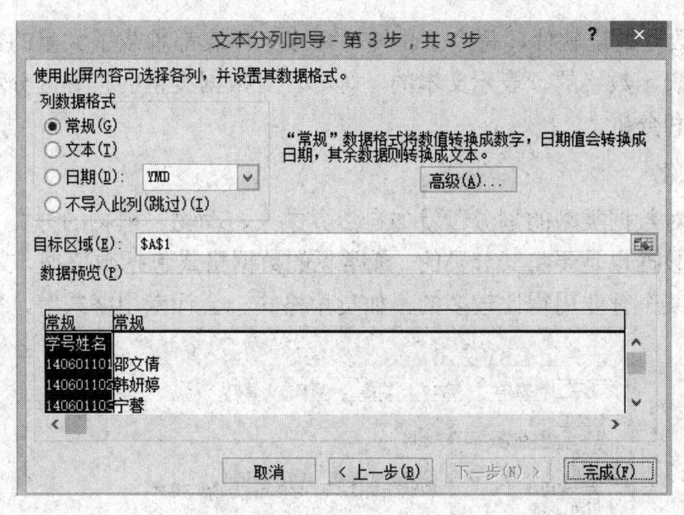

图 2-45　修改数据类型

(5) 点击“完成”后数据分列完成。如图 2-46 所示，分列后 A1 单元格“学号姓名”需修改”，将 A1 改为“学号”，B1 改成“姓名”。

	A	B	C	D	E
1	学号姓名		性别	身份证号码	籍贯
2	140601101	邵文倩	女	320981199506238603	盐城
3	140601102	韩妍婷	女	320106199505191230	南京
4	140601103	宁馨	女	320102199409290320	南京
5	140601104	丁丽娟	女	320981199409305907	盐城
6	140601105	徐茂君	男	342401199407158508	安徽六安
7	140601106	徐文秋	男	321088199409265203	扬州
8	140601107	朱露	女	321084199411264605	扬州
9	140601108	张盼盼	女	152123199209010323	内蒙古呼伦贝尔
10	140601109	聊美燕	女	321281199301215605	泰州
11	140601110	顾瑶	女	321088199503156308	扬州
12	140601111	仲玥	女	320981199411180422	盐城
13	140601112	施金金	女	320681199405296805	南通
14	140601113	张颖	女	321282199511051407	泰州
15	140601114	王文静	女	320321199401294805	徐州

图 2-46　分列后效果

(6) 修改“学号”字段为“文本”格式，效果如图 2-47 所示。导入数据后的效果见本书资源包中的“案例/第 2 章/导入数据.xlsx”文档。导入方法扫二维码见导入数据(微课)文件。

导入数据

(案例)

导入数据

(微课)

	A	B	C	D	E
1	学号	姓名	性别	身份证号码	籍贯
2	140601101	邵文倩	女	320981199506238603	盐城
3	140601102	韩妍婷	女	320106199505191230	南京
4	140601103	宁馨	女	320102199409290320	南京
5	140601104	丁丽娟	女	320981199409305907	盐城
6	140601105	徐茂君	男	342401199407158508	安徽六安
7	140601106	徐文秋	男	321088199409265203	扬州
8	140601107	朱露	女	321084199411264605	扬州
9	140601108	张盼盼	女	152123199209010323	内蒙古呼伦贝尔
10	140601109	聊美燕	女	321281199301215605	泰州
11	140601110	顾瑶	女	321088199503156308	扬州
12	140601111	仲玥	女	320981199411180422	盐城
13	140601112	施金金	女	320681199405296805	南通
14	140601113	张颖	女	321282199511051407	泰州

图 2-47　修改后效果

2.3.3　设置单元格格式

Excel 作为数据处理软件，每个工作簿、每张工作表都承载了大量的数据，这些数据有表示日期的、表示数字的、表示文本的，等等。对数据类型的正确区分和设置，直接影响到数据的计算和分析。

1. 数据格式化

数据格式是对数据类型的划分，就如自然界中人、动物、植物的分类一样，计算机识别这些图形化的数据也是要将其分类的。最常见的数据格式包括数值型、文本型、日期型，常规型，还有在某个行业用得比较多的，如货币格式、会计专用格式等，如图 2-48 所示。

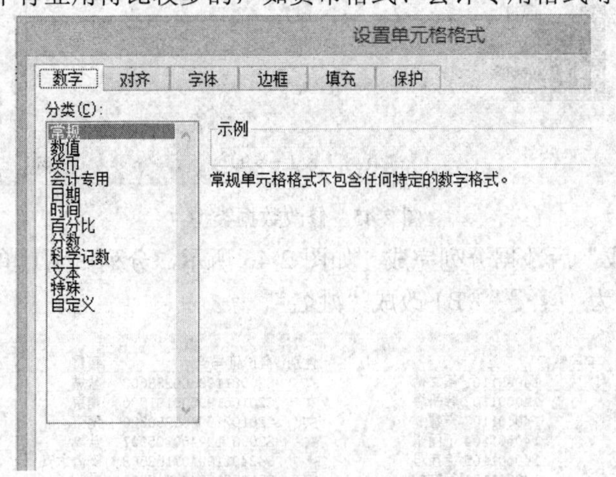

图 2-48　设置单元格格式

(1) 常规型：不包含任何特定的数据类型。系统会根据输入的数据自动设置数据格式。

(2) 数值型：能够参与数值计算的数字，比如表示分数的“100.90”。数值型数据在单元格中靠右显示。

(3) 文本型：字符串或者不参与数值计算的数字，比如中文字符“你好”、英文字符“HI”

或者“用阿拉伯数字表述的身份证号码、学号”等都是属于文本型数据。文本型数据在单元格中居左显示。如果要输入数字型文本，可以在数字左上角添加单引号“’”。如要表示字符串“2017”，可以在单元格中输入“’2017”。

(4) 日期型：将日期和时间系列数值显示为日期值。表示日期类型数据的格式。如“2017/9/4”，表示 2017 年 9 月 4 日。

(5) 货币型：用于表示一般的货币数值，如￥500，表示人民币 500 圆。

2. 对齐方式设置

Excel 的单元格对齐功能可以对单元格中的数据进行对齐操作，当一个单元格容纳不了待输入数据的大小时，可以对多个单元格进行合并。单元格的对齐设置可使数据更加工整，提高数据处理的准确性。Excel 的对齐方式有以下 2 种：

(1) 文本对齐方式：文本对齐分为水平对齐和垂直对齐。水平对齐是单元格中的文本从水平方向的对齐方式，常用的有居左、居中、居右；垂直对齐是单元格中的文本从垂直方向的对齐方式，常用的有顶端、居中和底端。

(2) 文本控制方式：文本控制可让单元格自动适合文本的大小，当文本大小超出单元格大小的时候，可以采用“文本自动换行”、“缩小字体填充”、“合并单元格”的方式，让文本在单元格中显示完全。

张帅要对“学生档案”工作簿进行格式美化。设置“学生成绩表”的“学号”列为“文本”格式，各科成绩设置为小数点后 1 位，将 F1 单元格“马克思主义原理”单元格设置为自动换行显示，其他成绩数据均居中排列，为成绩表添加标题“14 级计科专业学生成绩表”。具体操作步骤如下：

(1) 设置“学号”列为文本格式。打开本书资源包中的“案例/第 2 章”文件夹中的“导入数据.xlsx”文件，选择“学生成绩表”的“学号”列，点击鼠标右键，在弹出的对话框中选择“数字”选项卡，选择“文本”。点击“确定”按钮。

(2) 所有成绩均设为数值格式。选择“学生成绩表”的所有成绩列，右击鼠标，在弹出的快捷菜单中选择“设置单元格格式”，在“分类”列表中选择“数值”，在右侧设置小数位数为 1，如图 2-49 所示。

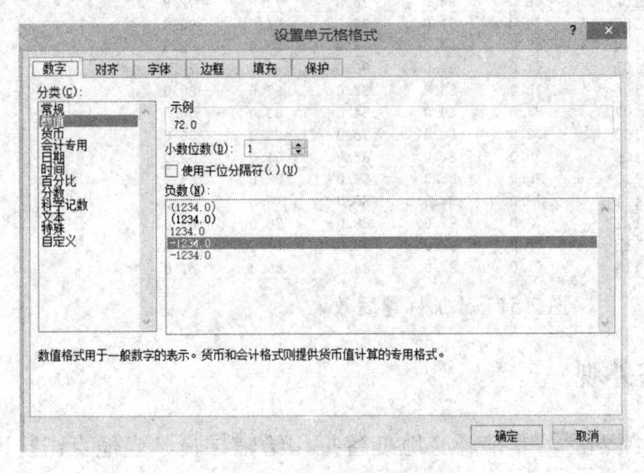

图 2-49　设置参数

(3) 设置 F1 单元格“马克思主义原理”自动跨行显示。选中 F1 单元格，鼠标右击弹出快捷菜单，选中“设置单元格格式”命令。在弹出的对话框中，选择“对齐”选项卡，勾选“自动换行”前的复选框，如图 2-50 所示。

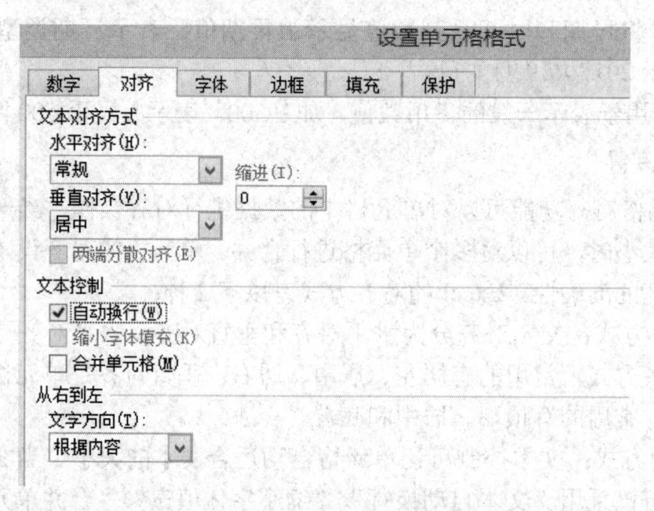

图 2-50　设置自动换行

(4) 设置其余成绩数据居中显示。选中 B2：F61 单元格区域，鼠标右击弹出快捷菜单，选中“设置单元格格式”命令。在弹出的对话框中，选择“对齐”选项卡，设置文本对齐方式为“居中”，如图 2-50 所示。

(5) 为成绩表添加标题。在第一列上方点击鼠标右键，新增加一行单元格。选中 A1：F1 单元格，点击“开始”选项卡下“对齐方式”组，选中“合并后居中”，此时合并为一个单元格，输入标题“14 计科专业学生成绩表”，设置字体为 16 号黑体，效果如图 2-51 所示。设置效果见本书资源包中“案例/第 2 章/设置格式.xlsx”文档。

	A	B	C	D	E	F
1	14计科专业学生成绩表					
2	学号	英语	体育	职业生涯	高数	马克思主义原理
3	140601101	72.0	90.0	82.0	73.0	63.0
4	140601102	78.0	84.0	76.0	72.0	72.0
5	140601103	78.0	91.0	78.0	94.0	92.0
6	140601104	65.0	90.0	78.0	87.0	72.0
7	140601105	71.0	89.0	80.0	81.0	72.0
8	140601106	70.0	83.0	82.0	87.0	80.0
9	140601107	74.0	80.0	84.0	83.0	90.0
10	140601108	72.0	86.0	76.0	88.0	86.0
11	140601109	75.0	84.0	86.0	91.0	92.0
12	140601110	70.0	85.0	82.0	82.0	85.0
13	140601111	78.0	94.0	80.0	78.0	70.0
14	140601112	72.0	87.0	80.0	70.0	68.0
15	140601113	60.0	92.0	80.0	65.0	72.0
16	140601114	67.0	83.0	84.0	66.0	61.0

图 2-51　添加标题后效果

设置格式
(案例)

2.3.4　设置表格外观

张帅制作完成绩表后，非常开心地准备打印给辅导员，当他点击打印按钮，却预览到如图 2-52 所示打印效果。

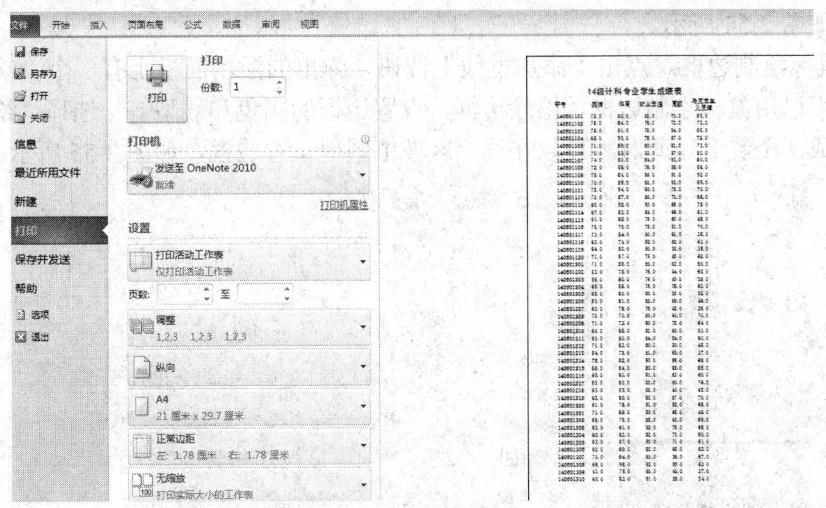

图 2-52　打印效果预览

张帅发现，如果他现在就把成绩表打印出来，其实打印出的成绩表并不会有行和列的边框，这也是 Excel 很重要的特点。虽然 Excel 是表格制作软件，但是默认为没有边框，所以，如果用户希望打印出的表格和传统的表格一样，就需要手动设置边框。张帅认识到了这一点，所以他打算为学生成绩表添加边框和底纹。

1. 添加表格边框

单元格在添加边框时，分别将四个边的框线以“上边框”、“下边框”、“左边框”、“右边框”、“对角线框线”独立设置。添加方法有三种，分别是“在设置单元格格式”中添加、点击“添加框线”添加或者通过鼠标绘制边框：

(1) 通过“设置单元格格式”对话框添加。选中需要添加框线的单元格，点击鼠标右键，点击“设置单元格格式”，在“边框”选项卡中设置框线，在“线条样式”、“颜色”、“预置”、“边框”四项中进行选择，可以对框线的外表进行设置，如图 2-53 所示。

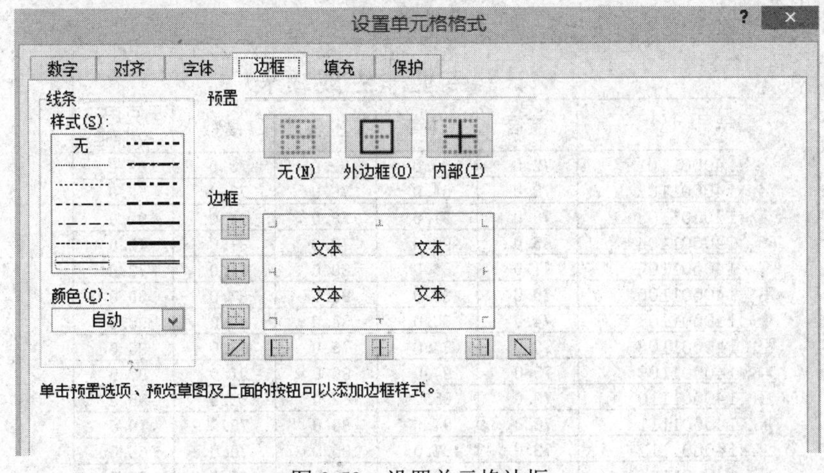

图 2-53　设置单元格边框

(2) 通过“添加框线”按钮设置边框。打开“开始”选项卡，在“字体”组中找到“添加框线”按钮，点击按钮右下角的箭头，会弹出边框添加的样式，选择需要添加的边框样式即可，如图 2-54 所示。

(3) 鼠标绘制边框。点击“添加框线”按钮，弹出的浮动面板上有一个“绘制边框”组，这里可以用鼠标绘制边框，擦除边框，设置边框的颜色和线型等。选择“绘制边框”，鼠标会变成一个签名，此时就可以在选定区域范围内设置边框，如图 2-55 所示。

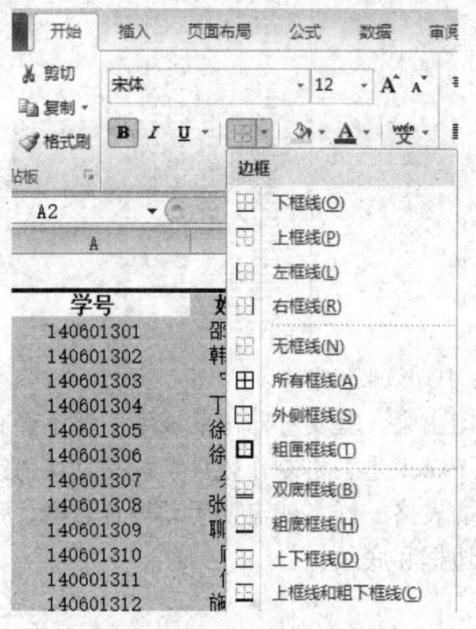

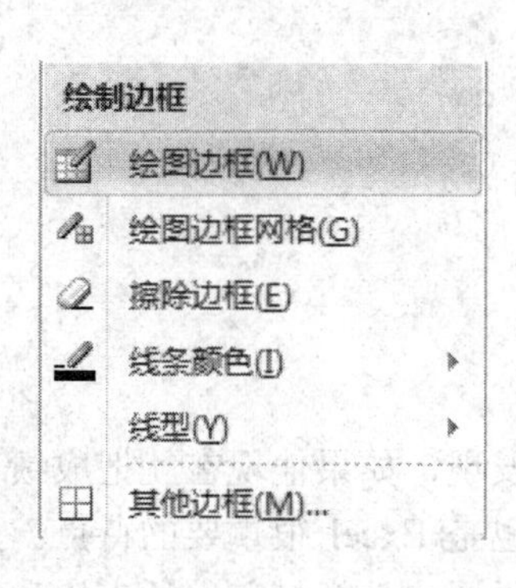

图 2-54　“添加边框”浮动栏　　　　图 2-55　绘制边框

张帅在了解了添加边框的几种方法后，决定用“添加边框”按钮快速设置边框，操作步骤如下：

(1) 打开本书资源包中的“案例/第 2 章/设置格式”文件，点击“学生成绩表”，选择 A1：F62 区域。

(2) 选中“添加边框”按钮，在弹出的浮动栏中选择“所有框线”，最终设置效果如图 2-56 所示。

	A	B	C	D	E	F
1	14计科专业学生成绩表					
2	学号	英语	体育	职业生涯	高数	马克思主义原理
3	140601101	72.0	90.0	82.0	73.0	63.0
4	140601102	78.0	84.0	76.0	72.0	72.0
5	140601103	78.0	91.0	78.0	94.0	92.0
6	140601104	65.0	90.0	78.0	87.0	72.0
7	140601105	71.0	89.0	80.0	81.0	72.0
8	140601106	70.0	83.0	82.0	87.0	80.0
9	140601107	74.0	80.0	84.0	83.0	90.0
10	140601108	72.0	86.0	76.0	88.0	86.0
11	140601109	75.0	84.0	86.0	91.0	92.0
12	140601110	70.0	85.0	82.0	82.0	85.0
13	140601111	78.0	94.0	80.0	78.0	70.0
14	140601112	72.0	87.0	80.0	70.0	68.0
15	140601113	60.0	92.0	80.0	65.0	72.0
16	140601114	67.0	83.0	84.0	66.0	61.0

图 2-56　添加框线后效果

2. 添加底纹

张帅记得辅导员特别强调要看英语列的成绩，所以张帅想把这列成绩着重显示，特别强调。张帅开始进行添加底纹的操作，步骤如下：

(1) 选中 B3：B62 区域，右击鼠标，在弹出的快捷菜单中选择“设置单元格”选项，在弹出的对话框中选择“填充”选项卡，如图 2-57 所示。

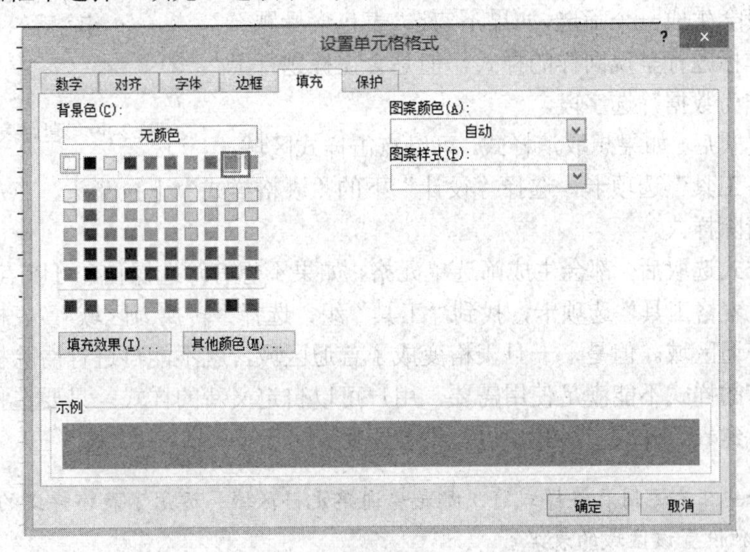

图 2-57　添加底纹设置

(2) 在“填充”选项卡中，设置背景色为蓝色，点击确定。底纹颜色设置完成，效果如图 2-58 所示。

	A	B	C	D	E	F
1	14计科专业学生成绩表					
2	学号	英语	体育	职业生涯	高数	马克思主义原理
3	140601101	72.0	90.0	82.0	73.0	63.0
4	140601102	78.0	84.0	76.0	72.0	72.0
5	140601103	78.0	91.0	78.0	94.0	92.0
6	140601104	65.0	90.0	78.0	87.0	72.0
7	140601105	71.0	89.0	80.0	81.0	72.0
8	140601106	70.0	83.0	82.0	87.0	80.0
9	140601107	74.0	80.0	84.0	83.0	90.0
10	140601108	72.0	86.0	76.0	88.0	86.0
11	140601109	75.0	84.0	86.0	91.0	92.0
12	140601110	70.0	85.0	82.0	82.0	85.0
13	140601111	78.0	94.0	80.0	78.0	70.0
14	140601112	72.0	87.0	80.0	70.0	68.0
15	140601113	60.0	92.0	80.0	65.0	72.0

图 2-58　添加底纹后效果

3. 套用表格样式

表格样式是 Excel 自带的一些格式集合。没有套用样式的区域为 Excel 的普通单元格区域，套用了样式的区域为 Excel 的表区域，该区域可以直接用设置好的边框和底纹，还可以进行快速的数据筛选运算。当为已有的表格添加新列时，Excel 能自动套用已有格式，无需进行重新设置。具体操作方法如下：

(1) 选择需要套用表格样式的数据区域。

(2) 点击“开始”选项卡的“样式”组，单击“套用表格式”按钮。样式库里将已有的表格样式分为浅色、中等深浅、深色三组。

(3) 选择一个表格样式后会弹出一个“套用表格式”对话框，如图 2-59 所示。如果勾选“表包含标题”，那么每个标题字段会生成一个筛选，如果不勾选“表包含标题”，则标题行和非标题行呈现同样的样式，但是会在标题行上新生成一行作为数据筛选字段。

套用表格式　?　×
表数据的来源(W):
=$A$1:$E$16
表包含标题(M)
确定　取消

图 2-59　套用表格式对话框

设定了样式后，如果想取消样式，可以点击样式区域，会出现“表格工具”选项卡，选择“设计”下的“表格样式”下拉箭头，点击“清除”按钮，就可以清除样式。

默认的样式选取后，都会生成筛选单元格，如果不想有筛选操作，可以点击表格区域，这时会出现“表格工具”选项卡，找到“工具”组，选择“转换为区域”，表格就会变成设计了样式的普通区域。但是，一旦表格变成了普通区域，就不能再进行清除样式操作了。

如果已有的样式不能满足使用需要，用户可以自定义新的样式。只要选择“套用表格式”下的“新建表”样式，在其中进行设置即可。

Tips：Excel 在未运用表格样式前，都是普通单元格区域，运用了表格样式的区域为“表”区域，可以单独设置该区域的表名。

现在张帅为“学生信息表”添加表格样式，具体的操作步骤如下：

(1) 打开之前添加底纹后的“学生档案”工作簿，找到“学生基本信息表”。在数据区域单击任意一个单元格。

(2) 依次选择“开始”→“样式”→“套用表格式”，点击“表样式浅色 10”。

(3) 在弹出的对话框中勾选“表包含标题”，弹出一个提示对话框，如下图 2-60 所示。

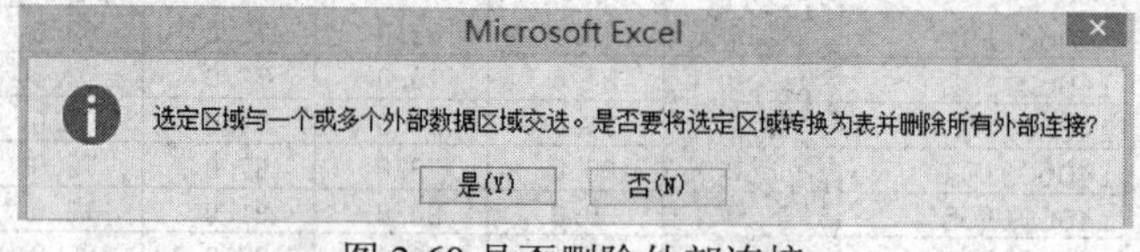

图 2-60 是否删除外部连接

(4) “学生基本信息表”是从外部导入生成的工作表，此提示表示是否要删除与外部导入源文件的连接，点击“是”。效果如图 2-61 所示。

	A	B	C	D	E
1	学号	姓名	性别	身份证号码	籍贯
2	140601101	邵文倩	女	320981199506238603	盐城
3	140601102	韩妍婷	女	320106199505191230	南京
4	140601103	宁馨	女	320102199409290320	南京
5	140601104	丁丽娟	女	320981199409305907	盐城
6	140601105	徐茂君	男	342401199407158508	安徽六安
7	140601106	徐文秋	男	321088199409265203	扬州
8	140601107	朱露	女	321084199411264605	扬州
9	140601108	张盼盼	女	152123199209010323	内蒙古呼伦贝尔
10	140601109	聊美燕	女	321281199301215605	泰州
11	140601110	顾瑶	女	321088199503156308	扬州
12	140601111	仲玥	女	320981199411180422	盐城
13	140601112	施金金	女	320681199405296805	南通
14	140601113	张颖	女	321282199511051407	泰州
15	140601114	王文静	女	320321199401294805	徐州

图 2-61　套用表格样式后效果

(5) 点击数据区域中任意单元格，弹出“表格工具”选项卡，选择左侧的表格名称，在对话框中输入“_14 级学生基本信息表”，如图 2-62 所示。Excel 中的命名有规则，2.4.2 节中将具体讲述。

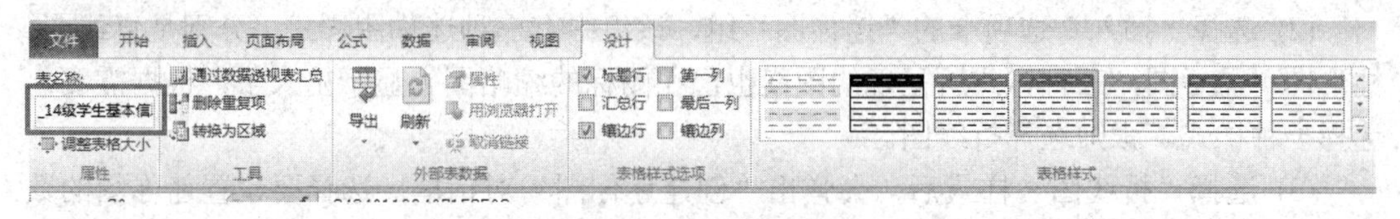

图 2-62　表格重命名

(6) 因为用了表格样式，在标题列生成了筛选功能，现在需要删除筛选功能，转换为普通表格区域。点击表格中任意单元格，在弹出的“表格工具”选项卡中选“工具”集，在弹出的对话框中单击“转换为区域”，如图 2-63 所示，最后点击“确定”。

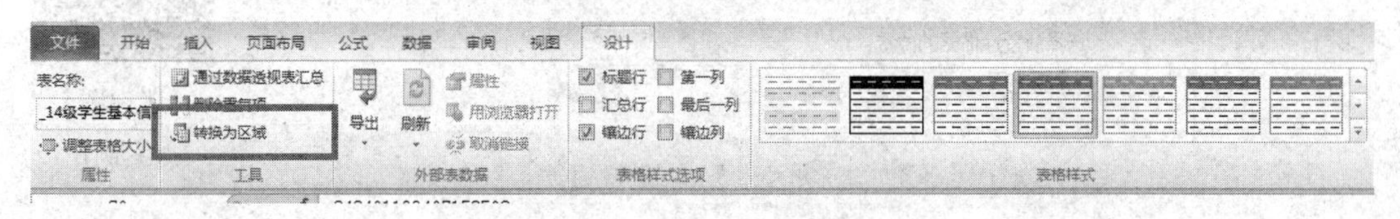

图 2-63　转换为“普通区域”

设置边框样式(案例)

设置表格外观(微课)

(7) 最后效果如图 2-64 所示。可以将此图和图 2-61 进行效果比较。设置后的效果见本书资源包中的“案例/第 2 章/设置边框样式.xlsx”文档；设置方法扫二维码见设置表格外观(微课)文件。

	A	B	C	D	E
1	学号	姓名	性别	身份证号码	籍贯
2	140601101	邵文倩	女	320981199506238603	盐城
3	140601102	韩妍婷	女	320106199505191230	南京
4	140601103	宁馨	女	320102199409290320	南京
5	140601104	丁丽娟	女	320981199409305907	盐城
6	140601105	徐茂君	男	342401199407158508	安徽六安
7	140601106	徐文秋	男	321088199409265203	扬州
8	140601107	朱露	女	321084199411264605	扬州
9	140601108	张盼盼	女	152123199209010323	内蒙古呼伦贝尔
10	140601109	聊美燕	女	321281199301215605	泰州
11	140601110	顾瑶	女	321088199503156308	扬州
12	140601111	仲玥	女	320981199411180422	盐城
13	140601112	施金金	女	320681199405296805	南通
14	140601113	张颖	女	321282199511051407	泰州

图 2-64　转换为普通区域后效果

学生月测成绩表(素材)

2.3.5　创建并编辑迷你图

张帅把学生成绩表制作好交给老师，得到了老师的夸奖。老师又交给了张帅新的任务，给了张帅一张 1 班、2 班和 3 班学生的英语月测成绩表，见本书资源包中的“素材/第 2 章/学生月测成绩表.xlsx”文件。这张表中有 3 个班每个学生一个学期的英语月测成绩，老师让张帅以最直观的形式表现每位同学一个学期的英语学习状态。张帅接到这个任务后，想到了 Excel 2010 的迷你图功能。

1. 新建迷你图

迷你图是 Excel 2010 的新增功能，利用迷你图功能可以在一个单元格中绘制出漂亮的图表，让用户看出数据的变化趋势，有很强的实用性。迷你图的操作方法如下：

(1) 打开本书资源包中的“素材/第 2 章/学生月测成绩表”文档，将数据复制到本书资源包中的“案例/第 2 章/设置边框样式”工作簿的 Sheet3 中，并改 Sheet3 名为“英语学习状态图”。

(2) 选择“插入”选项卡的“迷你图”组，该组中有三种迷你图样式，分别是直线图、柱形图、盈亏图，三种样式所呈现的图案也已在图标的缩略图上显示出来了，根据需要，选择一种样式。张帅选择折线图。

(3) 选择“折线图”样式后，会弹出“创建迷你图”对话框。选择要设置迷你图的数据范围和放置迷你图的位置，点击确定，如图 2-65 所示。

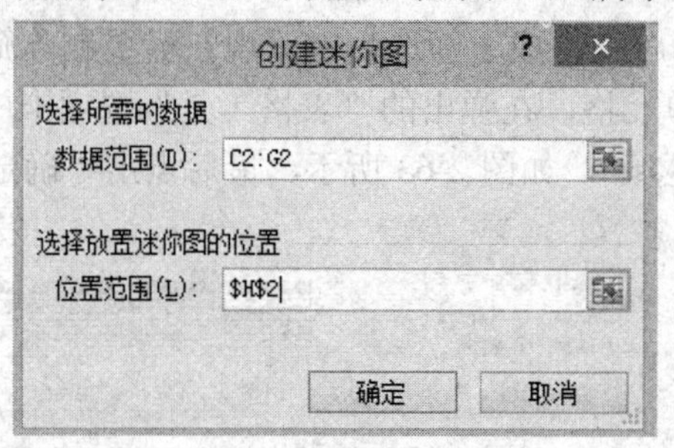

图 2-65　创建迷你图对话框

迷你图
(案例)

(4) 在存放迷你图的单元格上方写上需要的标题文字，让用户可以清晰地看到此迷你图所显示的内容。张帅双击迷你图上方单元格，输入文字“成绩趋势”，效果如图 2-66 所示。设置后的效果见本书资源包“案例”/第 2 章/迷你图.xlsx”文档。

2	学号	姓名	月测1	月测2	月测3	月测4	期末	成绩趋势
3	140601301	邵文倩	73	80	77	67	72	成绩趋势

图 2-66　迷你图标题设置

2. 修改迷你图

迷你图设置完成后，点击迷你图，会在菜单栏上新增“迷你图工具”选项卡，此选项卡的功能支持用户对迷你图进行外观的修改等操作，包括迷你图的类型修改、是否显示标记点、颜色等，如图 2-67 所示。“迷你图工具”选项卡包含的主要功能组及其功能选项介绍如下。

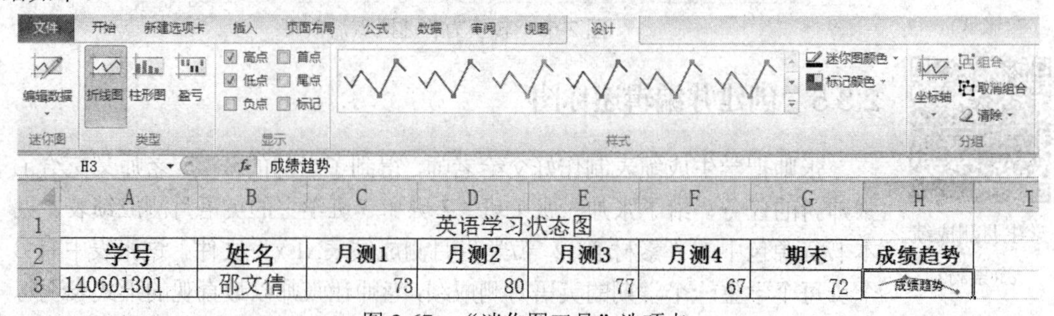

图 2-67　“迷你图工具”选项卡

(1) 编辑数据：点击编辑数据的倒三角符号，可以重新设置迷你图的数据范围和存储位置。

(2) 类型：如果新建迷你图时选的直线图，结果发现不是很合适，这时可以在类型中将其修改成其他的折线图类型。

(3) 显示：“显示”组中有六个端点，分别是“高点”、“低点”、“首点”、“尾点”、“负点”、“标记”，其中，“标记”是折线图才有的选项。“显示”组的功能是将迷你图的关键拐点着重显示，让用户看到关键的信息。下面对比 A、B、C 三个迷你图的外观。三个迷你图采用同样的数据源，区别在于 A 图显示“高点”和“低点”，B 图显示“首点”和“尾点”，C 图无标记点。对比效果如图 2-68～图 2-70 所示。

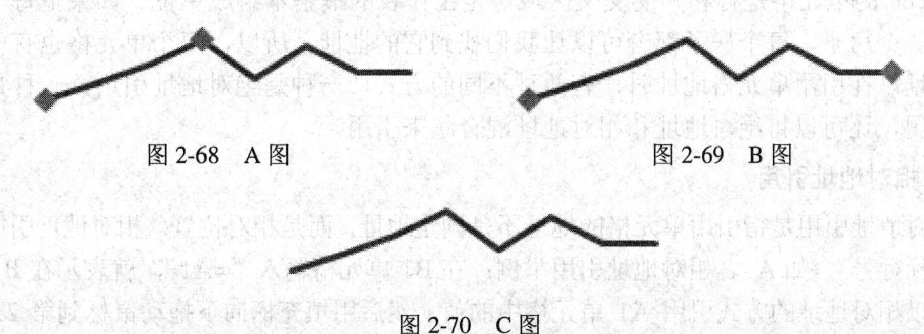

图 2-68　A 图　　图 2-69　B 图

图 2-70　C 图

(4) 样式：样式就是 Excel 自带的迷你图的外观库，迷你图的外观由图形的颜色以及标记点的颜色组成。用户可以选择自己喜欢的样式直接使用，也可以用来修饰自定义迷你图的颜色和标记的颜色。

(5) 坐标轴：可以设置迷你图横坐标轴和纵坐标轴的相关数据。

3. 删除迷你图

迷你图的删除需要进入“迷你图工具”选项卡，在最后“分组”中点击“清除”按钮的右下角倒三角形，会弹出清除的内容，选择要清除的迷你图即可，如图 2-71 所示。

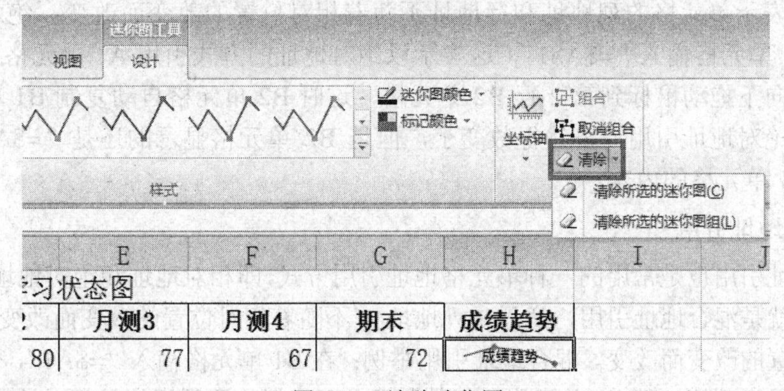

图 2-71　清除迷你图

2.4 节课件

2.4　计算“学生档案”工作簿中的数据

Excel 是目前工作中使用最多的数据处理软件，可以对用户输入的数据进行计算。比如人事部每月根据员工的考核信息和业绩情况做工资表，销售部统计每个季度产品的销售情况，现在张帅要统计班级学生拿到的奖学金的情况。通过本节的操作，实现以下目标：

(1) 区分绝对地址、相对地址，合理引用绝对地址、相对地址、混合地址。

(2) 掌握名称定义的原则，能够熟练应用。

(3) 理解常用的函数，能灵活应用。

2.4.1 单元格引用

Excel 的单元格是行和列的交叉区域，是工作表的最基本组成单位。如果把每个单元格比作一个房子，每个房子都有可以让我们找到它的地址，所以，每个单元格也有可以引用的地址。在引用单元格地址时，有两种不同的方式，一种是绝对地址引用，一种是相对地址引用，还可以将绝对地址和相对地址混合起来引用。

1. 相对地址引用

相对地址引用是指引用单元格的地址不是固定地址，而是相对位置。相对地址引用表示为“列标行号”，如 A1。相对地址引用举例：在 B1 单元格输入“=A1”，就表示在 B1 单元格中，以相对地址的方式引用 A1 单元格中的值，然后用填充柄向下拖动鼠标到第 2 行 B2 单元格，这时 B2 单元格自动复制 B1 单元格的公式，由于是相对地址引用，列标没变，但是行数变了，所以，B2 单元格的内容变成“=A2”，引用的不再是 A1 单元格的内容，而是变成了 A2 单元格的内容。如果此时选中 B2，用填充柄向右拖动鼠标到 B2 右边的单元格，也就是 C2 单元格，此时，由于行数没变，列标变了，所以 C2 单元格的内容就变成“=B2”。

2. 绝对地址引用

绝对地址引用与当前的单元格位置无关。在复制公式时，如果不希望引用的位置发生变化，那么就要用到绝对引用，绝对引用是在引用的地址前插入符号“$”，表示为“$列标$行号”，表示单元格的列地址和行地址不随着相对位置的改变而改变。绝对地址引用举例：在 B1 单元格输入“=$A$1”，这表示以绝对地址的方式引用 A1 单元格中的值，然后用填充柄向下拖动鼠标到第 2 行 B2 单元格，这时 B2 单元格自动复制 B1 单元格的公式，由于是绝对地址引用，虽然行数变了，但是 B2 单元格显示的还是“=$A$1”，即引用的还是 A1 单元格的内容。

3. 混合地址引用

混合地址引用也是常用的一种单元格地址引用方式，即相对地址和绝对地址共同引用。比如，$A1 就是混合地址引用，意思是列地址 A 不随着相对位置的改变而改变，行地址 1 随着相对位置的改变而改变。混合地址引用举例：在 B1 单元格输入“=$A1”，然后用填充柄向下拖动鼠标到第 2 行 B2 单元格，行数变了，而且行位置采用的是相对地址，所以 B2 单元格的内容是“=$A2”；选中 B2 单元格，向右拖动鼠标到 C2 单元格，此时行数没变，列数变了，但是由于列位置采用的是绝对地址，所以 C2 单元格的内容仍然是“=$A2”。

4. 非当前工作表中的单元格引用

对 Excel 中单元格的引用，除了要区分是绝对引用和相对引用外，还要看看是否是当前工作表中的区域。如果是非当前工作表，需要指明被引用工作表的名称，并在名称前加“Sheet!”。比如，在当前学生成绩表的 B1 单元格，绝对引用学生信息表 A1 单元格中的数据，那么，需要在学生成绩表 B1 中写“=Sheet!学生信息表$A$1”。

5. 常见的单元格错误

Excel 单元格中常见的错误有几种，可能是用户输入时出现的失误，也可能是计算数据时没有选择正确的公式。单元格中易出现的几种错误及其解决办法如下：

(1) 单元格中显示“#####”，说明单元格列宽不够，输入的数字、日期等数据长度超过了列宽。解决办法是适当增加单元格列宽。

(2) 单元格中出现“＃DIV/0！”的错误信息。若输入公式中的除数为 0，或公式中的除数使用了空白单元格(当运算对象是空白单元格时，Excel 将此空值解释为零值)，或包含零值单元格的单元格引用，就会出现错误信息“#DIV/0！”。只要修改引用单元格，或者在用作除数的单元格中输入不为零的值即可解决问题。如图 2-72 所示，A2 单元格的数值是 0，因为将 A2 单元格作为除数，所以报错。

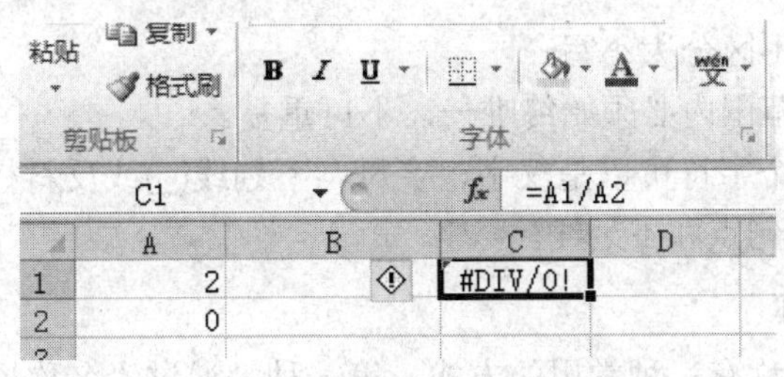

图 2-72　“＃DIV/0！”错误信息

(3) 单元格中出现“＃VALUE！”的错误信息。出现此情况可能有以下几个方面的原因：一是参数使用不正确；二是运算符使用不正确；三是当需要输入数字或逻辑值时输入了文本，由于 Excel 不能将文本转换为正确的数据类型，所以会出现该提示。这时应确认公式或函数所需的运算符或参数是否正确，并且确认在公式引用的单元格中包含了有效的数值。如图 2-73 所示，因为 A1 单元格是数字格式，A2 单元格是文本格式，数字格式和文本格式无法相乘，所以报错。

(4) 单元格中出现“#NAME?”的错误信息。出现此情况可能是单元格中引用的地址名称有错或者公式名称错误，将名称修改正确即可。如图 2-74 所示，sum 函数名称拼写错误，所以报错。

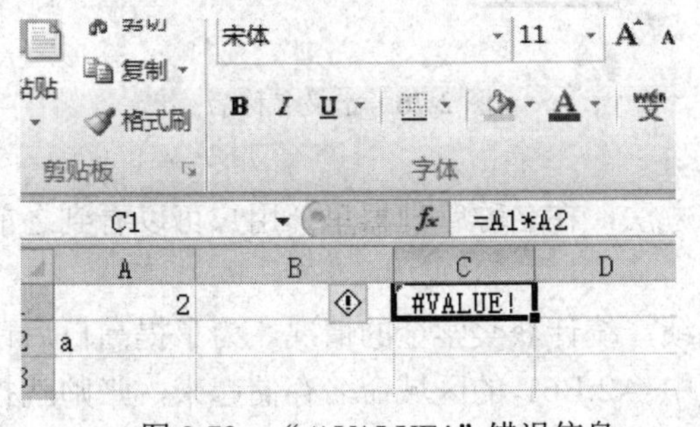

图 2-73　“＃VALUE！”错误信息

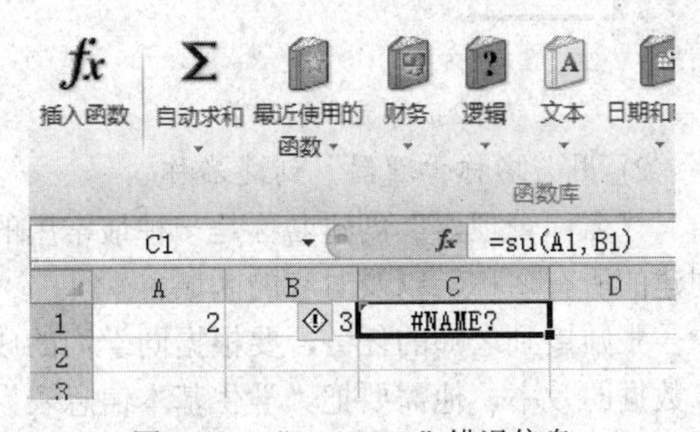

图 2-74　“#NAME?”错误信息

2.4.2　名称的定义与引用

Excel 中，数据引用是基础，小到当前工作表的单元格数据引用，复杂到跨工作表某个区域的引用。如果只是引用当前工作表的某个单元格数据，用户可以采用上文提到的单元格地址引用方式，如果需要引用某块区域，就选中多个单元格。但是如果这块区域被使用的频率很高，每次都重新选取区域，会影响工作效率，这时，用户可以采用名称定义的方式，也就是将需要被多次引用的区域选中，设置一个名称保存，今后每次使用这块区域时，只要填选对应的区域名称即可。

1. 名称定义的规则

Excel 中对名称的定义有严格的要求，只有按照如下规则命名，方可有效：

(1) 名称不能与单元格地址相同。

(2) 名称中不能包含空格。

(3) 名称不能超过 255 个字符。一般情况下，名称应该便于记忆且尽量简短，否则就违背了定义名称的初衷。

(4) 名称中的字母不区分大小写。

(5) 名称在其适用范围内必须始终唯一，不可重复。

(6) 名称中的第一个字符可以是汉字、字母，下划线(_)或反斜杠(\)。名称中的其余字符可以是字母、数字、句点和下划线。

2. 为区域定义名称

为选定区域定义名称有三种常用的方式，第一种是通过“名称框”快速创建所选区域的名称，第二种最常用，即用“名称管理器”创建名称，第三种是“根据所选内容”创建名称。

1) 通过“名称框”快速创建名称

“名称框”位于编辑栏的左侧，默认情况下，每个单元格都有一个名称，比如选中 A1 单元格，在名称框中就显示“A1”，用户可以双击名称框修改名称，如输入“_01”二字，输入完成后，按“Enter”键，这样名称就修改好了。修改前后的对比如图 2-75 和图 2-76 所示。

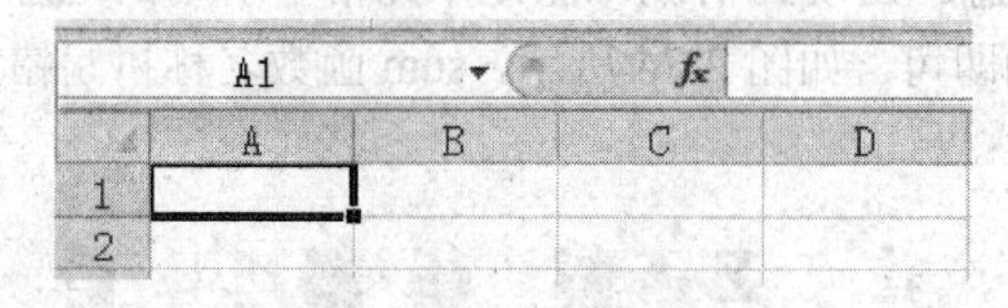

图 2-75　定义名称前

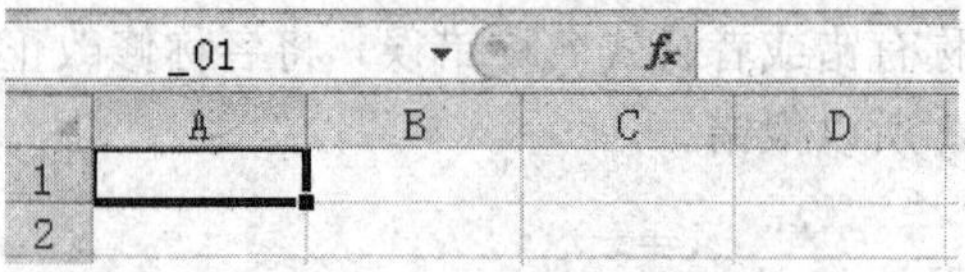

图 2-76　定义名称后

2) 用“名称管理器”创建名称

“名称管理器”创建名称是一种最常用的方法，在名称管理器里，用户可以看到之前创建的所有名称，以及对应的区域。

张帅接到老师的任务，要根据同学们的成绩，统计获奖学金的情况。为了提高日后计算数据的效率，他需要把“学生基本信息表”中 A2:B61 的区域命名存储起来，张帅就打算用“名称管理器”的方式创建：

(1) 打开“公式”选项卡下的“定义的名称”组别，点击“名称管理器”，如图 2-77 所示。

(2) 点击“名称管理器”后，会弹出一个名称管理器对话框，在这个对话框中，我们能看到已新建的名称，对应的位置和备注等。然后点击“新建”按钮，如图 2-78 所示。

图 2-77　打开“名称管理器”

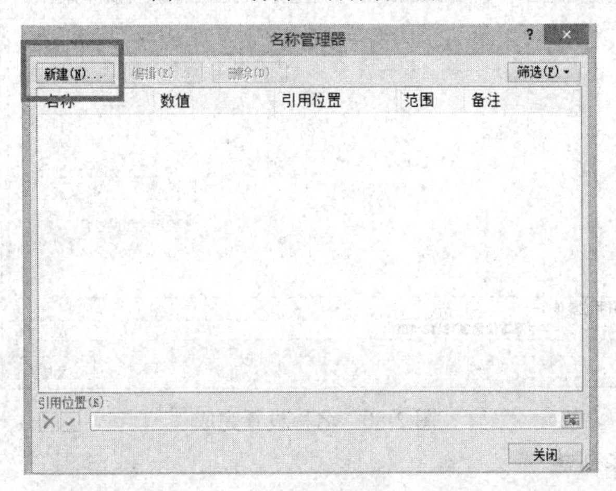

图 2-78　“名称管理器”对话框

(3) 在弹出的“新建名称”对话框中，按图 2-79 所示逐一设置：

① 名称：这是所设区域的名称，要根据名称命名规则去定义，这里设置为“学号姓名”。

② 范围：指定该名称在哪些范围内有效。下拉列表中有“工作簿”选项和工作表名称选项。如果选择“工作簿”，表示该名称在整个工作簿均有效，如果选择某个工作表，表示该名称在指定工作表有效。这里选择“工作簿”。

③ 备注：该项可填可不填，目的是让用户了解这个区域名称设置的目的，最多输入 255 字符。

④ 引用位置：非常关键的填写项，是设置这个名称所应用的区域，这里是为学生信息表的学号和姓名列设置名称，所以引用位置是“=学生基本信息表!$G$8+学生基本信息表!$A$2:$B$61”，用绝对地址表示。

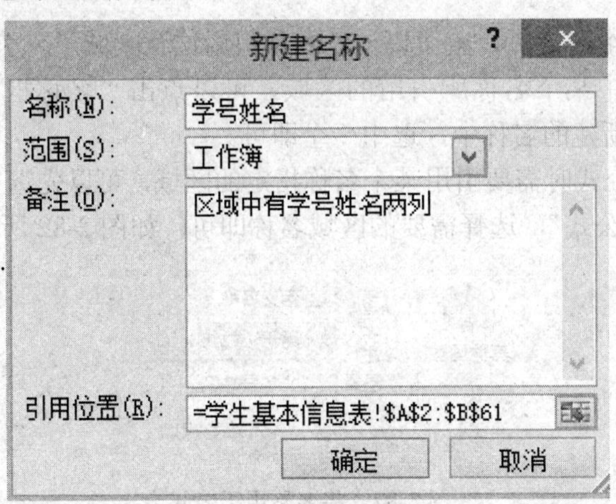

图 2-79　新建名称

(4) 全部填写完毕后点击“确定”按钮，会弹出图 2-80 所示界面，用户可以看到自己设置的情况，点击“关闭”按钮，即可完成设置。

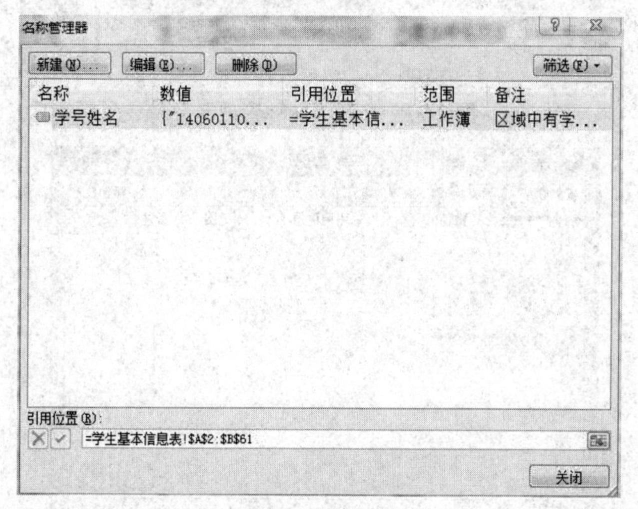

图 2-80　名称设置完成

3) 根据所选内容创建

在“公式”选项卡下的“定义的名称”组，选择“根据所选内容创建”，会弹出“创建名称”对话框，如图 2-81 所示。然后根据需要选定区域的值创建名称。

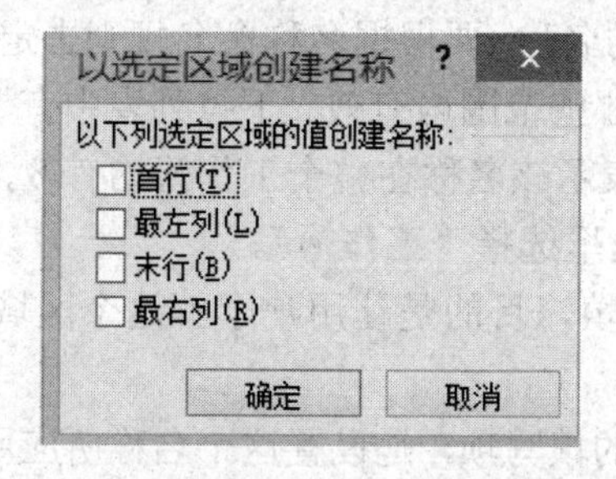

图 2-81　根据所选内容创建名称

3. 名称的引用

对指定区域定义名称之后，就可以通过名称引用这个区域了。引用方法如下：

(1) 用户若想选中某个名称所引用的区域，可以点击“名称框”右边的倒三角图标 ▾，在弹出的已新建的名称中，选中一个即可。

(2) 如果在输入公式时需要引用某个名称指定的区域，可以先选中单元格，在“公式”选项卡下点击“用于公式”，选择需要的区域名称即可，如图 2-82 所示。

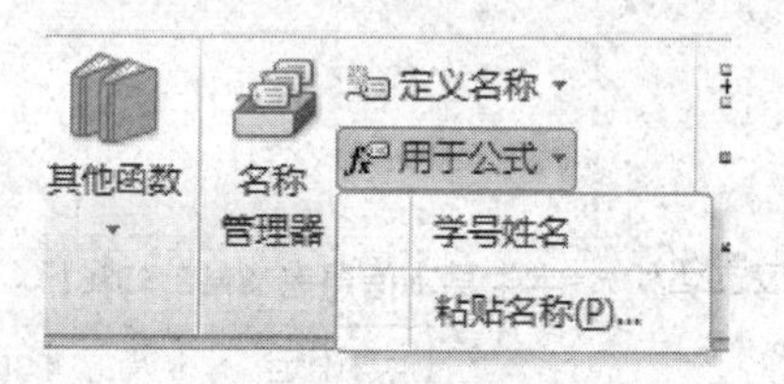

图 2-82　将名称用于公式

4. 名称的修改和删除

某个区域的名称设置完成后，可以查看和修改，并且删除。选择“名称管理器”，点击“编辑”或“删除”按钮，进行相应的操作即可，如图 2-83 所示。

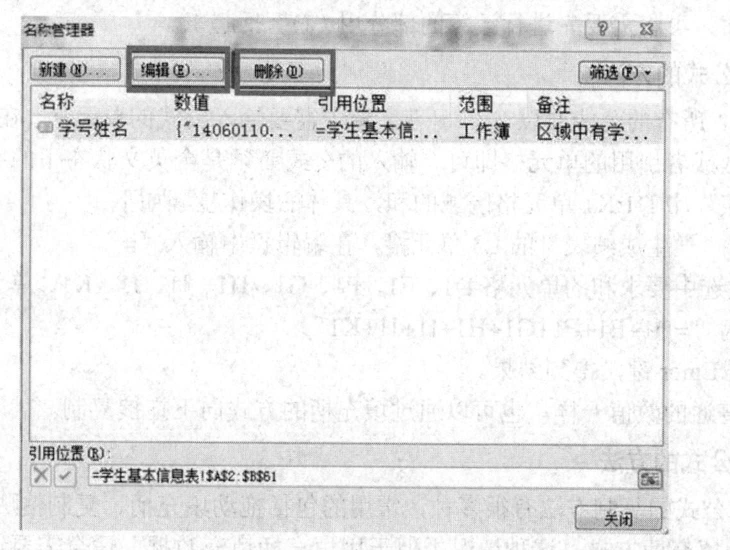

图 2-83　名称的修改和删除

2.4.3　公式

公式是指在工作表中对数据进行分析计算的算式，可进行加、减、乘、除等运算，也可以在公式中使用函数。公式从“=”开始，并根据运算符的优先级，对数据进行计算，最后将运算结果返回到显示结果的单元格中。

1. 运算符

Excel 中的运算符与数据类型相似，也是区分了各种类型，包括算术运算符、文本型运算符、比较运算符和引用运算符。

(1) 算术运算符：参加数学运算的符号，包括加号(+)、减号(−)、乘号(×)、除号(/)、百分号(%)。如 3+2。

(2) 文本运算符：将两个或以上的字符串连接起来的符号。用“&”符号表示。如，“你”&“好”，连接之后的输出结果是“你好”。

(3) 比较运算符：参与两个数据之间比较的运算符。包括大于号(>)、小于号(<)、等于号(=)、大于等于号(>=)、小于等于号(<=)、不等号(<>)。通过比较运算符比较的两个数据，最终结果是逻辑值 True 或者 False。如 3>2，判断正确，返回 True。

(4) 引用运算符：是将单元格区域合并计算的符号，包括冒号(：)、逗号(，)以及空格。冒号是将两个单元格之间的区域全部引用，如(A1:B5)，表示选中 A1 到 B5 之间的全部单元格；逗号是将多个引用合并，如(A1，B5)，表示选中 A1 和 B5 两个单元格；空格是对单元格之间交叉的地方进行引用，如(A1:B5 A1:B4)，表示选中 A1 到 B4 之间的单元格。

2. 运算符优先级

Excel 中的公式如果只用了一种运算符，Excel 会根据运算符的特定顺序从左到右计算公式。如果公式中同时用到了多个运算符，Excel 将按一定优先级由高到低进行运算。另外，相同优先级的运算符，将从左到右依次计算。

运算符的优先级从高到低依次是引用运算符、算术运算符、文本运算符和比较运算符。若要更改顺序，可将需要先进行运算的部分用“()”括起来。

3. 输入公式的方法

Excel 中，所有的公式要以“=”开头，选中需要输入公式的单元格，在其中输入数据、运算符、函数或者引用的单元格即可。输入的公式必须是全英文状态下的字符。如要计算“学生成绩表”中 D1:K1 单元格区域的和，具体的操作步骤如下：

(1) 选中“学生成绩表”的 L3 单元格，在编辑栏中输入“=”。

(2) 依次选中要求和的单元格 D1、E1、F1、G1、H1、I1、J1、K1，单元格之间用“+”相连，公式为“=D1+E1+F1+G1+H1+I1+J1+K1”。

(3) 点击 Enter 键，得到结果。

公式和普通的数值一样，也可以通过填充柄的方式向下拖拽复制。

4. 复制公式的方法

Excel 中公式的复制方法有很多种，常用的包括拖动填充柄、复制粘贴等。

(1) 拖动填充柄方式。这种情况类似于用填充柄填充数据，适合需要连续填充单元格的情况。操作步骤如下：

① 选中要复制公式的单元格，将鼠标移动到单元格的右下角；

② 当鼠标变成“+”字状时，按下鼠标左键拖动到指定位置即可。

(2) 复制粘贴方式。适合不连续单元格的公式复制，复制后单元格的引用位置不变。

① 点击待复制的单元格，在公式编辑栏选中待复制的公式，点击鼠标右键，在弹出的快捷菜单中选择“复制”；

② 点击“Esc”键取消单元格选中；

③ 点击目标单元格，在公式编辑栏，点击鼠标右键，在弹出的快捷菜单中选择“粘贴”，复制之前的公式。

(3) Ctrl+C 方式。适合不连续的单元格公式复制，复制后单元格的引用位置相对改变。

① 选择待复制的单元格，按“Ctrl+C”键复制；

② 选择目标位置单元格，按“Ctrl+V”键粘贴。

Tips：如果只复制公式计算的结果，而不复制公式本身，可以选择“数值粘贴”；如果 Excel 应用了表格样式，只需在被计算列第一行的单元格输入一次公式，即可将该公式运用在整列，可大大提高数据的处理效率。

2.4.4 函数

1. 常用函数介绍

函数可以理解成 Excel 预先设置的公式，可以提高数据运算的效率。每个函数都有其特定的功能，在学习函数时，要从函数名、函数功能和函数的参数三个方面重点去理解。现在，我们将常用的函数一一列举如下。

1) 简单数学函数

(1) 绝对值函数：ABS(N)。

① 功能：求出参数的绝对值。

② 参数说明：N表示需要求绝对值的数值或引用的单元格。

③ 应用：=ABS(-2)表示求-2的绝对值，返回结果是2。

(2) 最大值函数：MAX(N1,N2,…)。

① 功能：求参数中的最大值。

② 参数说明：参数至少一个，且必须是数值，最多255个。

③ 应用：=MAX(A2:A6)返回值为6； =MAX(A2:A6,1,8,9,10)，返回结果为10。

(3) 最小值函数：MIN(N1,N2,…)。

① 功能：求出各个参数中的最小值。

② 参数说明：参数至少一个，且必须是数值，最多可包含255个。

③ 应用：如果A2:A4中包含数字3,5,6，则：=MIN(A2:A4)返回值是3；=MIN(A2:A4,1,8,9,10)，返回结果是1；如果参数中有文本或逻辑值，则忽略。

(4) 四舍五入函数：ROUND(N,num_digits)。

① 功能：按指定的位数num_digits对参数Number进行四舍五入。

② 参数说明：参数N表示要四舍五入的数字；Num-digits表示保留的小数位数。

③ 应用：=ROUND(227.568,2)，返回结果227.57。

(5) 取整函数：TRUNC(N,[Num_digits])。

① 功能：将参数N的小数部分截去，返回整数。

② 参数说明：将参数N的小数部分截去，返回整数；参数Num_digits为取精度数，默认为0。

③ 应用：=TRUNC(227.568)，返回结果227。

(6) 向下取整数：INT(N)。

① 功能：将参数N向下取舍到最接近的整数，N为必需的参数。

② 参数说明：N表示需要取整的数值或引用的单元格。

③ 应用：=INT(227.568)，返回结果为227。

2) 求和函数

(1) 求和函数：SUM(N1,[N2],……)。

① 功能：计算所有参数的和。

② 参数说明：至少包含一个参数N1，每个参数可以是具体的数值、引用的单元格、数组、公式或另一个参数的结果。

③ 应用：=SUM(A2:A10)是将单元格的所有数值相加。

Tips：如果参数为数组或引用，只有其中的数字可以被计算，空白单元格、逻辑值、文本或错误值将被忽略。

(2) 条件求和函数：SUMIF(Range,Criteria,[Sum_Range])。

① 功能：对指定的单元格区域中符合一个条件的单元格求和。

② 参数说明：Range必须的参数，条件区域，用于判断的单元格区域；Cirteria必须

的参数，求和的条件，判断哪些单元格将被用于求和的条件；Sum_Range 可选参数，实际求和区域，要求和的实际单元格、区域或引用。

③ 应用：=SUMIF(B2:B10,">5")表示对 B2:B10 区域中大于 5 的数值求和；=SUMIF(B2:B10,">5",C2:C10)表示在区域 B2:B10 中，查找大于 5 的单元格，并在 C2:C10 区域中找到对应的单元格进行求和。

(3) 多条件求和函数：SUMIFS(Sum_Range,Criteria_range1,Criteria1,[Criteria_range2, Criteria2],…)。

① 功能：对指定单元格区域中的符合多组条件的实际单元格区域求和。

② 参数说明：Sum_Range 必须的参数，参加求和的实际单元格区域；Criteria_range1 必须的参数，第一组条件中指定的区域；Criteria1 必须的参数，第一组条件中指定的条件；Criteria_range2, Criteria2 可选参数，第二组条件，还可以有其他多组条件。

③ 应用：=SUMIFS(A2:A10,B2:B10,">0",C2:C10,"<5")表示对 A2:A10 区域中符合以下条件的单元格的数值求和：B2:B10 中的对应数值大于 0 且 C2:C10 的相应数值小于 5。

(4) 积的函数：SUMPRODUCT(array1,array2,…)。

① 功能：先计算出各个数组或区域内位置相同的元素之间的乘积，然后再计算出他们的和。

② 参数说明：可以是数值、逻辑值或作为文本输入的数字的数组常量，或者包含这些值的单元格区域，空白单元格被视为 0。

③ 应用：计算 A、B、C 三列对应数据乘积的和。

3) *求平均值函数*

(1) 平均值函数：AVERAGE(N1,[N2],…)。

① 功能：对指定单元格区域求平均值。

② 参数说明：至少包含一个参数 N1，每个参数可以是具体的数值、引用的单元格、数组、公式或另一个参数的结果。

③ 应用：AVERAGE(A2：A10)表示求 A2：A10 区域的平均值。

(2) 条件平均值函数：AVERAGEIF(range,Criteria,[Average_range])。

① 功能：对指定单元格区域中符合条件的单元格求平均。

② 参数说明：Range 必须的参数。进行条件对比的单元格区域；Criteria 必须的参数，求平均的条件；Average_range 可选的参数，要求平均值的实际单元格区域，如果省略，会对从参数中指定的单元格求平均值。

③ 应用：=AVERAGEIF(B2:B10，"<4000")表示对区域中小于 4000 的数值求平均值。

(3) 多条件平均值函数：AVERAGEIFS(Average_range,Criteria_range1,Criteria1, [Criteria_range2, Criteria2],…)。

① 功能：对指定单元格区域中符合多组条件的单元格求平均值。

② 参数说明：Average_range 必须的参数，参加求平均值的实际单元格区域；Criteria_range1 必须的参数，第一组条件中指定的区域；Criteria1 必须的参数，第一组条件中指定的条件；Criteria_range2, Criteria2 可选参数，第二组条件，还可以有其他多组条件。

应用：=AVERAGEIFS(A2:A10,B2:B10,">0",C2:C10,"<5")表示对 A2:A10 区域中符合以下条件的单元格的数值求平均值：B2:B10 中的相应数值大于 0、且 C2:C10 中对应的数值

小于 5。

4) 计数函数

(1) 计数函数：COUNT(V1,[V2],…)。

① 功能：统计指定区域中包含数值的格式，只对包含数字的单元格进行计数。

② 参数：至少包含一个参数，最多 255 个。

③ 应用：=COUNT(A2:A10)表示统计单元格区域 A2 到 A10 中包含数值的单元格的个数。

(2) 计数函数 COUNTA：(V1,[V2],…)。

① 功能：统计指定区域中不为空的单元格个数，可以对包含任何类型信息的单元格进行计数。

② 参数说明：至少包含一个参数，最多 255 个。

③ 应用：COUNTA(A2:A10)表示统计单元格区域 A2 到 A10 中非空单元格的个数。

(3) 条件计数函数：COUNTIF(RANGE,Criteria)。

① 功能：统计指定单元格区域中符合单个条件的单元格的个数。

② 参数说明：Range 必须的参数，计数的单元格区域；Criteria 必须的参数，计数的条件，形式可以是数字、表达式、单元格地址或文本。

③ 应用：=COUNTIF(B2:B10,”>50”)，统计单元格区域 B2:B10 中值大于 50 的单元格的个数。

(4) 多条件计数函数：COUNTIFS(range1,Criteria1,[range2,Criteria2])。

① 功能：统计指定单元格区域中符合多组条件的单元格的个数；

② 参数说明：ranege1 必须的参数。第 1 组条件中指定的区域；Criteria1 必须的参数，第 1 组条件中指定的条件，条件的形式可以为数字、表达式、单元格地址或文本；ranege2,Criteria2 可选参数。

③ 应用：=COUNTIFS(A2:A10,”>50”,B2:B10,”<100”)表示统计同事满足以下条件的单元格所对应的行数：A2: A10 区域中大于 50 的单元格且 B2:B10 区域中小于 100 的单元格。

5) 日期时间函数简介

(1) 当前日期和时间函数：NOW( )。

① 功能：返回当前系统日期和实践。

② 参数说明：不需要参数。

③ 应用：=NOW( )表示返回此刻的日期和时间。

(2) 当前日期函数 TODAY( )。

① 功能：返回当前日期。

② 参数说明：不需要参数。

③ 应用：=TODAY( )表示返回今天日期。

(3) 年份函数 YEAR(N)。

① 功能：返回指定日期或者单元格中对应的年份。

② 应用：=YEAR(”2015/12/25”)表示返回指定的年代。

(4) 月份函数 MONTH(N)。

① 功能：返回月份。

② 应用：=MONTH(“2015/12/25”)表示返回指定的 12 月。

6) 文本函数

(1) 截取字符串函数：MID(Text,start_N,Num_cahras)。

① 功能：从文本字符串指定的位置开始，截取指定数目的字符。

② 参数说明：Text 必须参数，代表截取字符；start_N 必须参数，代表起始位置；Num_cahras 必须参数，代表截取字符个数。

③ 应用：MID(“hello”,2,2)的返回结果为 el。

(2) 左侧截取字符串函数 Left (Text,[Num_chars])。

① 功能：从文本字符串的最左边开始，截取指定数目的字符。

② 参数说明：Text,代表要截取的文本字符串；Num_chars 表示要截取的字符个数。

③ 应用：=LEFT(“Hello”,2)，返回结果为“He”。

(3) 右侧截取字符串函数 RIGHT(Text,[Num_chars])。

① 功能：从文本字符串的最右边开始，截取指定数目的字符。

② 参数说明：Text,代表要截取的文本字符串；Num_chars 表示要截取的字符个数。

③ 应用：=RIGHT(“Hello”,2)，返回结果为“lo”。

(4) 删除空格函数：TRIM(Text)。

① 功能：删除文本中的空格。

② 参数：Text 必须参数，代表删除空格字符串。

③ 应用：=TRIM(“ hello ”)，返回结果为“hello”。

(5) 字符个数函数 LEN(text)。

① 功能：统计并返回指定文本字符串中的字符个数。

② 参数：Text 必须参数，代表要统计长度的文本，空格也将作为字符进行计数。

③ 应用：=LEN(“hello”)，返回结果为 5。

(6) 文本合并函数 CONCATENATE(Text1,[Text2],…)。

① 功能：文本合并。

② 参数：至少一个，最多 255 个。

③ 应用：=CONCATENATE("你","好")，返回结果为“你好”。

7) 其他

(1) 逻辑判断函数：IF(logical_test,[value_if_true], [value_if_false])。

① 功能：如果指定条件的计算结果为 True，If 函数返回一个值；计算结果为 False，If 函数返回另外一个值。

② 参数：logical_test 必须的参数，指定判断的条件；value_if_true 必须的参数；value_if_false 必须的参数。

③ 应用：=IF(C2>=60,”及格”,”不及格”)，表示 C2 单元格如果大于等于 60，则返回“及格”，否则为“不及格”。

(2) 垂直查询函数：VLOOKUP(Lookup_Value,Table_array,col_index_num, [Range_lookup])。

① 功能：搜索指定单元格区域的第一列，然后返回该区域相同行上任何指定单元格中的值。

② 参数说明：Lookup_value 必须的参数，查找目标，即在表格或区域的第 1 列中搜

索到的值，查找目标必须位于查找范围的第一列；Table_array，查找范围，查找范围的第一列必须与 Lookup_value 查找目标列的数据类型相同；col_index_num，返回值的列数；Range_lookup：可选参数，取值为 TRUE 或者 FALSE，TRUE 为模糊查找，FALSE 为精确查找，如果此参数为空，则默认为模糊查找。

③ 应用：=VLOOKUP(1,A2:C10,2)要查找的区域为 A2:C10，因此 A 列为第一列，B 列为第二列，表示使用近似匹配搜索 A 列中的值，如果 A 列中没有 1，则找到 A 列中近似与 1 最接近的值，然后返回同一行中 B 列的值。

Tips：VLOOKUP 函数在模糊查找时(即默认情况或 TRUE)，查找区域第一列必须先按升序排列，精确查找则不需要(即 FLASE)；用 VLOOKUP 函数返回值的单元格类型不能是“文本”，否则不会显示结果。

2. 插入函数的方法

要在单元格中插入函数，具体有以下三种方法：

(1) 手动键入函数：选中需要输入公式的单元格，以“=”号开始，输入函数。

(2) 通过“插入函数”对话框：点击插入函数 *f*(*x*)”，会弹出插入函数对话框，如图 2-84 和图 2-85 所示。

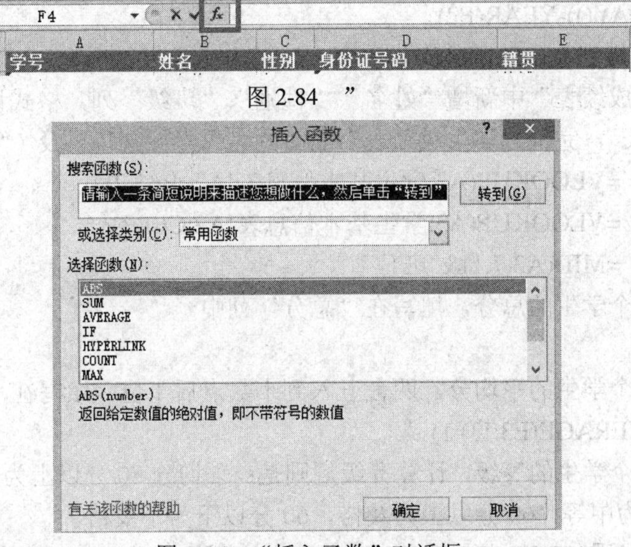

图 2-84　”

图 2-85　“插入函数”对话框

(3) 通过“函数库”插入函数：点击“公式”选项卡下“函数库”插入函数，如图 2-86 所示。插入函数的操作方法扫二维码见输入函数(微课)文件。

输入函数
(微课)

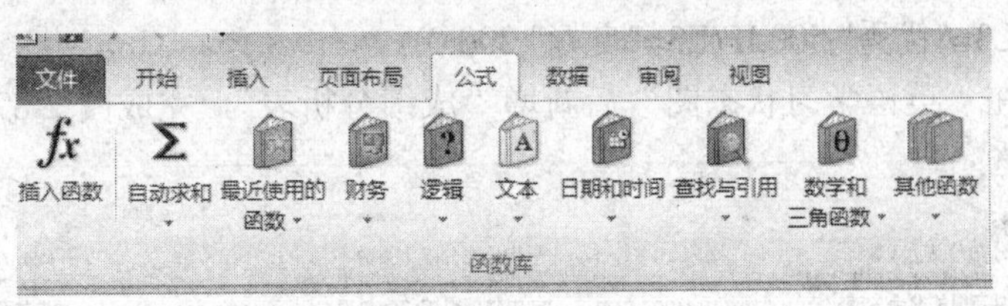

图 2-86　函数库

3. 案例

打开本书资源包中的“案例/第 2 章/迷你图”工作簿，里面有“学生基本信息表”和“学生成绩表”，现在要对两个表的数据进行完善，解决以下几个问题：

(1) “学生基本信息表”需要在最后新增“出生日期”和“年龄”两列，并统计相应的数据。

(2) “学生成绩表”新增“姓名”、“性别”、“班级”、“总分”、“平均分”、“等级”、“奖学金金额”列，并统计相应的数据 (学号的第 7 位表示班级)。

(3) 新增“学习成绩分析表”，分别统计 1 班、2 班、3 班各班的总人数、平均分 75 分以上的人数、平均分 75 分以上的男生人数、学生共获得的奖金总额、男生共获得的奖金总额。

张帅用函数分别解决上述问题。

(1) “学生基本信息表”中的函数操作：

① 打开“学生基本信息表”，根据学生的身份证号码，计算学生的出生日期，以“****年**月**日”的形式表示，填写在“学生基本信息表”的“出生日期”列中。

=MID(D2,7,4)&"年"&MID(D2,11,2)&"月"&MID(D2,13,2)&"日"

② 打开“学生基本信息表”，计算出每个同学的年龄，填写在“学生基本信息表”的“年龄”列中。

=YEAR(TODAY())-YEAR(F2)

(2) “学生成绩表”中的函数操作：

① 在“学生成绩表”中新增“姓名”、“性别”、“班级”列，格式设为“常规”。根据“学生基本信息表”，完善“学生成绩表”的“姓名”、“性别”以及 “班级”列数据。

“姓名”列：=VLOOKUP(A3,学生基本信息表!A2 :B61,2)

“性别”列：=VLOOKUP(A3,学生基本信息表!A2:C61,3)

“班级”列：=MID(A3,7,1)&"班"

② 计算出每个学生的总分，填写在“总分”列中。

=SUM(E3:I3)

③ 计算出每个学生的平均分，四舍五入到小数点后 1 位，填写在“平均分”列中。

=ROUND(AVERAGE(E3:I3),1)

④ 计算出每个学生的等级，计算等级规则是：平均分 80 分以上为优秀，75 分以上为良好，70 分以上为中等，60 分以上为及格，60 分以下为不及格。

=IF(K3>80,"优秀",IF(K3>75,"良好",IF(K3>70,"中等",IF(K3>60,"及格","不及格"))))

⑤ 根据等级，计算学生获奖的金额，奖金的发放规则：良好 200 元奖金，优秀 500 元奖金。

=IF(L3="优秀",500,IF(L3="良好",200,0))

(3) 在“英语学习状态图”后新增“成绩分析表”，完成图 2-87 所示数据的统计。

	A	B	C	D	E	F	G	H	I	J
1	1班：			2班：			3班：			
2	总人数：	20		总人数：			总人数：			
3	平均分75分以上人数：	13		平均分75分以上人数：			平均分75分以上人数：			
4	平均分75分以上的男生人数：	2		平均分75分以上的男生人数：			平均分75分以上的男生人数：			
5	学生共获得的奖金总额：	4400		学生共获得的奖金总额：			学生共获得的奖金总额：			
6	男生共获得奖金总额：	700		男生共获得奖金总额：			男生共获得奖金总额：			

图 2-87　待统计的数据

① 在“成绩分析表”中，统计出 1 班的学生数量：

=COUNT(学生成绩表!A2:A21)

② 在“成绩分析表”中，统计出平均分 75 分以上人数：

=COUNTIF(学生成绩表!K2:K21,">75")

③ 平均分 75 分以上的男生人数：

=COUNTIFS(学生成绩表!K2:K21,">75",学生成绩表!C2:C21,"男")

函数(案例)

④ 在“成绩分析表”中，统计学生共获得的奖金总额：

=SUM(学生成绩表!M2:M21)

⑤ 在“成绩分析表”中，统计男生共获得奖金总额：

=SUMIFS(学生成绩表!M2:M21,学生成绩表!C2:C21,"男")

依照上述操作，完成 2 班 3 班信息的统计。操作结果见本书资源包中的“案例/第 2 章/函数.xlsx”文档。

2.5 节课件

2.5　分析“学生档案”工作簿中的数据

Excel 最强大的功能除了之前提到的函数计算功能，还有数据分析功能，包括对数据的筛选、排序、可视化图表等。通过本节的学习，实现以下目标：

(1) 掌握条件格式的应用，强调显示特定的数据。

(2) 掌握合并计算功能，对格式相同的表格数据进行合并计算。

(3) 掌握数据的排序、筛选、分类汇总的方法。

(4) 掌握图表的新建、编辑、移动和删除。

(5) 掌握透视表和透视图的创建和使用。

(6) 能够进行常用的工作表打印任务。

2.5.1　条件格式

用户可以根据条件使用数据条、色阶和图标集，以突出显示相关的单元格，强调异常值，实现数据的可视化效果。除了 Excel 自带的规则外，用户还可以自定义规则，来完成个性化的显示效果。“条件格式”位于“开始”选项卡下的“样式”组，有两类既定规则和三类已经设定好的外观样式，如图 2-88 所示。

(1) 突出显示单元格规则：可以针对一个单元格或者一个区域，根据设定的参照值，强调显示符合规则的单元格。比如“大于”，就是当单元格数据大于某个设定值时，可以强调显示。同时，可以设置强调显示时的颜色。

(2) 项目选取规则：针对一组数据，选取这组数据中最大的 10 项、最小的 10 项、前 10%的项和后 10%的项、高于平均值的项或者低于平均值的项。

(3) 数据条：通过渐变色或者实心颜色填充的方式显示数据的大小。单元格中数据越大，数据条就越长。如，A1：A10 单元的数据分别是 100～0。选择“蓝色填充”的“实心数据条”显示方式，最后效果如图 2-89 所示。

(4) 色阶：色阶和数据条相似，也是单元格对数值大小的显示。根据数据的大小，可以在单元格中看到数据呈不同颜色显示出来。

(5) 图标集：也是单元格数据的一种可视化效果，有方向、形状、标记、等级四种可选外观。

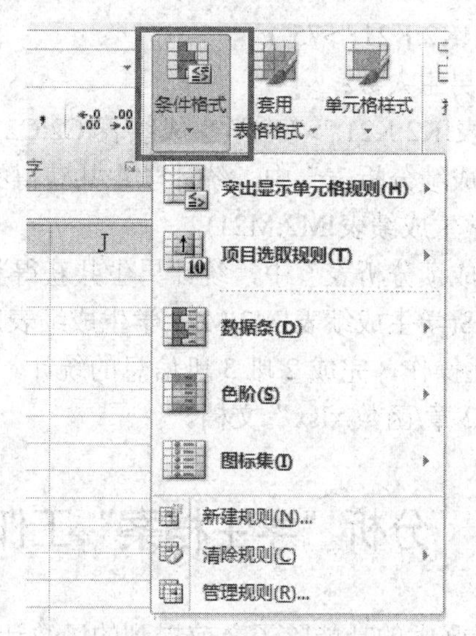

图 2-88　“条件格式”选项

用户除了用“条件格式”自带条件规则和外观显示外，还可以按照需求，个性化设置规则和显示效果。在“条件格式”下有“新建规则”，用户可以点击，逐一设置单元格显示的规则和样式。

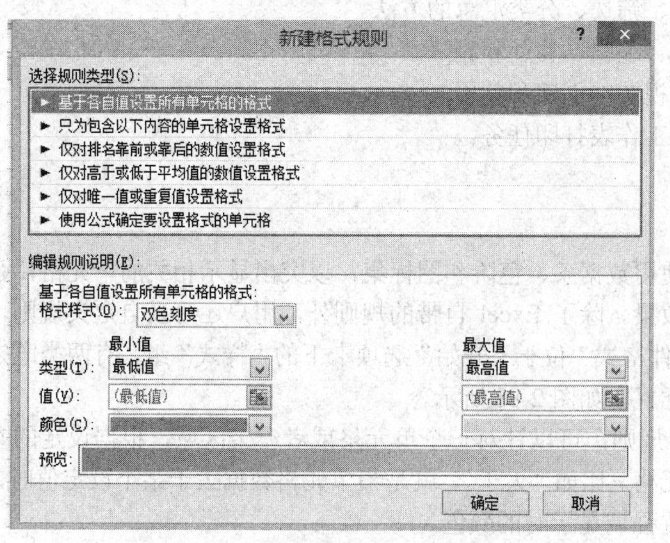

条件格式
(案例)

图 2-89　新建格式

张帅现在要将“学生成绩表”的“平均分”列中小于 60 的成绩重点标识出来。他的操作方法是：

(1) 选中“平均分”列的 K3：K62 区域，点击“开始”的“样式”选项卡；

(2) 点击“条件格式”下的“突出显示单元格规则”，选中“小于”，按图 2-90 填写即可。操作后的效果见本书资源包中的“案例/第 2 章/条件格式.xlsx”文档。

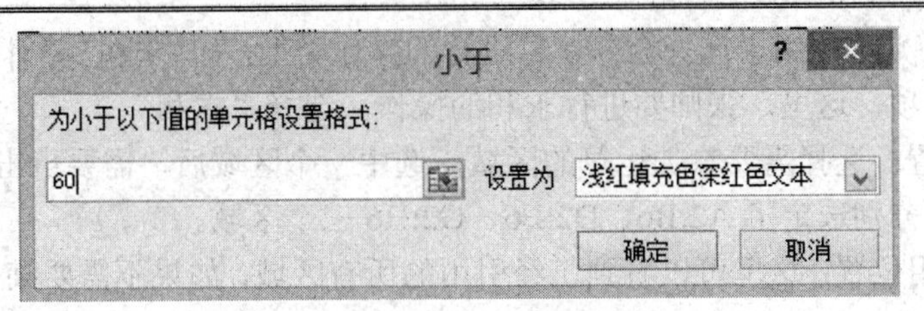

图 2-90　设置规则

2.5.2　合并计算

“合并计算”是一种统计方法，主要用于处理不同工作表间大量数据的统计。通过合并计算可以汇总一个或多个源区域中的数据。在合并计算时，链接的数据源区域有变化，显示的结果也会有变化。

合并计算有两种方式，第一种方式是按位置合并，这个要求不同区域的数据单元格在相同的位置存储的是相同类型的内容，此时可以不勾选标签位置。第二种方式是通过分类进行合并，此时需要勾选标签位置，最左列或者首行或者全部勾选，勾选后，勾选对应的行、列不必排序，合并时会以行列相同单元格作为分类对同行、列数据进行汇总。

之前，张帅根据“学生成绩表”分别统计了 1 班、2 班、3 班学生获得奖学金的情况，现在要统计全部学生的获奖情况，张帅打算用合并计算的功能实现这个目标。

(1) 双击打开本书资源包中的“案例/第 2 章/条件格式.xlsx”文件，打开“成绩分析表”，选中 A10 单元格，点击“数据”选项卡下的“数据工具”组，点击“合并计算”按钮，如图 2-91 所示。

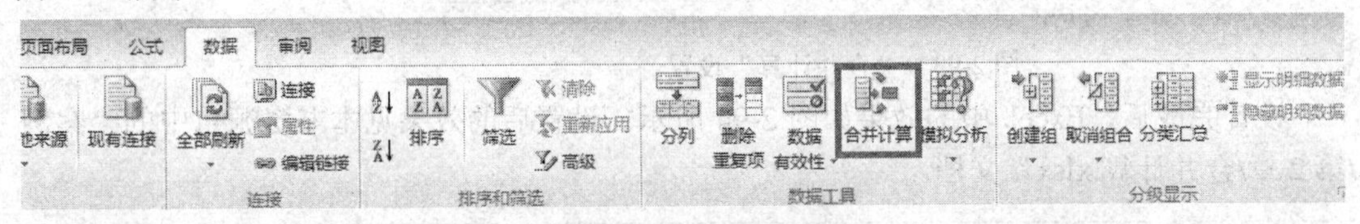

图 2-91　合并计算按钮

(2) 在弹出的对话框(图 2-92)中进行如图 2-93 所示的设置。全部设置完成后，点击“确定”即可。

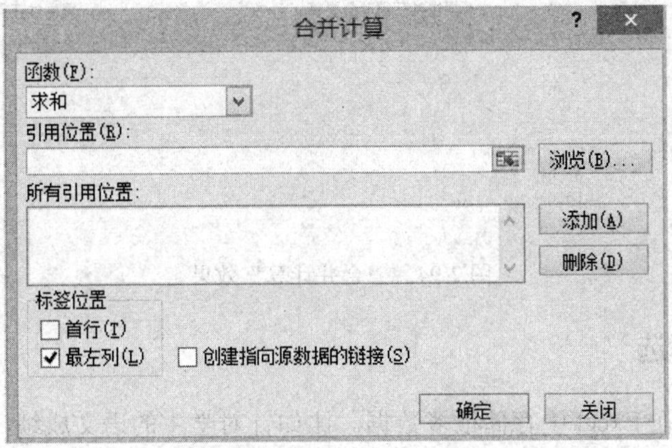

图 2-92　合并计算对话框

① 函数：函数选项用来选择合并计算进行的操作类型，有“求和”、“计数”、“平均值”、“最大值”等选项，这里，张帅要进行求和的操作，选择“求和”。

② 引用位置：选择需要参加运算的区域，选中一个区域后，需要点击“添加”按钮，方可有效。张帅分别选定了 A2:B6，D2:E6，G2:H6 三个区域。

③ 所有引用位置：这里可以看到已经引用的所有区域，如果不需要某个区域，选中该区域，点击“删除”按钮即可。

④ 标签位置：如果待合并数据有共同的列标签或者行标签，对应勾选“首行”或“最左列”。

⑤ 创建指向源数据的链接：如果合并后的数据和数据源不在同一张表上，需要选中该选项。张帅创建的合并表与数据源在同一张表中，故此复选框不用选中。

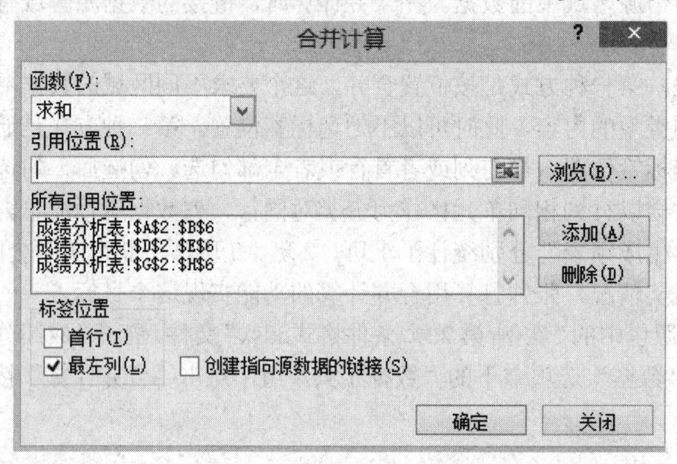

合并计算
(案例)

图 2-93 “合并计算”设置

设置完成后，Excel 中的效果如图 2-94 所示。设置后的效果见本书资源包中的“案例/第 2 章/合并计算.xlsx”文档。

	A	B	C	D	E	F	G	H
1	1班：			2班：			3班：	
2	总人数：	20		总人数：	20		总人数：	20
3	平均分75分以上人数：	13		平均分75分以上人数：	3		平均分75分以上人数：	4
4	平均分75分以上的男生人数：	2		平均分75分以上的男生人数：	2		平均分75分以上的男生人数：	1
5	学生共获得的奖金总额：	4400		学生共获得的奖金总额：	900		学生共获得的奖金总额：	800
6	男生共获得奖金总额：	700		男生共获得奖金总额：	700		男生共获得奖金总额：	200
7								
8								
9								
10	总人数：	60						
11	平均分75分以上人数：	13						
12	平均分75分以上人数：	7						
13	平均分75分以上的男生人数：	5						
14	学生共获得的奖金总额：	6100						
15	男生共获得奖金总额：	1600						
16								

图 2-94 “合并计算”效果

2.5.3 数据的筛选

一般，我们会在 Excel 中存储很多数据。比如针对学生的语文成绩，用户只想看到 80 分以上的数据，这时候就需要用到筛选功能。筛选功能可以根据用户的选择，只显示用户需要查看的数据，同时不会影响数据的实际存储，可以提高数据读取和分析的效率。筛选功能位于“数据”选项卡的“排序与筛选”组，有“筛选”和“高级筛选”两种。

1. 筛选

在 Excel 表格中对数据进行筛选的操作步骤如下：

(1) 在待筛选的区域，单击任意单元格，点击“筛选”按钮，这时，“筛选”会呈选中状态，同时该区域每一列的列标题右下角均显示一个倒三角图标，如图 2-95 所示。

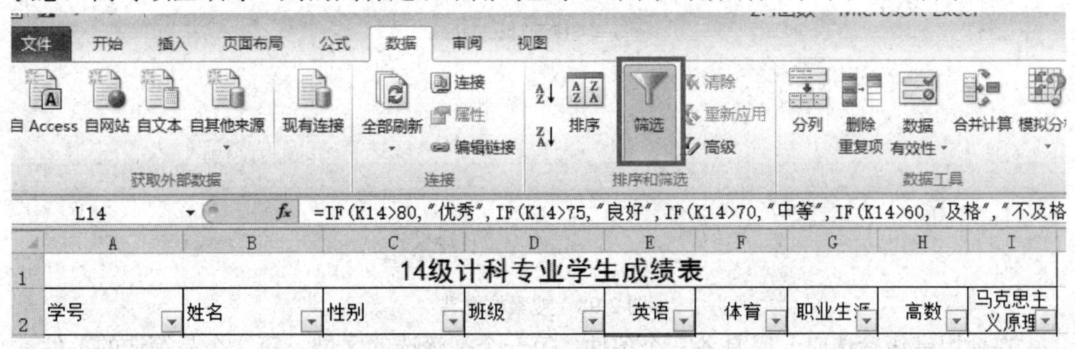

图 2-95 筛选按钮

(2) 点击倒三角图标，会出现筛选的条件。可以用数据的颜色、数字范围或者文本范围进行筛选。对数值范围或是文本范围的筛选取决于待筛选列的数据类型，Excel 会自动根据该列的数据类型，显示是数字筛选或者是文本筛选，如图 2-96 和图 2-97 所示。

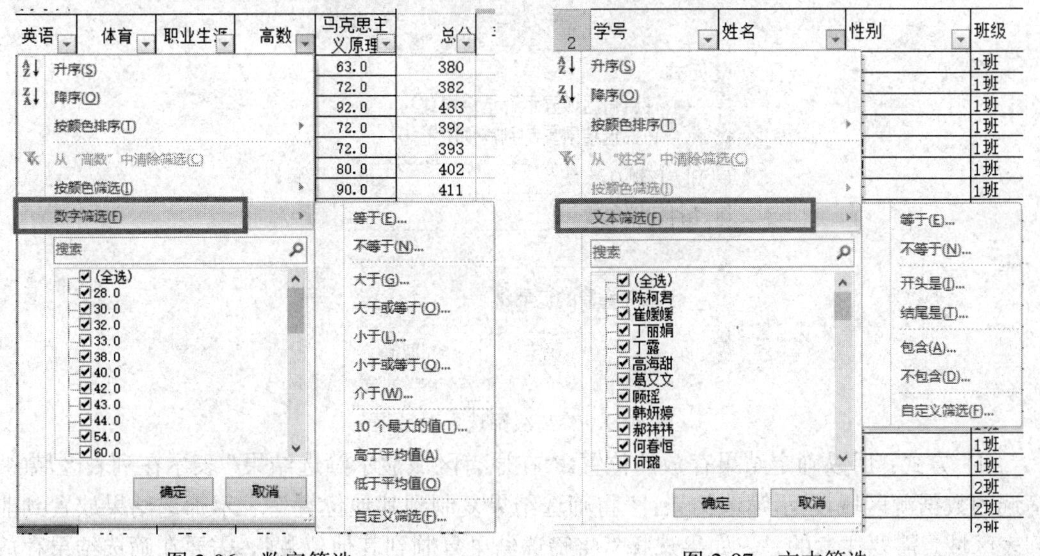

图 2-96 数字筛选　　　　图 2-97 文本筛选

(3) 当搜索的值不存在时，系统会直接给出提示。此时，用户也可以直接在搜索对话框中搜索需要筛选的目标对象，如图 2-98 所示。

2. 高级筛选

高级筛选和普通筛选的不同之处在于高级筛选可以把筛选结果复制到其他区域或表格中；可以完成多列联动筛选；可以筛选非重复的数据，重复的只保留一个；可以用函数完成非常复杂条件的筛选。

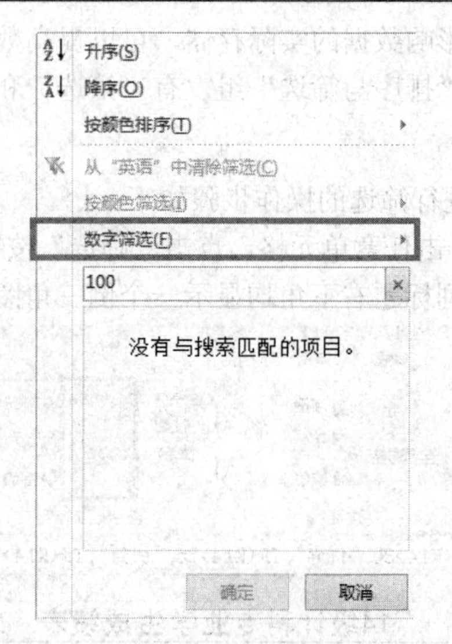

图 2-98　搜索框筛选

在使用高级筛选时，需具备三个条件：第一个是筛选的区域，第二个是筛选的条件，第三个是筛选结果存放的位置。

选择“数据”选项卡下“排序与筛选”组，其中有一个“高级”选项，点击该按钮，会弹出“高级筛选对话框”，如图 2-99 所示可以开始设置高级筛选。

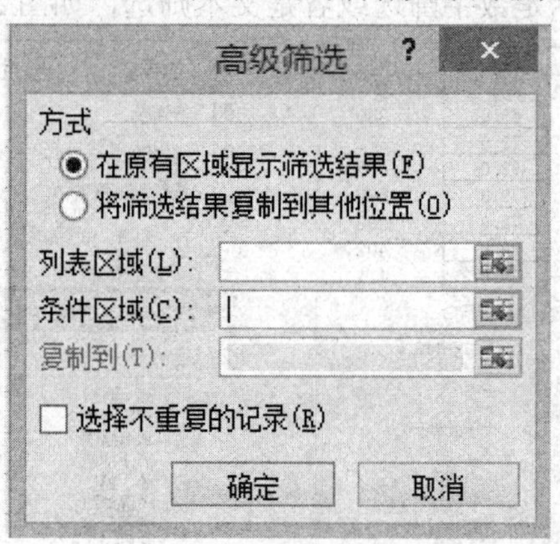

图 2-99　“高级筛选”对话框

(1) 方式：用以确定结果存放的位置。“在原有区域显示筛选结果”表示在列表区域(被筛选的数据源区域)显示筛选结果；“将筛选结果复制到其他位置”表示筛选结果放置到非列表区域。需要注意的是，如果选择“将筛选结果复制到其他位置”，需要在筛选结果存放表上开始筛选操作。如，数据在“学生成绩表”，筛选结果放到“筛选结果表”中，则先切换到“筛选结果表”，进行筛选操作。

(2) 列表区域：列表区域是待筛选的数据源，最后符合条件的数据都是从列表区域中选出的。

(3) 条件区域：即筛选条件的公式。筛选条件的列标题必须和数据列表(被筛选的数据源)一致；需要同时满足的条件必须写在一行；如果条件本身为字符类型，需要在单元格中输入=条件，如果条件本身是数值型数据，只要直接输入条件公式即可。

(4) 选择不重复的记录：在筛选结果中，是否显示重复的记录。

现在，张帅要筛选出 1 班、2 班、3 班，英语在 75 分以上同时平均分在 75 分以上的女生，以及英语在 70 分以上同时平均分在 75 分以上的男生。用高级筛选的方式，张帅是这样操作的：

(1) 新建一个名为“筛选条件表”的工作表，根据筛选条件的文字描述，将筛选条件输入新建的表中，如图 2-100 所示。在 A2 单元格输入的就是“=女”，B2 单元格输入的就是>75。

	A	B	C
1	性别	英语	平均分
2	=女	>75	>75
3	=男	>70	>75

图 2-100　筛选条件

(2) 在当前“筛选条件表”中，点击存放筛选结果的起始单元格 A5，选择“排序和筛选”下的“高级筛选”按钮，弹出“高级筛选对话框”。选择“将筛选结果复制到其他位置”。

(3) 点击“列表区域”，选择“学生成绩表”的 A2:M62 区域。

(4) 点击“条件区域”，会自动跳回“筛选条件”工作表，选择“A1:C3”区域。

(5) 在“复制到”选择当前“筛选条件”工作表的 A5 单元格。

(6) 不勾选“选择不重复的记录”。设置完成，图 2-101 所示点击“确定”。

筛选(案例)　　数据的筛选(微课)

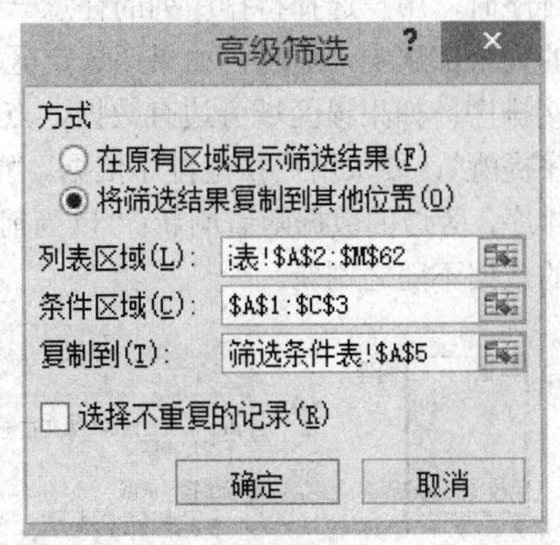

图 2-101　高级筛选设置

操作完成后，满足高级筛选条件的记录一共 6 条，如图 2-102 所示。筛选结果见本书资源包中“案例/第 2 章/筛选.xlsx”文档。筛选方法扫二维码见数据的筛选(微课)文件。

	A	B	C	D	E	F	G	H	I	J	K	L	M
1	性别	英语	平均分										
2	=女	>75	>75										
3	=男	>70	>75										
4													
5	学号	姓名	性别	班级	英语	体育	职业生涯	高数	马克思主义原理	总分	平均分	等级	奖学金金额
6	140601102	韩妍婷	女	1班	78.0	84.0	76.0	72.0	72.0	382.0	76.4	良好	200
7	140601103	宁馨	女	1班	78.0	91.0	78.0	94.0	92.0	433.0	86.6	优秀	500
8	140601105	徐茂君	男	1班	71.0	89.0	80.0	81.0	72.0	393.0	78.6	良好	200
9	140601111	仲玥	女	1班	78.0	94.0	80.0	78.0	70.0	400.0	80.0	良好	200
10	140601214	黄坚	男	2班	78.0	82.0	80.0	86.0	68.0	394.0	78.8	良好	200
11	140601316	宋开梅	女	3班	76.0	83.0	85.0	62.0	85.0	391.0	78.2	良好	200
12	140601318	杨慧	女	3班	77.0	77.0	76.0	66.0	81.0	377.0	75.4	良好	200

图 2-102　高级筛选结果

2.5.4　数据的排序

在 Excel 中，可以对一列或多列数据进行升序或降序排列。这些数据除了常规的文本、数字、日期时间，也可以是自定义序列，如“大、中、小”。常用的排序是针对列进行的，当然，也可以针对行进行。

1. 单条件排序

单条件排序也是一种快速排序方法，当多列数据只按照某一列进行排序时，适合用单条件排序。排序按钮位于“数据”选项卡下的“排序与筛选”组，分为“A-Z↓”和“Z-A↓”，前者表示将所选内容按照数字从小到大、字符从 A 到 Z 升序排列；后者表示将所选内容按照数字从大到小、字符从 Z 到 A 降序排列。如图 2-103 所示。

图 2-103　排序选项

单条件排序时，用户选择待排序列的任意一个单元格，点击排序按钮即可。用户也可以将待排序的列全部选中，这时，如果该选定区域旁边没有数据，点击快速排序按钮，该区域会被直接排序；如果该区域旁边有数据，点击快速排序按钮，会弹出一个如图 2-104 所示的“排序提醒”，要求用户指定排序依据。“扩展选定区域”表示在排序时，对当前选中区域进行排序，旁边的数据随着刷新；“以当前选定区域排序”表示，只对当前区域进行排序，旁边的数据不随之刷新。

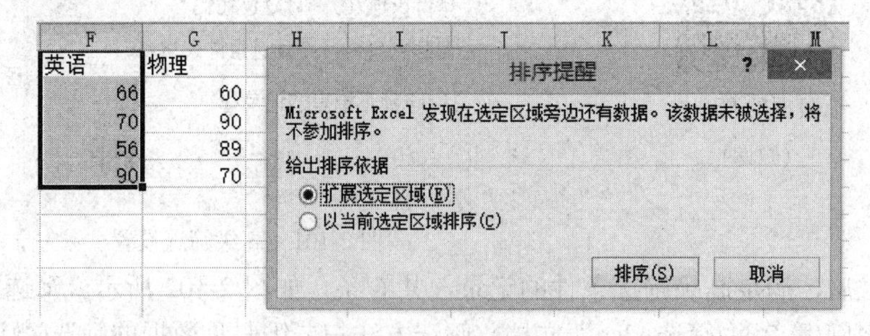

图 2-104　排序提醒

以图 2-105 所示“学号”和“英语”两列作为待排序的数据。如果直接点击“学号”列中任意一个单元格，点击“升序(A-Z↓)”按钮，学号列数据会快速按照升序排序，英语列中对应的成绩也会随之排序，结果如图 2-106 所示。

E	F	G	H
	学号	英语	
	3	80	
	1	90	
	4	95	
	2	92	

图 2-105　数据源

E	F	G	H
	学号	英语	
	1	90	
	2	92	
	3	80	
	4	95	

图 2-106　升序后

如果选中整个“学号”列，点击“升序(A-Z↓)”按钮，会弹出“排序提醒”对话框，分别选择“扩展选定区域”和“以当前选定区域排序”，如图 2-107 和图 2-108 所示。在“扩展当前区域”下，学号按照升序排列了，对应的英语成绩也改变；在“以当前选定区域排序”下，虽然学号按升序排列了，但是英语成绩没有对应排列，这样在某些情况下，会出现错误。

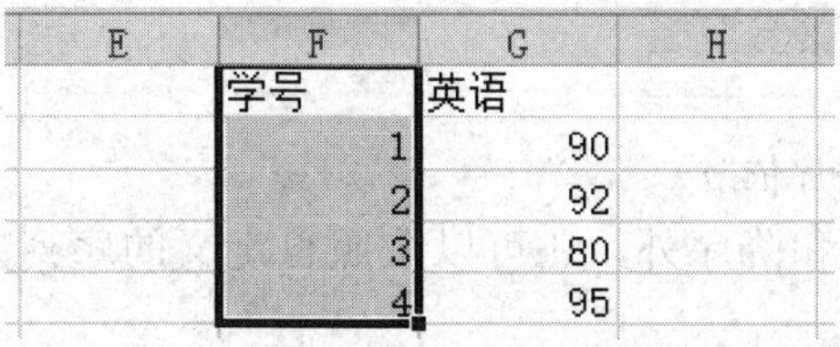

E	F	G	H
	学号	英语	
	1	90	
	2	92	
	3	80	
	4	95	

图 2-107　扩展选定区域

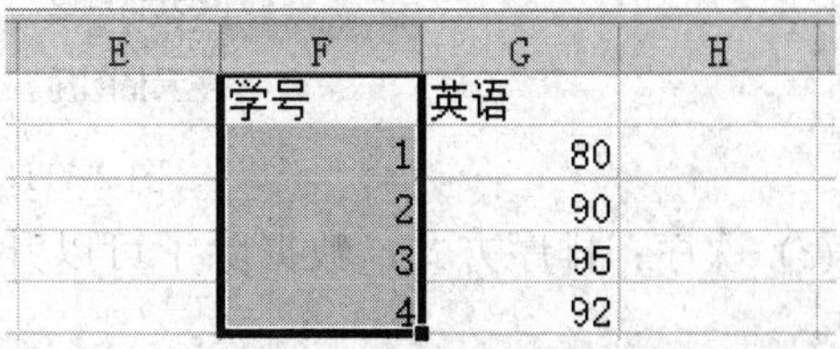

E	F	G	H
	学号	英语	
	1	80	
	2	90	
	3	95	
	4	92	

图 2-108　以当前选定区域排序

2. 多条件排序

在排序时，也可以根据多个条件的先后顺序排序。多条件排序位于“排序和筛选”组中的“排序”按钮下。点击“排序”，会弹出排序设置对话框，如图 2-109 所示。默认是按列排序，点击“选项”按钮，在弹出的“排序选项”中设置排序方法，如图 2-110 所示。

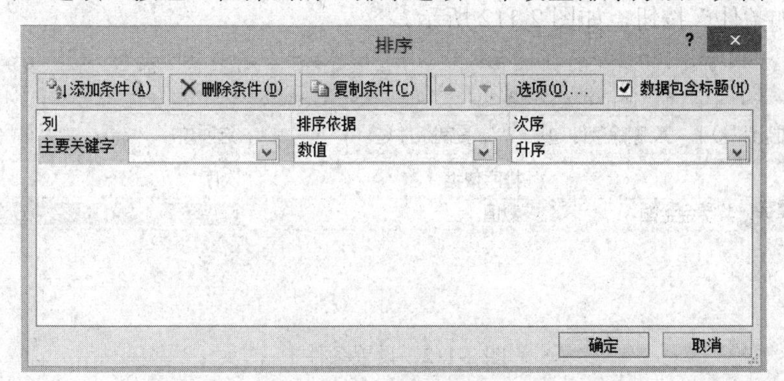

图 2-109　排序设置

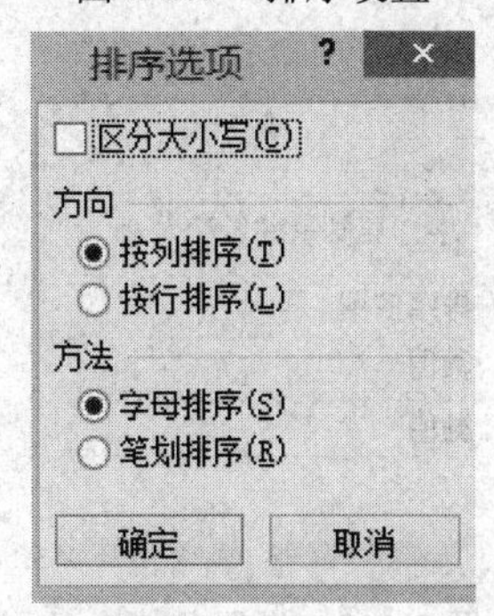

图 2-110　排序选项设置

排序条件是对“主要关键字”、“排序依据”和“次序”三个内容的设置：

(1) 主要关键字：确定当前条件对哪个列有效，选择一个列标题。

(2) 排序依据：在“数值”、“单元格颜色”、“字体颜色”、“单元格图标”中选一个作为排序的依据，如图 2-111 所示。

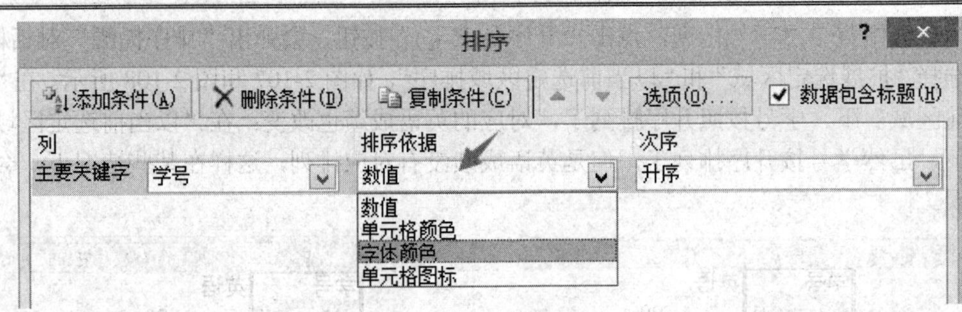

图 2-111　排序依据

(3) 次序：排序方式，数据除了可以升序和降序外，还可以按照自定义的序列方式排序。

张帅现在要在“学生成绩表”中，按照获得奖学金金额从高到低排序，金额相同时，按照平均分从高到低排序。操作步骤如下：

(1) 打开本书资源包中的“案例/第 2 章/筛选.xlsx”文件，选中“学生成绩表”，点击“排序和筛选”组的“排序”按钮，跳出排序的设置框。

(2) 在“排序”设置框中，填写第一个条件是“按照奖学金的金额从大到小排序”，之后点击“添加条件”按钮，如图 2-112 所示。

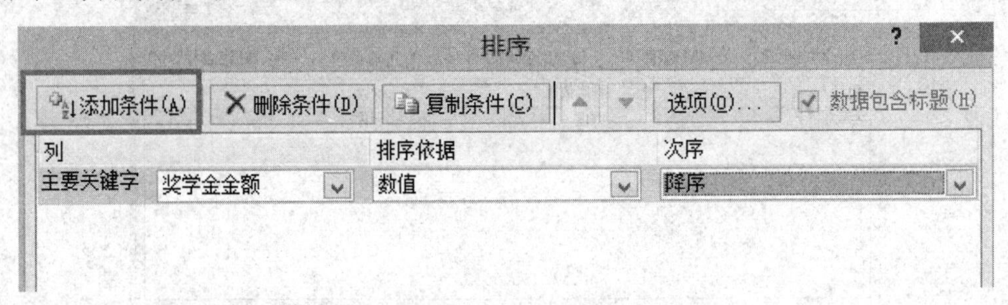

图 2-112　设置条件 1

(3) 在新增的条件填写栏中，填上第二个排序条件是“奖学金相同时，按照平均分从高到低排序”，如图 2-113 所示。

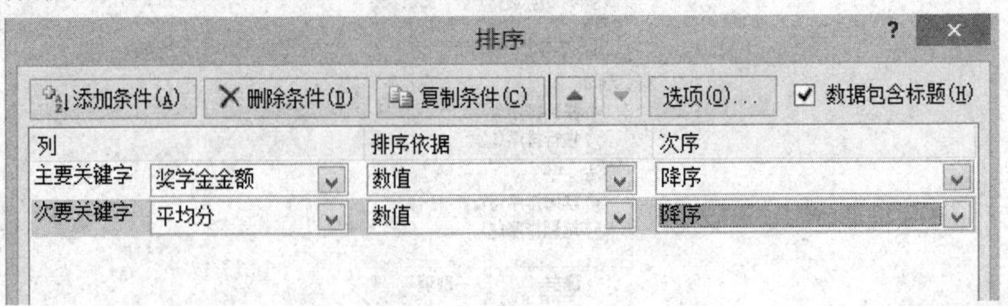

图 2-113　设置条件 2

排序完成后的效果如图 2-114 所示。排序效果见本书资源包中的“案例/第 2 章/排序.xlxs”文档。

排序(案例)

	A	B	C	D	E	F	G	H	I	J	K	L	M
1	14计科专业学生成绩表												
2	学号	姓名	性别	班级	英语	体育	职业生涯	高数	马克思主义原理	总分	平均分	等级	奖学金金额
3	140601103	宁馨	女	1班	78.0	91.0	78.0	94.0	92.0	433.0	86.6	优秀	500
4	140601109	聊美燕	女	1班	75.0	84.0	86.0	91.0	92.0	428.0	85.6	优秀	500
5	140601107	朱露	女	1班	74.0	80.0	84.0	83.0	90.0	411.0	82.2	优秀	500
6	140601108	张盼盼	女	1班	72.0	86.0	76.0	88.0	86.0	408.0	81.6	优秀	500
7	140601215	徐恒	男	2班	69.0	84.0	80.0	88.0	85.0	406.0	81.2	优秀	500
8	140601110	顾瑶	女	1班	70.0	85.0	82.0	82.0	85.0	404.0	80.8	优秀	500
9	140601106	徐文秋	男	1班	70.0	83.0	82.0	87.0	80.0	402.0	80.4	优秀	500
10	140601111	仲玥	女	1班	78.0	94.0	80.0	78.0	70.0	400.0	80.0	良好	200
11	140601308	周鑫	男	3班	66.0	98.0	82.0	89.0	63.0	398.0	79.6	良好	200
12	140601214	黄坚	男	2班	78.0	82.0	80.0	86.0	68.0	394.0	78.8	良好	200
13	140601105	徐茂君	男	1班	71.0	89.0	80.0	81.0	72.0	393.0	78.6	良好	200
14	140601104	丁丽娟	女	1班	65.0	90.0	78.0	87.0	72.0	392.0	78.4	良好	200
15	140601316	宋开梅	女	3班	76.0	83.0	85.0	62.0	85.0	391.0	78.2	良好	200
16	140601312	候立娜	女	3班	70.0	80.0	80.0	79.0	78.0	387.0	77.4	良好	200
17	140601102	韩妍婷	女	1班	78.0	84.0	76.0	72.0	72.0	382.0	76.4	良好	200
18	140601219	刘飞扬	女	2班	63.0	80.0	82.0	87.0	70.0	382.0	76.4	良好	200
19	140601101	邵文倩	女	1班	72.0	90.0	82.0	73.0	63.0	380.0	76.0	良好	200
20	140601116	赵蓓蓓	女	1班	75.0	78.0	75.0	81.0	70.0	379.0	75.8	良好	200
21	140601112	施金金	女	1班	72.0	87.0	80.0	70.0	68.0	377.0	75.4	良好	200
22	140601318	杨慧	女	3班	77.0	77.0	76.0	66.0	81.0	377.0	75.4	良好	200
23	140601317	张丹丹	女	3班	62.0	89.0	79.0	62.0	83.0	375.0	75.0	中等	0
24	140601313	刘硕华	男	3班	68.0	80.0	70.0	70.0	83.0	371.0	74.2	中等	0

图 2-114　排序后效果

2.5.5　创建并编辑图表

1. 新建图表

在“插入”选项卡下有一个“图表”组，显示了主要的图表类型，包括柱形图、折线图、饼图等。可以直接点击模板类型使用，也可以点击该图表组右下角的图标，在弹出的“插入图表”对话框中，选择一个图表模板。

张帅的学校最近要参加一个省级英语比赛，需挑选优秀学生进行校内培训，一个月后对培训的学生进行测试，取前三名代表校方出赛。而校内挑选学生的要求就是“英语成绩高于 75 分且平均分高于 75 分的女生，以及英语成绩高于 70 分且平均分高于 75 分的男生。”之前，张帅已经帮助老师筛选出了这些学生。现在，为了让老师能够更直观地看出这些学生的英语成绩，张帅决定用图表的方式展现，创建一张“推优学生英语成绩对比图”。操作步骤如下：

(1) 打开本书资源包中的“案例/第 2 章/排序.xlsx”工作簿，选择“筛选条件表”，选中“姓名”和“英语”列，即 B6:B12 区域和 E6:E12 区域。

(2) 点击“插入”→“图表”→“柱形图”→“二维柱形图”→“簇状柱形图”，如图 2-115 所示。

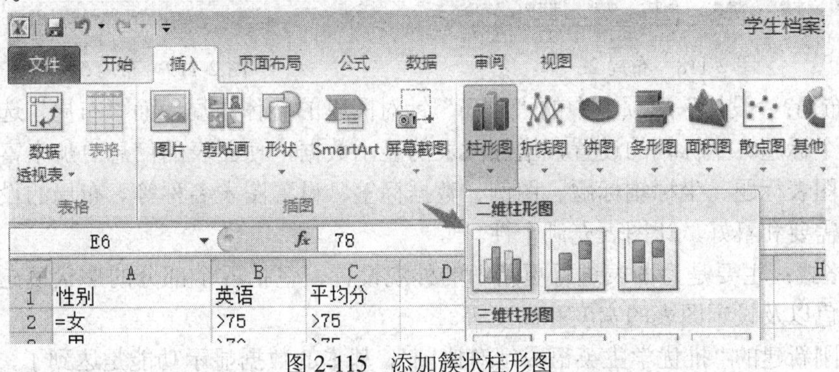

图 2-115　添加簇状柱形图

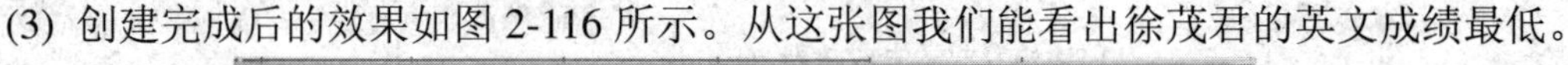
(3) 创建完成后的效果如图 2-116 所示。从这张图我们能看出徐茂君的英文成绩最低。

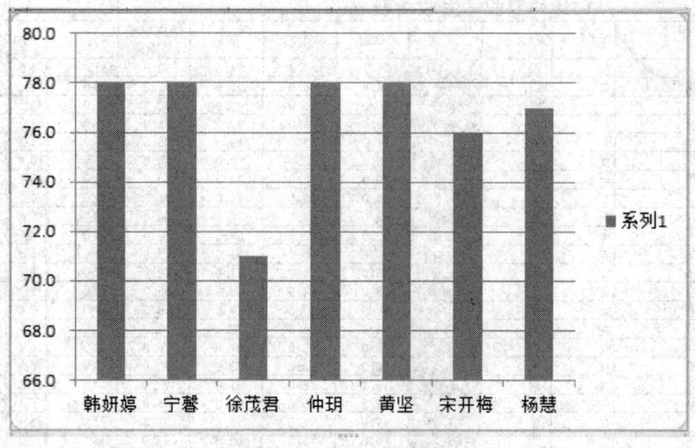

图 2-116　图表效果

2. 修改图表

新建图表后，点击图表，菜单栏会发生变化，多了一个“图表工具”选项，如图 2-117 所示。这个选项提供了三个功能，分别是设计、布局和格式。

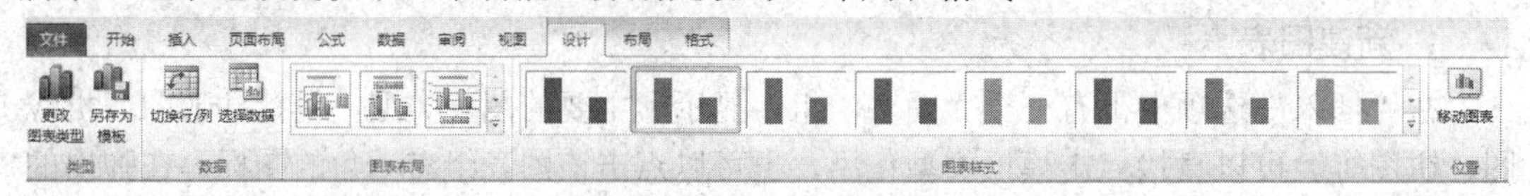

图 2-117　图表工具选项卡

(1) 设计：“设计”功能可以让用户重新选择图表的模板或者重新选择数据源，也可以将当前选中的图表保存为模板，供以后使用。另外，可以修改图表的外观布局，选用布局 2 和 5 后的不同效果，如图 2-118 和图 2-119 所示。

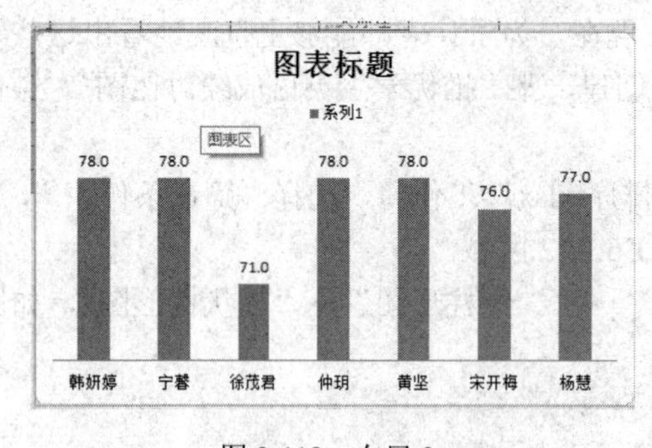

图 2-118　布局 2

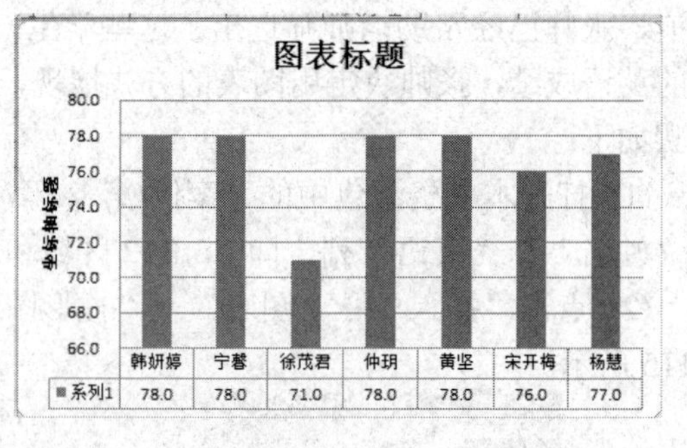

图 2-119　布局 5

(2) 布局：“设计”选项卡中的“布局”针对图表的整体布局，而“布局”选项卡则具体到每一个标题、坐标轴的设置，增加图表的显示数据，使图表的信息更加丰富。包括给图表设置图表标题、坐标轴标题、图例、数据标签、设置图表名称等。布局的设置可以根据用户的需要和喜好，让图表充满个性。

(3) 格式：主要是为图表进行更精细的外观设置，包括各个部分的形状填充颜色、轮廓填充颜色以及设置图表的宽度和高度等。

张帅刚新建的“推优学生英语成绩对比图”，基本的数据显示功能是达到了，但是却不够美观和详细，现在他打算将该图完善之后交给老师。

(1) 选中刚创建的图表，打开“图表工具”的“设计”选项卡，选择“布局 1”。

(2) 切换到布局选项卡，为图表添加标题，并显示在图表上方，标题为“推优学生英语成绩对比图”，如图 2-120 所示。

(3) 设置坐标轴标题。横坐标轴标题位于坐标轴下方，标题为“姓名”，如图 2-121 所示。纵坐标轴标题显示竖排标题，标题为“分数”，如图 2-122 所示。

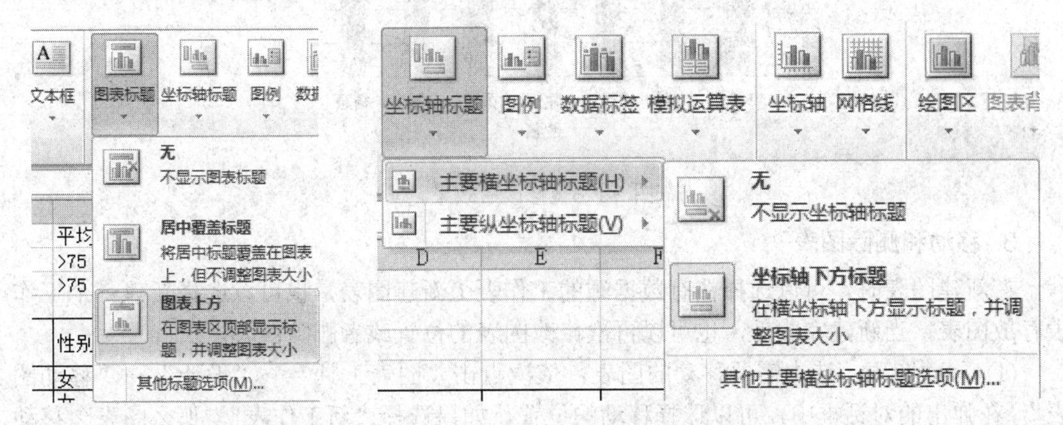

图 2-120 设置图表标题　　图 2-121 设置横坐标轴标题

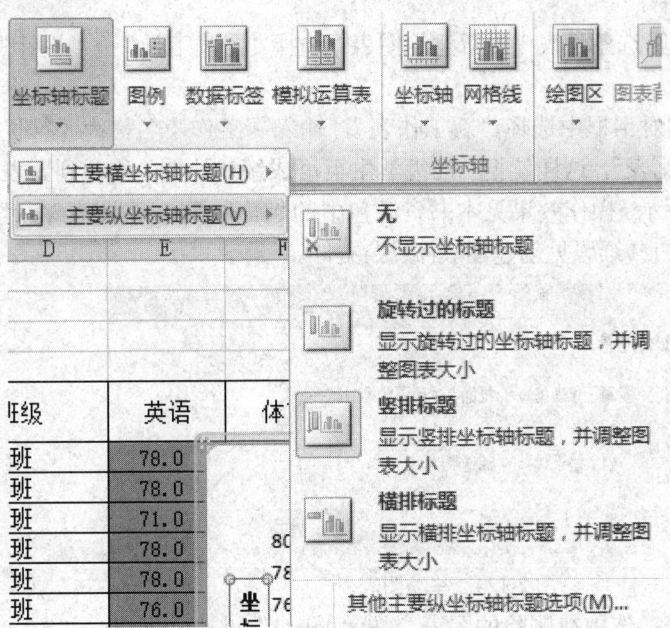

图 2-122 设置纵坐标轴标题

(4) 为了让老师直接看到每个同学的英语成绩，张帅设置了“数据标签”，数据标签置于轴内侧。

(5) 最后，张帅修改了这个图表的名称。最终效果如图 2-123 所示。

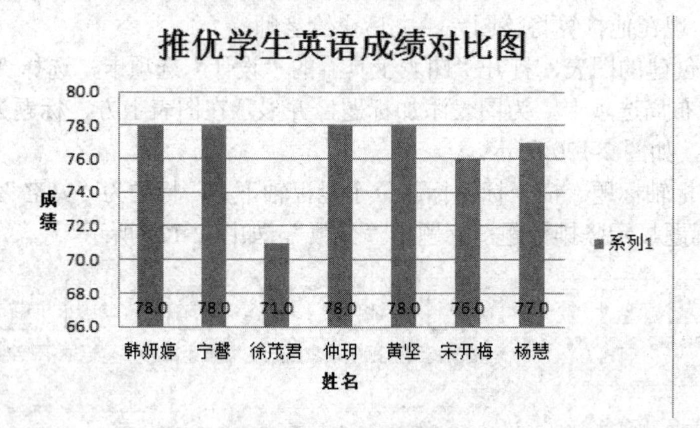

图 2-123　修改后效果

3. 移动和删除图表

在新建图表时，可以选择在有数据源的工作表上新建图表，也可以选择新建一个工作表存放图表，当新建完成后，也可以再次修改图表的位置或者删除图表。

(1) 移动图表：选中需要移动的图表，依次点击“图表工具”→“设计”→“移动图表”，在弹出的对话框中，可以选择移动的位置。如果选择“新工作表”，那么图表会移动到单独的工作表中。

① 点击在“筛选条件表”中新建的图表，选择“图表工具”→“设计”→“移动图表”。

② 在弹出的对话框中选择“新工作表”，输入新工作表名称为“推优学生英语成绩对比表”，这样就把“推优学生英语成绩对比图”移动到新表中，如图 2-124 所示。操作效果见本书资源包中的“案例/第 2 章/图表.xlsx”文档。操作方法扫二维码见创建图表(微课)文件。

图表(案例)

创建图表(微课)

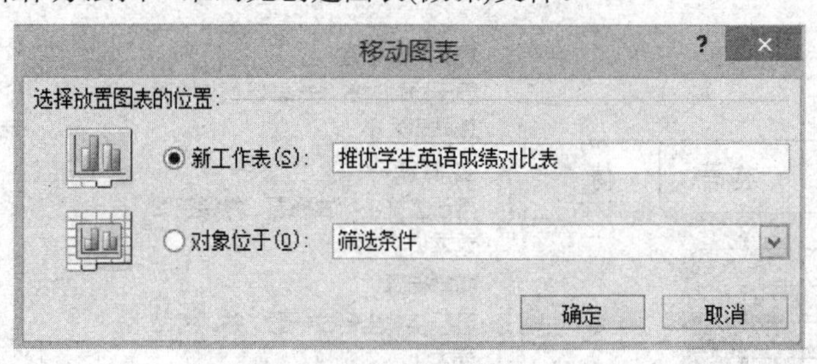

图 2-124　移动图表

(2) 删除图表：选中待删除的图表，按“delete”键删除即可。

采购信息表(素材)

2.5.6　数据的分类汇总

有一张采购信息表(见本书资源包中的“素材/第 2 章/采购信息表.xlsx”文档)，如图 2-125 所示，表中有每个季度不同供货商的供货量。工作人员要统计每个季度的整体供货量。用 Excel 的分类汇总功能可以快速解决这个问题。

	A	B	C
1	时间	供货商	产品
2	第一季度	A	100
3	第一季度	B	120
4	第一季度	C	200
5	第二季度	A	200
6	第二季度	B	200
7	第二季度	C	160
8	第三季度	A	200
9	第三季度	B	200
10	第三季度	C	150
11	第四季度	A	100
12	第四季度	B	100
13	第四季度	C	150

图 2-125　供货信息表

在 Excel 中，分类汇总是对数据进行先分类后汇总的计算。进行分类汇总前，要注意以下几点：

(1) 保证待分类汇总的数据区域第一行为标题行，数据区域中没有空行和空列，数据区域四周是空行和空列。

(2) 对分类项进行排序，如果不进行排序，分类后的结果看上去会比较乱。

(3) 表格样式不能进行分类汇总，可转换为普通区域后进行分类汇总。

1. 创建分类汇总

创建分类汇总的步骤如下：

(1) 点击待分类汇总数据区域的任意一个单元格。

(2) 选中“数据”选项卡的“分级显示”组，点击“分类汇总”，会弹出一个“分类汇总”对话框，如图 2-126 所示。

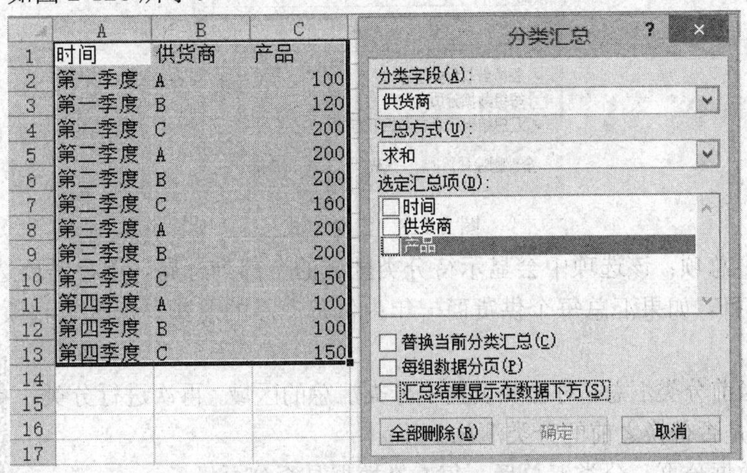

图 2-126　“分类汇总”对话框

(3) 依次将“分类字段”、“汇总方式”、“选定汇总项”等项填写完成。

① 分类字段：分类字段的下拉列表会显示待分类区域的全部列标题，用户要选定一个标题作为分类项。如果统计每个季度的供货商供货产品总额，就选“时间”作为分类字段；如果统计每个供货商一年内供货产品的总额，就选“供货商”作为分类字段，如图 2-127 所示。

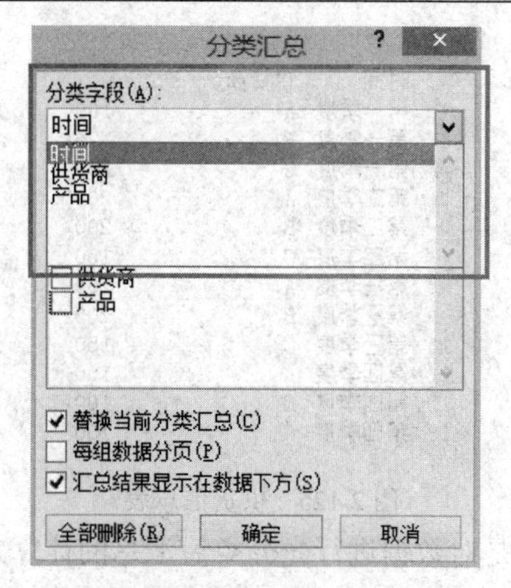

图 2-127　分类字段

② 汇总方式：根据汇总的要求，选择一个汇总方式。Excel 提供的汇总方式有六种，分别是求和、计数、求平均、求最大值、最小值和乘积。如果汇总每个季度供货产品的总额，就选择“求和”的汇总方式，如图 2-128 所示。

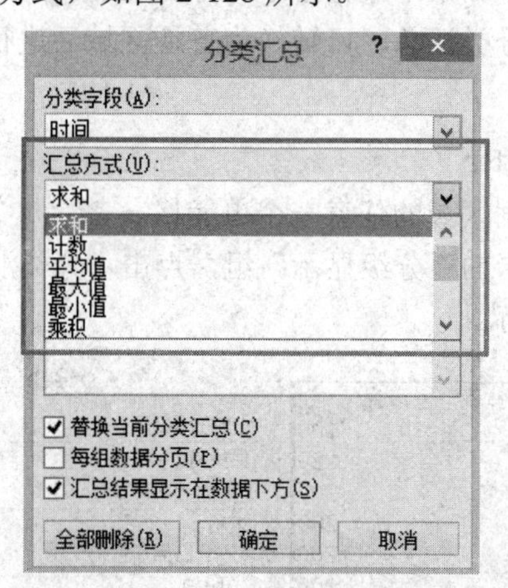

图 2-128　汇总方式

③ 选定汇总项：该选项中会显示待分类区域的全部列标题，用户需要选择一个或多个待汇总的项目，如果汇总每个供货商一年内供货产品的总额，那么求和项就是“产品”字段。

④ 替换当前分类汇总：对已经设置了分类汇总的区域，再次进行分类汇总设置时，是否替换之前的分类汇总。

⑤ 每组数据分页：分类汇总后，每一类数据是否分页显示。

⑥ 汇总结果显示在数据下方：默认情况下，汇总的数据将显示在每一类数据的上方，勾选此项，汇总结果将显示在数据下方。

采购信息表分类汇总(案例)

⑦ 全部删除：删除分类汇总，回到未分类汇总前的数据显示。

要统计每个季度的整体供货量，要求分类结果不分页，数据在下方显示。在分类汇总对话框中的设置如图 2-129 所示，结果如图 2-130 所示。可参考本书资源包中的“案例/第 2 章/采购信息表分类汇总.xlsx”文件。

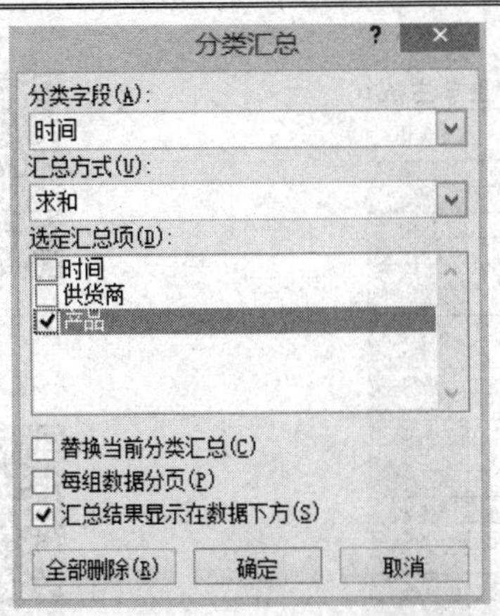

图 2-129 分类汇总设置

	A	B	C
1	时间	供货商	产品
2	第一季度	A	100
3	第一季度	B	120
4	第一季度	C	200
5	**第一季度 汇总**		420
6	第二季度	A	200
7	第二季度	B	200
8	第二季度	C	160
9	**第二季度 汇总**		560
10	第三季度	A	200
11	第三季度	B	200
12	第三季度	C	150
13	**第三季度 汇总**		550
14	第四季度	A	100
15	第四季度	B	100
16	第四季度	C	150
17	**第四季度 汇总**		350
18	**总计**		1880

图 2-130 分类汇总效果

张帅打算将1班、2班、3班的各科成绩以及总分、平均分、拿奖学金的情况进行汇总，了解一下两个班之间的学习情况。他是这样操作的：

(1) 打开本书资源包中的“案例/第 2 章/图表.xlsx”工作簿，点击“学生成绩表”，先对“学号”列从小到大排序。

(2) 选中数字区域中的任意一个单元格，点击“数据”→“分级显示”→“分类汇总”。

(3) 在弹出的分类汇总对话框中进行如下设置：选择分类项为“班级”，汇总方式是“平均值”，汇总项是各成绩列以及总分、平均分和奖学金金额列。

分类汇总后，可以看到各班的各汇总项的平均值，但是由于学生数据条目很多，需要用滚轮往下滑动才能看到汇总的数据，这时，分级显示会为用户带来很大的便利。分类汇总后的效果如图 2-131 所示。

	A	B	C	D	E	F	G	H	I	J	K	L	M
1	14计科专业学生成绩表												
2	学号	姓名	性别	班级	英语	体育	职业生涯	高数	马克思主义原理	总分	平均分	等级	奖学金金额
3	140601101	邵文倩	女	1班	72.0	90.0	82.0	73.0	63.0	380.0	76.0	良好	200
4	140601102	韩妍婷	女	1班	78.0	84.0	76.0	72.0	72.0	382.0	76.4	良好	200
5	140601103	宁馨	女	1班	78.0	91.0	78.0	94.0	92.0	433.0	86.6	优秀	500
6	140601104	丁丽娟	女	1班	65.0	90.0	78.0	87.0	72.0	392.0	78.4	良好	200
7	140601105	徐茂君	男	1班	71.0	89.0	80.0	81.0	72.0	393.0	78.6	良好	200
8	140601106	徐文秋	男	1班	70.0	83.0	82.0	87.0	80.0	402.0	80.4	优秀	500
9	140601107	朱露	女	1班	74.0	80.0	84.0	83.0	90.0	411.0	82.2	优秀	500
10	140601108	张盼盼	女	1班	72.0	86.0	76.0	88.0	86.0	408.0	81.6	优秀	500
11	140601109	聊美燕	女	1班	75.0	84.0	86.0	91.0	92.0	428.0	85.6	优秀	500
12	140601110	顾瑶	女	1班	70.0	85.0	82.0	82.0	85.0	404.0	80.8	优秀	500
13	140601111	仲玥	女	1班	78.0	94.0	80.0	78.0	70.0	400.0	80.0	良好	200
14	140601112	施金金	女	1班	72.0	87.0	80.0	70.0	68.0	377.0	75.4	良好	200
15	140601113	张颖	女	1班	60.0	92.0	80.0	65.0	72.0	369.0	73.8	中等	0
16	140601114	王文静	女	1班	67.0	83.0	84.0	66.0	61.0	361.0	72.2	中等	0
17	140601115	杨帆	男	1班	61.0	82.0	78.0	60.0	48.0	329.0	65.8	及格	0
18	140601116	赵蓓蓓	女	1班	75.0	78.0	75.0	81.0	70.0	379.0	75.8	良好	200
19	140601117	刘俐颖	女	1班	73.0	84.0	80.0	61.0	38.0	336.0	67.2	及格	0
20	140601118	何璐	女	1班	63.0	74.0	82.0	62.0	63.0	344.0	68.8	及格	0
21	140601119	景晨	男	1班	64.0	80.0	80.0	32.0	35.0	291.0	58.2	不及格	0
22	140601120	朱鑫宇	男	1班	71.0	87.0	75.0	40.0	62.0	335.0	67.0	及格	0
23				**1班 平均值**	70.5	85.2	79.9	72.7	69.6	377.7	75.5		220
24	140601201	朱媛媛	女	2班	71.0	89.0	80.0	62.0	60.0	362.0	72.4	中等	0

图 2-131 分类汇总后最终效果

2. 查看分类汇总数据

分类汇总的结果可以分级显示，用户还可以为数据列表自行创建分级显示，最多可分为8级。使用分级显示可以快速显示摘要行和摘要列，或者显示每组的明细数据。

打开之前分类汇总的学生成绩表，在数据区域的左侧出现了分级显示符号，如图 2-132 所示，其中1、2、3表示分级的级数和级别，数字越大级别越小。

	A	B	C	D	E
1	14计科专业学生成绩				
2	学号	姓名	性别	班级	英语
3	140601101	邵文倩	女	1班	72.0
4	140601102	韩妍婷	女	1班	78.0
5	140601103	宁馨	女	1班	78.0
6	140601104	丁丽娟	女	1班	65.0
7	140601105	徐茂君	男	1班	71.0
8	140601106	徐文秋	男	1班	70.0
9	140601107	朱露	女	1班	74.0
10	140601108	张盼盼	女	1班	72.0
11	140601109	聊美燕	女	1班	75.0
12	140601110	顾瑶	女	1班	70.0
13	140601111	仲玥	女	1班	78.0
14	140601112	施金金	女	1班	72.0
15	140601113	张颖	女	1班	80.0
16	140601114	王文静	女	1班	67.0
17	140601115	杨帆	男	1班	61.0
18	140601116	赵蓓蓓	女	1班	75.0
19	140601117	刘俐颖	女	1班	73.0
20	140601118	何璐	女	1班	63.0
21	140601119	景晨	男	1班	64.0
22	140601120	朱鑫宇	男	1班	71.0
23				1班 平均值	70.5
24	140601201	朱媛媛	女	2班	71.0
25	140601202	高海甜	女	2班	53.0

学生档案分类汇总(案例)

数据的分类汇总(微课)

图 2-132　分级显示

点击图 2-132 中的“-”号，可收缩下级明细，显示效果如图 2-133 所示。点击分类汇总后的成绩表左侧的减号，表示将三个班详细的数据隐藏起来。如果要显示下级数据，只要点击“+”号即可。汇总效果见本书资源包中的“案例/第 2 章/学生档案分类汇总.xlsx”文档。汇总方法扫二维码见数据的分类汇总(微课)文档。

	A	B	C	D	E	F	G	H	I	J
1	14级计科专业学生成绩表									
2	学号	姓名	性别	班级	英语	体育	职业生	高数	马克思主义原理	总分
23				1班 平均值	70.5	85.2	79.9	72.7	69.6	378
44				2班 平均值	64.1	76.3	80.1	60.8	55.0	336
65				3班 平均值	66.3	81.8	78.7	64.3	66.9	358
66				总计平均值	66.9	81.1	79.6	65.9	63.8	357

图 2-133　分级显示设置

2.5.7　数据透视表和透视图

数据透视表是 Excel 中的一种可交互表，可以进行求和、求平均等计算。通过数据透视表，用户可以动态地改变数据的位置，以便按照不同的方式分析数据，如果数据源发生改变，数据透视表可以同时更新。

1. 创建数据透视表

创建透视表仅需三步，第一，单击需要创建透视表的数据区域中的任意一个单元格，选择“插入”选项卡下最左侧的“数据透视表”，在弹出的“创建透视表”对话框中设置待创建透视表的数据源和透视表的存放位置；第二，为生成的空白透视表添加行标签和列标签；第三，添加计算的字段，设置字段的计算方式。

张帅打算把“筛选条件表”中的筛选数据做一张透视表，他的操作步骤如下：

(1) 打开本书资源包中的“案例/第 2 章/学生档案分类汇总.xlsx”工作簿，点击“筛选条件表”中 A5:M12 的任意一个单元格，单击“插入”→“表格”→“数据透视表”，选择一个新工作表存放透视表，如图 2-134 所示，点击确定。

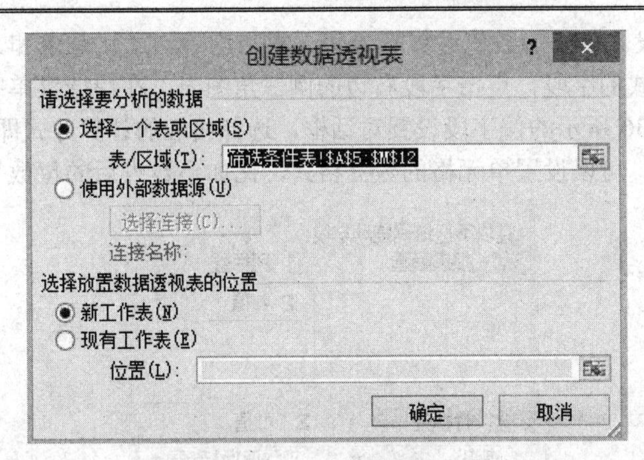

图2-134　创建透视表

(2) 在新建表上点击鼠标右键，修改表名为“透视图”，并将该表移动至“筛选条件表”后。

(3) 设置行标签和列标签。勾选待选字段前的复选框，可以将字段加入到行标签和列标签，默认情况下，非数值字段将会自动添加到“行标签”，数值字段会添加到“数值”区域，格式为日期和时间的字段将被添加到列标签。此处，张帅勾选“班级”前的复选框，这三个字段将被自动加入到行标签。勾选“英语”、“高数”、“马克思主义原理”前的复选框，这三个字段将被自动加入到“数值”区域，如图2-135所示。

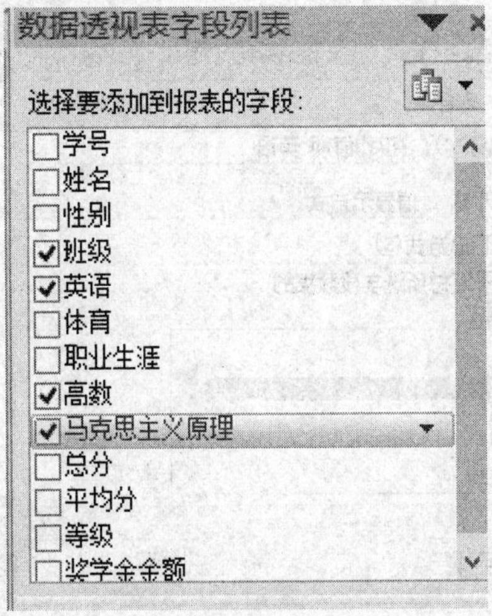

图2-135　设置透视表

Tips：透视表的行标签和列标签与表格的行标题与列标题类似，就是透视表的行和列的显示内容。透视表在显示时，不需要显示所有的数据源字段，只要根据需求，选择需要的字段即可。

添加行标签和列标签的方式有三种，一种是直接选中字段前的复选框，即可以默认的方式将字段加入到行标签、列标签或者数值区域；第二种是手动拖动字段标题到指定的行标签、列标签或者数值区域；第三种是在字段名上右击，从快捷菜单中选择相应的命令。

如果要对添加到行标签、列标签或者数值区域的字段进行位置修改或者删除操作，可以右击该字段，在快捷菜单中选择相应操作。

(4) 设置值字段。字段的数值运算有求和、求平均等。默认是求和方式。选中数值区域需要修改运算方式的字段，点击字段右边的倒三角图表，在快捷菜单中选择“值字段设置”，弹出如图 2-136 所示的值字段设置对话框，选择相应的计算方式即可。“数字格式”即单元格格式设置，可以设置单元格的数据格式，比如小数点后的位数等。

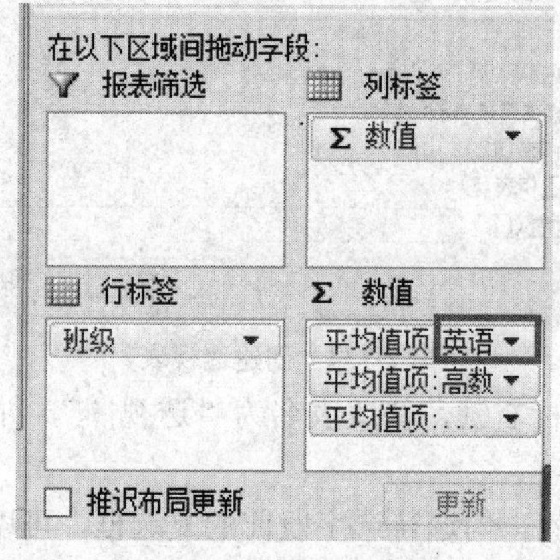

图 2-136　设置字段值

在“数值”区域，点击“英语”字段右边倒三角图表，在弹出的快捷菜单中选择“值字段设置”，将计算类型从“求和”修改为“求平均”，点击左下角的“数字格式”，将数值设为小数点后 1 位。依次修改“高数”、“马克思主义原理”字段，如图 2-137 所示。

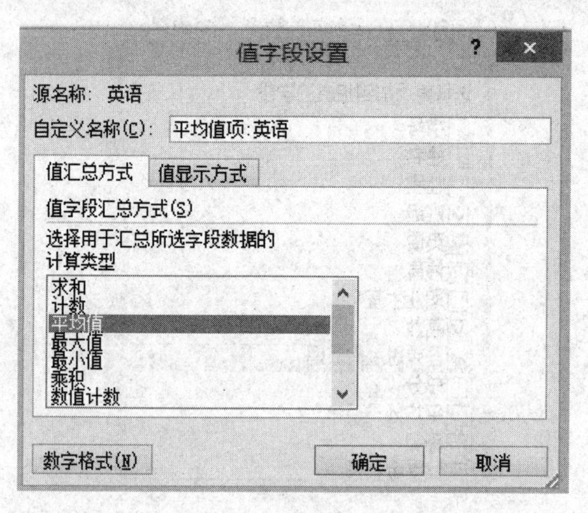

图 2-137　设置值字段汇总方式

(5) 最终的透视表效果如图 2-138 所示。

	A	B	C	D
1				
2				
3	班级	平均值项:英语	平均值项:高数	平均值项:马克思主义原理
4	1班	76.3	81.3	76.5
5	2班	78.0	86.0	68.0
6	3班	76.5	64.0	83.0
7	总计	76.6	77.0	77.1
8				

图 2-138　透视表最终效果

2. 插入透视图

数据透视图是以图形的形式呈现数据透视表中的数据，和普通图表一样，数据透视图可以更为形象化地对数据进行比较。

一般在插入了透视表之后，可以进行插入透视图的操作，步骤如下：

(1) 点击透视表的任意单元格，在弹出的“数据透视表工具”选项卡选中“工具”组，在该组中选择“数据透视图”，如图 2-139 所示。

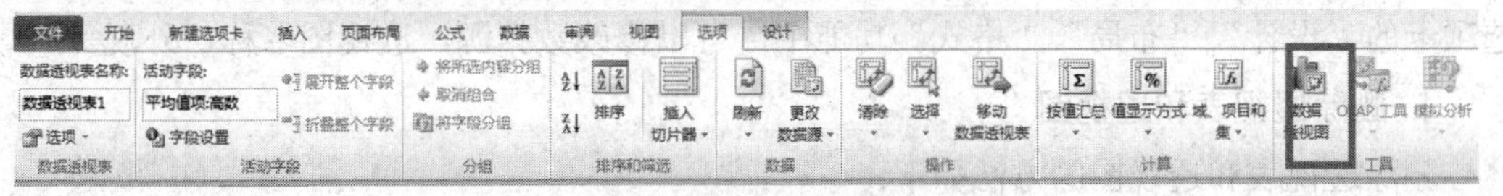

图 2-139　插入“数据透视图”

(2) 在弹出的“插入图表”对话框中，选择合适的图表类型，点击“确定”按钮，插入透视图。

(3) 点击新插入的透视图区域，会出现“数据透视图工具”选项卡，该选项卡下有“设计”、“布局”、“格式”、“分析”四个功能，比普通图表多了一个“分析”功能，如图 2-140 所示。

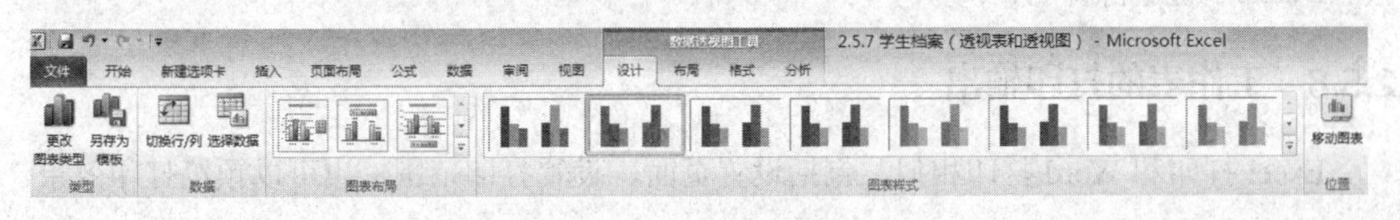

图 2-140　数据透视图工具

(4) 透视图的设置和普通功能设置类似，可以设置透视图的外观、数据源、横坐标、纵坐标等。区别在于透视图多了一个“分析”功能，可以对字段列表等进行设置。

张帅现要在之前建的透视表的基础上新建一个透视图，他的操作步骤如下：

(1) 点击透视表的任意区域，依次点击“数据透视表工具”→“选项”→“数据透视图”。

(2) 在弹出的“插入图表”对话框中选择“簇状柱形图”，插入的透视图如图 2-141 所示。插入后的效果见本书资源包中的“案例/第 2 章/透视表和透视图.xlsx”文档。插入方法扫二维码见透视表和透视图(微课)文件。

透视表和透视图(案例)

透视表和透视图(微课)

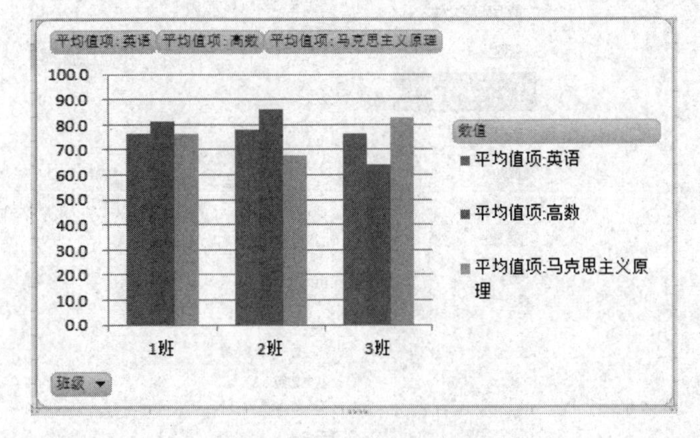

图 2-141　透视图最终效果

如果需要修改透视图中显示的信息，可以在右侧“透视表字段列表”中进行设置，但需要注意的是，透视图和透视表是联动状态，修改其中一方的显示数据，另一方也会随之改变。

3. 修改透视表和透视图

修改透视表和透视图的方法如下：

(1) 修改透视表。点击透视表任意区域，会新增“数据透视表工具”选项卡，该选项卡下有“选项”和“设计”两个功能，前者可以修改数据透视表的功能，包括修改数据源、修改透视表的名称等。后者可以美化透视表的外观。

(2) 修改透视图。点击透视图的任意区域，会新增“数据透视图工具”选项卡，在该选项卡的“设计”、“布局”、“格式”功能中，可以修改数据源，透视图名称、外观等。

4. 删除透视表和透视图

删除透视表和透视图的方法如下：

(1) 删除透视表：如果要删除透视表，在透视表的任意位置单击，选择“数据透视表工具”的“选项”选项卡，单击“操作”组中的“选择”按钮下方的箭头。从下拉列表中单击选择“整个数据透视表”命令，点击“Delete”键删除。

(2) 删除透视图：删除透视图的方法和删除普通图表相同，在透视图的任意位置单击，按“Delete”键删除即可。

2.5.8 工作表的打印输出

Excel 打印和 Word 打印相似，包括设置页面、设置打印范围，也可以预览打印效果。

1. 基础的打印设置

打开需要打印的工作簿，选择“开始”菜单下“打印”按钮，会弹出右侧的设置内容，可以设置打印的份数、打印的范围、纸张等常用选项，也可以选择打印机，如图 2-142 所示。

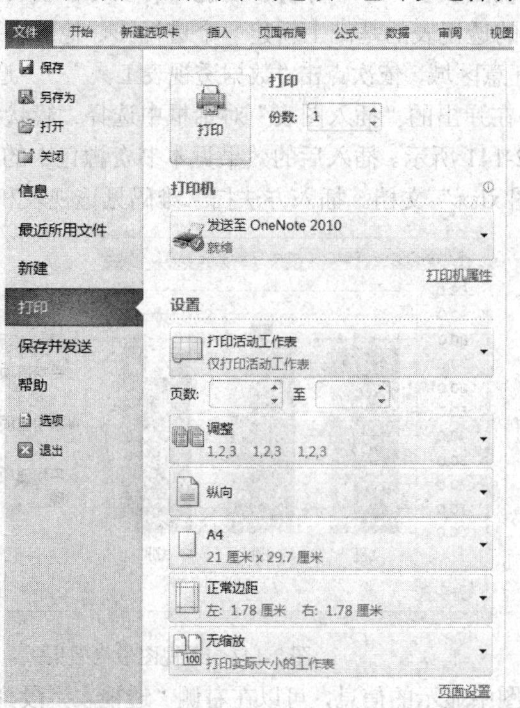

图 2-142　打印设置

2. 详细的页面设置

上述提到的是基础的打印设置，有的时候用户需要对打印进行更详细的设置。可以点击右下角的“页面设置”按钮，点击该按钮，弹出“页面设置”对话框，有四个选项卡，分别是“页面”、“页边距”、“页眉/页脚”、“工作表”。

(1) 页面：设置打印的方向、缩放比例、纸张大小、打印质量和起始页码，如图 2-143 所示。

(2) 页边距：设置页眉、页脚以及距离上下左右方向的宽度。

(3) 页眉/页脚：设置页眉、页脚显示的内容，也可以设置页眉/页脚显示的方式，比如首页不同或者奇偶页不同等。

(4) 工作表：设置打印区域、打印的行标题、列标题、是否打印网格线等。

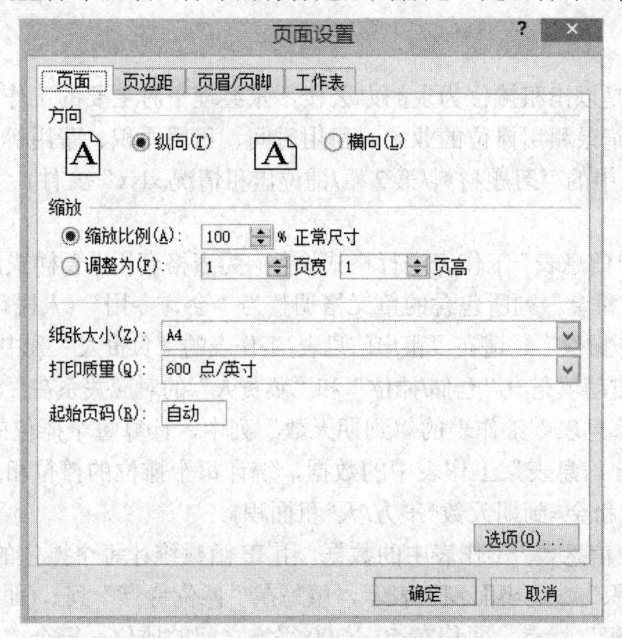

图 2-143　打印页面设置

Excel 2010 在打印设置的右侧提供了打印预览功能，使用户更为方便看到自己将要打印的文稿。

本 章 小 结

Excel 2010 是功能强大的表格处理软件，能够方便地做出各种电子表格，并使用公式和函数对数据进行计算，通过分类汇总分析数据，用各种图表更直观地展示数据。作为 Office 2010 中的重要组成部分，也可以方便地与 Word 2010、PowerPoint 2010 互通数据。

本章以“学生档案”为例，描述了在 Excel 2010 中输入数据、美化表格、计算数据、分析数据以及图形化展示数据的全过程。Excel 2010 主要有手动键入数据和从外部导入数据两种方法；通过添加边框、底纹或者直接套用表格样式来美化工作表，套用了样式的 Excel 单元格区域，不再是普通的单元格区域，而成了具有“Excel 表”功能的区域，比如在某列的第一个单元格输入公式，整列会自动套用该公式；数据输入完成后，可以用 Excel 2010 中的函数和公式对数据进行计算，比较常用的函数包括 SUM()、AVERAGE()、COUNT()、IF()、VLOOKUP()等；当需要在 Excel 中对数据进行分类计算时，除了使用数据透视表，还可以使用分类汇总命令，与数据透视表不同的是，它可以直接在数据区域中插入汇总行，可以同时看到数据明细和汇总结果。

Excel 不仅是一个简单的表格制作工具，更有很多神奇的功能。在日常的使用中，读者朋友们只要用心琢磨，会发现它有更大的实用价值。

习　题

一、题目描述

育才商业大楼是以出租摊位为主的办公楼，张经理平时主要的工作之一就是统计摊位出租的情况，包括记录租用摊位的业主、租用时间、租用面积、费用等。请你根据铺位出租情况(本书资源包中的“习题材料/第 2 章/铺位出租情况.xlsx”文件)，按照如下要求完成统计和分析工作：

(1) 请对“租户信息表”工作表进行格式调整，为表格套用“表样式浅色 3”，并将“平方/天”列和“摊位租金”列所包含的单元格调整为“会计专用”(人民币)数字格式。

(2) 根据“仓储/摊位”，请在“租户信息表"工作表的“负责人”列中，使用 VLOOKUP 函数完成负责人的自动填充。“仓储/摊位”和“负责人”的对应关系在“负责人对照表”中。

(3) 在“租户信息表”工作表的“到期天数”列中，计算每个摊位的到期时间。

(4) 根据“租户信息表”工作表中的数据，统计每个摊位的摊位租金，填写在“摊位租金”字段中(摊位租金=到期天数*平方/天*租面积)。

(5) 根据“租户信息表”工作表中的数据，用 IF 函数统计每个摊位的特点，分别以“超大面积”、“大面积”、“小面积”表示，填写在“摊位特点”列。(面积大于 200 平方的摊位符合“超大面积”特点，面积在 50～200 平方之间的摊位，符合“大面积”特点，符合小于 50 平方的摊位属于“小面积”特点)

(6) 根据“租户信息表”工作表中的数据，统计超大面积、大面积、小面积摊位的数目，并将其填写在“统计表”工作表的 B2:B4 单元格中。

(7) 根据“租户信息表”工作表中的数据，统计所有超大面积的摊位面积数、所有大面积的摊位面积数、所有小面积摊位面积数，并将其填写在“统计表”工作表的 C2:C4 单元格中。

(8) 根据“租户信息表”工作表中的数据，统计每个负责人分别负责的用户数、超大面积用户数、超大面积总租金，分别填写在“统计表”工作表的 B7:D10 单元格中。

(9) 在“租户信息表”工作表中，通过分类汇总功能求出“到期天数”、“摊位面积”、“摊位租金”，每组结果显示在数据下方，不分页显示。保存“铺位出租情况.xlsx”文件。

二、题目描述

小朱是某公司的人事工作人员，每个月要统计员工的工资，请完成“工资计算表”(本书资源包中的“习题材料/第 2 章/工资计算表.xlsx”)中相关数据的统计。

(1) 对工作表“员工工资表”中的数据列表进行格式化操作：将第一列“序号”列设为文本左对齐；适当加大行高列宽，改变字体、字号，设置对齐方式，增加适当的边框和底纹以使工作表更加美观。

(2) 根据“部门编号对照表”，请在“员工工资表”工作表的“部门名称”列中，使用VLOOKUP函数完成部门名称的自动填充。“部门编号”和“部门名称”的对应关系在“部门编号对照表”中。

(3) 统计员工的基本工资，填写入“基本工资合计”字段。(基本工资合计=岗位工资+津贴+效益工资+绩效奖金)

(4) 统计“算税标准”，填充在“算税标准”字段中。(算税标准=基本工资合计-代缴小计)

(5) 统计“缴纳额”和“实发工资”字段，实发工资=算税标准-缴纳额。

(6) 利用“条件格式”功能进行下列设置：将效益工资、绩效奖金两列中前10名所在的单元格以一种颜色填充，所用颜色深浅以不遮挡数据为宜。

(7) 在“筛选条件”表中，筛选出实发工资大于4000的“专员”信息。(用高级筛选的方式完成)

(8) 选择工作表“员工工资表”的A2：P23单元格区域内容，建立数据透视表，行标签为职务级别，列标签为岗位工资、津贴、效益工资、绩效奖金，求平均每个职务级别的月收入，将透视表置于新建的名为“透视表”中，A3为起始单元格。

(9) 在“透视表”工作表内，插入透视图，图标题为“各职务级别工资对比”，放置在图表区域的上方；设置横坐标标题为“职务级别”，放置在图表下方；纵坐标竖排标题，名为“金额”。

(10) 将“员工工资表”工作表的第二列标题行进行窗口冻结，以便在滚动工作表时一直可以看到标题行。保存“工资计算表.xlsx”文件。

第1题(答案)

第2题(答案)

第 3 章　PowerPoint 2010 演示文稿的制作

PowerPoint 2010 是一款功能强大的专业演示文稿编辑制作软件，可用来创建和编辑幻灯片演示文稿。它已经被广泛应用于展示与宣传产品、讨论发布会、竞标提案、演讲报告、主题会议及教学等各个领域。本章主要介绍使用 PowerPoint 2010 设计、制作和放映演示文稿的流程和技巧。通过本章的学习，应掌握以下内容：

(1) PowerPoint 的基本功能和基本操作，演示文稿的视图模式和使用方法。

(2) 演示文稿中幻灯片的主题设置、背景设置、母版制作和使用。

(3) 幻灯片中文本、图形、SmartArt、图像(片)、图表、音频、视频、艺术字等对象的使用方法。

(4) 幻灯片中对象动画、幻灯片切换效果、链接操作等交互的设置。

(5) 幻灯片放映设置，演示文稿的打包和输出。

3.1 节课件

3.1　认识 PowerPoint 2010

PowerPoint 是目前使用范围最广的演示文稿制作软件，能够将文档、表格等枯燥的信息，结合图片、图表、声音、视频和动画等多种元素，通过电脑、投影仪等设备生动地展示给观众。它提供了简单、易于操作的工作界面和操作模式给用户，使用户能够方便、轻松地完成幻灯片的设计和制作。同时它提供的丰富的图形、音频、视频等编辑工具，使得所制作的演示文稿图文并茂、声形兼具，种类丰富、效果生动。

3.1.1　PowerPoint 2010 工作界面

在默认情况下，只要安装了 Office 2010，PowerPoint 2010 即会被安装到电脑中。PowerPoint 2010 的工作界面与其他 Office 2010 组件类似，主要包括标题栏、快速访问工具栏、功能选项卡、功能区、幻灯片编辑区、“大纲/幻灯片”窗格、“备注”窗格、状态栏等部分，如图 3-1 所示。

标题栏：在其中可调整幻灯片界面的大小，其方法是单击最右侧的最小化/最大化按钮，或双击左键后再拖动进行调整。

快速访问工具栏：快速访问工具栏提供了“保存”、“撤销”、“恢复”等常用快捷按钮，单击对应的按钮即可执行相应的操作。如需在快速访问工具栏中添加其他快捷按钮，可单击其后的按钮，在弹出的下拉列表中选择所需的选项。

功能选项卡：PowerPoint 2010 的大部分常用命令全部集成在这几个功能选项卡中，选择某个功能选项卡可切换到相应的功能区。

功能区：功能区是功能选项卡中的命令集合，其中放置了与相应功能卡相关的大部分命令按钮或列表框。

幻灯片编辑区：幻灯片编辑区是整个工作界面的核心区域，用于显示和编辑幻灯片，在其中可输入文字内容、插入图片、表格或设置动画效果等，是 PowerPoint 制作演示文稿的操作平台。

“大纲/幻灯片”窗：“大纲/幻灯片”窗用于显示演示文稿的幻灯片数量及位置，通过它可更加方便地掌握整个演示文稿的结构。“幻灯片”窗格中显示了整个演示文稿中幻灯片的编号及缩略图，“大纲”窗格中列出了当前演示文稿中各张幻灯片中的文本内容。

“备注”窗格：“备注”窗格位于幻灯片编辑区的下方，在其中可添加幻灯片的说明和注释，以供幻灯片制作者或幻灯片演讲者查阅。

状态栏：状态栏位于工作界面最下方，用于显示演示文稿中当前所选幻灯片、幻灯片总张数、幻灯片采用的模板类型、视图切换按钮以及页面显示比例等内容。

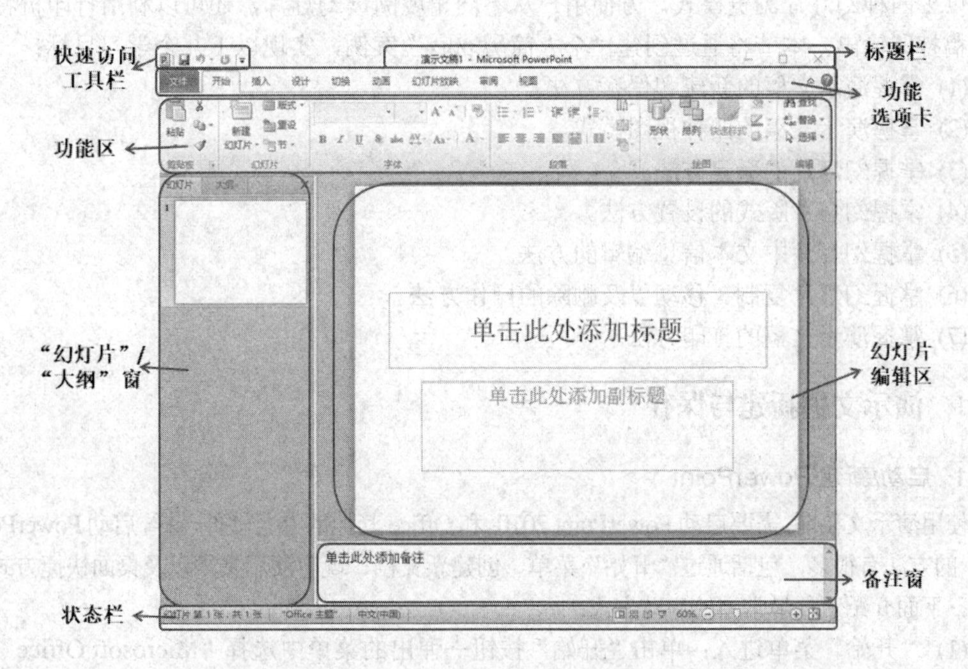

图 3-1　PowerPoint 2010 工作界面

3.1.2　PowerPoint 2010 新增功能

PowerPoint 2010 不仅继承了以前版本的强大功能，同时设计了全新的界面和更便捷的操作模式，用户用其能够更快速地制作出图文并茂、声形兼具的多媒体演示文稿。

用户除了可以在演示文稿中嵌入视频，还可直接在 PowerPoint 2010 中对嵌入的视频进行剪辑，添加淡化、格式效果、书签场景等以对视频进行编辑处理，为演示文稿增添更多专业的多媒体体验。

PowerPoint 2010 中使用新增和改进的图片编辑工具，包括通用的艺术效果和高级更正、颜色以及裁剪工具。用户可以微调演示文稿中的各个图片，使其看起来效果更佳。

PowerPoint 2010 中新增了 SmartArt 图形图片布局。相对于 Office 2010 之前的版本提供的图形功能，SmartArt 的功能更加强大、种类更丰富、效果更生动。

PowerPoint 2010 还添加了动态三维幻灯片切换和更逼真的动画效果，包括真实三维空间中的动作路径和旋转等。

PowerPoint 2010 的改进和新增的功能还不只这些，这里只选择了几个新亮点做了简单介绍，还有更多的新功能如在线 Office、录制演示、流程图分类，版权保护等。

3.2　演示文稿的基本操作

3.2 节课件

PowerPoint 2010 提供了方便、快速的演示文稿操作功能，用户可以轻松地创建演示文稿，并进行幻灯片的新建、删除、移动、编辑等操作，同时提供了四种幻灯片浏览模式，方便用户从不同角度阅读幻灯片，还可以利用打印机将演示文稿打印输出。本节将通过创建“个人简历.pptx”案例，实现以下几个学习目标：

(1) 掌握演示文稿的新建和保存方法。

(2) 掌握演示文稿的四种视图模式。

(3) 掌握幻灯片的新建方法。

(4) 掌握幻灯片版式的设置方法。

(5) 掌握幻灯片中文本信息编辑的方法。

(6) 掌握幻灯片复制、移动以及删除的操作方法。

(7) 掌握演示文稿的打印方法。

3.2.1　演示文稿新建与保存

1. 启动/新建 PowerPoint

使用演示文稿前，需要启动 PowerPoint 2010。和 Office 其他的办公软件一样，启动 PowerPoint 2010 的方法有很多，包括通过“开始”菜单、创建新文档、现有演示文稿以及桌面快捷方式等几种。下面介绍三种最常用的启动方式：

(1) “开始”菜单进入：单击“开始”按钮→弹出的菜单中选择“Microsoft Office”→选择“Microsoft PowerPoint 2010”命令，即可启动 PowerPoint 2010。

(2) 快捷方式创建：在空白处单击鼠标右键→弹出的快捷菜单中选择“新建”→选择“Microsoft PowerPoint 演示文稿”命令，创建一个新的演示文稿→双击该新建的演示文稿即可启动 PowerPoint 2010。

(3) 直接打开 PowerPoint 演示文稿：双击文件夹中已有的 PowerPoint 演示文稿图标，打开该文稿。

其中，(1)和(2)可用于创建新的演示文稿，(3)则可以打开已有的演示文稿。

本章我们要完成“个人简历.pptx”演示文稿的创建。在新建的空白文稿中输入简历信息，然后通过设置背景、主题，插入图、表、动画、音频和视频，设置动态切换效果等操作来美化“个人简历.pptx”演示文稿。

2. 保存演示文稿

“个人简历.pptx”演示文稿创建完成后，需要对文稿进行保存，保存时要特别注意文件存储的位置和文件格式的设置。单击“文件”选项卡下的“保存”或“另存为”按钮，可以进行文件的保存，如图 3-2 所示。需要说明的是，“保存”按钮只有首次保存的时候需要设置文件名、存储位置，之后会快速将文件保存到之前存储的位置，不能修改保存位置等选项。而“另存为”按钮，每次都需要对文件名、存储位置等常规选项进行设置。

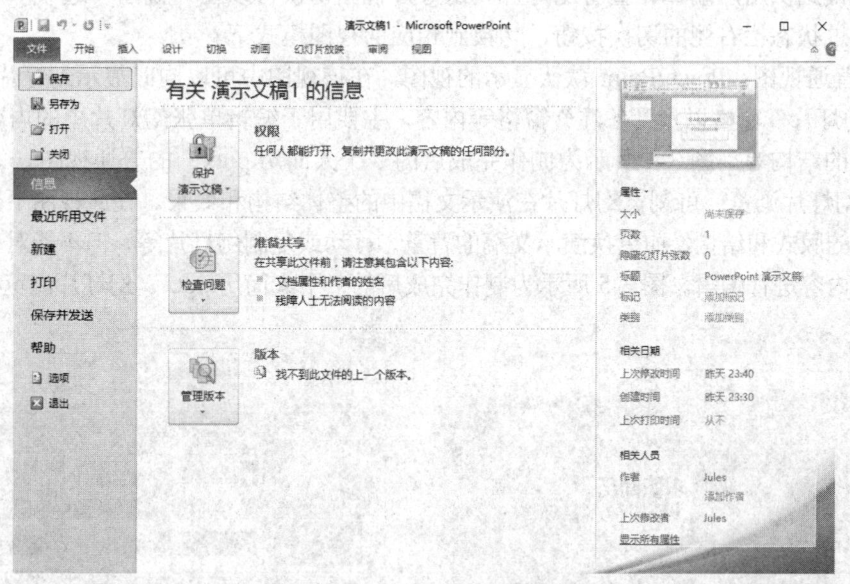

图 3-2　演示文稿保存功能界面图

单击“另存为”，在弹出的“另存为”窗口中设置保存的位置、类型和输入的文件名之后，点击“保存”按钮，完成“个人简历.pptx”文稿的保存，如图 3-3 所示。

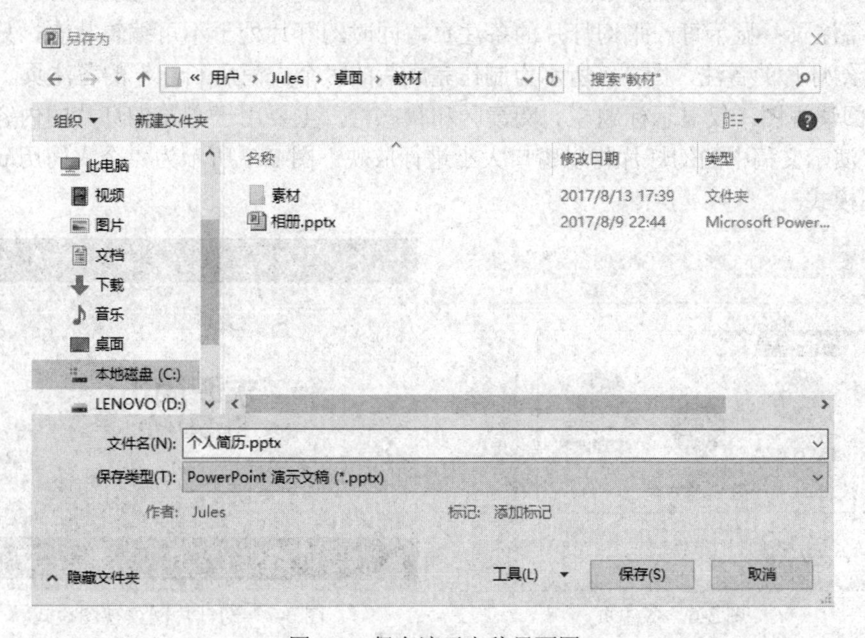

图 3-3　保存演示文稿界面图

通常情况下，PowerPoint 演示文稿以“.ppt”格式和“.pptx”格式文件居多，前者是 PowerPoint 2007 以前的版本，后者是 PowerPoint 2007 及以后的版本。

3.2.2 演示文稿的视图模式

在演示文稿的制作和使用过程中，为了满足不同场合的使用需求，PowerPoint 提供了多种视图模式供用户编辑和查看幻灯片。幻灯片视图切换可以在“视图”选项卡下进行，也可以通过状态栏右侧的切换按钮，切换到相应的视图模式下。

(1) 普通视图：PowerPoint 默认显示的视图，在该视图中可以同时显示幻灯片编辑区、“大纲/幻灯片”窗格以及“备注”窗格等内容，主要用于编辑单张幻灯片中的内容及调整演示文稿的结构等。图 3-4 所示为制作完成后的“个人简历.pptx”的普通视图。

(2) 幻灯片浏览：可浏览幻灯片在演示文稿中的整体结构和效果。在此视图下也可以改变幻灯片的版式和结构，如更换演示文稿的背景、移动或复制幻灯片等，但不能对单张幻灯片的具体内容进行编辑。图 3-5 所示为制作完成后的“个人简历.pptx”幻灯片浏览模式。

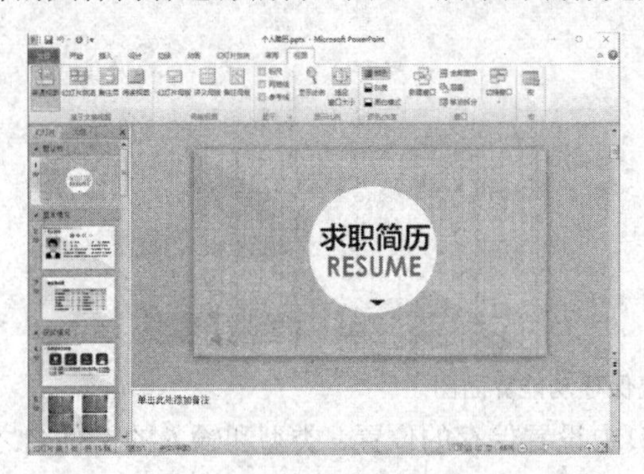

图 3-4　普通视图模式

图 3-5　幻灯片浏览视图模式

(3) 备注页：显示每一张幻灯片的备注页，同时幻灯片处于不可编辑状态，只能编辑以及查看幻灯片的备注，图 3-6 所示为制作完成后的“个人简历.pptx”的备注页。

(4) 阅读视图：仅显示标题栏、阅读区和状态栏，主要用于浏览幻灯片的内容。在此模式下，演示文稿中的幻灯片将以窗口大小进行放映。图 3-7 所示为“个人简历.pptx”的阅读视图模式。

图 3-6　备注页

图 3-7　幻灯片阅读视图模式

3.2.3　新建幻灯片

演示文稿中的每一页文档，又称为幻灯片，一个演示文稿通常需要多张幻灯片来表达内容。在新建的“个人简历.pptx”演示文稿中，需要通过新建幻灯片来对文稿进行内容添加，新建的幻灯片中可以插入图画、动画和备注等丰富的内容。

新建幻灯片的操作方法有两种：

(1) 常规新建幻灯片：点击“开始”选项卡→单击“新建幻灯片”按钮，弹出“Office 主题”列表→在“Office 主题”列表中选择幻灯片的版式，默认是选择“标题幻灯片”版式，如图 3-8 所示。

图 3-8　新建幻灯片方法 1

(2) 快捷方式新建：在左侧的“幻灯片/大纲”窗点击鼠标右键→选择“新建幻灯片”，新建一张幻灯片，如图 3-9 所示。

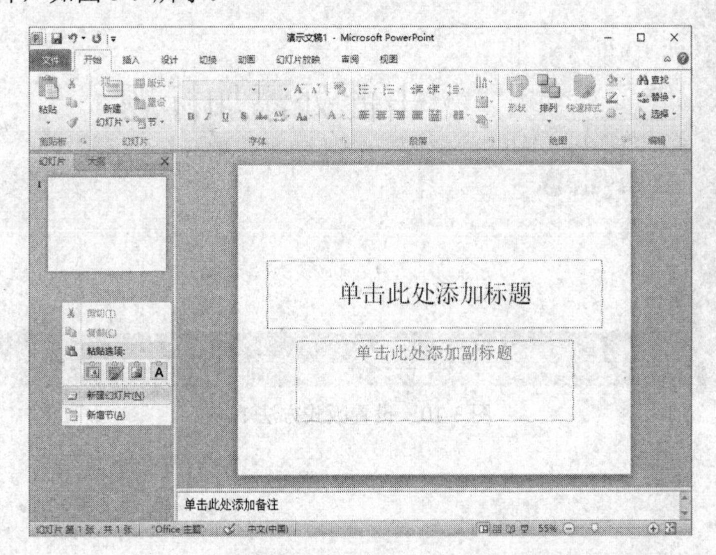

图 3-9　新建幻灯片方法 2

通过以上两种方式新建若干张幻灯片，并把“个人简历”文档的信息依次输入到相应的幻灯片中。效果见本书资源包中的“案例/第 3 章/基本操作.pptx”文档。

基本操作
(案例)

3.2.4　设置幻灯片版式

PowerPoint 中提供了多种版式供用户选择使用。版式的设置可以使幻灯片的布局统一，文字、图片等的排列更加合理简洁。

PowerPoint 中提供了 11 种版式：“标题幻灯片”、“标题和内容”、“节标题”、“两栏内容”、“比较”、“仅标题”、“空白”、“内容与标题”、“图片与标题”，“标题和竖排文字”以及“垂直排列标题与文本”。设置幻灯片版式的方法有两种：

(1) 单击“开始”选项卡→单击“版式”按钮→在弹出的“Office 主题”中选择版式，如图 3-10 所示。

(2) 在左侧“幻灯片/大纲”窗中右击要设置版式的幻灯片→单击“版式”选项→弹出的“Office 主题”中选择版式，如图 3-11 所示。

在“个人简历.pptx”案例中，首页采用默认的“标题幻灯片”版式，其余幻灯片均采用“标题和内容”版式。

版式确定好之后，可在相应的对象框中添加或者插入“文本”、“图片”、“表格”、“图表”、“媒体剪辑”等多项内容。

图 3-10　设置版式方法 1

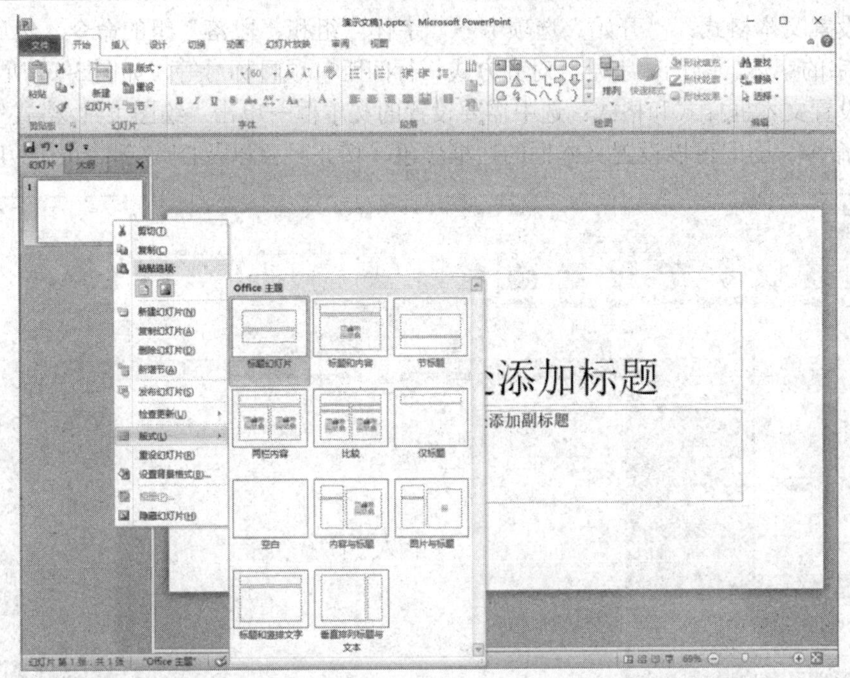

图 3-11　设置版式方法 2

如果 PPT 提供的版式都不符合需求，那么可以自己设计版式，通过调整占位符的位置和大小，来规划幻灯片的结构。占位符是指幻灯片中被虚线框起来的部分，可在占位符内输入文字或插入图片等，一般占位符的文字字体有固定格式。占位符的虚框内部往往有“单击此处添加标题”之类的提示语，一旦点击鼠标之后，提示语会自动消失，如图 3-12 所示。

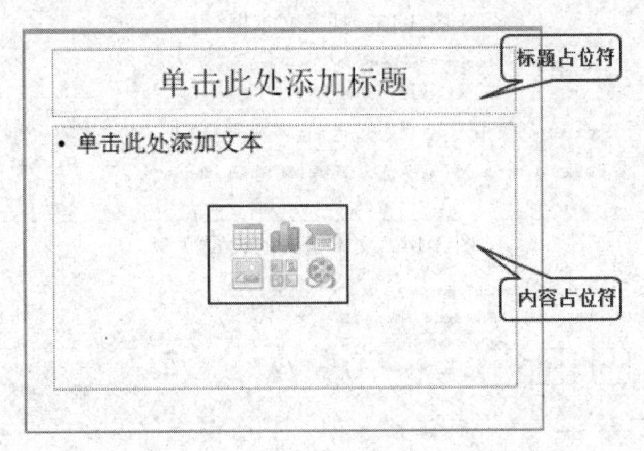

图 3-12　“标题和内容”版式占位符

3.2.5　编辑幻灯片中文本信息

版式确定好之后，可以在占位符中输入文字信息，也可以通过插入文本框的方式在任意位置输入文字。

(1) 插入文本框：单击“插入”选项卡→单击“文本框”按钮→选择“横排文本框”或“垂直文本框”→在幻灯片中插入文本框并输入文字，如图 3-13 所示。

(2) 设置文本格式：“开始”选项卡→“字体”组和“段落”组的命令。然后可以分别设置文字的字体、颜色、字号、对齐方式、行间距、项目标号等，如图 3-14 所示。

(3) 设置文本框样式和格式：选中需要设置的文本框→单击“绘图工具/格式”选项卡中的各项命令。随即可以设置文本框的边框颜色，填充颜色以及样式等，如图 3-15 所示。

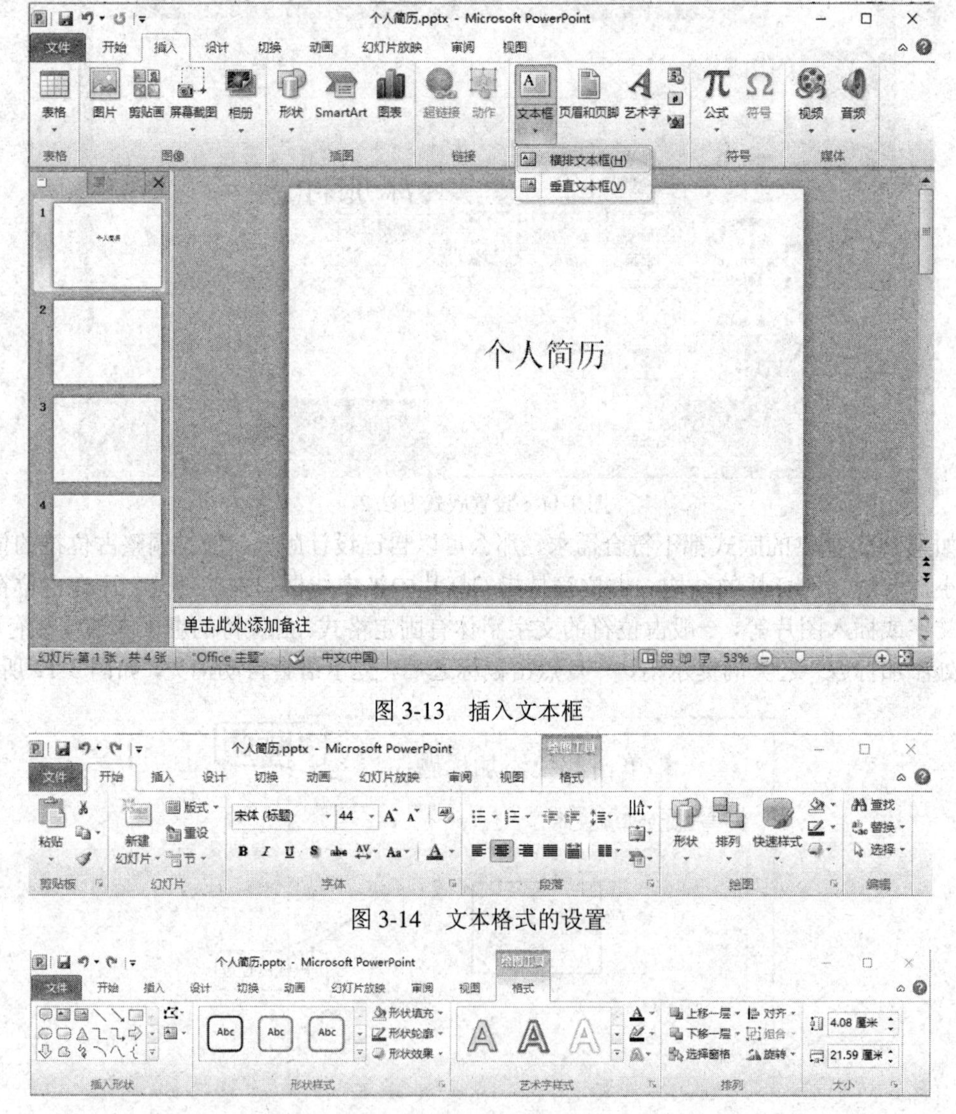

图 3-13　插入文本框

图 3-14　文本格式的设置

图 3-15　设置文本框样式

3.2.6　复制、移动和删除幻灯片

在演示文稿的制作过程中，很多时候需要根据演示内容对幻灯片进行位置调整或者复制和删除操作。

1. 复制幻灯片

如果文稿中两张或多张幻灯片页面的内容相似或相同，那么可以使用复制幻灯片功能。

幻灯片的复制操作有两种类型：

(1) 在当前幻灯片的下一页插入复制的当前的幻灯片。在“幻灯片/大纲”窗格中右击要复制的幻灯片→在弹出的快捷菜单中选择“复制幻灯片”项，如图 3-16 所示。

图 3-16　复制幻灯片

(2) 复制幻灯片到任意位置：将选中的幻灯片复制到任意位置，具体的操作步骤如下：

① 在“幻灯片/大纲”窗格中右击要复制的幻灯片；

② 在弹出的快捷菜单中选择“复制”项，如图 3-16 所示；

③ 在“幻灯片/大纲”窗格中要粘贴幻灯片的位置处右击；

④ 从弹出的快捷菜单中选择一种粘贴方式，如“使用目标主题”选项，即可将复制的幻灯片插入该位置，如图 3-17 所示。

图 3-17　粘贴幻灯片

Tips：复制幻灯片时，原幻灯片依然保留，只是添加一个副本。如果是剪切幻灯片，则原幻灯片消失，幻灯片被转移到新位置。

2. 幻灯片移动

如果要调整幻灯片的排列顺序，操作方式有两种：

(1) 快捷方式移动幻灯片：在“幻灯片/大纲”窗格中单击选中要调整顺序的幻灯片，然后按住鼠标左键将其拖放到需要的位置即可，如图 3-18 所示。

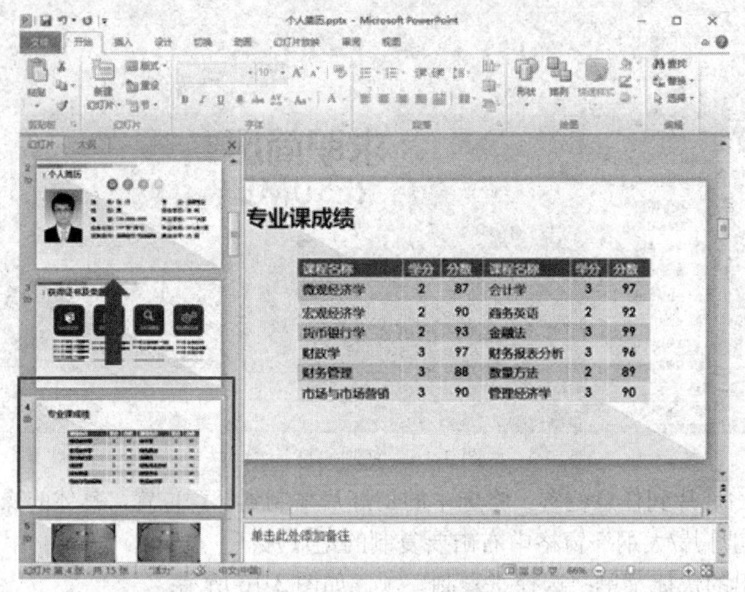

图 3-18　移动幻灯片方式 1

(2) “幻灯片浏览”视图下移动幻灯片：单击选中要调整顺序的幻灯片，然后按住鼠标左键将其拖放到需要的位置即可，如图 3-19 所示。

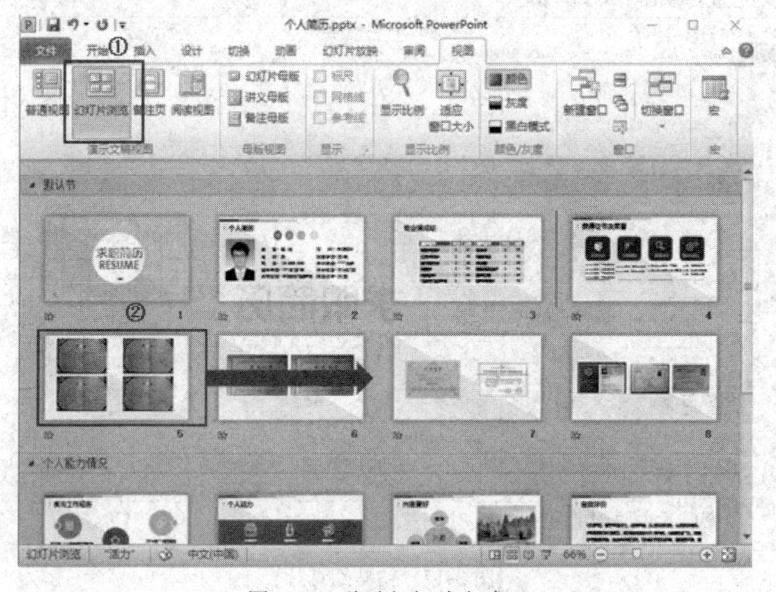

图 3-19　移动幻灯片方式 2

在创建个人简历的过程中，可以通过移动幻灯片来调整幻灯片的页面顺序，使得简历的内容结构更加合理。

3. 删除幻灯片

如果要删除不需要的幻灯片，只需在“幻灯片/大纲”窗口中选中要删除的幻灯片，然后按键盘上的“Delete”键，或者右击选中要删除的幻灯片，在弹出的快捷菜单中选择“删除幻灯片”选项，如图 3-20 所示。

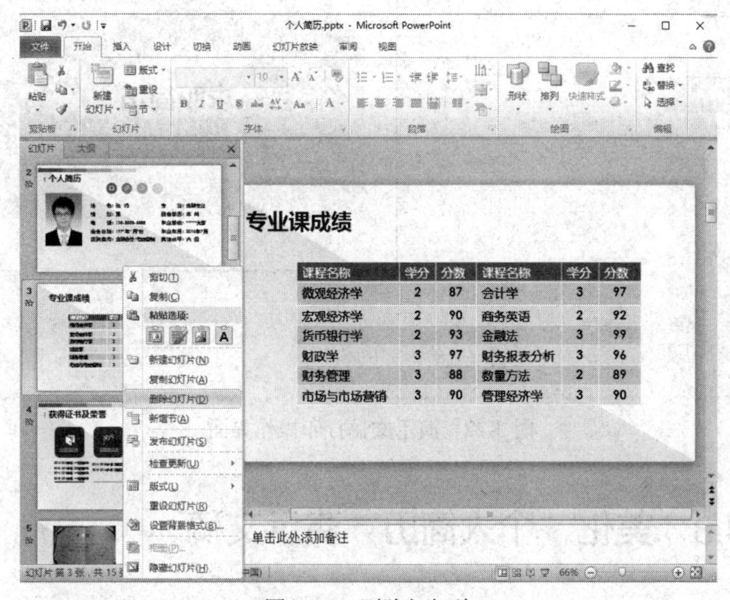

图 3-20　删除幻灯片

3.2.7　打印演示文稿

演示文稿制作完之后，如果需要打印，可以先按实际需要对页面进行设置，然后再打印。

页面设置功能：单击“设计”选项卡下→单击“页面设置”按钮→弹出“页面设置”对话框，设置幻灯片页面的大小、高度、方向等，如图 3-21 所示。

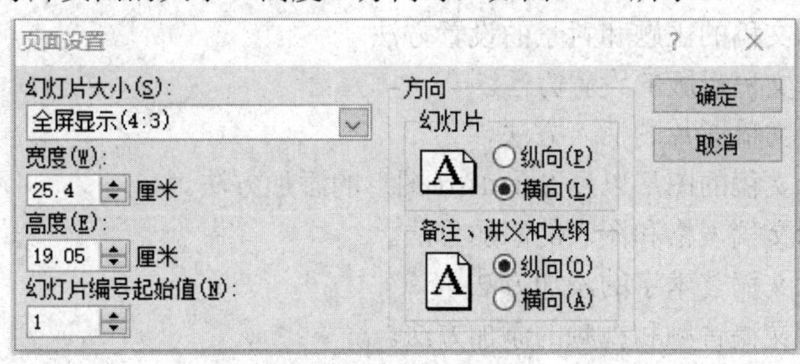

图 3-21　页面设置

打印功能：

(1) 单击“文件”选项卡下的“打印”按钮；

(2) 根据实际需要分别设置“打印份数”、“打印机属性”、是否“打印全部幻灯片”以及是否打印“整页幻灯片”、“调整”和“颜色”等项；

(3) 设置完后单击“打印”按钮，提交打印请求。操作界面如图 3-22 所示。

图 3-22　演示文稿打印操作界面

3.3 节课件

3.3　美化“个人简历”演示文稿

通过 3.2 小节的学习，我们使用幻灯片的新建、版式设置、文本信息输入等基本功能搭建了“个人简历.pptx”演示文稿的框架，但是默认的演示文稿的背景不美观，幻灯片需要美化才能更加吸引观众。美化就是修改文稿的背景、文字、图形，适当加一些图片和视频等，使 PPT 看起来更美观、专业。下面我们就利用 PowerPoint 来对“个人简历.pptx”进行美化设计。本节将通过美化“个人简历.pptx”案例，实现以下几个学习目标：

(1) 掌握演示文稿的主题和背景的设置方法。

(2) 掌握演示文稿母版的设置方法。

(3) 掌握演示文稿图片的插入方法。

(4) 掌握演示文稿的图形以及 SmartArt 图形的添加方法。

(5) 掌握演示文稿表格和图表的添加方法。

(6) 掌握演示文稿艺术字的添加方法。

(7) 掌握演示文稿音频和视频的添加方法。

(8) 掌握演示文稿分节设置的方法。

3.3.1　演示文稿的主题设置

一份精美的演示文稿需要有美观的主题背景。主题设置可以简化演示文稿的制作，对字体、效果、颜色和背景进行统一设置。主题设置的基本操作为：

(1) 打开演示文稿，单击“设计”选项卡，“主题”命令组中显示部分主题列表，单击列表右下角“其他”图标按钮，弹出所有主题，将鼠标移动到某一主题上，单击选择该主题。界面如图 3-23 所示。

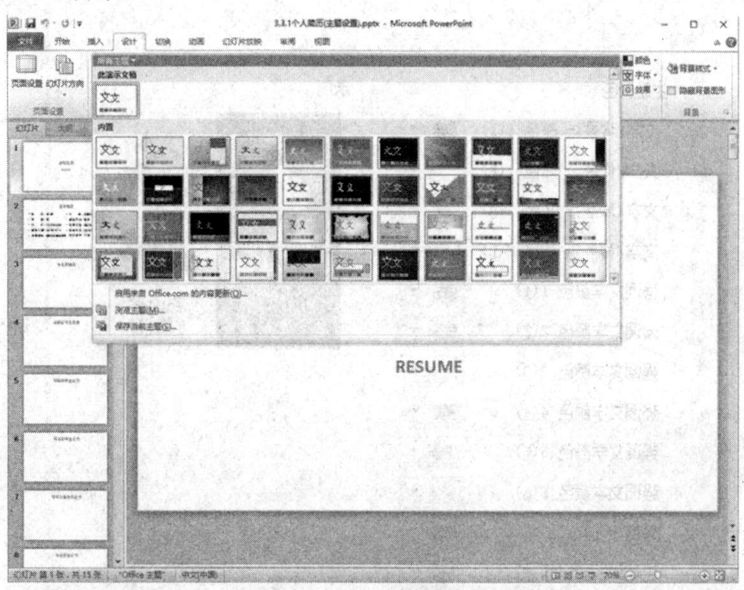

图 3-23　幻灯片设置主题

(2) 选择好主题，就可以对该主题进行“颜色”、“字体”和“效果”的设置。单击“颜色”按钮，选中某一配色方案之后，幻灯片的标题文字颜色、背景填充颜色、正文文字颜色都会随之改变。“字体”和“效果”的设置可以在对应的下拉列表中选择，如图 3-24～图 3-26 所示。

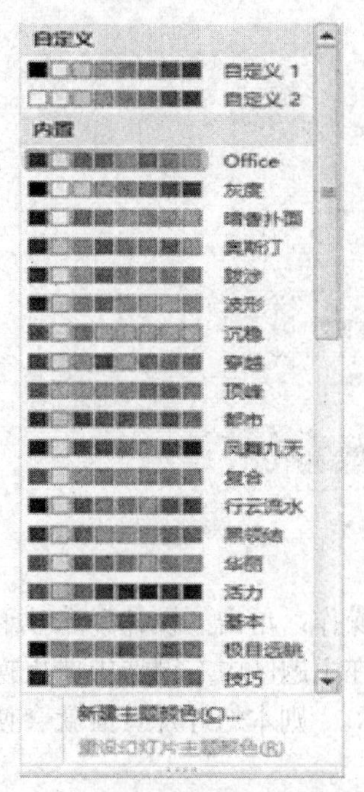

图 3-24　主题颜色设置

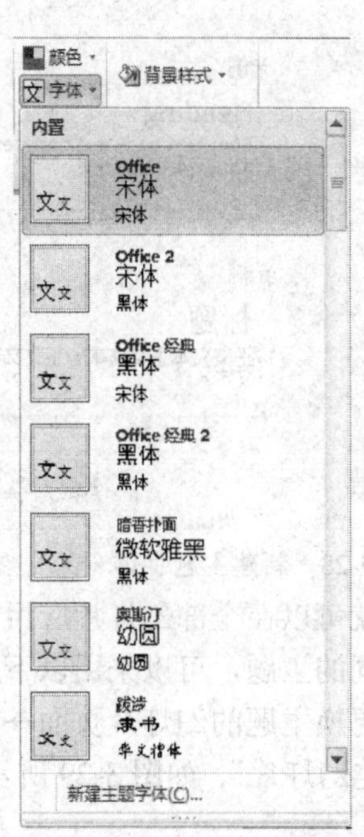

图 3-25　主题字体设置

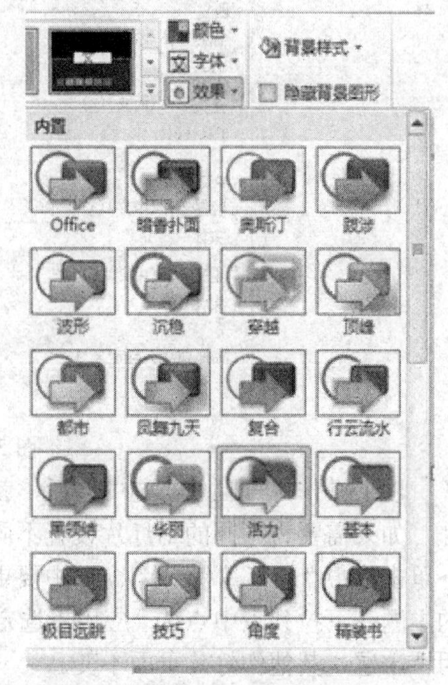

图 3-26　主题效果设置

(3) 如果提供的“颜色”或者“字体”不满足需要，用户还可以单击颜色下拉列表中的“新建主题颜色”和字体下拉列表中的“新建主题字体”按钮，进行颜色和字体的设置。如图 3-27 和图 3-28 所示。

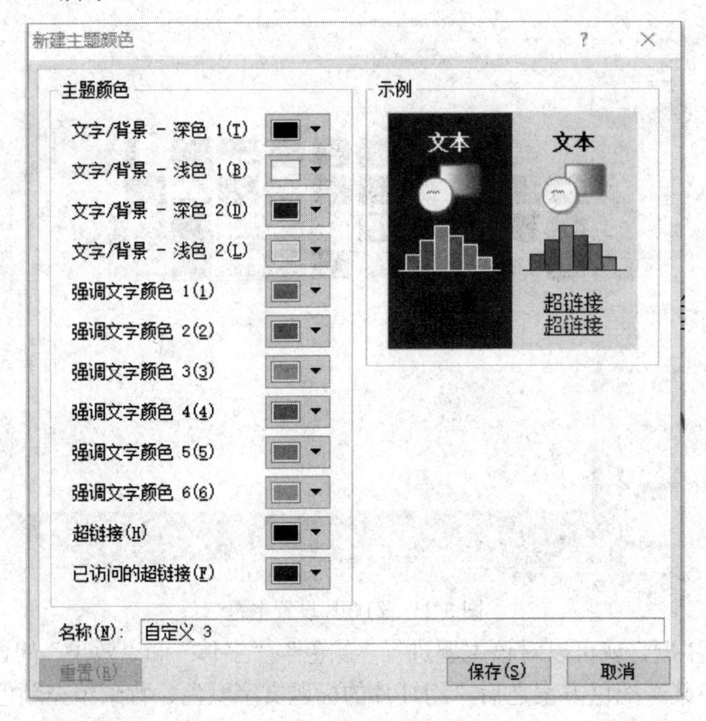

图 3-27　新建主题颜色

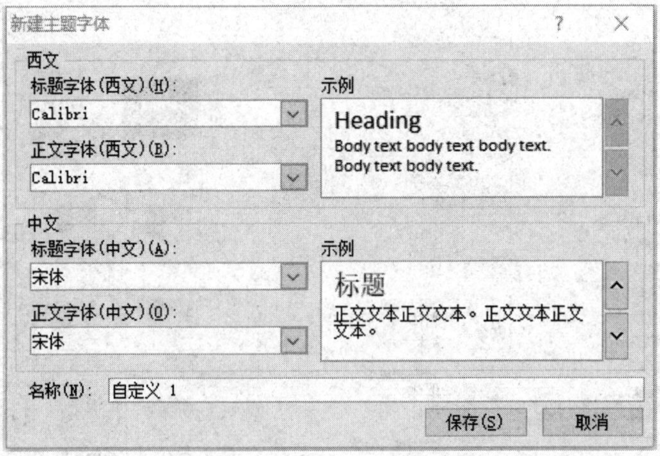

图 3-28　新建主题字体

以上操作，一旦单击选中之后，就可以在全部幻灯片应用。

如果需要为不同的幻灯片设置不同的主题，可以采用以下操作：单击“设计”选项卡→单击选中“幻灯片/大纲”窗口中要更换主题的幻灯片页面→在主题区中右键选中要更换的主题→下拉列表中点选“应用于选定幻灯片”，如图 3-29 所示。 则本幻灯片页面就会使用该主题，其他幻灯片页面不变。

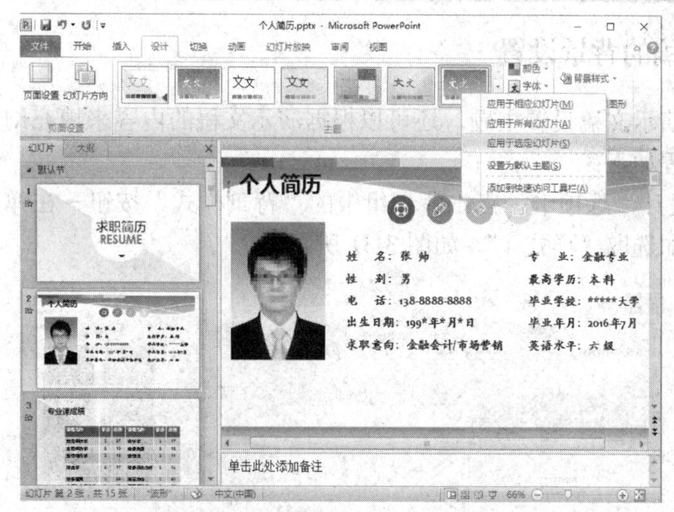

图 3-29　设置单张幻灯片主题

下面就对“个人简历.pptx”文稿进行主题的美化：

(1) 双击打开本书资源包中的“案例/第 3 章”文件夹中的“基本操作.pptx”文稿，单击“设计”选项卡，在“主题”列表中选择“活力”主题；

(2) 接着设置主题的“颜色”、“字体”和“效果”。在“颜色”下拉列表中选取“灰度”选项，“字体”下拉列表中选取的是“Office 经典 2”选项，“效果”下拉列表中选择“Office”选项；

(3) 为第 2 张幻灯片单独设置“波形”主题：在“幻灯片/大纲”窗口中选中第二张幻灯片之后，鼠标移动到“波形”主题上，右击“波形”主题，在下拉列表中，选择“应用于选定幻灯片”。

保存以上操作，完成“个人简历.pptx”的主题设置。可看到演示文稿中除了第 2 张幻灯片采用“波形”主题，其余页面均采用“活力”主题，效果如图 3-30 所示。设置效果见本书资源包中的“案例/第 3 章/主题设置.pptx”文档。设置方法扫二维码见主题设置(微课)文件。

主题设置
(微课)

主题设置
(案例)

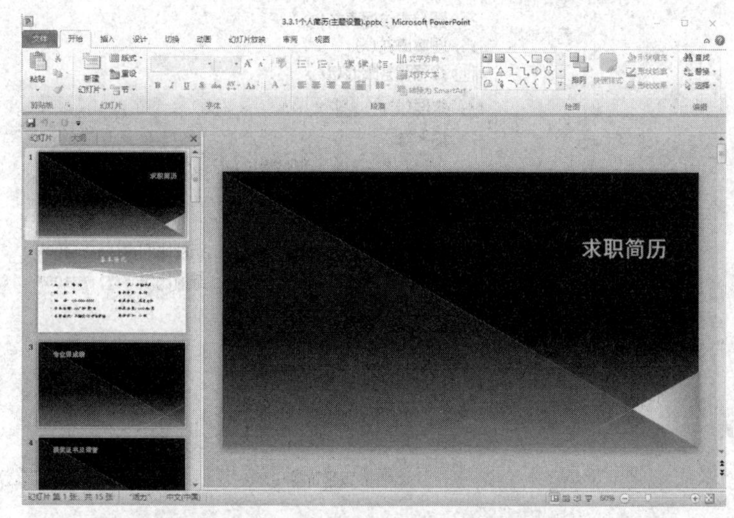

图 3-30　“个人简历”主题设置效果

3.3.2　演示文稿的背景设置

除了可以给演示文稿设置主题，还可以根据演示文稿的内容来填充幻灯片的背景。背景设置的主要流程如下：

(1) 单击“设计”选项卡→点击背景组中的“背景样式”按钮→在弹出的背景格式列表中选择一种，如选取“样式 1”，如图 3-31 所示。

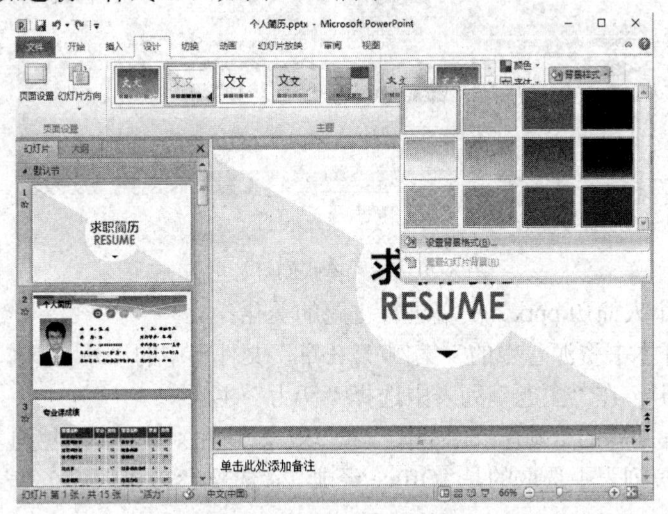

图 3-31　设置幻灯片背景样式

(2) 如果需要进一步设置背景，单击背景样式列表下方的“设置背景格式”按钮，弹出“设置背景格式”窗口，选择窗口左侧的“填充”选项，就可以看到有“纯色填充”、“渐变填充”、“图片或纹理填充”、“图案填充”四种填充模式，如图 3-32 所示。

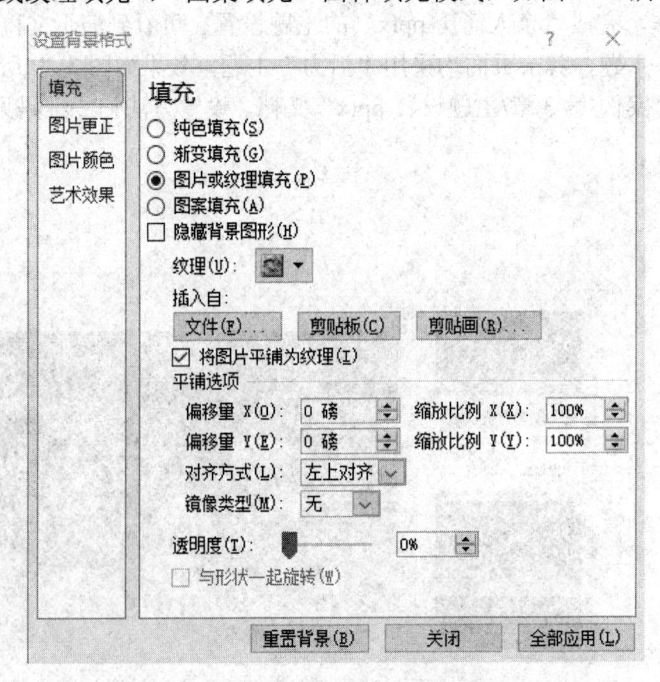

图 3-32　设置背景格式

(3) 除了“填充”选项，“设置背景格式”窗口中还有“图片更正”、“图片颜色”以及“艺术效果”三种修改美化背景图片的效果选项，能调整图片的亮度和对比度、更改颜色饱和度、色调、重新着色或者实现线条图、影印、蜡笔平滑等效果，可以根据实际需要来设置。

设置完毕后，如果只想为当前选中的幻灯片单独设置背景图片，则点击“设置背景格式”窗口中右下角的“关闭”按钮；若想全部幻灯片应用同样的背景，则单击“全部应用”按钮。

下面对“个人简历.pptx”文稿进行背景格式的设置：

(1) 双击打开本书资源包中的“案例/第 3 章”文件夹中的“主题设置.pptx”，单击“设计”选项卡，点击“背景样式”按钮，在下拉列表中选择“样式 1”；

(2) 为第 1 张幻灯片设置纹理填充作为背景。在左侧“幻灯片/大纲”窗口中单击选中第一张幻灯片，点击“背景格式”按钮，在下拉列表中选择“设置背景格式”；在弹出的“设置背景格式”窗口中选择“填充”选项下的“图片或纹理填充”，点击“纹理”按钮，在下拉列表中选择“信纸”纹理，最后单击“关闭”按钮。

(3) 为第 3 张幻灯片插入图片作背景。在左侧“幻灯片/大纲”窗口中单击选中第三张幻灯片→点击“背景格式”按钮，在下拉列表中选择“设置背景格式”→在弹出的“设置背景格式”窗口中选择“填充”选项下的“图片或纹理填充”→点击“文件”按钮，在弹出的“插入图片”窗口中选择本书资源包中的“素材/第 3 章”文件夹中的“背景.jpg”，单击“插入”按钮完成插入图片的选择→返回到“背景格式”窗口中，单击“关闭”按钮，返回 PowerPoint 编辑界面。

背景设置
(案例)

背景设置
(微课)

Tips：返回 PowerPoint 编辑界面后，需要再勾选任务栏上的“隐藏背景图形”选项，因为插入图片作为背景时，原来设置的主题依然会呈现在背景图片中，若只想呈现图片作为背景，则勾选“隐藏背景图形”选项。

保存以上操作，完成“个人简历.pptx”的背景设置，实现效果参照“案例/第 3 章”文件夹下“背景设置.pptx”文件中的第 1 张和第 3 张幻灯片，效果如图 3-33 所示。设置效果见本书资源包中的“案例/第 3 章/背景设置.pptx”文档。设置方法扫二维码见背景设置(微课)文件。

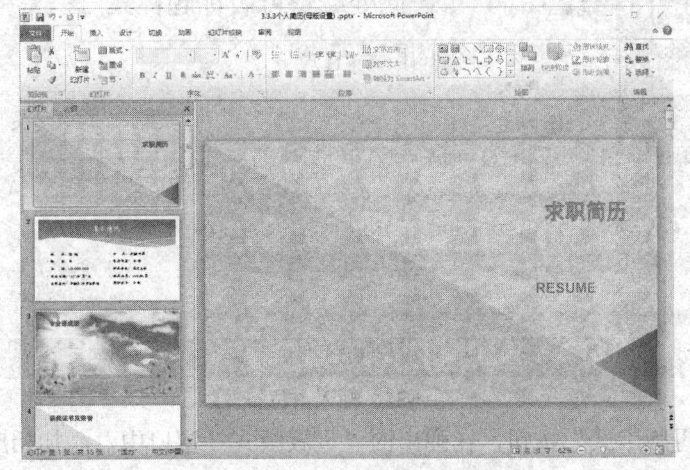

图 3-33　“个人简历”背景设置效果

3.3.3 演示文稿的母版设置

PPT 中的母版十分好用，母版中提供了可以对各个版式进行编辑的功能选项，一次编辑永久使用，可以最大程度地减少重复编辑工作。在实际应用中，如果 Office 自带的主题和背景与我们的主题不吻合的话，可以尝试自己制作一个简单而实用的母版。母版的操作和我们平时的普通操作完全一样，没有其他特别的技巧，编辑的只是一种统一的格式而已，可供用户设定各种标题文字、背景、属性等，只需更改一项内容就可更改所有幻灯片的设计，可以最大程度地减少重复编辑的次数。

在 PowerPoint 中有 3 种母版：幻灯片母版、讲义母版、备注母版，本节主要介绍幻灯片母版的设置。点击“视图”选项卡下的“幻灯片母版”按钮，如图 3-34 所示。即可进入幻灯片母版的编辑模式。

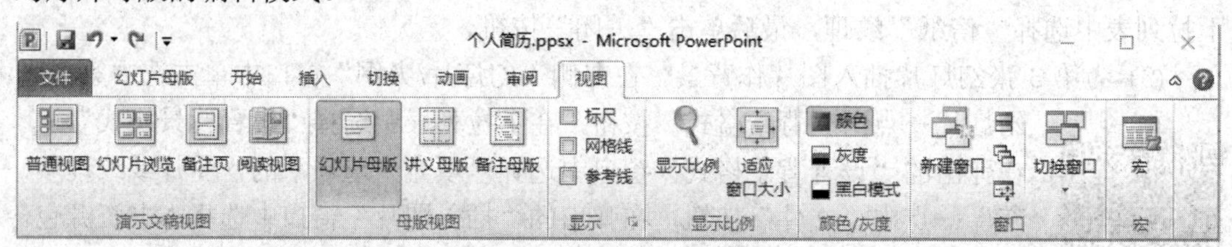

图 3-34　进入幻灯片母版

在“幻灯片母版”选项卡下，可以对母版进行“主题”和“背景样式”的设置。另外，在左侧的预览中可以看出，PowerPoint 2010 提供了 12 种默认的幻灯片母版样式，其中第一张幻灯片为基础页，对它进行的设置，会在所有页面上显示。母版版式设置的操作步骤如下：

(1) 在非基础页中插入占位符：在母版页面上，单击“插入占位符”命令，插入相应类型的占位符，并调整大小移动到合适的位置上，如图 3-35 所示。

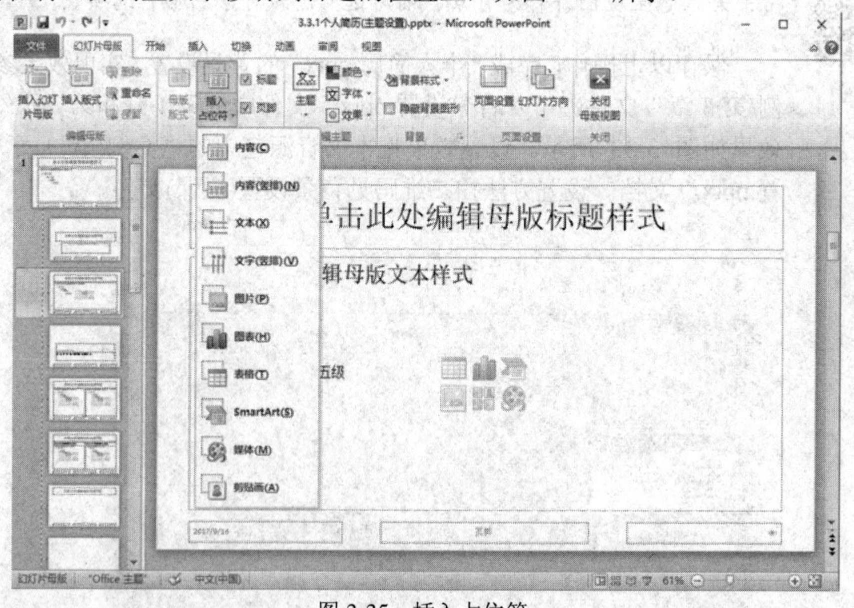

图 3-35　插入占位符

(2) 单击“母版版式”按钮，在弹出的“母版版式”窗口中，添加相应的占位符，如图 3-36 所示。

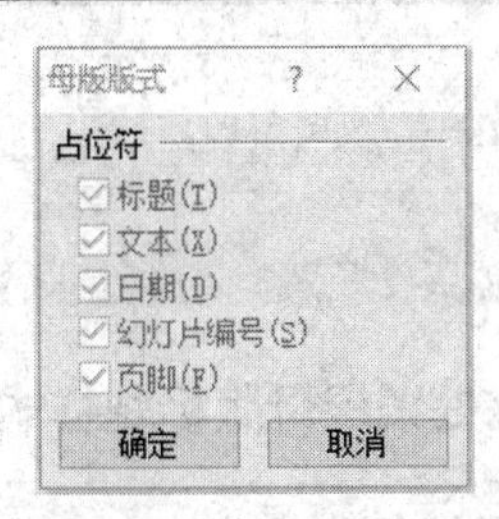

图 3-36　添加占位符

(3) 设置占位符内字体、颜色和位置以及删除不需要的占位符。

母版设置完后，可以保存该母版，以便以后使用。具体操作为：点击“文件”选项卡→点击“另存为”选项→在弹出的窗口中“保存类型”选择“PowerPoint 模板(*.potx)”类型→输入文件名→点击“保存”按钮，如图 3-37 所示。

图 3-37　母版保存

母版设置
(案例)

母版设置
(微课)

下面对“个人简历.pptx”文稿的母版进行简单的设置，具体操作步骤如下：

(1) 双击打开本书资源包中的“案例/第 3 章”文件夹下的“背景设置.pptx”，单击“视图”选项卡下的“幻灯片母版”按钮，选中第一张幻灯片母版。

(2) 将标题占位符改为“黑体”，并设置字体颜色为“蓝色”；内容占位符改为“宋体”。

(3) 删除底部的占位符。

(4) 单击“关闭母版视图”按钮，关闭母版视图，回到普通视图模式下。

保存以上操作，完成“个人简历.pptx”的母版设置。效果如图 3-38 所示。设置效果见本书资源包中的“案例/第 3 章/母版设置.pptx”文档。设置方法扫二维码见母版设置（微课）文件。

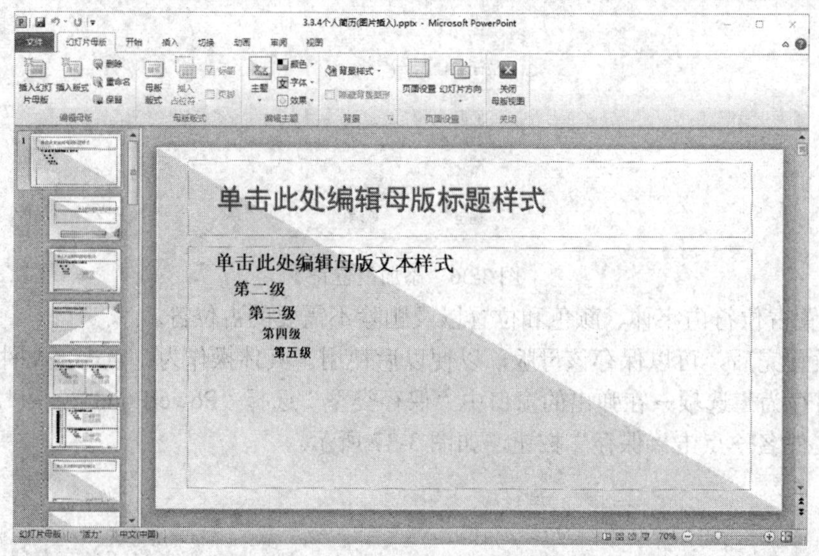

图 3-38　“个人简历”母版设置效果图

3.3.4　演示文稿的图片插入

在演示文稿中插入图片会使得文稿内容更加丰富。插入图片的操作为：单击“插入”选项卡→单击“图片”按钮→弹出的“插入图片”对话框中单击选中要插入的图片(见本书资源包“素材/第 3 章/证件照.jpg”文件) →点击“插入”按钮，即可完成图片的插入操作，如图 3-39 所示。

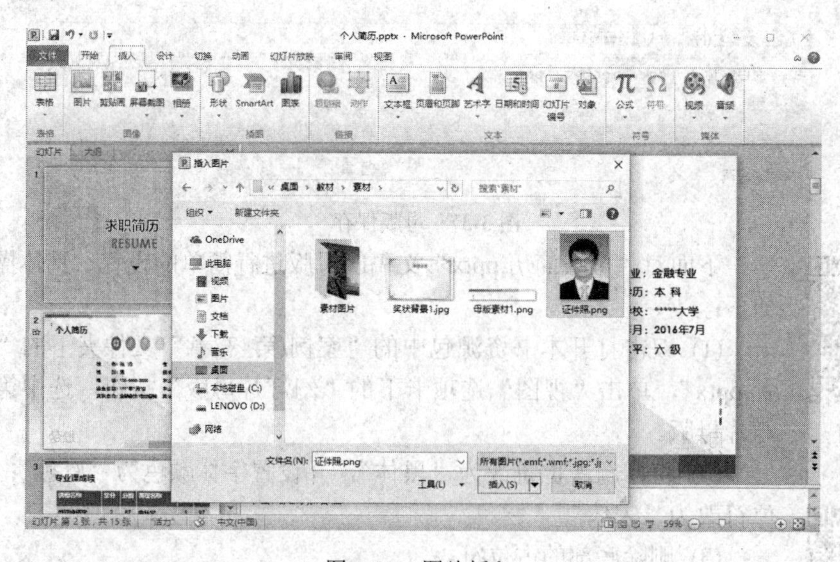

图 3-39　图片插入

图片插入后，可以单击选中图片，然后在“图片工具 格式”选项卡下对图片进行编辑处理。可以通过工具栏的按钮对图片进行位置调整、图片样式设置、层次排列、大小裁剪等操作。

1. 调整图片的位置、大小以及旋转角度

选中图片然后通过拉伸或移动边框的方式来调整图片的大小和位置。如果需要精确设

置图片的位置和大小，操作如下：选中图片→单击“图片工具 格式”选项卡→单击“大小”命令组右下角的“大小和位置”按钮，在弹出的窗口中分别设置图片的宽度和高度，以及图片在幻灯片中的水平位置和垂直位置，如图 3-40 所示。

选中需要旋转的图片，使图片四周出现控点，拖动图片上方绿色的控点即可进行图片的旋转。如果要精确旋转图片，操作如下：选中图片→单击“图片工具格式”选项卡下的“排列”命令组中的“旋转”按钮，在下拉列表中选择“向左旋转 90°”、“向右旋转 90°”、“垂直翻转”、“水平翻转”等选项。也可以选择“其他旋转选项”，在弹出的“设置图片格式”窗口中的“旋转”栏输入旋转的角度，正数为顺时针旋转，负数为逆时针旋转，如图 3-40 所示。

图 3-40　图片大小和旋转角度设置

2. 设置图片样式

在“图片样式”命令组中，提供了 28 种快速样式供用户选择，如图 3-41 所示。

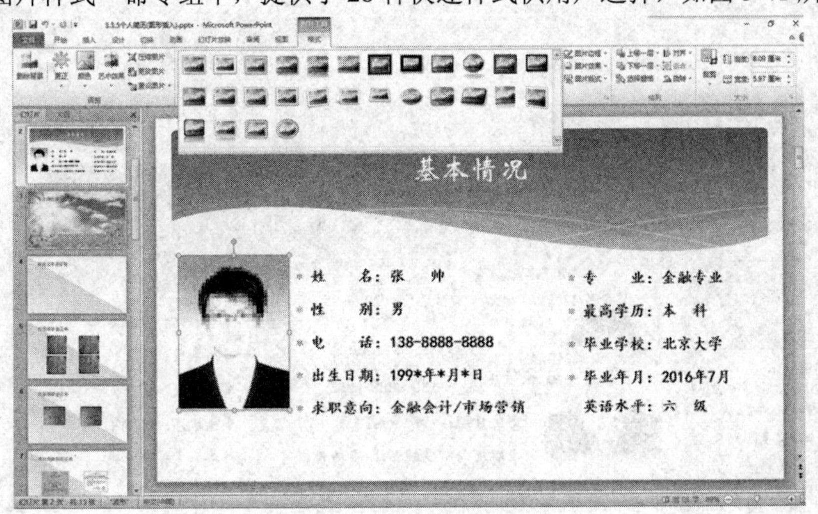

图 3-41　图片样式设置

选定样式后，可以设置边框的颜色，还可以给图片增加特定效果，如预设、阴影、映像、发光、柔化边缘、棱台、三维旋转，单击其中任何一种，以达到满意的图片效果。如图 3-42 所示。

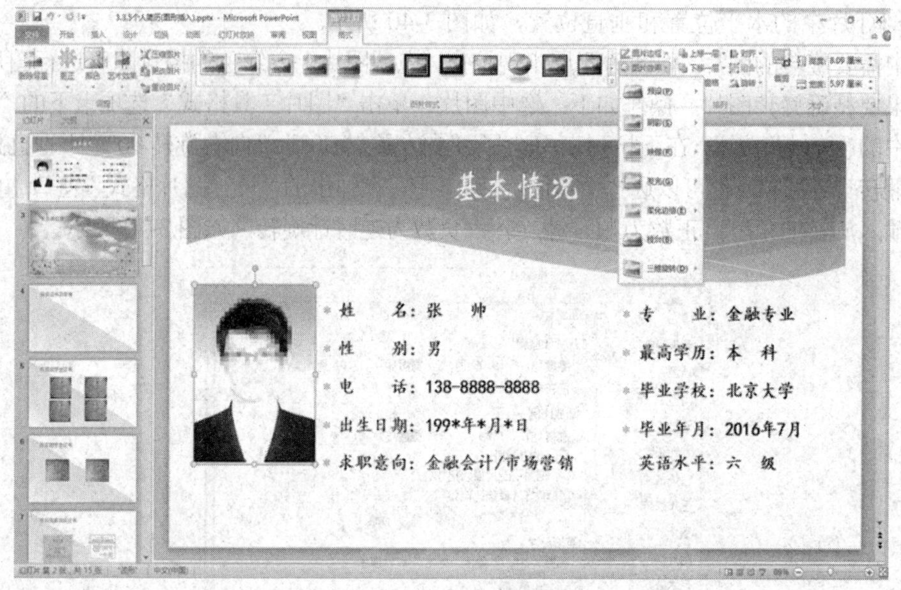

图 3-42　图片效果设置

Tips：插入图片的时候需要注意的是，一定要把图片叠放的层次设置好，否则文字可能会被图片覆盖掉，不能正常显示。

3. 排列图片层次

设置图片叠放的层次的具体操作为：单击选中图片→点击鼠标右键→选择“置于底层”，使图片不能影响对母版排版的编辑，如图 3-43 所示。

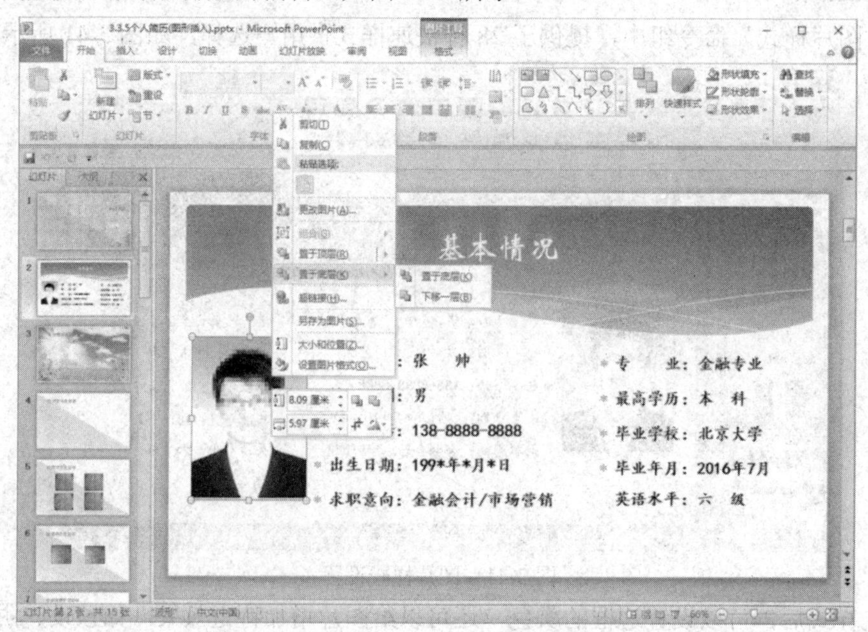

图 3-43　设置图片叠放层次

下面为“个人简历.pptx”文稿插入图片的操作步骤：

(1) 双击打开本书资源包中的“案例/第 3 章”文件夹中的“母版设置.pptx”。

(2) 为第 2 张幻灯片插入本书资源包中的“素材/第 3 章/证件照.jpg”：单击选中第二张幻灯片，单击“插入”选项卡的“图片”按钮，在弹出的“插入图片”窗口中，选择本书资源包中的“素材/第 3 章”文件夹下的“证件照.jpg”，单击“插入”按钮，将图片插入到幻灯片中，选中图片然后通过拉伸或移动边框的方式来调整图片的大小和位置，最终将图片放置在幻灯片的左侧。

(3) 重复图片插入操作，将本书资源包中的“素材/第 3 章”文件夹中的“校级奖学金 1.jpg”、“校级奖学金 2.jpg”、“校级奖学金 3.jpg”和“校级奖学金 4.jpg”插入到第 5 张幻灯片中。

图片插入
(案例)

图片插入
(微课)

(4) 重复图片插入操作，将本书资源包中的“素材/第 3 章”文件夹中的“国家助学金 1.jpg”和“国家助学金 2.jpg”插入到第 6 张幻灯片中。

(5) 重复图片插入操作，将本书资源包中的“素材/第 3 章”文件夹中的“学科竞赛 1.jpg”和“学科竞赛 2.jpg”插入到第 7 张幻灯片中。

(6) 重复图片插入操作，将本书资源包中的“素材/第 3 章”文件夹中的“专业资格 1.jpg”和“专业资格 2.jpg”和“专业资格 3.jpg”插入到第 8 张幻灯片中。

保存以上操作，完成图片的插入和编辑，实现效果参照“案例/第 3 章”文件夹下“图片插入.pptx”文件中的第 2 张和第 5～8 张幻灯片，其中第 5 张幻灯片的效果如图 3-44 所示。

图片插入后的效果见本书资源包中的“案例/第 3 章/图片插入.pptx”文档。插入方法扫二维码见图片插入(微课)文件。

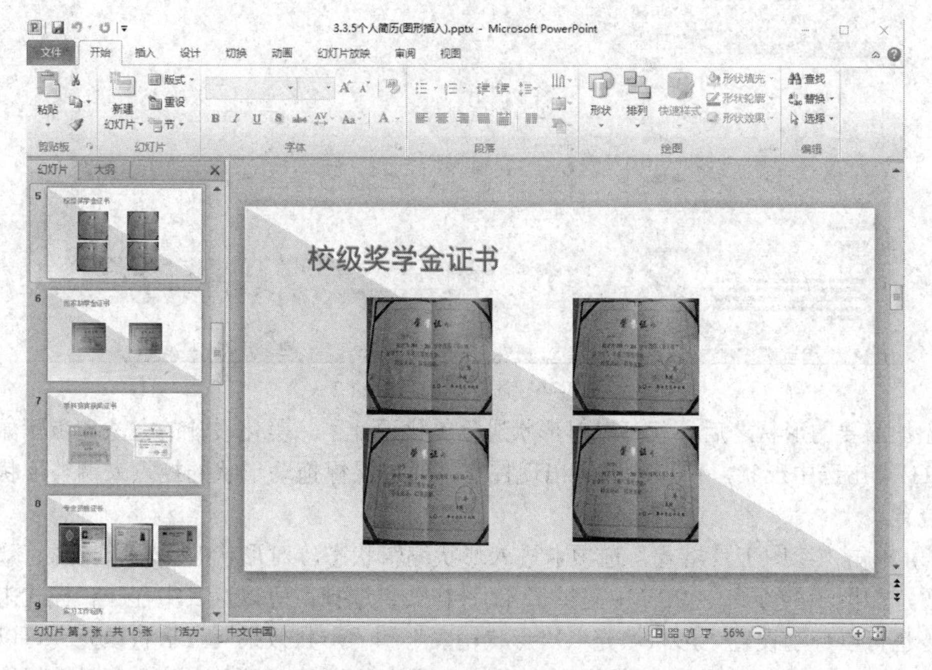

图 3-44　“个人简历”图片插入

3.3.5　演示文稿的图形添加

幻灯片中添加图形的方法有两种：

(1) 单击“开始”选项卡→单击“绘图”区中形状框右下角的下拉按钮→在弹出的全部图形中点击需要添加的图形→将鼠标移动到编辑区，单击拖动鼠标，即可在幻灯片上绘制相应的图形，如图 3-45 所示。

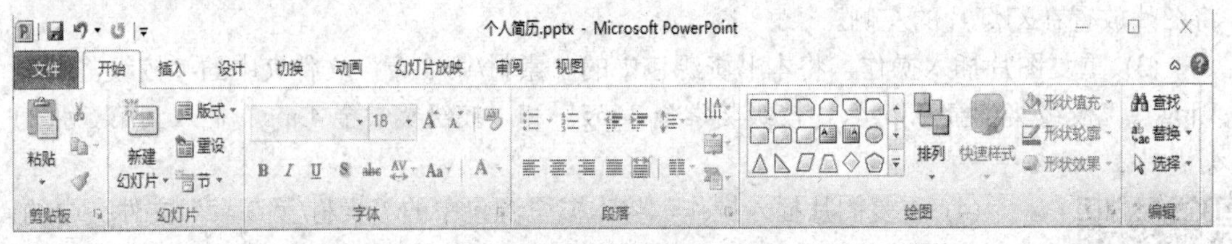

图 3-45　添加的形状方法 1

(2) 点击“插入”选项卡→点击“形状”按钮→在弹出的图形列表中，点击要添加的图形→将鼠标移动到编辑区，单击拖动鼠标，即可在幻灯片上绘制相应的图形，如图 3-46 所示。

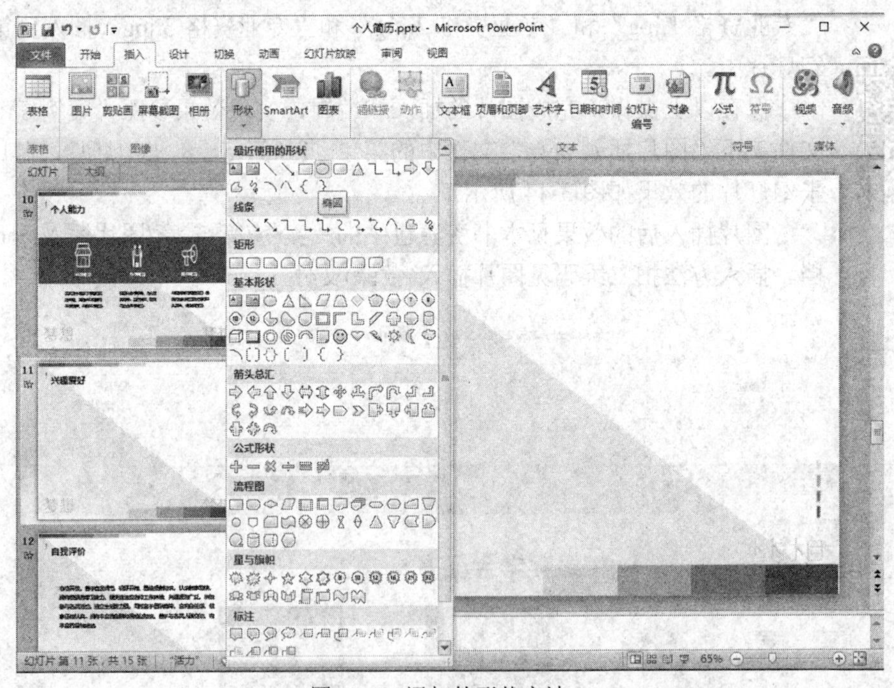

图 3-46　添加的形状方法 2

添加需要的形状之后，就可以对形状进行美化设计了。美化设计的方法和步骤如下：

(1) 点击选中形状，使形状四周出现控点，通过鼠标拖动形状的控点来调整形状的大小和位置。

(2) 单击“绘图工具格式”选项卡进入形状编辑状态，对形状的填充、轮廓、效果进行设置，如图 3-47 所示。PPT 中提供了 42 种样式供选择，可以选其中任一种样式来美化形状，也可以分别设置“形状填充”、“形状轮廓”和“形状效果”。“形状填充”可以在形状内填充相应的颜色，也可以利用渐变、纹理、图片来填充。“形状轮廓”可以选择边框的线条颜色、粗细、实线或虚线等。“形状效果”中提供了多种形状的特定效果，如形状的阴影、映像、发光、柔化边缘、棱台、三维旋转等。

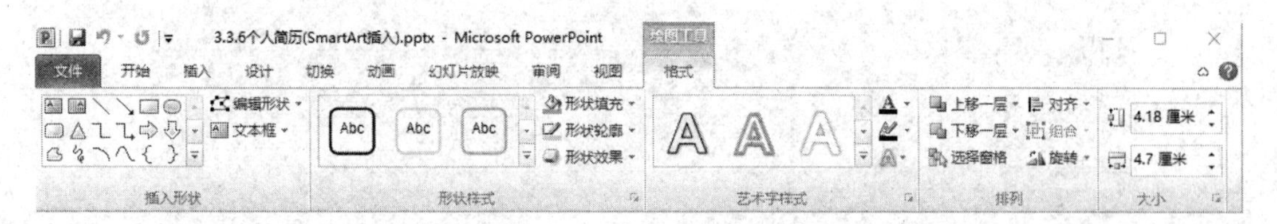

图 3-47　图形细节美化

(3) 可以通过双击图形，往图形中添加文字，也可以将多个简单的形状组合成复杂的图形。组合图形的操作为：按住 shift 键的同时依次单击选中需要组合的形状→点击鼠标右键→点击“组合”，将这些图形组合成一个图形，如图 3-48 所示。组合后的图形可以进行整体的放大、缩小，移动等调整。需要注意的是，在图形组合过程中要合理调整图形之间的叠放层次。如果需要取消组合，则选中组合的形状，右键，在弹出的下拉列表中选择“取消组合”即可。

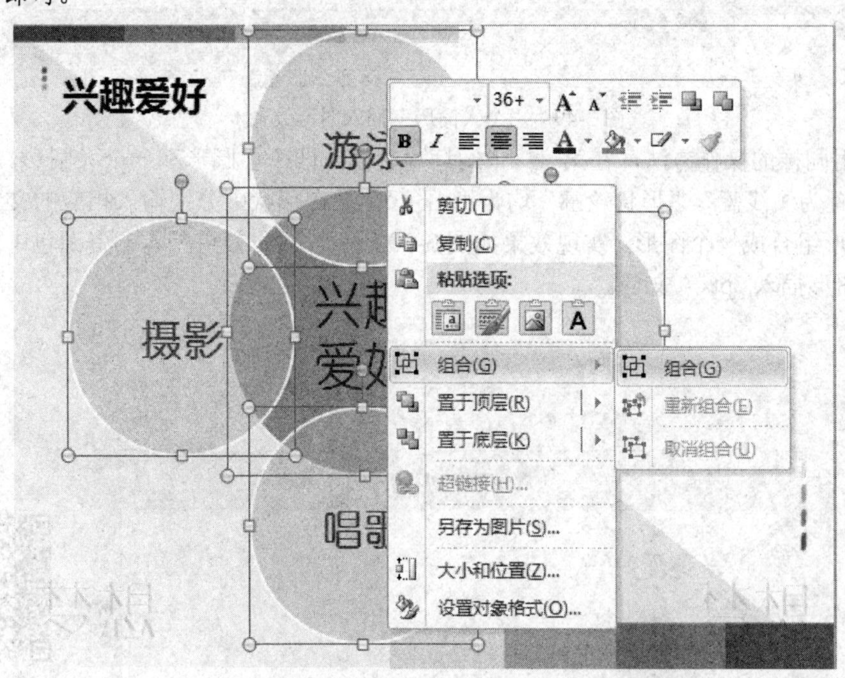

图 3-48　图形组合

下面为“个人简历.pptx”演示文稿添加图形：

(1) 双击打开资源包中的“案例/第 3 章”文件夹中的“图片插入.pptx”文档；

(2) 为第 1 张幻灯片插入圆形图。单击“插入”选项卡下的“形状”按钮，选择“基本形状”中的“椭圆”，将鼠标移动到编辑区，然后按住键盘上的“shift”按钮，同时单击拖动鼠标在幻灯片上绘制圆形。然后选中圆形，在“绘图工具 格式”选项卡下设置圆形的“形状填充”为“白色”，“形状轮廓”为“无轮廓”，并通过鼠标的拖动来调整圆形的大小和位置，将该圆形放置在幻灯片的正中央，右键设置图形放置在最底层，最后将“个人简历”文本框和“RESUME”文本框移至圆形上，效果如图 3-49 所示。

图 3-49　“个人简历”插入图形效果 1

(3) 用同样的操作方法，在第 11 张幻灯片中插入四个小圆形和一个大圆形。“形状填充”均设置为“浅蓝”，“形状轮廓”均为“白色”，并在形状中分别输入相应的文字，最后将五个圆形组合成一个图形，实现效果如图 3-50 所示。插入效果见本书资源包中的“案例/第 3 章/图形插入.pptx”文档。

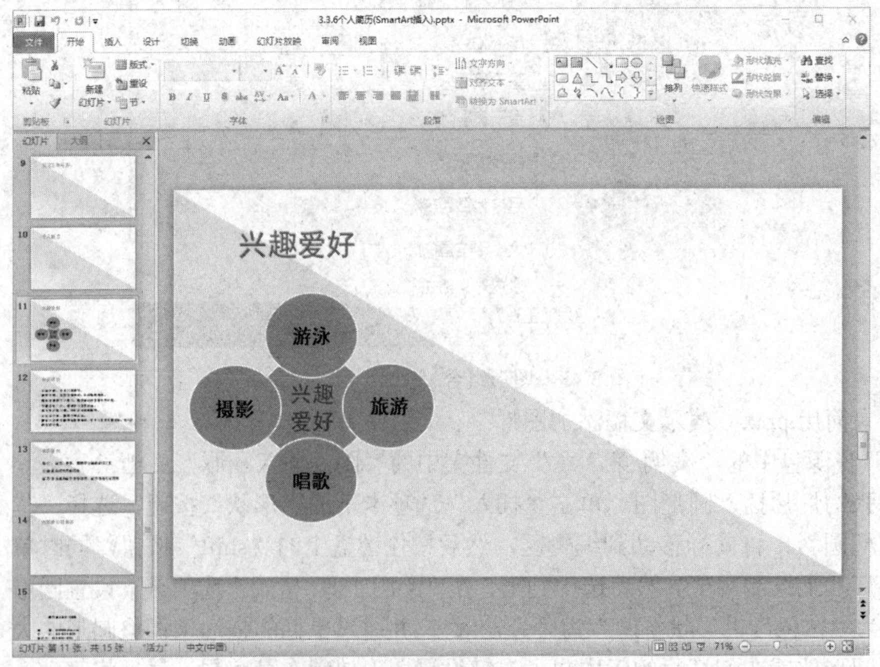

图 3-50　“个人简历”插入图形效果 2

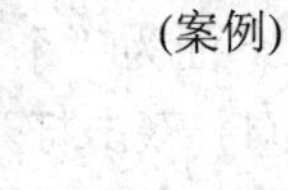

图形插入
(案例)

3.3.6　演示文稿的 SmartArt 图形添加

SmartArt 图形能够直观地表现各种层级关系、附属关系、并列关系或循环关系等常用关系结构。在图形样式设置、形状修改等方面，与图形设置方法类似。

1. 插入 SmartArt 图形

添加 SmartArt 图形的操作步骤：单击“插入”选项卡→单击“SmartArt”按钮→在弹出的“选择 SmartArt 图形”对话框中选择要添加的图形→单击“确定”按钮，即可添加 SmartArt 图形，如图 3-51 所示。

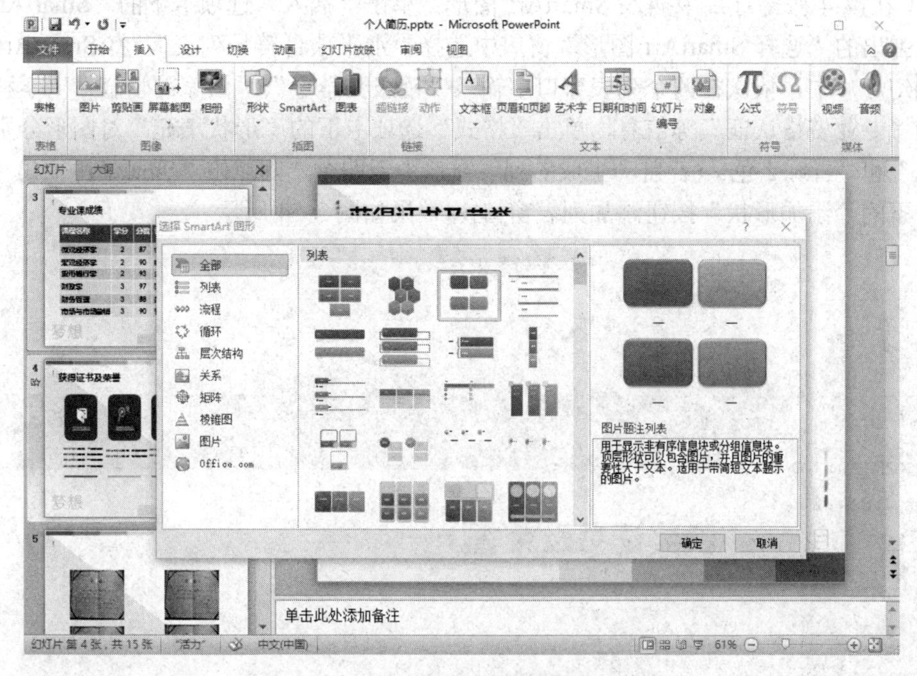

图 3-51　SmartArt 图形添加

2. 编辑 SmartArt 图形

图形添加之后，可对图形进行设置。单击选中需要编辑的 SmartArt 图形→在“SmartArt 工具”选项卡里切换到“设计”→单击“添加形状”按钮，可以添加一个相同的形状；在“布局”命令组中可以重新选择一个 SmartArt 图形。“更改颜色”选项用来修改图形的颜色，“SmartArt 样式”功能组中可以选择样式，如图 3-52 所示。

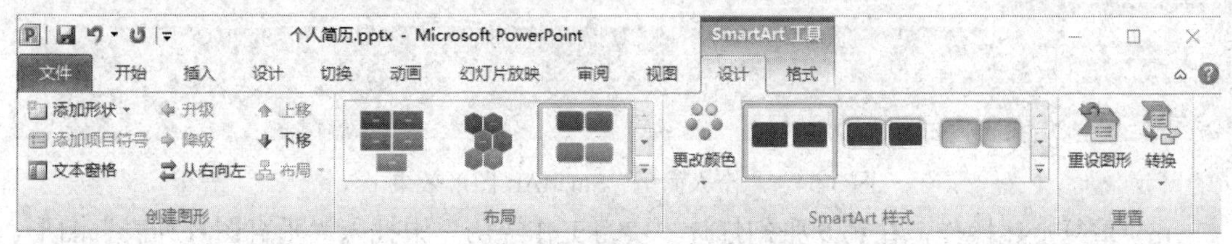

图 3-52　SmartArt 图形添加编辑 1

在“SmartArt 工具”选项卡里切换到“格式”功能选项下，可以设置 SmartArt 图形的形状样式和艺术字体，如图 3-53 所示。

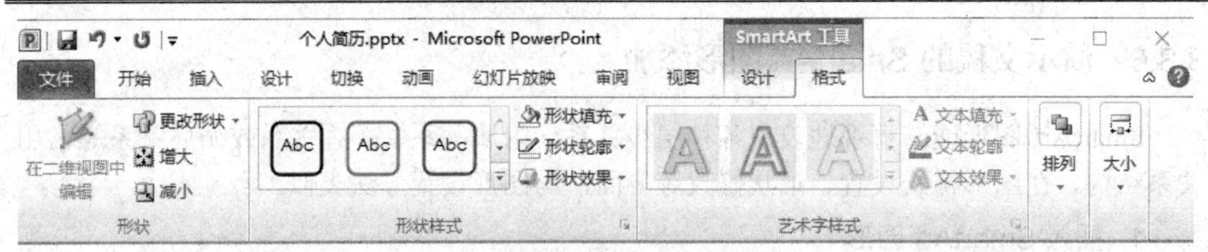

图 3-53　SmartArt 图形添加编辑 2

在“个人简历.pptx”中插入 SmartArt 图形：

(1) 打开本书资源包中的“案例/第 3 章”文件夹下的“图形插入.pptx”文档。

(2) 在第 4 张幻灯片中插入 SmartArt 图形：单击“插入”选项卡下的“SmartArt”图标，在弹出的“选择 SmartArt 图形”窗口中选择“水平项目符号列表”，将 SmartArt 图形插入到幻灯片中，依次在四个列表窗口中输入“校级奖学金”、“国家助学金”、“学科竞赛奖”和“专业资格认证”等信息，单击“格式”选项卡下的“形状填充”对图形分别填充“蓝色”和“青绿”色。(若自动生成的列表窗口少于四个，则点击“SmartArt 工具 设计”选项卡下的“添加形状”按钮添加列表窗口)，效果如图 3-54 所示。

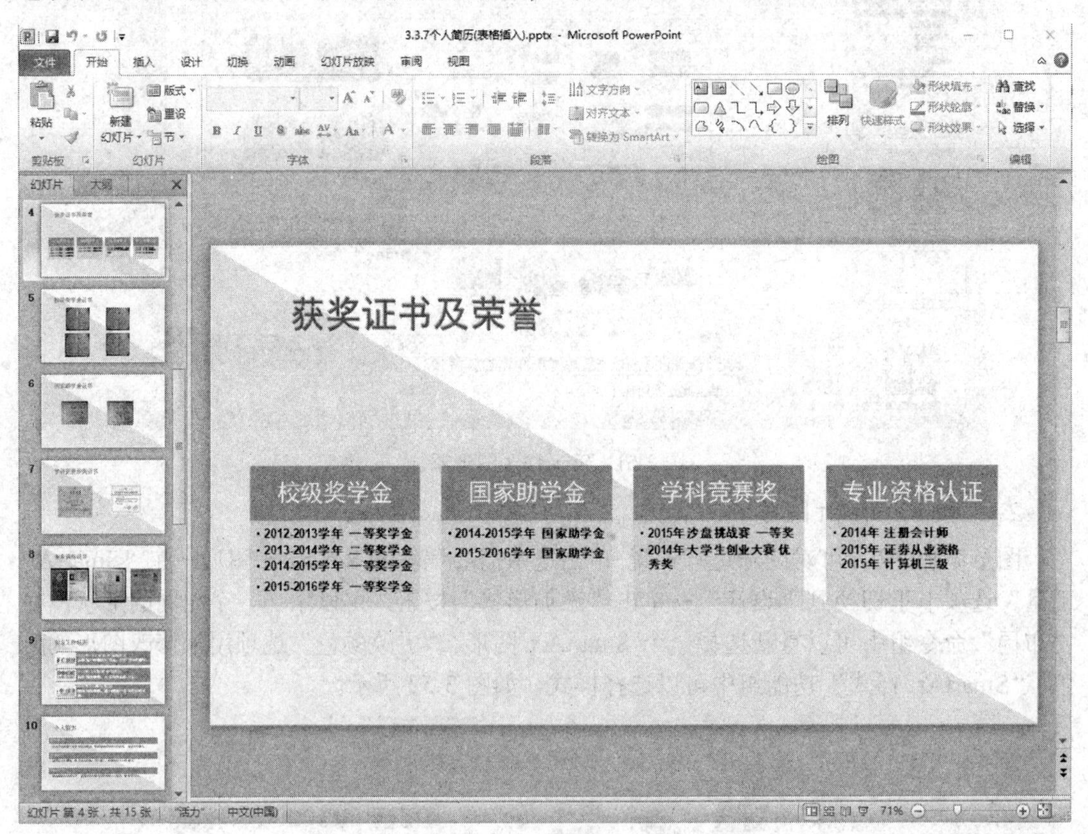

图 3-54　“个人简历”SmartArt 图形效果 1

(3) 重复上述操作，在第 9 张幻灯片“实习工作经历”中插入“垂直图片列表”图形，依次输入“2013 年”、“2014 年”、“2015 年”的实习经历，并在本书资源包中的“素材/第 3 章”文件夹内选择“证券图标.jpg、保险公司图标.jpg、银行图标.jpg”图片插入，并对形状填充“青绿”色。效果如图 3-55 所示。

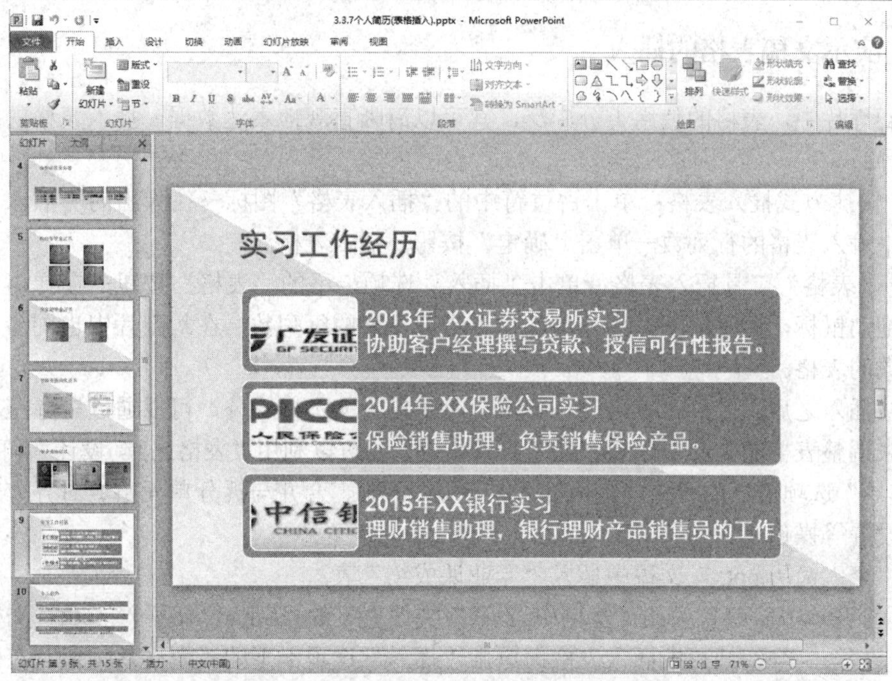

图 3-55　“个人简历”SmartArt 图形效果 2

(4) 重复上述操作，在第 10 张幻灯片“个人能力”中插入“垂直项目符号列表”图形，依次输入“业务能力”、“协作能力”和“交际能力”，并对形状填充“青绿”色，效果如图 3-56 所示。插入效果见本书资源包中的“案例/第 3 章/SmartArt 插入.pptx”文档。插入方法扫二维码见 SmartArt 插入(微课)文件。

SmartArt 插入
(案例)

SmartArt 插入
(微课)

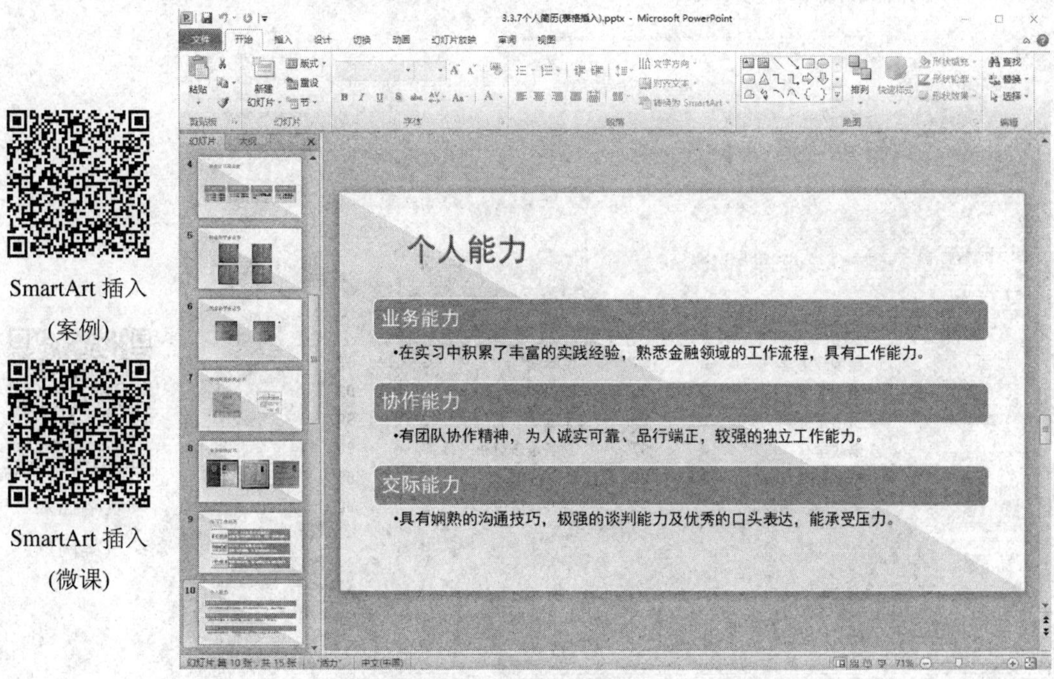

图 3-56　“个人简历”SmartArt 图形效果 3

3.3.7　演示文稿表格的插入

在幻灯片中，表格的使用十分广泛，其可以清晰直观地表达数据。插入表格的操作方法有两种：

(1) 快捷方式插入表格：单击占位符中的“插入表格”图标→在弹出的“插入表格”对话框中输入表格的行列数→单击“确定”按钮，插入表格。

(2) “表格”工具插入表格：单击“插入”选项卡下的“表格”按钮→在弹出的下拉列表中拖动鼠标，此时，下拉列表顶部显示当前表格的行列数，在幻灯片中也同步出现相应行列数的表格。

表格插入之后，可以对表格进行编辑，除了设置文本格式外，可以通过鼠标拖动表格的控点来调整表格的大小、行高和列宽以及位置，还可以利用“表格工具 设计”和“表格工具 布局”选项卡下的命令，完成插入与删除行(列)、合并与拆分单元格、对齐方式和表格样式设置等操作。

在“个人简历.pptx”文稿中插入“专业课成绩”表：

(1) 打开本书资源包中的“案例/第 3 章”文件夹下的“SmartArt 插入.pptx”文档。

(2) 在第 3 张幻灯片中插入表格：单击“插入”选项卡下的“表格”按钮，在弹出的下拉列表中通过拖动鼠标，选择一个 6×7(6 列 7 行)的表格，在幻灯片同步出现 6×7 的表格。

(3) 在表格中依次输入“课程名称”、“学分”、“分数”，并拖动鼠标调整表格的大小、行高、列宽和位置。

保存以上操作，完成表格的插入，效果如图 3-57 所示。插入效果见本书资源包中的“案例/第 3 章/表格插入.pptx”文档。

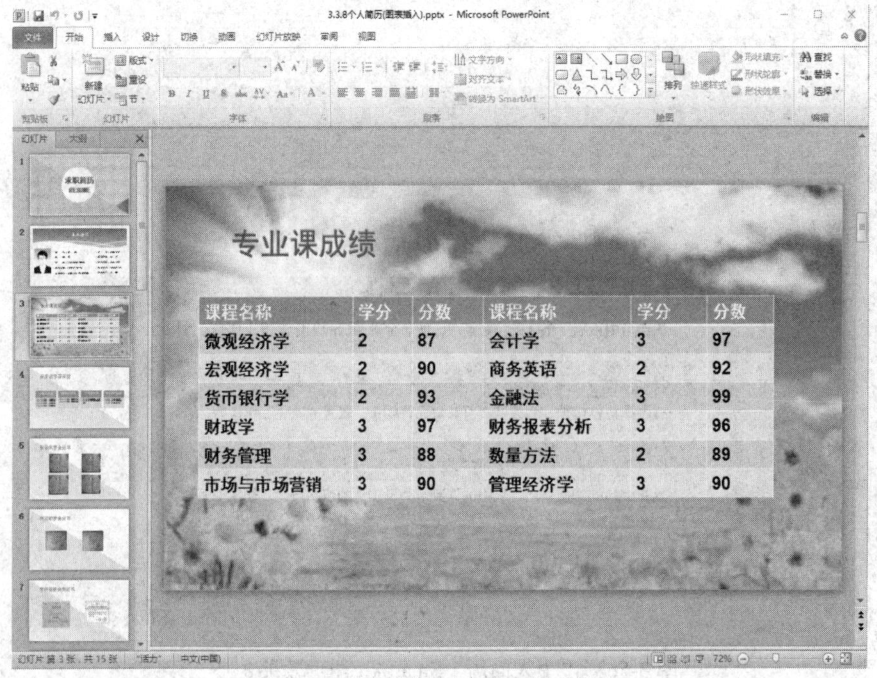

课程名称	学分	分数	课程名称	学分	分数
微观经济学	2	87	会计学	3	97
宏观经济学	2	90	商务英语	2	92
货币银行学	2	93	金融法	3	99
财政学	3	97	财务报表分析	3	96
财务管理	3	88	数量方法	2	89
市场与市场营销	3	90	管理经济学	3	90

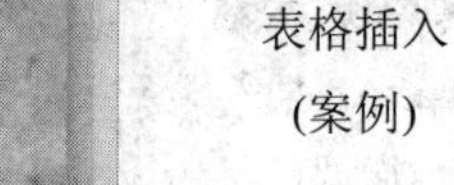
表格插入
(案例)

图 3-57　“个人简历”专业课成绩表

3.3.8 演示文稿的图表添加

幻灯片中如果需要展示数据，使用图表无疑比单纯的数据更加直观。常用的图表有柱形图、圆饼图、折线图等。插入图表的操作方法：单击“插入”选项卡→单击“图表”按钮→在弹出的“插入图表”对话框中选择需要添加的图表类型→点击“确定”，即可插入图表，如图 3-58 所示。

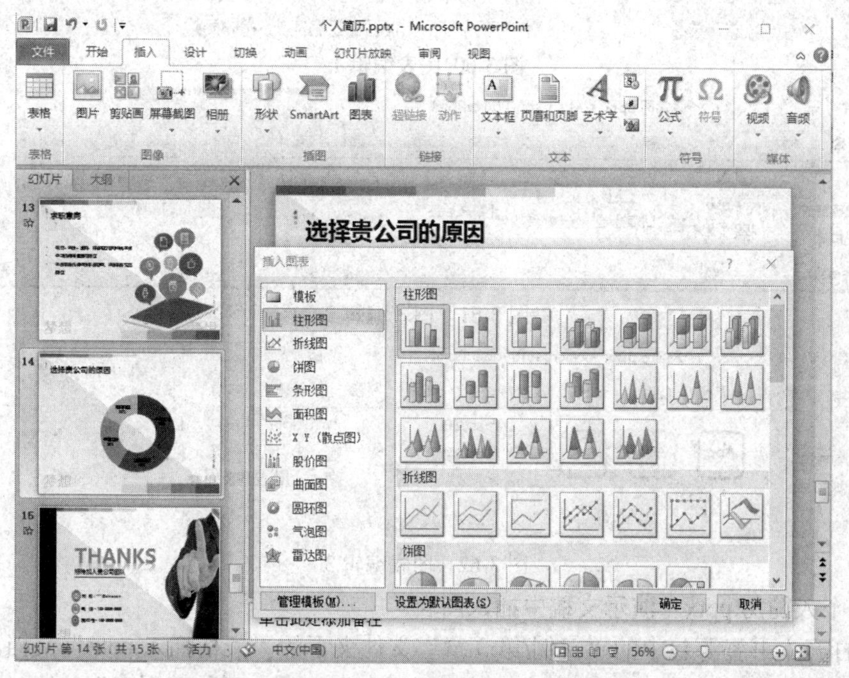

图 3-58 图表的插入

图表插入后，弹出一个 Excel 表格，在表格中填入相应的数据信息，关闭 Excel 表格，对应的图表就生成了，如图 3-59 所示。

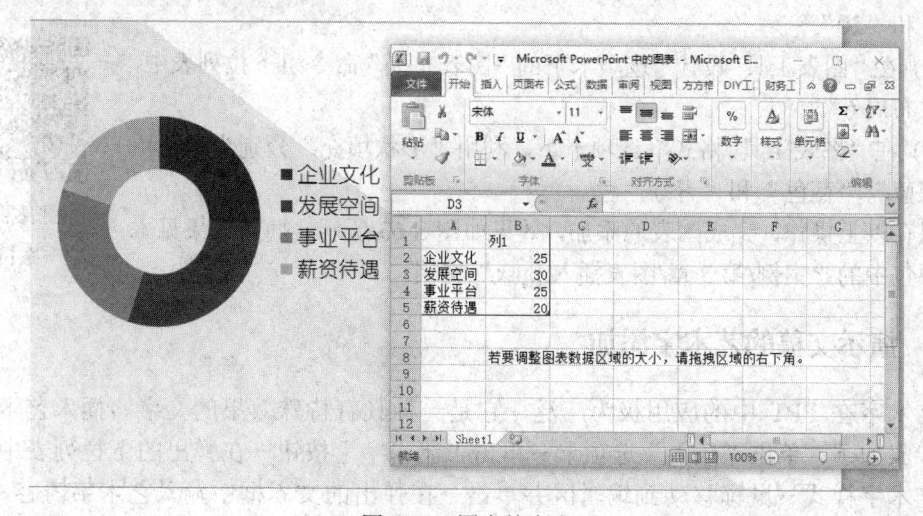

图 3-59 图表的生成

图表生成之后，可以对图表进行美化设计。单击选中图表，在“图表工具”选项卡下分别选择“设计”、“布局”或“格式”来对图表进行细节的处理。分别如图 3-60、图 3-61 和图 3-62 所示。

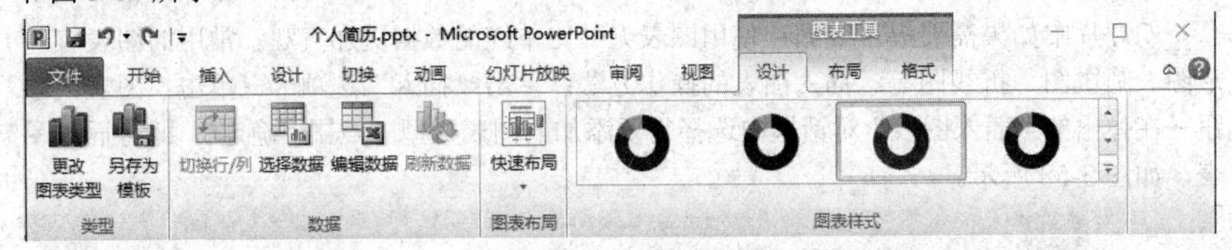

图 3-60 图表编辑 1

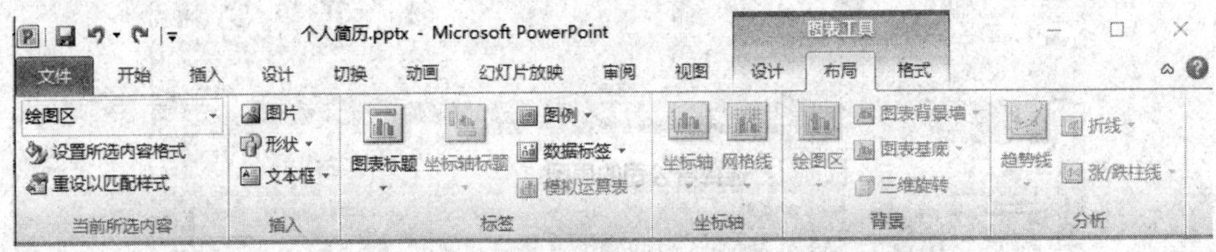

图 3-61　图表编辑 2

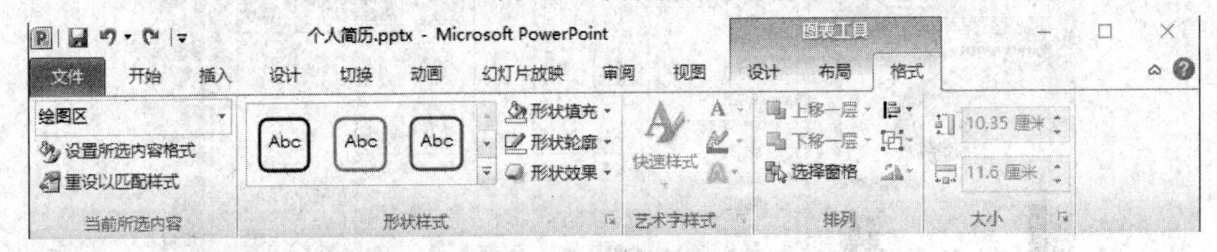

图 3-62　图表编辑 3

在“个人简历.pptx”演示文稿中插入图表：

(1) 打开本书资源包中的“案例/第 3 章”文件夹下的“表格插入.pptx”文档。

(2) 在第 14 张幻灯片中插入图表：单击“插入”选项卡下的“图表”按钮，在弹出的“插入图表”窗中选择“圆环图”，点击“确定”按钮，然后启动 Excel 程序，在 Excel 表格 A 列中依次输入“企业文化”、“发展空间”和“薪资待遇”，B 列依次输入所占比例“35”、“45”和“20”。

(3) 在“图表工具 设计”选项卡下的“图表布局”命令组下拉列表中，选择“布局 6”。

图表插入

(案例)

(4) 在“图表工具 格式”选项卡下，利用“形状填充”分别为形状填充“深蓝”、“蓝色”和“青绿”色。

保存以上操作，完成图表的添加，效果如图 3-63 所示。插入效果见本书资源包中的“案例/第 3 章/图表插入.pptx”文档。

3.3.9 演示文稿的艺术字添加

艺术字在 PPT 中的应用极为广泛，它是一种具有特殊效果的文字。插入艺术字的操作步骤如下：单击“插入”选项卡→单击“艺术字”按钮→在弹出的下拉列表中单击选择艺术字样式→鼠标移动到编辑区并单击→在弹出的文本框中输入艺术字内容，如图 3-64 所示。

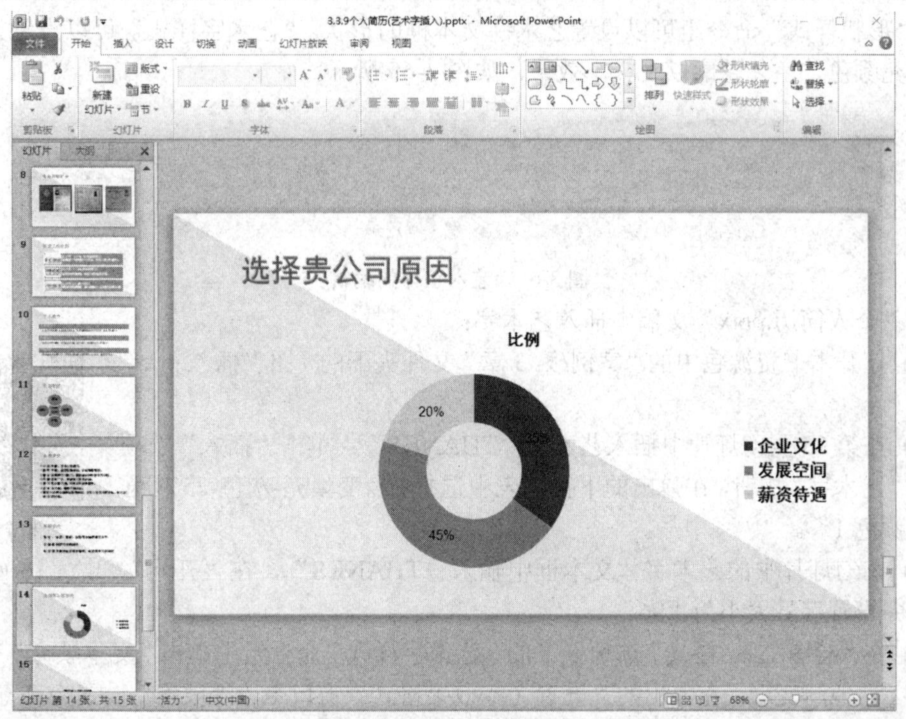

图 3-63　“个人简历”图表插入效果图

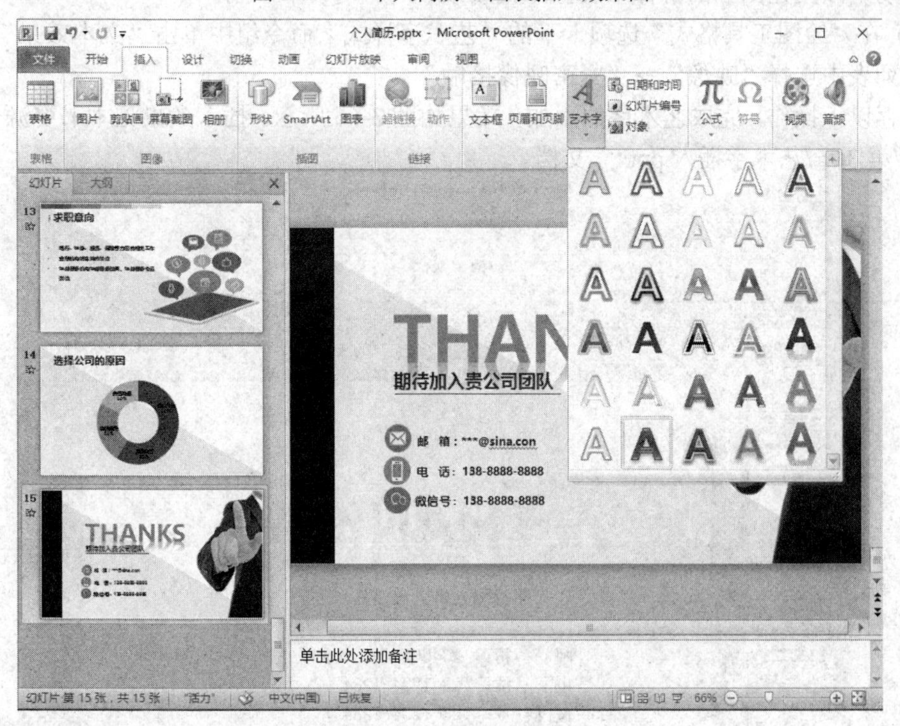

图 3-64　艺术字的创建

在弹出的艺术字体文本框中输入相应的文字后，在“开始”选项卡下的“字体”组里来设置字体、字号、颜色等。

还可以在“绘图工具格式”选项卡下对艺术字的边框样式以及字体样式进行进一步的

设置。“形状样式”命令组可以设置艺术字文本框的形状，“艺术字样式”可以设置艺术字体的填充颜色、字体轮廓以及文本效果，如图 3-65 所示。

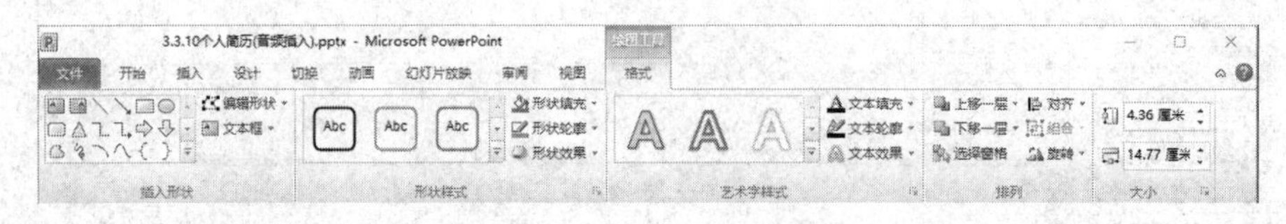

图 3-65　艺术字体的编辑

在“个人简历.pptx”文稿中插入艺术字：

艺术字插入（案例）

(1) 打开本书资源包中的“案例/第 3 章”文件夹下的“图表插入.pptx”文档。

(2) 在第 15 页幻灯片中插入艺术字“THANKS”：单击“插入”选项卡下的“艺术字”按钮，在弹出的下拉列表中选择“渐变填充-灰色-25% 强调文字颜色 1”。

(3) 在幻灯片中的艺术字体文本框中输入“THANKS”，在“开始”选项卡中设置字号大小为“96”。

(4) 在“绘图工具 格式”选项卡下的“艺术字样式”命令组中单击“文本填充”→“渐变”→“其他渐变”，在弹出的“设置文本效果格式”窗口中，“颜色”设置为“青绿”，然后移动“渐变光圈”的游标来设置渐变效果。

(5) 在“绘图工具格式”选项卡下的“艺术字样式”命令组中单击“文本效果”按钮，在下拉列表中选择“映像”→“紧密映像接触”。

保存以上操作，完成艺术字的添加，效果如图 3-66 所示。插入效果见本书资源包中的“案例/第 3 章/艺术字插入.pptx”文档。

图 3-66　“个人简历”插入艺术字效果

3.3.10　演示文稿的音频添加

制作了一份完整的 PPT 后，如果希望这份文件能够生动一些，可以在播放幻灯片时配背景音乐或旁白，那就要插入音频文件。插入音频文件的操作如下：单击“插入”选项卡→单击“音频”按钮→弹出的“插入音频”对话框中选择要插入的音频文件(见本书资源包中“素材/第 3 章/ban.mp3”文件)→单击“插入”按钮，完成音频文件的插入，如图 3-67 所示。

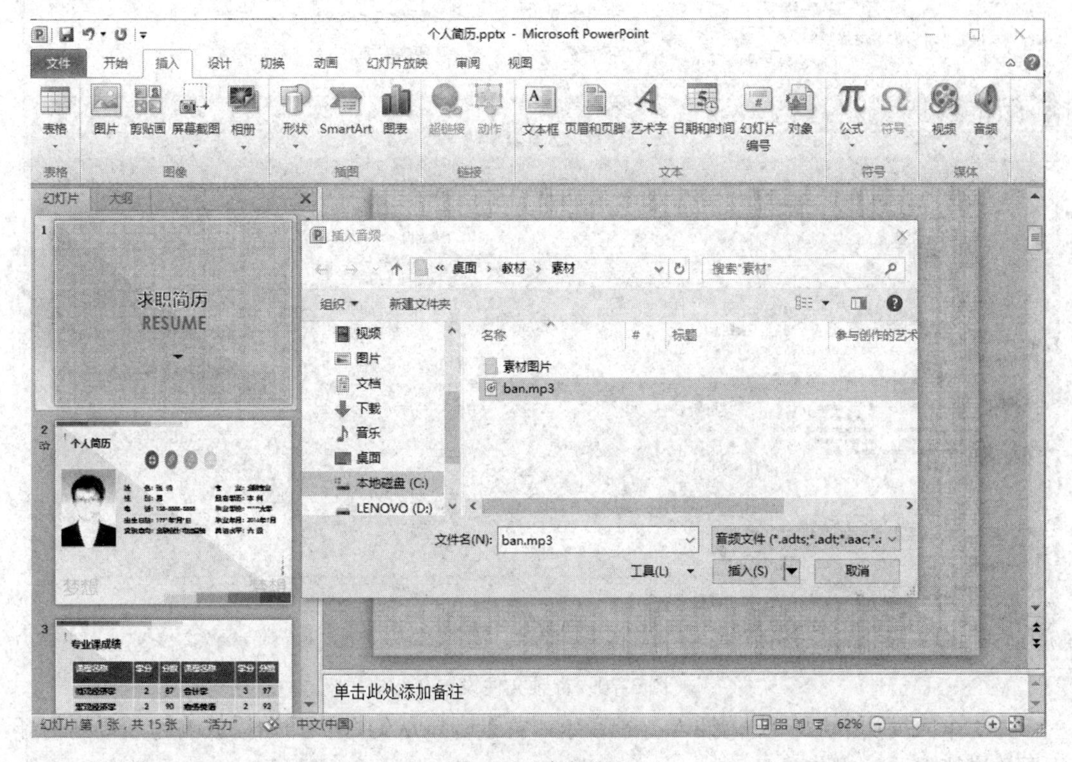

图 3-67　音频插入

插入音频文件后，在幻灯片中会出现一个喇叭形标记，选中它，单击其左下角的“播放”按钮，即可进行播放，如图 3-68 所示。

图 3-68　音频文件图标

如需对插入的音频文件进行设置，单击选中喇叭形标记，单击 “音频工具”选项卡中的“格式”按钮对图标样式进行设置，如图 3-69 所示。单击“播放”按钮，设置文件的起始时间和结束时间，对音频文件进行剪辑，如图 3-70 所示。

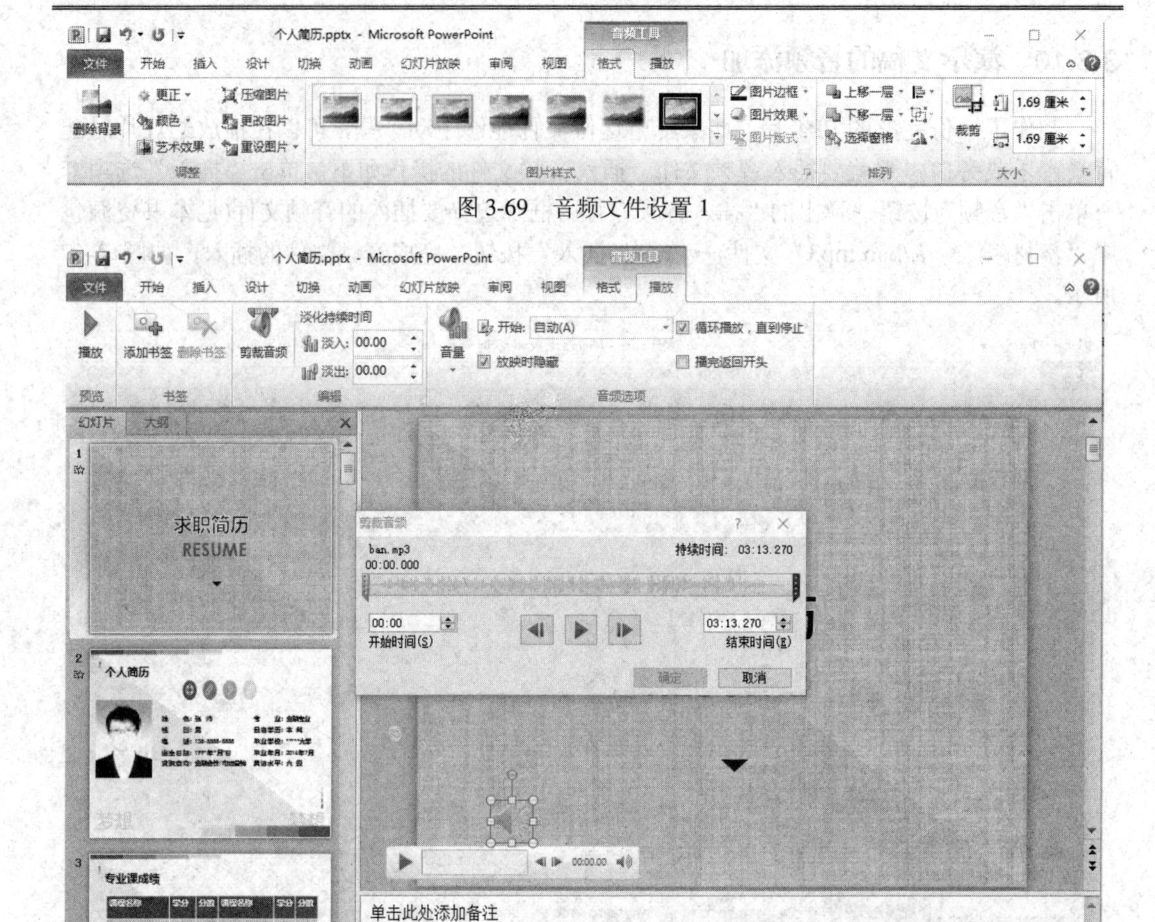

图 3-69　音频文件设置 1

图 3-70　音频文件设置 2

为“个人简历.pptx”文稿插入背景音乐，背景音乐从幻灯片开始播放响起，直到幻灯片播放完毕停止，操作为：

(1) 打开本书资源包中的“案例/第 3 章”文件夹下的“艺术字插入.pptx”文档。

(2) 在第 1 张幻灯片中插入音频文件：单击“插入”选项卡下的“音频”按钮，在“插入音频”对话框中选择插入本书资源包中的“素材/第 3 章”文件夹下的“ban.mp3”音频文件，单击“插入”按钮完成音频文件的插入。

(3) 单击选中幻灯片中的喇叭形标记，将图标拖动到页面的右下角。

(4) 在“音频工具播放”选项卡下设置文件播放的“开始”选项为“跨幻灯片播放”，并勾选“循环播放，直到停止”的选项。

音频插入
(案例)

保存以上操作，完成音频文件的添加。插入效果见本书资源包中的“案例/第 3 章/音频插入.pptx”文档。

3.3.11　演示文稿的视频添加

制作演示文稿的时候，还可以根据实际需要添加视频。插入视频文件的操作如下：单击“插入”选项卡→单击“视频”按钮→在弹出的“插入视频”对话框中选择要插入的视频文件(见本书资源包中的“素材/第 3 章/旅游风景.wmv”文件)→单击“插入”按钮，完成视频文件的插入，如图 3-71 所示。

Tips：演示文稿中插入视频，可支持的格式有：.avi、.mpg、.wmv 和.ASF。

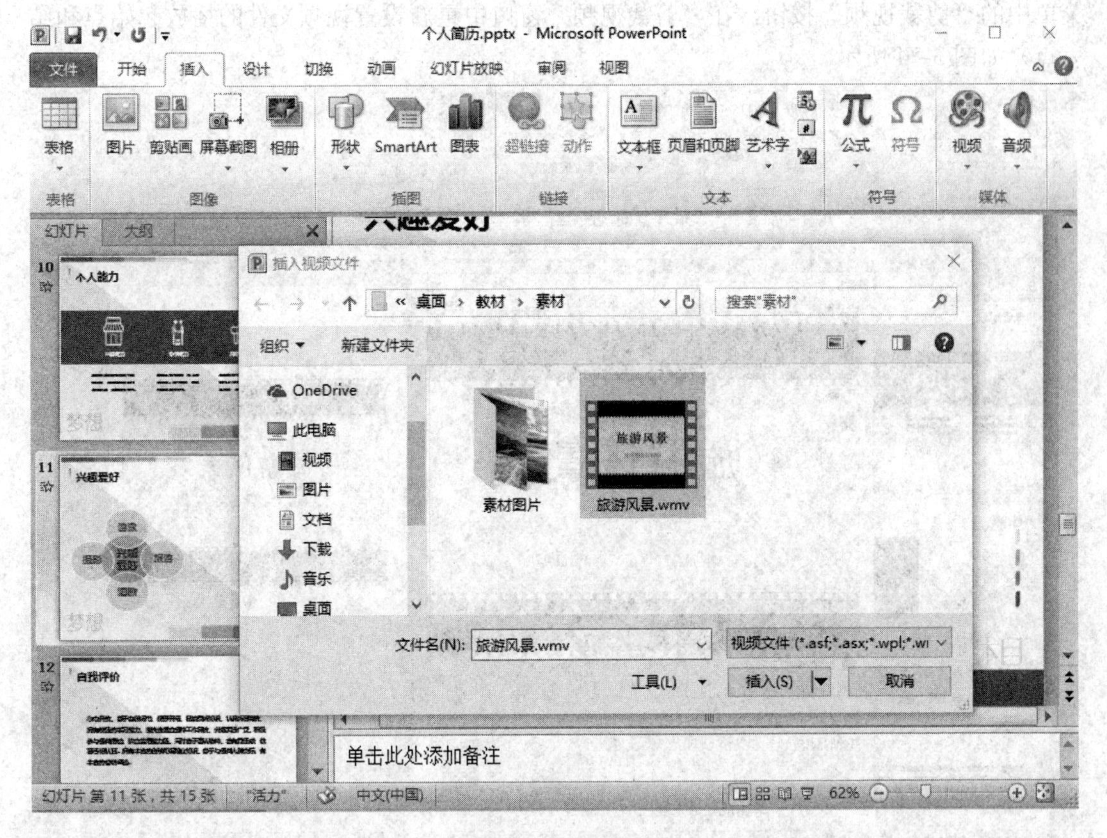

图 3-71　视频插入

视频插入 ppt 后，可以点击“视频工具”选项卡下的“格式”按钮对播放界面进行设置，如图 3-72 所示。

图 3-72　视频文件设置 1

如果需要对视频文件的播放音量、播放形式等进行设置，则单击“视频工具”选项卡下的“播放”按钮，该菜单下提供多种编辑视频文件的操作按钮，如图 3-73 所示。

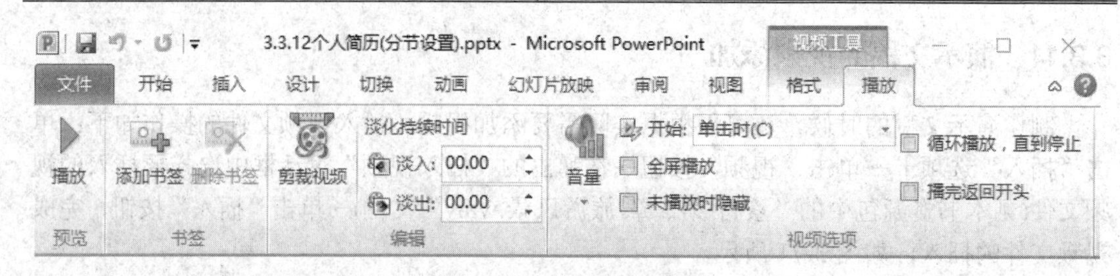

图 3-73　视频文件设置 2

若需要对视频文件进行剪辑，剪切视频文件的片段，具体操作为：点击“播放”选项菜单中的“剪裁视频”按钮，在“剪裁视频”窗口中重新设置视频文件的播放起始点和结束点，如图 3-74 所示。

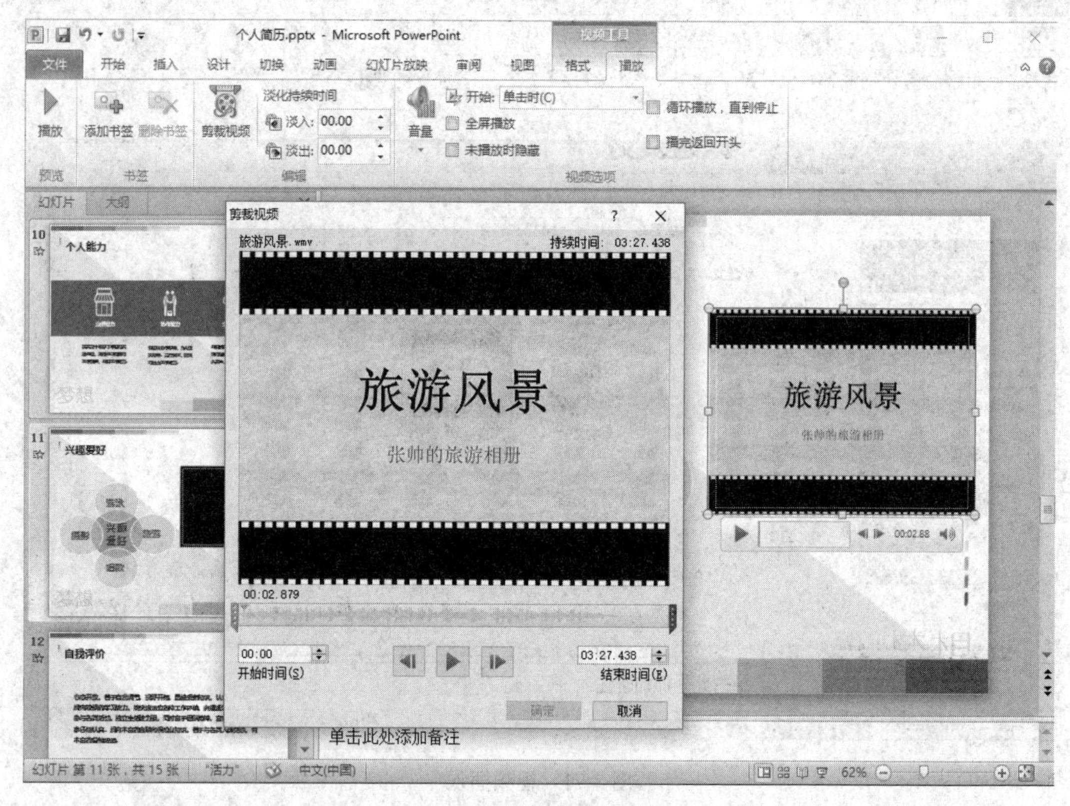

图 3-74　视频文件设置 3

为“个人简历.pptx”文稿插入视频文件，具体操作为：

(1) 打开本书资源包中的“案例/第 3 章”文件夹下的“音频插入.pptx”文档。

(2) 在第 11 张幻灯片插入视频文件：单击“插入”选项卡下的“视频”按钮，在“插入视频”对话框中选择插入本书资源包中的“素材/第 3 章”文件夹下的“旅游风景.wmv”文件，单击“插入”按钮完成视频文件的插入。

视频插入
(案例)

(3) 利用鼠标拖动播放器的控点，调整播放器的大小和位置，将其放置在幻灯片页面的右侧。

(4) 在“视频工具 格式”选项卡下的“视频样式”命令组中，选择“棱台框架渐变”样式。

保存以上操作，视频文件的添加，效果如图 3-75 所示。插入效果见本书资源包中的“案例/第 3 章/视频插入.pptx”文档。

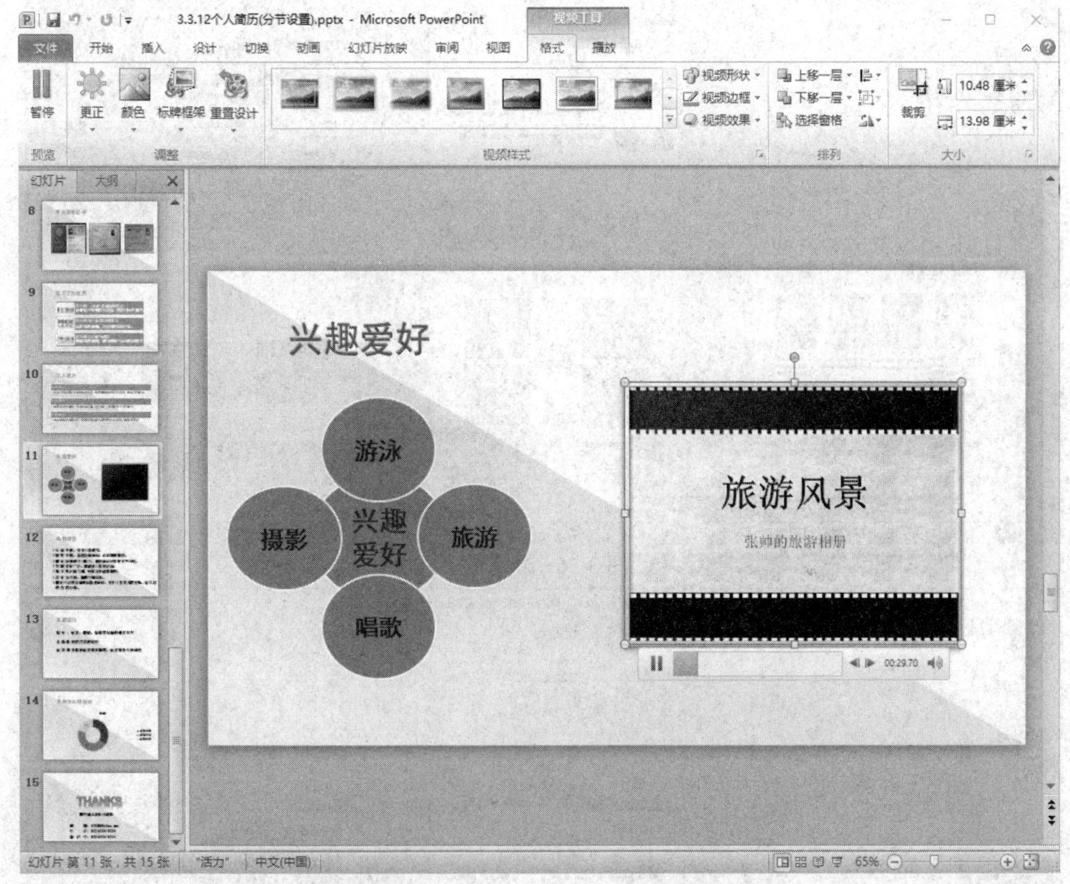

图 3-75　“个人简历”视频插入效果

3.3.12　演示文稿的分节设置

演示文稿中如果包含大量的幻灯片，就需要对其内容进行组织和管理。演示文稿的分节功能，可以使幻灯片按照内容类别进行逻辑分组，方便管理和导航。分节的设置步骤如下：

(1) 单击“视图”选项卡，切换为“幻灯片浏览”视图。选中节的第一页，在“开始”选项卡中找到“节”按钮，在下拉列表中点击“新增节”，如图 3-76 所示。

(2) 给节命名，由于新添加的节默认是“无标题节”，鼠标右击选中“无标题节”，在下拉菜单中选择“重命名节”，并在弹出的“重命名节”窗口中对节标题进行命名，如图 3-77 和图 3-78 所示。

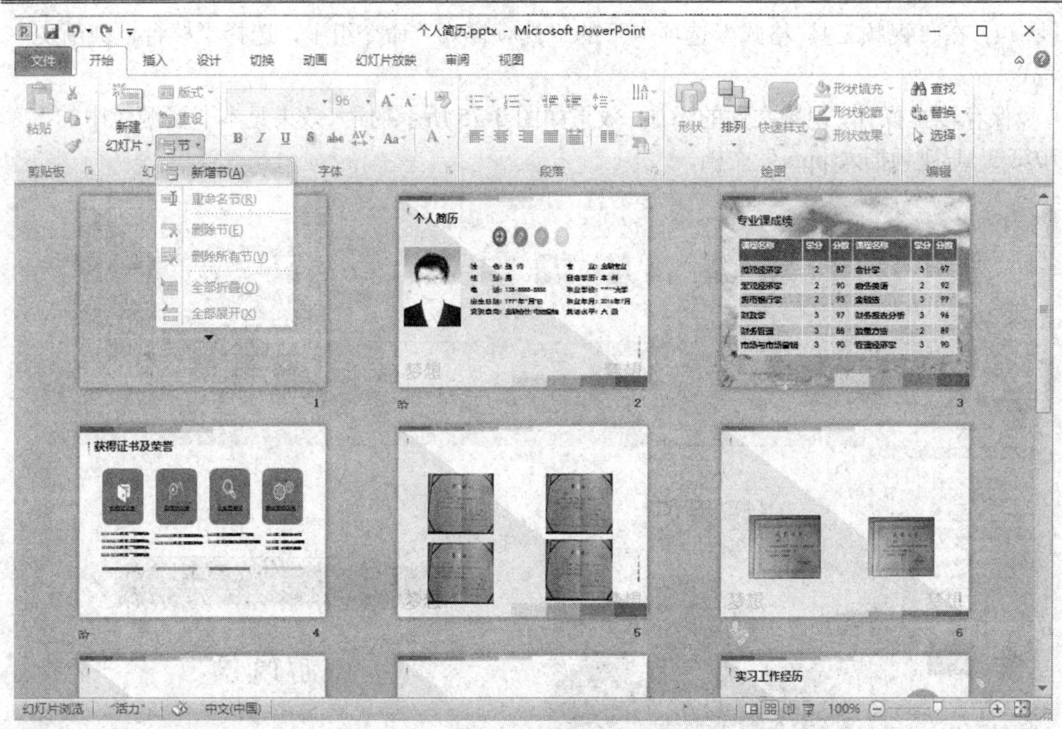

图 3-76　新增节

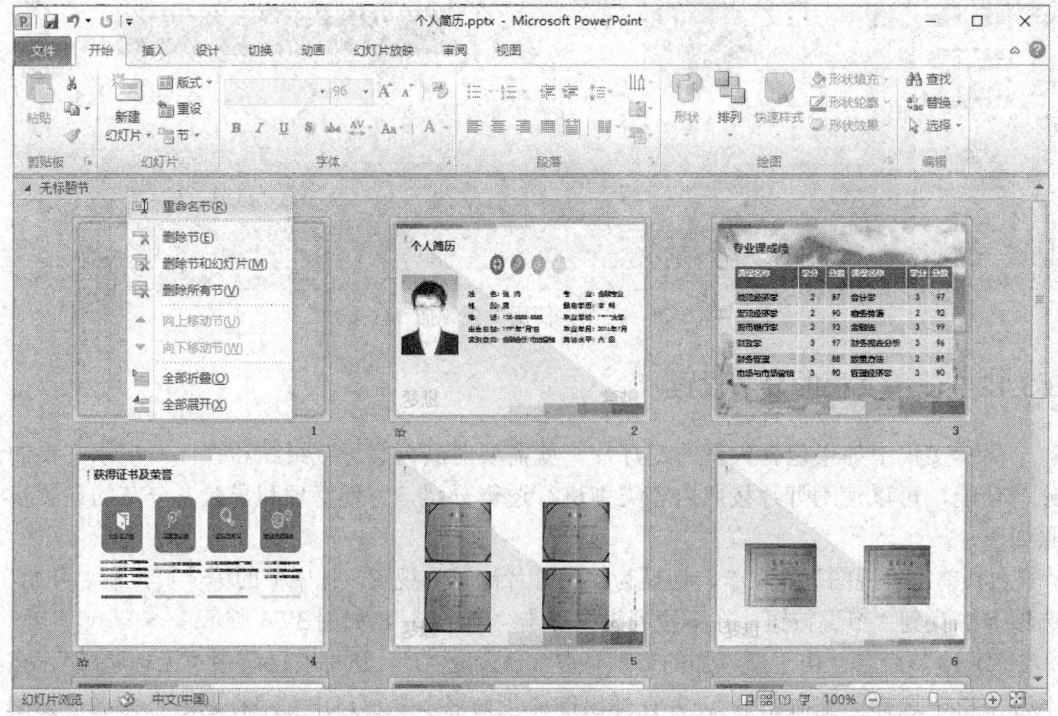

图 3-77　重命名节 1

分节设置
(案例)

分节设置
(微课)

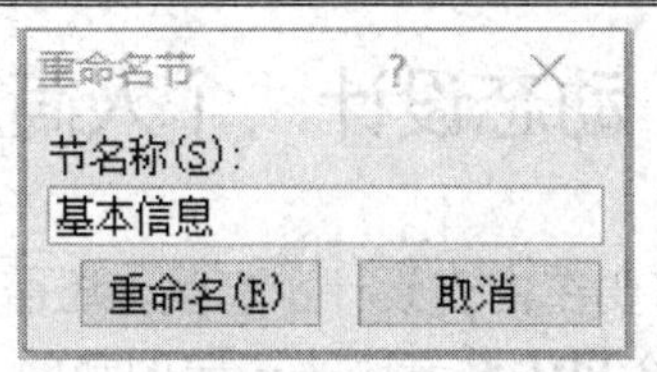

图 3-78　重命名节 2

为“个人简历.pptx”文稿设置分节，具体操作步骤：

(1) 打开本书资源包中的“案例/第 3 章”文件夹下的“视频插入.pptx”文档。

(2) 单击“视图”选项卡，切换为“幻灯片浏览”视图。

(3) 选中第 1 张幻灯片，单击“开始”选项卡下的“节”按钮，在下拉菜单中选择“新增节”，并右击选中新添的“无标题节”，在菜单中选择“重命名节”，在弹出的“重命名节”对话窗口输入节名称为“基本信息”，最后单击“重命名”按钮。

(4) 选中第 4 张幻灯片，重复(3)操作，为新增的节命名为“获奖情况”。

(5) 选中第 9 张幻灯片，重复(3)操作，为新增的节命名为“个人能力”。

(6) 选中第 13 张幻灯片，重复(3)操作，为新增的节命名为“求职意向”。

(7) 选中第 15 张幻灯片，重复(3)操作，为新增的节命名为“结束”。

保存以上操作，完成演示文稿的分节设置，在普通视图下文稿的分节效果如图 3-79 所示。设置效果见本书资源包中的“案例/第 3 章/分节设置.pptx”文档。设置方法扫二维码见分节设置(微课)文件。

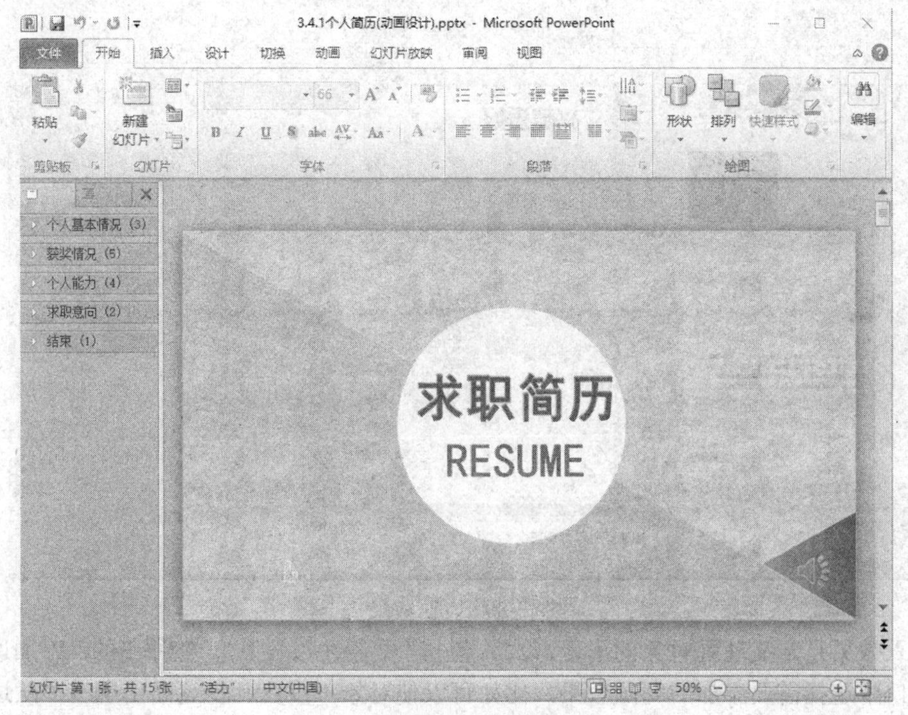

图 3-79　文稿分节效果

3.4　动态设计“个人简历”演示文稿

3.4 节课件

制作幻灯片，不仅需要在内容设计上精美，还需要在 PPT 的动画上下功夫，好的 PPT 动画能给 PPT 演示带来一定的帮助。本节通过 “个人简历.pptx”演示文稿的动态设计案例，实现以下几个学习目标：

(1) 掌握演示文稿动画效果的添加方法。

(2) 掌握幻灯片切换效果的设置方法。

(3) 掌握演示文稿的超链接设置方法。

3.4.1　动画效果的设计

为幻灯片设置动画效果可以突出重点，吸引观看者注意。PowerPoint 演示文稿中的文本、图片、形状、表格、SmartArt 图形和其他对象都可以制作成动画，赋予它们进入、退出、大小或颜色变化甚至移动等视觉效果，使得放映过程更加丰富、有趣。

1. 添加动画

在“动画”选项卡下可以进行动画的设置。点击“添加动画”按钮，下拉列表中提供了多种动画效果，同时还提供了 4 种自定义动画效果：进入效果、强调效果、退出效果和其他动作路径，如图 3-80 所示。

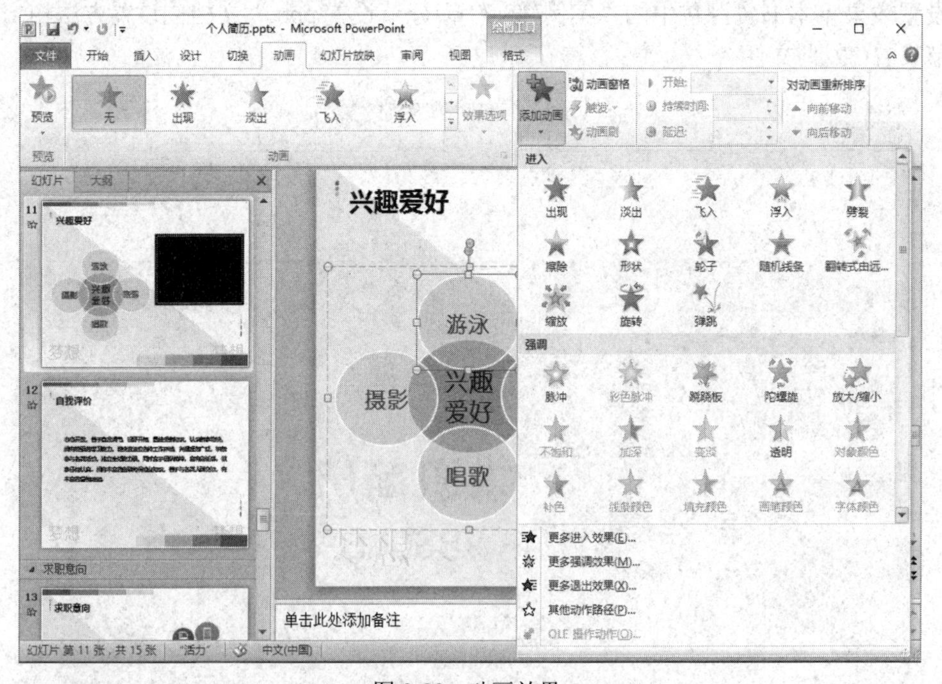

图 3-80　动画效果

进入效果是定义动画对象的出现形式。点击“更多进入效果”，在弹出的“添加进入效果”窗口中选择需要添加的动画效果，比如可以使对象“以百叶窗逐渐出现”、“从边缘飞入幻灯片”或者“跳入视图中”等，如图 3-81 所示。

强调效果主要用来凸显需要观看者注意的内容，点击“更多强调效果”，会弹出“添加强调效果”窗口，如图 3-82 所示。有“基本型”、“细微型”、“温和型”以及“华丽型”四种特色动画效果，这些效果的示例包括使对象缩小或放大、更改颜色或沿着其中心旋转。

图 3-81　进入效果

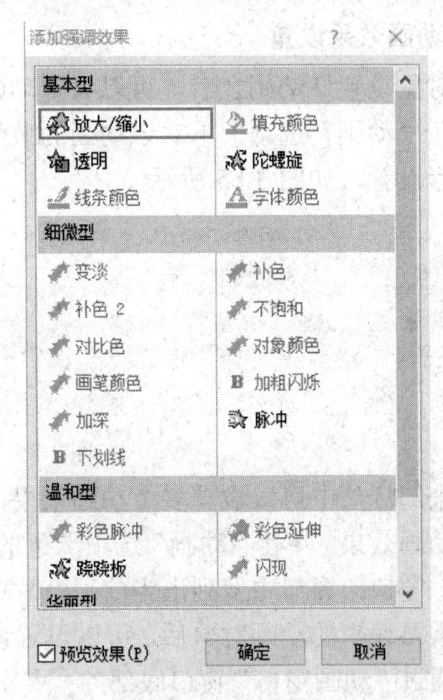

图 3-82　强调效果

退出效果与进入效果类似，它是自定义对象退出时的动画形式，如“让对象飞出幻灯片”、“从视图中消失”或者“从幻灯片旋出”，如图 3-83 所示。

动作路径效果，是根据形状或者直线、曲线的路径来展示对象游走的路径，使用这些效果可以使对象上下移动、左右移动或者沿着星形或圆形图案移动，如图 3-84 所示。

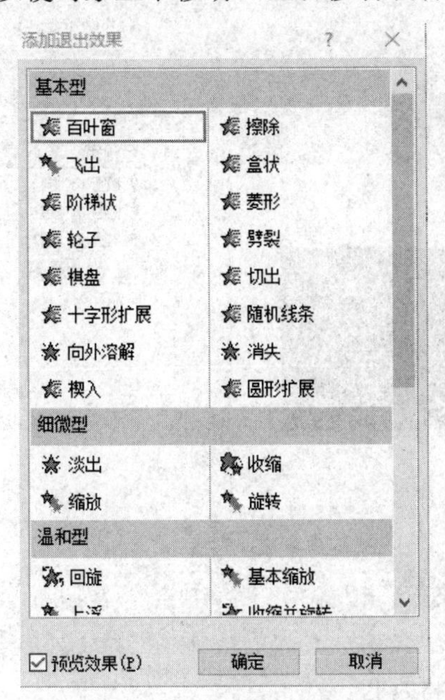

图 3-83　退出效果

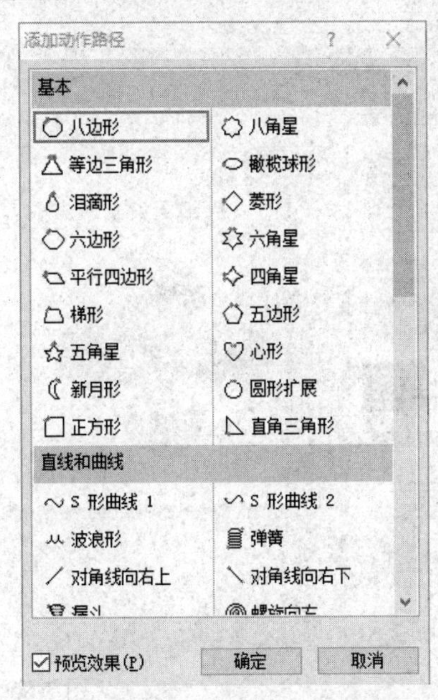

图 3-84　其他动作路径

用户也可以按照需求来自定义动画路径。在“动画”命令组中单击下拉列表按钮，在“动作路径”下选择“自定义路径”选项，鼠标移至幻灯片上，变成“+”形时，单击鼠标，开始通过鼠标移动来绘制动画路径，双击鼠标完成路径的绘制。

2. 动画效果设置

为对象设置好动画之后，可以设置动画开始播放的时间、调整动画速度等。单击动画对象，在“动画”选项卡下对该动画的效果、开始方式、开始时间、延时、动画出现的顺序等进行设置，如图 3-85 所示。

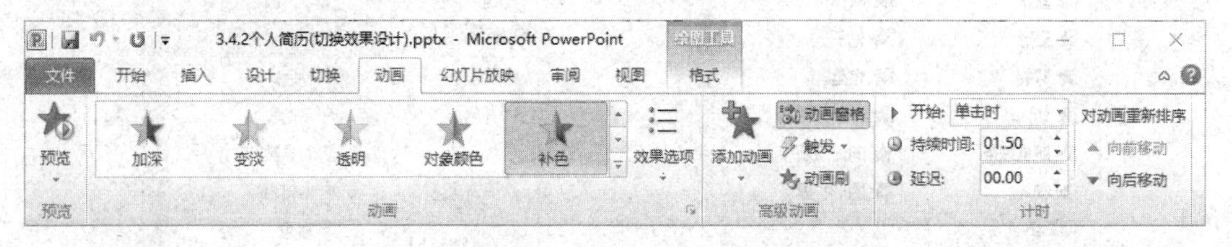

图 3-85　动画效果设置

一张幻灯片中可以设置多个动画效果，我们可以在“动画窗格”中查看本张幻灯片中的所有动画效果。单击“动画”选项卡下的“动画窗格”按钮，幻灯片编辑区右侧出现“动画窗格”窗口，窗口中罗列出当前幻灯片中设置动画的对象名称以及对应的动画顺序。单击选中需要编辑的动画对象后，可以设置该对象的“开始”、“持续时间”、“延迟”等选项，也可以通过“动画窗格”窗口底部的“重新排序”的上下箭头来调整某个动画的播放顺序。调整完后，可以单击“播放”按钮，预览动画播放效果，如图 3-86 所示。

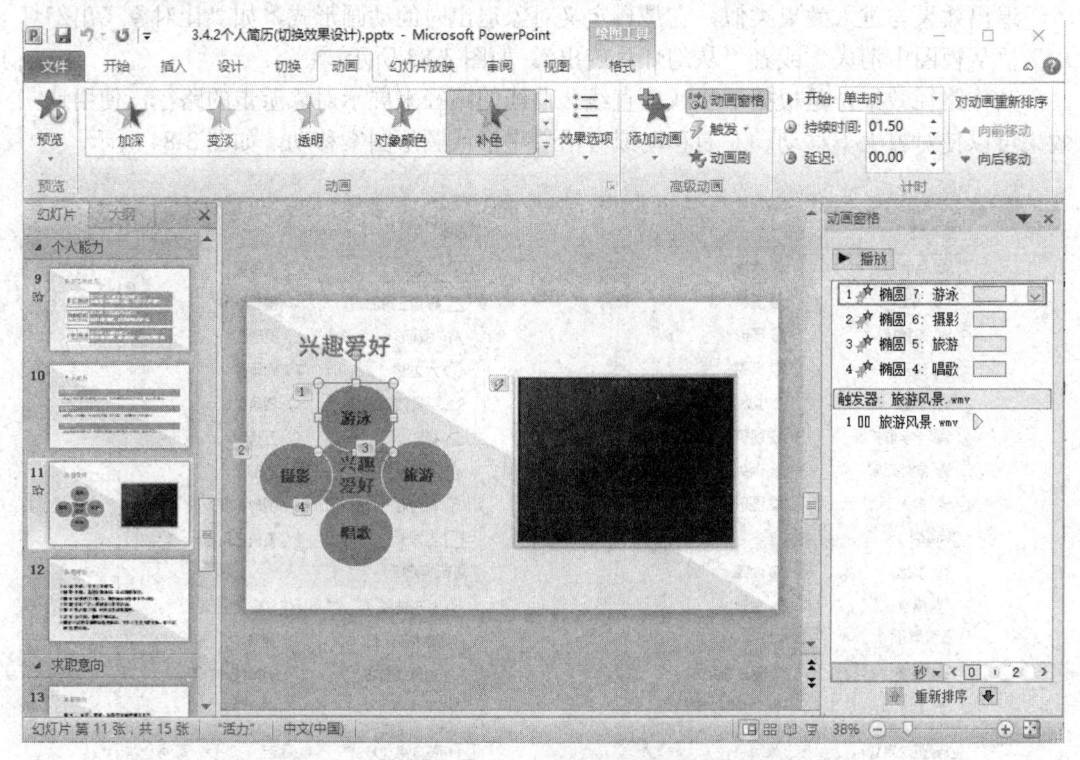

图 3-86　动画窗格效果

3. 动画刷

在“动画”选项卡下有一个“动画刷”，它与 Microsoft Office 办公软件 Word 组件中的“格式刷”功能类似，可以快速地复制动画效果，并应用到其他对象上，大大方便了对不同对象(图像、文字等)设置相同的动画效果/动作方式的工作。使用方法：点击选中已经设置了动画的对象，单击“动画刷”按钮，当鼠标变成刷子形状的时候，点击需要设置相同自定义动画的对象即可。

4. 为“个人简历.pptx”文稿设置动画

演示文稿中使用动画效果，虽然能够使幻灯片内容丰富，但是建议制作 PPT 动画时不要添加过多的动画效果，避免因动画效果使用过度而分散观看者的注意力。

在“个人简历.pptx”文稿中插入动画效果：

(1) 打开本书资源包中的“案例/第 3 章”文件夹下的“分节设置.pptx”文档。

(2) 为第 9 张幻灯片中的 SmartArt 图形添加“进入”动画效果：单击“动画”选项卡，选中“实习工作经历”SmartArt 图形，在“动画”命令组中选择“飞入”效果，并设置动画的“持续时间”为“01.50”；

动画设计
(微课)

(3) 为第 11 张幻灯片中的圆形设置“强调”效果，并运用“动画刷”功能：选中“游泳”图形，在“动画”命令组中的“强调”效果下选择“补色”，并设置动画“持续时间”为“01.50”；然后再选中“游泳”图形，单击“动画刷”按钮，当鼠标变成刷子形状的时候，分别依次点击“摄影”、“唱歌”和“旅游”图形，为这三个图形也添加同样的“补色”动画效果。

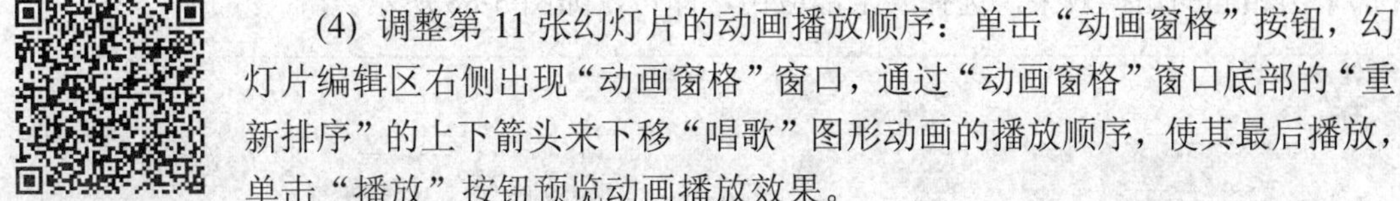

动画设计
(案例)

(4) 调整第 11 张幻灯片的动画播放顺序：单击“动画窗格”按钮，幻灯片编辑区右侧出现“动画窗格”窗口，通过“动画窗格”窗口底部的“重新排序”的上下箭头来下移“唱歌”图形动画的播放顺序，使其最后播放，单击“播放”按钮预览动画播放效果。

保存以上操作，完成“个人简历”的动画效果的添加。添加效果见本书资源包中的“案例/第 3 章/动画设计.pptx”文档。动画设计方法扫二维码见动画设计(微课)文件。

3.4.2　幻灯片切换效果的设计

演示文稿放映过程中由一张幻灯片进入另一张幻灯片就是幻灯片之间的切换，为了使幻灯片放映更具有趣味性，在幻灯片切换时可以使用不同的技巧和效果。PowerPoint 为用户提供了多种幻灯片的切换效果，接下来就介绍设置切换效果的方法。

单击“切换”选项卡，在“切换到此幻灯片”组中罗列了部分切换方案，单击右下角“其它”按钮，则可以弹出所有的切换方案。在弹出的“切换方案”中可以看到有“细微型”、“华丽型”以及“动态内容”三种动画效果，如图 3-87 所示。

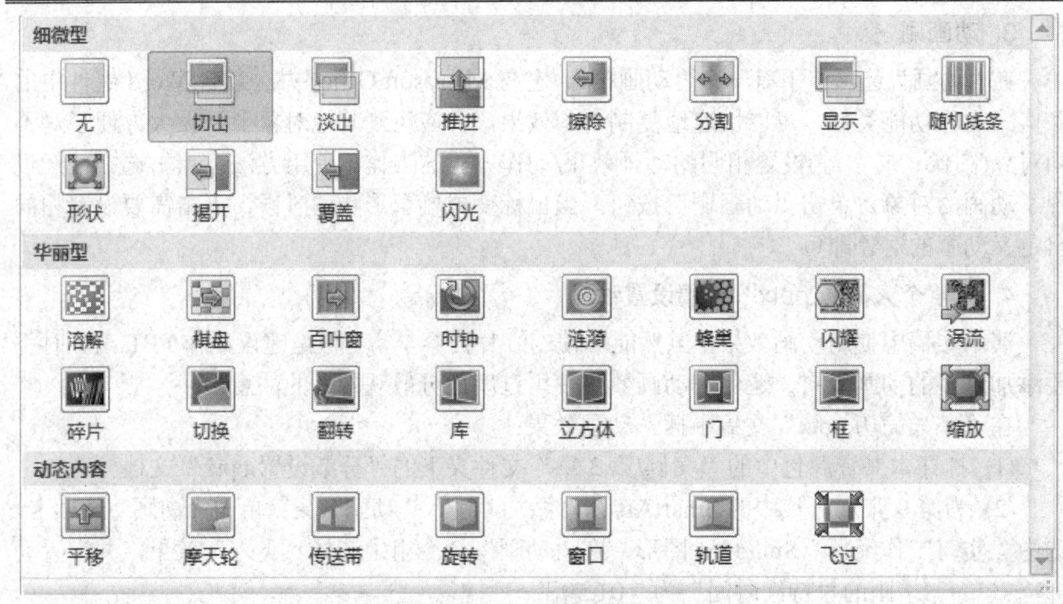

图 3-87　切换方案

选定切换方案之后，可以再接着设置幻灯片的切换效果、切换声音和换片方式。在“效果”选项下拉列表中可以设置切换的效果，同时“声音”下拉列表中可以设置幻灯片切换时的声音效果，“持续时间”中设置切换效果持续的时间，以及可以选择是“单击鼠标时”进行幻灯片的切换，还是通过“设置自动换片时间”指定在经过一定时间后切换幻灯片。切换效果设置完后，可以点击“预览”按钮来查看设置的效果，最后如果想让所有的幻灯片都采用相同的切换效果，选择“全部应用”即可，如图 3-88 所示。

图 3-88　切换设置

如果想让不同的幻灯片的切换效果不一样，选择需要设置切换效果的幻灯片，单独设置该张幻灯片即可。

Tips：在设置完成后，要单击“预览”按钮进行预览，观察其使用效果，防止在正式演示播放时候出错。

设置“个人简历.pptx”文稿中幻灯片的切换效果：

(1) 打开本书资源包中的“案例/第 3 章”文件夹下的“动画设计.pptx”文档。

(2) 为所有幻灯片设置相同的切换效果：单击“切换”选项卡，在“切换到此幻灯片”命令组中选择华丽型切换效果“溶解”，设置“声音”为“风铃”、“持续时间”为“01.00”，并单击“全部应用”按钮，效果如图 3-89 所示。

(3) 单独为第 15 张幻灯片设置切换效果：切换到第 15 张幻灯片，在“切换到此幻灯片”命令组中选择细微型切换效果“推进”。

保存以上操作，完成“个人简历”的切换效果设置。设计效果见本书资源包中的“案例/第 3 章/幻灯片切换.pptx”文档。设计方法扫二维码见幻灯片切换(微课)文件。

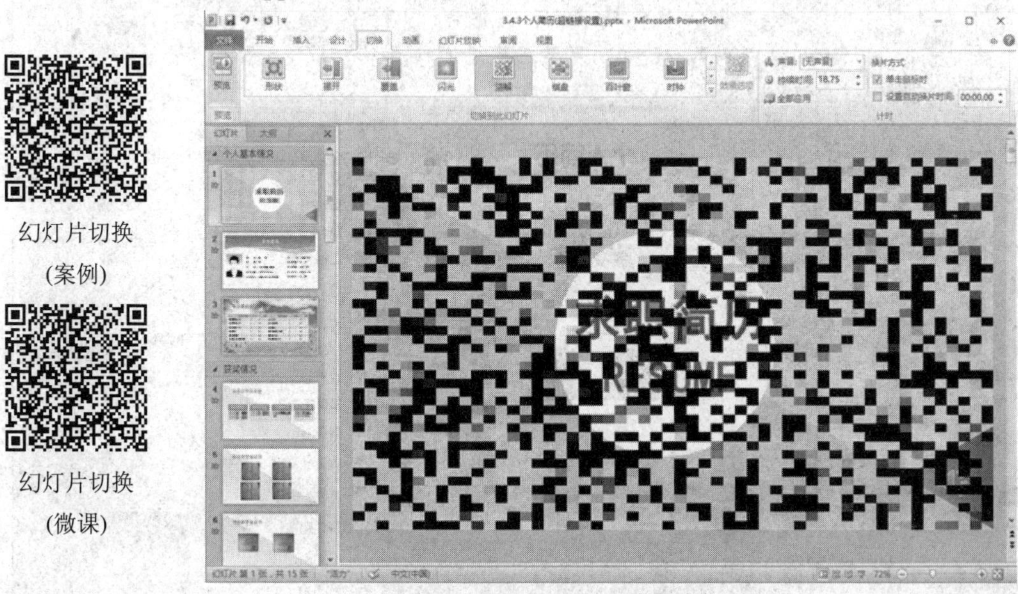

图 3-89　个人简历“溶解”切换效果

3.4.3　超链接效果的设计

PPT 中插入超链接能够快速转到指定的网站或者打开指定的文件，又或者直接跳转至 PPT 中的某页，提高效率并且播放时更加灵活。

创建超链接有两种方式：

(1) 选中需要插入链接的文字或图片→单击“插入”选项卡→单击“超链接”按钮，如图 3-90 所示。

(2) 选中需要插入链接的文字或图片→单击鼠标右键→在下拉列表中选择“超链接”，如图 3-91 所示。

图 3-90　创建超链接方法 1

创建超链接之后，弹出“插入超链接”窗口，窗口左边列出了四种链接模式：链接到“现有文件或网页”、“本文档中的位置”、“创建文档”和“电子邮件地址”。

默认设置是链接到“现有文件或网页”，可以在“查找范围”下拉列表里选择要链接的文件名，或者在“地址”栏里输入要链接的网址，最后点击“确定”按钮，完成超链接的设置，如图 3-92 所示。

图 3-91　创建超链接方法 2

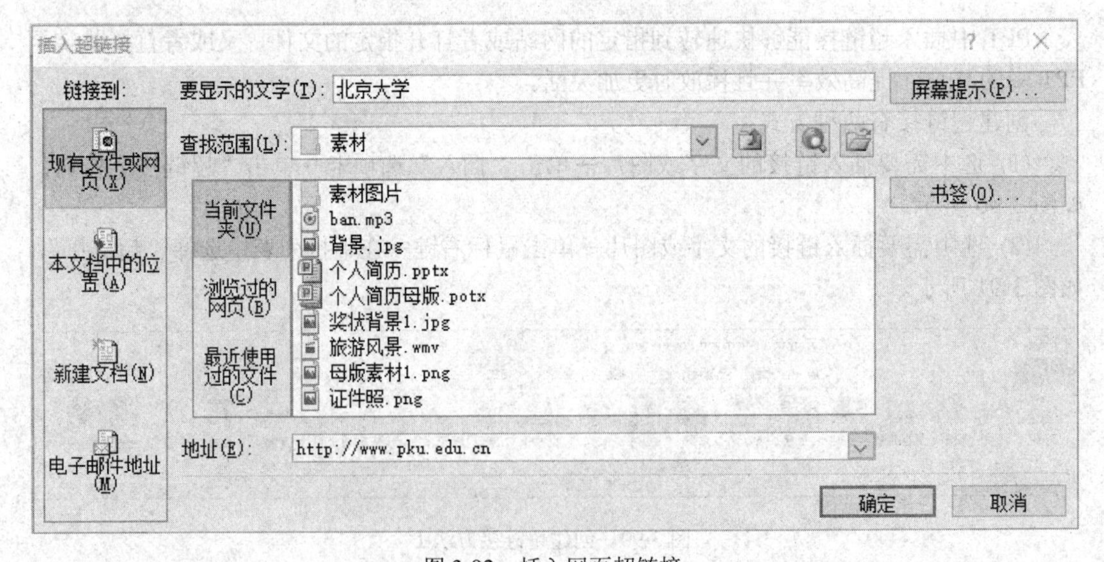

图 3-92　插入网页超链接

如果需要从当前幻灯片页面链接到文稿中其他幻灯片页面，则单击“本文档中的位置”按钮，然后从文档中选择需要链接到的幻灯片位置，最后点击“确定”按钮，完成超链接的设置，如图 3-93 所示。

超链接设置完毕后，会发现添加超链接的文字发生了颜色的变化，可以通过放映来观察最终的效果。放映时，只要用鼠标单击标题上红色部分，就会从当前幻灯片链接到对应幻灯片。

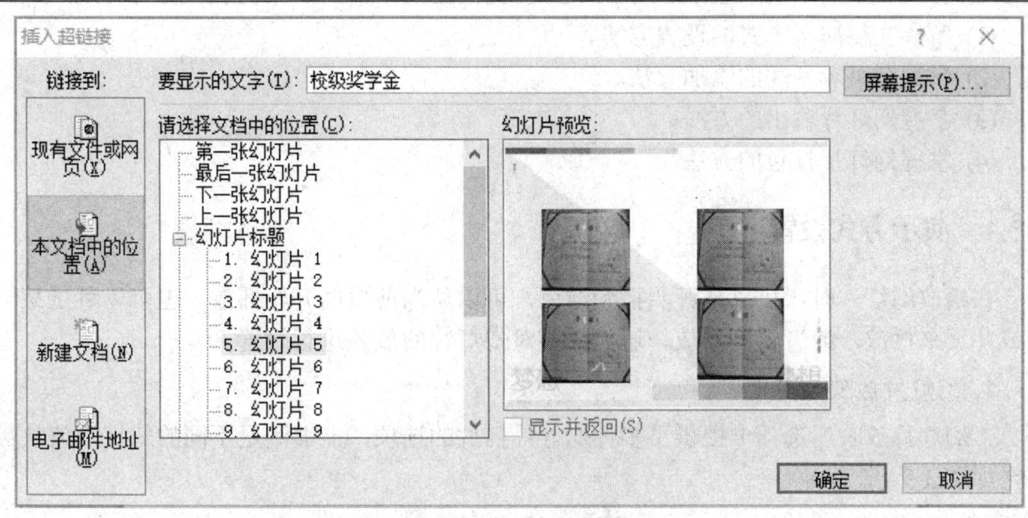

图 3-93　插入本文档超链接

在“个人简历.pptx”文稿中插入超链接:

(1) 打开本书资源包中的“案例/第 3 章”文件夹下的“幻灯片切换.pptx”文档。

(2) 为第 2 张幻灯片中的“北京大学”设置网页超链接：选中“北京大学”四个字，点击右键，在下拉列表中选择“超链接”，在弹出的“插入超链接”窗口的地址栏中输入 http://www.pku.edu.cn/，点击“确定”按钮。

(3) 为第 4 张幻灯片中的“校级奖学金”设置链接到“本文档中的位置”超链接：选中“校级奖学金”五个字，点击右键，在下拉列表中选择“超链接”，在弹出的“插入超链接”窗口左侧选择“本文档中的位置”选项，然后在中间的“请选择文档中的位置”框中选择第 5 张幻灯片，右侧出现了对应的校级奖学金证书所在的幻灯片页面，点击“确定”按钮。

超链接设置

(案例)

(4) 为第 5 张幻灯片插入箭头图形，并设置返回第四张幻灯片的超链接：切换到第 5 张幻灯片下，并在幻灯片页面的左下角插入箭头图形，重复步骤(3)中的插入超链接操作，使得播放完第 5 张幻灯片后，可以单击箭头返回第 4 张幻灯片。

(5) 重复步骤(3)和步骤(4)，为第 4 张幻灯片中的“国家助学金”、“学科竞赛奖”和“专业资格认证”设置超链接，分别链接到第 6，第 7，第 8 张幻灯片，并设返回操作。

保存以上操作，完成演示文稿的超链接设置。设置后的效果见本书资源包中的“案例/第 3 章/超链接设置.pptx”文档。

3.5 节课件

3.5　放映输出“个人简历”演示文稿

PPT 演示文稿制作完成后，就可以在各种场合演示播放，可以由演讲者播放，可以让观众自行播放，还可以打包成视频文件播放。这需要通过设置幻灯片放映方式进行控制，对幻灯片放映方式的选择，可以使我们的 PPT 达到最好的放映效果和演讲效果。本节将通过 “个人简历.pptx”案例，实现以下几个学习目标:

(1) 掌握文稿演示方式的设置方法。

(2) 掌握演讲者备注的添加方法。

(3) 掌握幻灯片输出的方法。

(4) 掌握幻灯片打包的方法。

3.5.1　演示方式设置

在播放幻灯片时，可以从开头播到结束，可以从当前页面开始播放，也可以跳过某一页或几页来播放，或者自动播放，这就需要对幻灯片的放映进行设置。

1. 幻灯片放映

“幻灯片放映”选项卡提供了多种幻灯片播放的选项，能够满足不同的幻灯片放映需求，如图 3-94 所示。

图 3-94　幻灯片放映功能

如果只需要播放 PPT 中的部分内容，可以自定义播放。自定义播放的操作步骤为：

(1) 单击“自定义幻灯片放映”按钮，在弹出的“自定义放映”窗口中点击“新建”按钮，如图 3-95 所示。

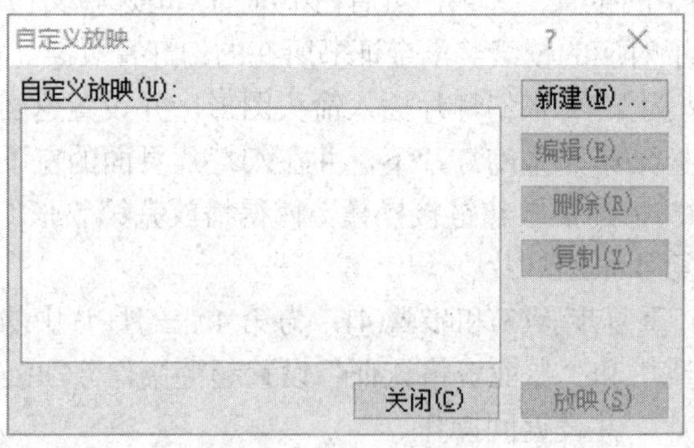

图 3-95　自定义放映 1

(2) 弹出“定义自定义放映”窗口，在“幻灯片放映名称”输入名字后，在窗口左侧单击选中需要播放的幻灯片，然后点击“添加”按钮，即可在右边窗口加入一页幻灯片，最后需要播放的幻灯片都添加完毕，点击“确定”按钮，即可生成一个自定义放映幻灯片，如图 3-96 所示。

幻灯片的放映方式有三种：“演讲者放映(全屏幕)”、“观众自行浏览(窗口)”和“在展台浏览(整个屏幕)”。第一种适合在演讲或讲解的场合下放映，不需要观众了解所有 PPT 的框架结构，节奏由演讲人把控。第二种适合在展厅展示的场合下进行，观众可以自己进行浏览，自由度更高。第三种适合在观众自行观看没有演讲者的情况下进行，需要提前设定好播放顺序和时间，不需要演讲者操作。

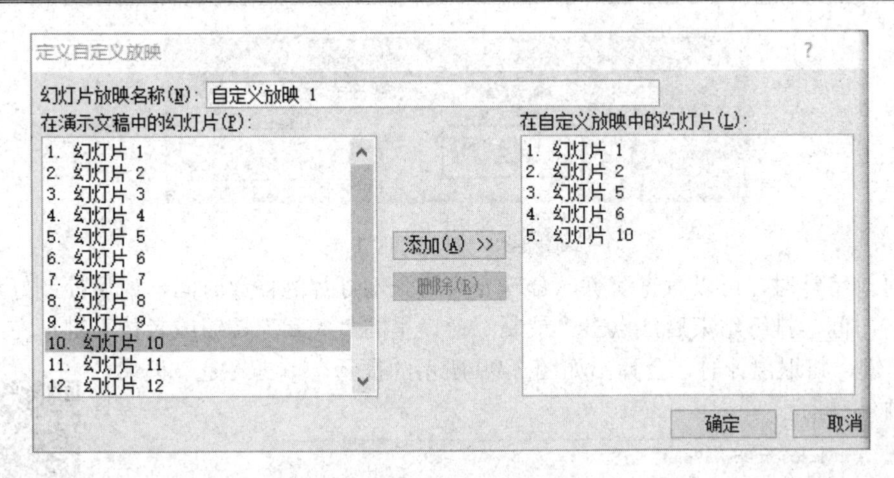

图 3-96　自定义放映 2

在“幻灯片放映”选项卡下单击“设置幻灯片放映”按钮，打开“设置放映方式”窗口，可以根据需要来设置“放映类型”、“放映幻灯片”、“放映选项”和 “换片方式”，如图 3-97 所示。其中，“放映幻灯片”里可以选择是播放全部幻灯片页面，还是播放局部页面，或者是播放自定义放映的幻灯片；“换片方式”可以选择是手动换片，还是使用排练计时。

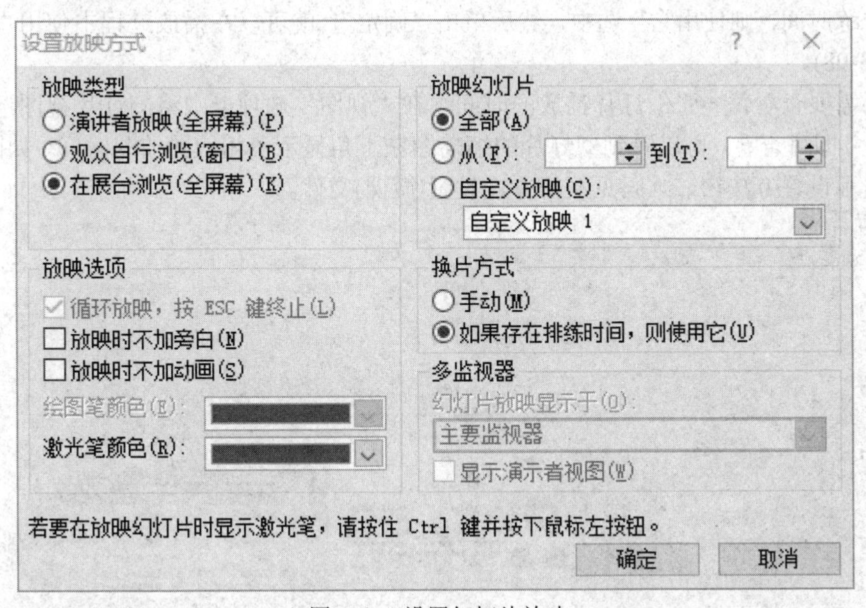

图 3-97　设置幻灯片放映

2. 排练计时

如果在演讲时有时间的限制，那么就要控制好演讲时间。排练计时功能可以通过排练为每张幻灯确定适当的放映时间，而且这时间会记录下来，可以更好、更自动地放映幻灯片。

在“幻灯片放映”选项卡下单击“排练计时”按钮，此时幻灯片会从头开始全屏放映，在屏幕左上角会出现一个“录制”窗口，有“暂停录制”、“下一项”和“重复”三个按钮，以及两个计时框，一个记录了当前幻灯片的播放时间，另一个记录了整个文稿播放的时间，如图 3-98 所示。

图 3-98　排练计时 1

通过排练计时，可以事先演练，合理安排每张幻灯片的播放时间，最后控制好整个文稿的演讲时间。排练结束后，点击“录制”窗口里的“关闭”按钮或者按下键盘左上角的“ESC”键，将退出计时，会弹出如图 3-99 所示的提示，单击“是”记录本次的排练计时。

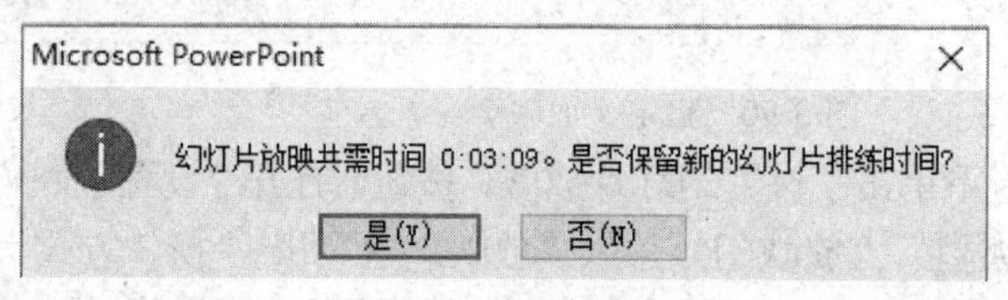

图 3-99　排练计时 2

演示方式设置
(微课)

这时候，在“幻灯片放映”选项卡下单击“设置幻灯片放映”，在“换片方式”中将“如果存在排练时间，则使用它”选中，然后单击“确定”，就可以在播放过程中使用本次的计时(见图 3-98)。

如果需要查看每一张幻灯片播放的时间，在“视图”选项卡中将幻灯片视图选为“幻灯片浏览”即可查看，可以看到幻灯片的缩略图左下角显示了相应的放映时间，如图 3-100 所示。演示设置方法扫二维码见演示方式设置(微课)文件。

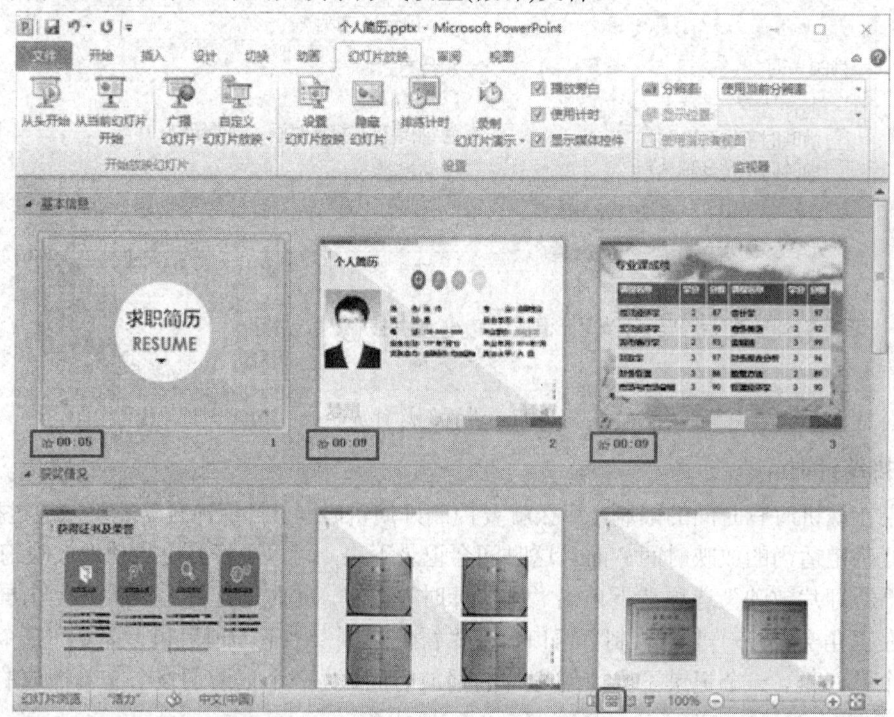

图 3-100　查看排练计时

3.5.2　添加演讲者备注

PPT 备注的主要作用是辅助演讲，对幻灯片中的内容做补充注释。批注的使用能够在确保幻灯片简洁明了的情况下帮助演讲者进行全面的讲解，把一些文字从版面转移到备注中。

两种方式可以添加备注：第一种是在“普通视图”下，切换到需要添加备注的某页幻灯片上，在视图下方有一个备注框，通过拖拉可以调节框的大小，如图 3-101 所示。第二种是在“备注页”下，在备注框中输入需要备注的信息，如图 3-102 所示。

当在监视器上使用 PowerPoint 时，只要设置为“演讲者放映”模式，在演示过程中，演讲者可以在演示者视图中看到幻灯片和备注，而观众只能看到播放的幻灯片。

PPT 的制作力求简洁，在体现关键信息的前提下尽可能的减少字数，如果担心演讲时忘记一些晦涩的知识或者专业的解释，那么备注就能发挥很大作用。一般来说，在备注框输入的内容可以是：(1) 演讲所有的文字稿；(2) 演讲的结构和顺序的提醒；(3) 幻灯片中一些专业(难以记忆)的内容的解释；(4) 需要提的问题。

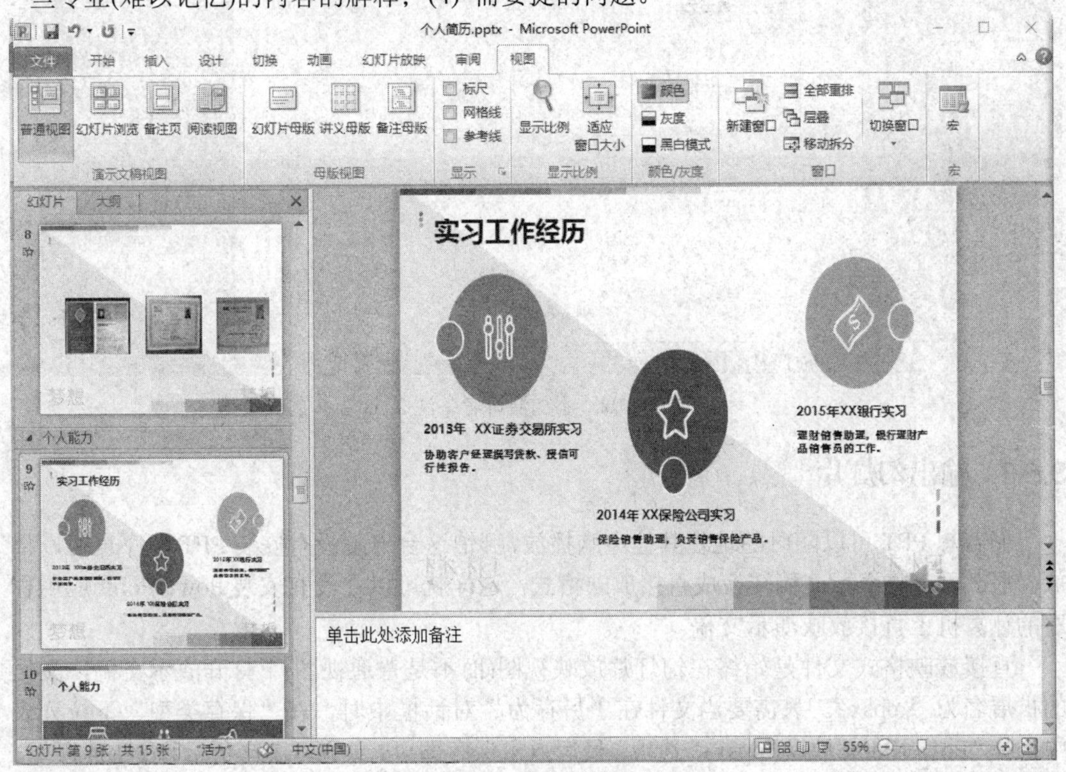

图 3-101　添加演讲者备注 1

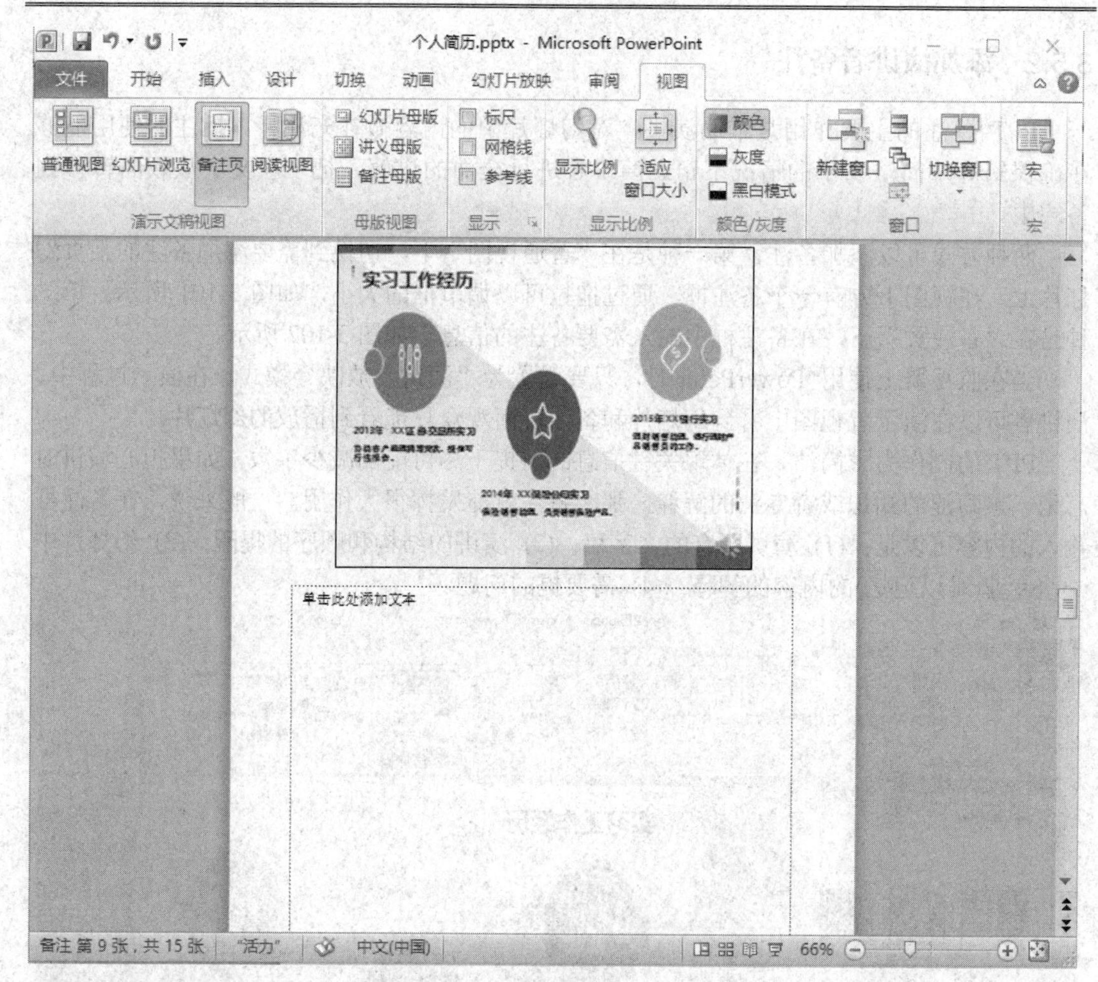

图 3-102　添加演讲者备注 2

3.5.3　输出幻灯片

倘若想 PPT 可以随时随地在其他电脑播放，哪怕这台电脑没有安装 PPT 程序也可以播放。那么可以将演示文稿转换成直接放映格式，这样就可以在没有安装 PowerPoint 应用程序的计算机上直接放映演示文稿。

直接放映格式文件是始终在幻灯片放映视图(而不是普通视图)下打开演示文稿，文件的扩展名为“.ppsx”。只需要当文件在“另存为”对话框中时，在“保存类型”下拉列表中选择“PowerPoint 放映(.ppsx)”选项，最后点击保存即可，如图 3-103 所示和 3-104 所示。此时保存路径下就会生成一个“个人简历.ppsx”，使用的时候，双击打开这个文件，就自动进入幻灯片放映状态了。

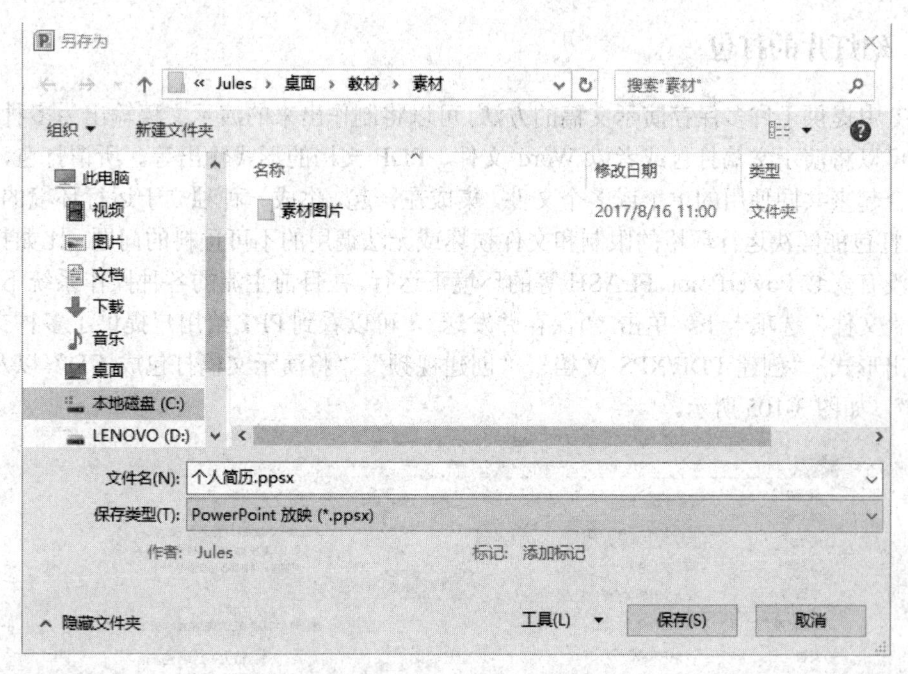

图 3-103　另存为直接放映文件 1

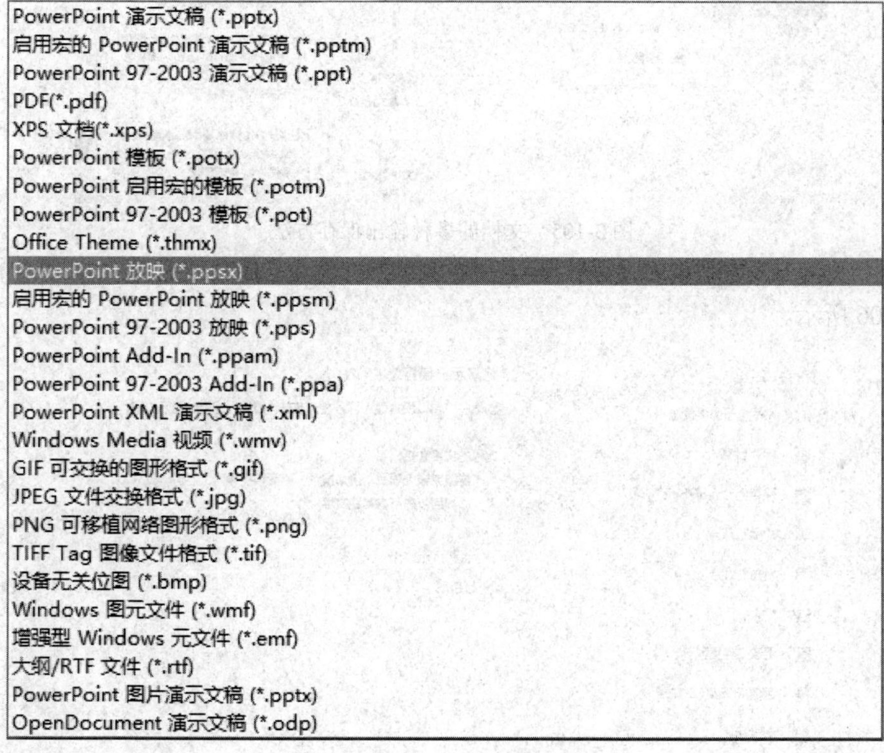

图 3-104　另存为直接放映文件 2

3.5.4　幻灯片的打包

PPT 中提供了许多保存演示文稿的方法，可以将制作出来的演示文稿输出为多种样式，例如，可以将演示文稿打包或者以 Word 文件、PDF 文档的形式输出等。所谓打包，是指将已综合起来共同使用的单个或多个文件，集成在一起，生成一种独立于运行环境的文件。将 PPT 打包能解决运行环境的限制和文件损坏或无法调用的不可预料的问题，比如打包文件能在没有安装 PowerPoint、FLASH 等的环境下运行，在目前主流的各种操作系统下运行。

在“文件”选项卡下，单击 “保存并发送”，可以看到 PPT 给用户提供了多种文件的存储输出形式：“创建 PDF/XPS 文档”、“创建视频”、“将演示文稿打包成 CD” 以及“创建讲义”，如图 3-105 所示。

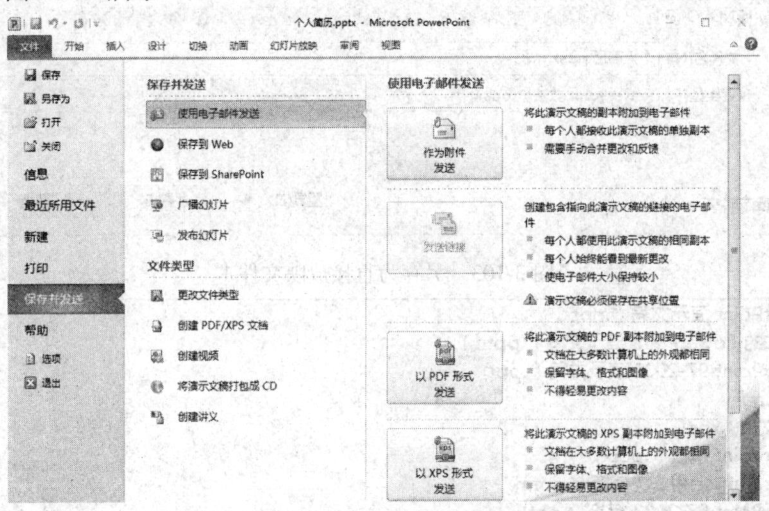

图 3-105　文档的多种输出保存方法

单击“将演示文稿打包成 CD”，再单击右侧的“打包成 CD”按钮，将文稿打包成 CD，如图 3-106 所示。

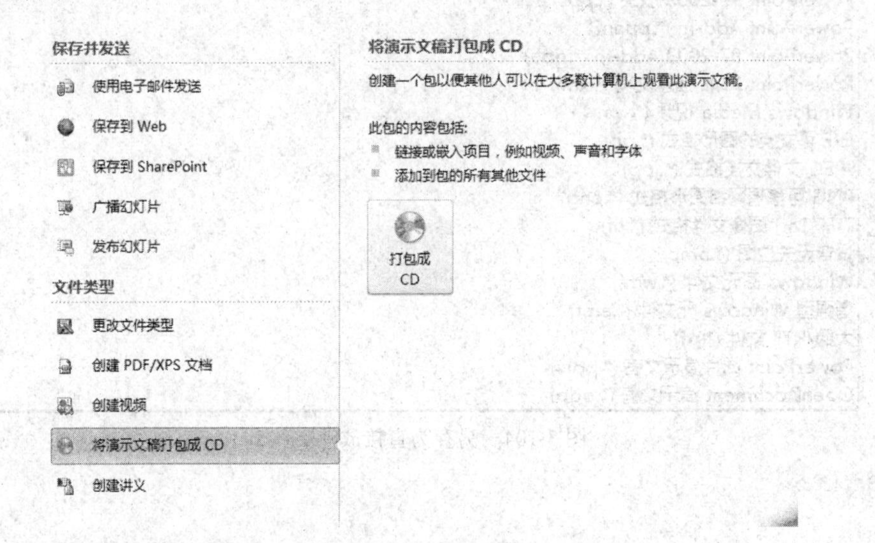

图 3-106　打包成 CD1

接下来在弹出的“打包成 CD”窗口中，可以通过“添加”按钮选择电脑里的其他 PPT 文档一起打包，也可以单击“删除”按钮删除不要的文档，还可以单击“选项”按钮进行设置，最后可以点击“复制到文件夹”或“复制到 CD”按钮进行保存，如图 3-107 所示。

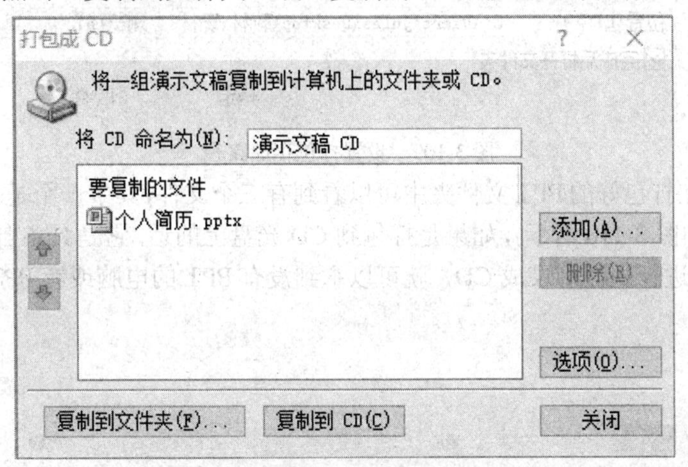

图 3-107　打包成 CD2

单击“选项”，在弹出的“选项”窗口中可以设置是否包含链接的文件和特殊的字体，为了安全起见，也可以为它设置密码，设置完成后单击“确定”，就返回到“打包成 CD”对话框，如图 3-108 所示。需要注意的是“链接的文件”也一定要打包。“嵌入的 TrueType 字体”一项可以不选，因为选中的话会大大增加打包文件的大小。

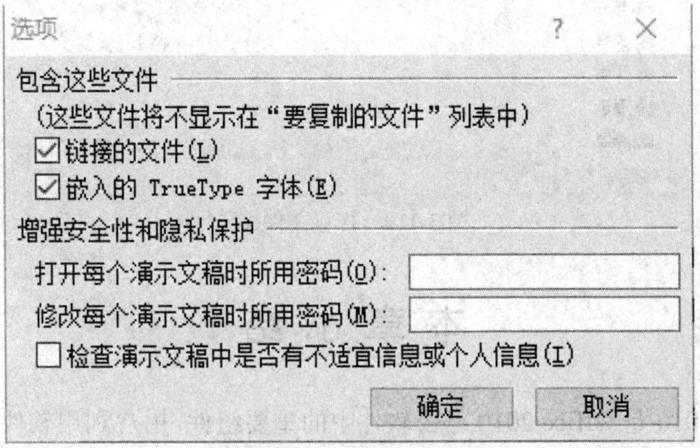

选项

包含这些文件

（这些文件将不显示在“要复制的文件”列表中）

☑链接的文件(L)

☑嵌入的 TrueType 字体(E)

增强安全性和隐私保护

打开每个演示文稿时所用密码(O):

修改每个演示文稿时所用密码(M):

☐检查演示文稿中是否有不适宜信息或个人信息(I)

确定　取消

图 3-108　打包 CD 选项设置

在“打包成 CD”窗口中，可以选择“复制到文件夹”或“复制到 CD”。“复制到文件夹”是将打包的内容存放在电脑上，“复制到 CD”是将打包的内容刻录到 CD 上。现在以单击“复制到文件夹”为例，在弹出的“复制到文件夹”窗口中输入文件夹名，再单击“浏览”按钮选择存储位置，然后点击“确定”，系统会自动运行打包复制到文件夹程序，如图 3-109 所示。

图 3-109　设置打包存储路径

完成之后，在打包好的PPT文件夹中可以看到有三个文件，其中一个是AUTORUN.INF自动运行文件(如图3-110所示)，如果是打包到CD光盘上的话，它是具备自动播放功能的。打包好的文档再进行光盘刻录成CD，就可以拿到没有PPT的电脑或者PPT版本不兼容的电脑上播放了。

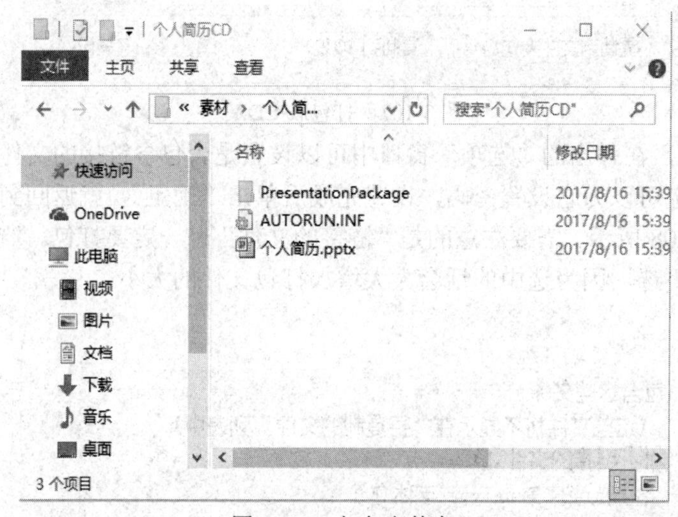

图 3-110　打包文件夹

本 章 小 结

PowerPoint 2010是Office 2010办公软件中的重要组件，用户利用软件提供的功能能够快捷方便地设计并制作出图文并茂且可以在各种场合进行放映的演示文稿。

本章以“个人简历.pptx”的创建过程为例，讲解了利用“开始”和“文件”选项卡下的命令创建演示文稿的基本功能，包括幻灯片新建、复制、移动和删除等基本功能，幻灯片版式设置功能以及文稿中文本信息编辑功能等；介绍了“视图”选项卡下的四种视图模式，方便用户从不同角度阅读幻灯片；并学习了利用“开始”选项卡下的“打印”功能来实现演示文稿的打印输出。

本章以“个人简历.pptx”的美化过程为例，学习了利用“设计”选项卡下的命令设置演示文稿的主题和背景的过程，包括插入图片以及使用纹理来作为幻灯片的背景；学习了利用“插入”选项卡下的命令完成各种美化元素的添加，包括图片、图形、图表、艺术字、视频、音频等的添加；并学习了如何为演示文稿进行分节操作。

在“个人简历.pptx”的动态设计过程中，介绍了如何利用“动画”选项卡下的命令来实现动画效果添加；利用“切换”选项卡下的命令来实现幻灯片的动态切换效果；以及学习了网页超链接和本文档超链接的设置方法。

在“个人简历.pptx”演示文稿制作完后，还讲解了演示文稿的输出播放方式的设置。包括演示方式的设置，排练计时的使用，演讲者备注的添加方法，将演示文稿转为直接放映格式的设置方法以及将演示文稿打包成 CD 输出的方法。

习　题

一、题目描述

请根据本书资源包中“习题材料/第 3 章”中提供的“景点介绍.docx”中的文字、图片设计制作演示文稿，并以文件名“北京景点介绍.pptx”存盘，具体要求如下：

(1) 将素材文件中每个矩形框中的文字及图片设计为 1 张幻灯片。

(2) 在第一张幻灯片中插入歌曲“北京欢迎你.mp3”(见本书资源包“习题材料/第 3 章”中文件)，设置为自动播放，并设置声音图标在放映时隐藏。

(3) 第二张幻灯片的版式为“标题和内容”，标题为“北京主要景点”，在文本区域中以项目符号列表方式依次添加下列内容：天安门、故宫博物院、八达岭长城、颐和园、鸟巢。

(4) 为第二张幻灯片中的每项内容插入超级链接，点击时转到相应幻灯片。

(5) 为第 3～7 张幻灯片中的图片对象添加动画效果。

(6) 最后一张幻灯片的版式设置为“空白”，并插入艺术字“北京欢迎您”，并旋转 15°的角度。

(7) 为演示文稿选择一种设计主题，要求字体和整体布局合理、色调统一，为每张幻灯片设置不同的幻灯片切换效果。

(8) 除标题幻灯片外，其他幻灯片的页脚均包含幻灯片编号、日期和时间。

(9) 设置演示文稿放映方式为“循环放映，按 ESC 键终止”，换片方式为“手动”。

二、题目描述

某组织计划在“大数据研讨会”的茶歇期间，在大屏幕投影上向来宾自动播放会议的日程和主题，因此需要完善“研讨会.pptx”文件中的演示内容。现在，请你将“研讨会.pptx”(见本书资源包中“习题材料/第 3 章”中文档)按照如下需求，在 PowerPoint 中完成制作工作并保存。

(1) 为了美观，为第 3 张幻灯片设置背景格式为纹理填充。

(2) 在第 5 张幻灯片中插入一个柱状图，并按照如下数据信息调整 PowerPoint 中的图表内容。

	笔记本电脑	平板电脑	智能手机
2010 年	7.6	1.4	1.0
2011 年	6.1	1.7	2.2
2012 年	5.3	2.1	2.6
2013 年	4.5	2.5	3
2014 年	2.9	3.2	3.9

(3) 第 6 张幻灯片采用 SmartArt 图形中的组织结构图来表示，最上级内容为“云计算的五个主要特征”，其下级依次为具体的五个特征。

(4) 为演示文档创建 3 个节，其中“议程”节中包含第 1 张和第 2 张幻灯片，“结束”节中包含最后 1 张幻灯片，其余幻灯片包含在“内容”节中。

(5) 删除演示文档中每张幻灯片的备注文字信息。

(6) 为了实现幻灯片可以自动放映，设置每张幻灯片的自动放映时间不少于 2 秒钟。

(7) 将文件存为直接放映格式文件，使得在没有安装 PowerPoint 应用程序的计算机上也可以直接放映的演示文稿，见本书资源包中的“习题答案/第 3 章/习题 2 研讨会.ppsx.”文档。

习题 1 答案

习题 2 研讨会 pptx

第二篇

Office 2010 进阶篇

第 4 章　Access 2010 数据库的设计

数据处理是计算机的主要功能，数据处理的核心是数据管理，而数据库技术是最先进的数据管理技术。目前，数据库技术已经深入到人类社会的各个方面，并且应用领域也在不断扩大。通过本章的学习，应掌握以下内容：

(1) 掌握数据管理技术的基础知识和关系数据库的基本概念等内容。

(2) 运用 Access 2010 创建数据库。

(3) 运用 Access 2010 创建数据表。

(4) 运用 Access 2010 对数据表进行基本操作。

(5) 运用 Access 2010 对数据库数据进行查询。

4.1 节课件

4.1　数据库基础知识

4.1.1　数据库系统概述

1. 数据和数据管理

1) *信息和数据*

信息是现实世界中事物的存在方式或运动状态的反映。

数据是描述现实世界事物的符号记录形式，是利用物理符号记录下来的可以识别的信息。这里的物理符号包括数字、文字、图形、图像、声音和其他的特殊符号。数据的概念包括两个方面：一是描述事物特性的数据内容；二是存储在某一种媒体上的数据形式。

数据处理是指将数据转换成信息的过程，信息是一种被加工成特定形式的数据，数据是信息的表示符号或载体，信息则是数据的内涵，是对数据的语义解释。在某些不需要严格区分的场合，可以将信息处理说成是数据处理。

2) *数据管理*

数据管理包括对各种形式的数据进行收集、存储、加工和传输等的一系列活动。其目的之一是从大量原始数据中抽取、推导出对人们有价值的信息，利用这些信息作为行动和决策的依据；另一目的是借助计算机科学地保存和管理复杂的、大量的数据，以使人们能够方便而充分地利用这些宝贵的信息资源。

2. 数据库系统

数据库系统是指带有数据库并利用数据库技术进行数据管理的计算机系统，它可以实现有组织地、动态地存储大量相关数据，提供数据处理和信息资源共享。数据库系统由以下 5 部分组成。

(1) 数据库：存放数据的仓库。数据库是数据的集合，并按照特定的组织方式将数据保存在存储介质上，同时可以被各种用户所共享。数据库中的数据具有较小的冗余度、较高的数据独立性和扩展性。数据库中不仅包括描述事物的数据本身，而且也包括描述事物之间联系的信息。

(2) 数据库管理系统：数据库系统的核心，是一种系统软件，负责数据库中的数据组织、操作、维护、控制、保护和数据服务等。数据库管理系统是位于用户与操作系统之间的数据管理软件，数据库管理系统的主要功能有：① 数据模式定义与数据的物理存取构建；② 数据操作，包括数据更新(增加、删除、修改)和数据查询；③ 数据控制，包括完整性和安全性定义、数据的并发控制与故障恢复；④ 数据服务，包括数据保存、重组、分析等。

(3) 硬件：支持系统运行的计算机硬件设备。

(4) 软件：包括操作系统、应用开发工具和数据库应用系统。

(5) 相关人员：数据库系统中的相关人员，包括数据库管理员、系统分析员、数据库设计人员、应用程序开发人员和最终用户。

3. 实体及联系

现实世界存在各种不同的事物，各种事物之间既存在联系又有差异，事物数据化过程就是要对事物的特征以及事物之间的联系进行抽象化和数据化。计算机内处理的各种数据，实际上是客观存在的不同事物及事物之间联系在计算机中的表示。

1) 实体

实体是客观事物的真实反映，既可以是实际存在的对象，如一位同学；也可以是某种抽象概念或事件，如一门课程、一次考试。

(1) 实体属性。将事物的特性称为实体属性，每个实体都具有多个属性，例学生学号。

(2) 实体属性值。实体属性值是实体属性的具体化表示，属性值的集合表示一个实体，例学生学号为 140601101。

(3) 实体类型。用实体名及实体所有属性的集合表示一种实体类型，简称实体型。通常一个实体型表示一类实体，因此，通过实体型可以区分不同类型的事物。例如，分别用教师(教师编号、教师姓名、性别、出生日期、职称、联系电话、是否在职)和课程(课程编号、课程名称、开课学期、理论学时、实验学时、学分)的形式来描述教师类实体和课程类实体。

(4) 实体集。具有相同属性的实体集合称为实体集。实体型抽象地刻画实体集，在关系数据库 Access 中，通常将同一种实体型的数据存放在一个表中，将实体属性集合作为表结构，而一个实体属性值的集合作为表中一个数据记录，表示一个实体。

2) 实体之间的联系

分析实体之间联系的目的主要是找出现实世界中事物之间的外在联系，以便在数据库中正确表示事物以及它们之间的关系。现实世界中事物之间是相互关联的。这种关联在事物数据化过程中表现为实体之间的对应关系，通常将实体之间的对应关系称为联系。实体之间的联系有一对一、一对多和多对多 3 种。

(1) 一对一联系。一个实体与另一个实体之间存在一一对应关系。例如，一个班级只有一个班长，一个班长只负责一个班级，班级与班长之间是一对一联系。

(2) 一对多联系。一个实体对应多个实体。例如，一个班级有多个学生，一个学生只属于一个班级，班级与学生之间是一对多联系。

(3) 多对多联系。多个实体对应多个实体。例如，一个学生选修多门课程，一门课程有多名学生选修，因此学生与课程之间是多对多联系。

4. 数据模型

数据模型是数据库管理系统中用于描述实体及其实体之间联系的方法，实体及其实体之间的联系用结构化数据体现出来，数据模型恰恰表示了这些结构化数据的逻辑关系，因此，数据库管理系统都需要用数据模型进行描述。用于描述数据库管理系统的数据模型有层次模型、网状模型和关系模型三种。本书中采用的是关系模型。

4.1.2 关系数据库

在数据库技术中，将支持关系数据模型的数据库管理系统称为关系数据库管理系统。Access 即为关系数据库管理系统。

1. 关系模型

关系模型是通过二维结构表示实体及实体之间联系的数据模型，用一张二维表来表示一种实体类型，表中一行数据描述一个实体。关系模型如表 4-1 所示。

表 4-1　学生表

学号	姓名	性别	出生日期	籍贯
140601101	张竹岩	男	1991/8/5	江苏
140601102	李娜	女	1992/10/6	江苏
140601103	徐昕	男	1991/3/5	安徽
140601104	高鹏	男	1992/4/12	江苏

关系是一张二维表，表是属性及属性值的集合，例，表 4-1 为一个关系。

(1) 属性。表中每一列称为一个属性(字段)，每列都有属性名，也称为列名或字段名，例如，表 4-1 中学号、姓名、性别、出生日期、籍贯都是属性名。

(2) 属性值。表中行和列的交叉位置对应某个属性的值。例如，表 4-1 中张竹岩同学的学号属性值为“140601101”。

(3) 域。表示各个属性的取值范围。例如，表 4-1 中的性别只能取两个值。

(4) 元组。表中一行数据，也称为一个记录。例如，表 4-1 中的阴影部分为一个元组。

(5) 关系模式。关系名及其所有属性的集合，一个关系模式对应一张表结构。

关系模式的格式为：关系名(属性 1，属性 2，...，属性 n)。例如，学生表 4-1 中的关系模式为：学生(学号、姓名、性别、出生日期、籍贯)。

(6) 候选键。在一个关系中，由一个或多个属性组成，其值能唯一地标识一个元组，称为候选键。例如，表 4-1 中的候选键是学号。

(7) 主关键字。一个表中可能有多个候选键，通常用户只选择一个，用户选择的候选键称为主关键字，简称主键。

(8) 外部关键字。如果一个关系 R 的一组属性 F 不是 R 的候选键，如果 F 与某关系 S 的主键相对应(对应属性含义相同)，则 F 是关系 R 的外部关键字，简称外键。

2. 关系运算

对关系数据库进行查询时，需对关系进行一定的运算，称为关系运算。关系运算分为传统的集合运算和专门的关系运算。

1) 传统集合运算

传统集合运算的两个关系必须有相同关系模式，即元组有相同的结构如表 4-2 和表 4-3 所示。传统集合运算有以下 3 种形式：

(1) 并运算(∪)：两个相同结构关系的并，是由属于这两个关系的所有元组组成的集合如表 4-4 所示。

(2) 差运算(−)：两个相同结构的关系 R 和 S，R 和 S 的差是由属于 R 不属于 S 的元组组成的集合如表 4-5 所示。

(3) 交运算(∩)：两个相同结构的关系 R 和 S，R 和 S 的交是由属于 R 又属于 S 的元组组成的集合如表 4-6 所示。

表 4-2　关系 R

学号	姓名
140601101	张竹岩
140601102	李娜

表 4-3　关系 S

学号	姓名
140601102	李娜
140601103	徐昕

表 4-4　并运算 (R∪S)

学号	姓名
140601101	张竹岩
140601102	李娜
140601103	徐昕

表 4-5　差运算(R−S)

学号	姓名
140601101	张竹岩

表 4-6　交运算(R∩S)

学号	姓名
140601102	李娜

2) 专门关系运算

专门关系运算有三种形式：

(1) 选择运算：从表中选取满足某种条件的元组。例如，从表 4-1 中选出籍贯是“江苏”的同学，如表 4-7 所示。

表 4-7　选择运算结果

学号	姓名	性别	出生日期	籍贯
140601101	张竹岩	男	1991/8/5	江苏
140601102	李娜	女	1992/10/6	江苏
140601104	高鹏	男	1992/4/12	江苏

(2) 投影运算：从表中选取若干列。例如，从表 4-1 中选出“学号”、“姓名”、“籍贯”，如表 4-8 所示。

(3) 连接运算：对两张表进行连接，生成一张新表，新表中所有列是两张表中列的并集或并集的子集，新表中的元组是满足连接条件的所有元组的集合。连接运算分等值连接运算和自然连接运算，自然连接运算是去掉重复属性的等值连接。表 4-1 和表 4-9 的连接运算结果如表 4-10 所示。

表 4-8 投影运算结果

学号	姓名	籍贯
140601101	张竹岩	江苏
140601102	李娜	江苏
140601103	徐昕	安徽
140601104	高鹏	江苏

表 4-9 地区编码表

籍贯编码	籍 贯
01	江苏
02	安徽
03	浙江

表 4-10 连接运算结果

学号	姓名	性别	出生日期	籍贯	籍贯编码
140601101	张竹岩	男	1991/8/5	江苏	01
140601102	李娜	女	1992/10/6	江苏	01
140601103	徐昕	男	1991/3/5	安徽	02
140601104	高鹏	男	1992/4/12	江苏	01

4.1.3 数据库设计基础

数据库设计是指对于一个给定的应用环境，构造优化的数据库逻辑模式和物理结构，并据此建立数据库及其应用系统，使之能够有效地存储和管理数据，包括信息管理要求和数据操作要求。

1. 数据库设计原则

为了合理地组织数据，应遵从以下基本设计原则：

(1) 关系数据库的设计应遵从概念单一化；

(2) 避免在表之间出现重复字段；

(3) 表中的字段必须包括原始数据和基本数据元素；

(4) 用外部关键字保证有关联的表之间的联系。

2. 数据库设计步骤

(1) 确定创建数据库的目的：设计数据库和用户的需求紧密相关。首先，要明确创建数据库的目的以及如何使用，用户希望从数据库得到什么，由此可以确定需要什么样的表和定义哪些字段；其次，要和数据库的使用人员进行交流，集体讨论需要数据库解决的问题，并描述需要数据库完成的各项功能。

(2) 确定该数据库中需要的表：数据库可能是由若干个表组成的，所以确定表是数据库设计过程中最重要的环节，在设计表时，应该按照以下设计原则对信息进行分类：

① 表不应包含备份信息，表间不应有重复信息。

② 每个表最好只包含关于一个主题的信息。

③ 同一个表不允许出现同名字段。

(3) 确定字段：字段是表的结构，记录是表的内容。所以确定字段是设计数据库不可缺少的环节。例如，学生信息表可以包含学生的学号、姓名、性别、出生日期、籍贯等字段。在定义表字段时应注意以下几点：

① 每个字段直接与表的主题相关。

② 尽可能包含所需的所有信息。

③ 由于字段类型由输入的数据类型决定，那么同一字段的值要具有相同的数据类型。

(4) 确定主键：为了连接保存表中的信息，使多个表协同工作，在数据库表中需要确定主键。

(5) 确定表之间的关系：因为已经将信息分配到各个表中，并且定义了主键字段，若想将相关信息重新结合到一起，必须定义数据库中表与表之间的关系，不同表之间确定了关系，才能进行相互访问。

(6) 输入数据：表的结构设计完成之后，就可以向表中输入数据。

4.2 节课件

4.2　认识 Access 2010

Access 是 Microsoft 公司开发的、面向办公自动化的关系型数据库管理系统。Access 集成了表、查询、窗体、报表、宏、模块等用来建立数据库系统的对象，提供了多种向导、生成器和模板，把数据存储、数据查询、界面设计、报表生成等操作规范化，为建立功能完善的数据库系统提供了方便，也使得普通用户不必编写代码，就可以完成大部分数据管理任务。通过本节的学习，实现以下目标：

(1) 认识 Access 2010 的工作界面。

(2) 认识 Access 2010 的新增功能。

(3) 认识 Access 2010 的数据库对象。

4.2.1　Access 2010 工作界面

启动 Access 系统后，在打开 Access 但并未打开数据库时，默认显示 Backstage 视图，如图 4-1 所示。

打开一个数据库，或新建一个数据库，可以进入 Access 的工作界面，例如在 Backstage 视图中选择“新建”命令，从“样本模块”类别中选择“学生”数据库模板，创建一个“学生”数据库，进入 Access 工作界面，如图 4-2 所示。

Access 的工作界面包括快速访问工具栏、标题栏、功能区、导航窗格、工作区、状态栏和视图等几部分。

(1) 快速访问工具栏。包含一组独立于当前显示功能区选项卡的命令，默认有“保存”“撤销”“恢复”3 个命令。

(2) 功能区。包含若干围绕特定方案或对象进行组织的选项卡，每个选项卡包含多组相关命令。如图 4-2 所示，“开始”选项卡的“记录”组包含了用于创建数据库记录和保存这些记录的命令。

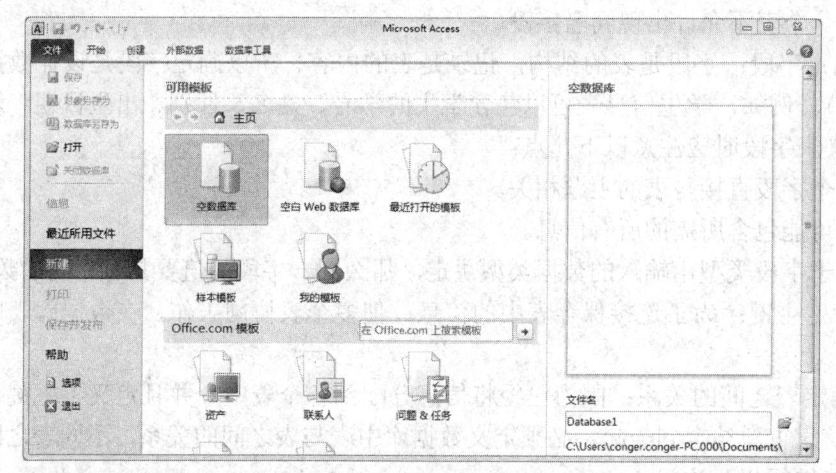

图 4-1　Backstage 视图

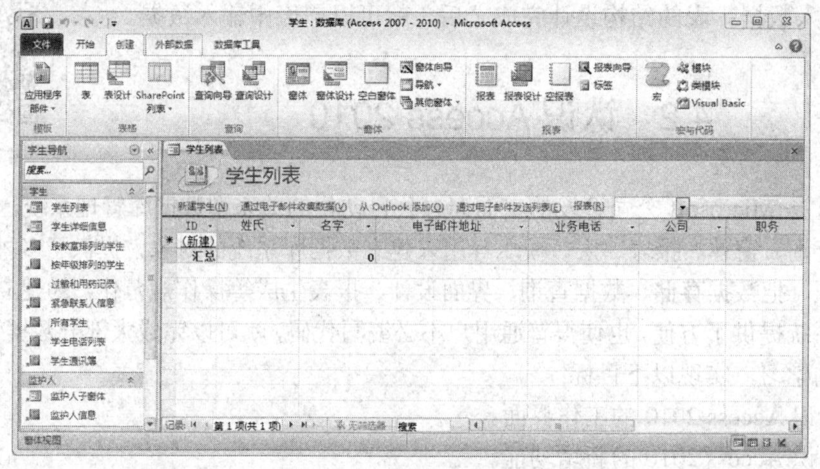

图 4-2　Access 工作界面

(3) 导航窗格。用于管理和组织数据库对象，打开数据库或创建新数据库时，数据库对象的名称将显示在导航窗格中。Access 数据库对象包括表、查询、窗体、报表、宏和模块，在导航窗格中可按不同分类方式显示各个数据库对象。

(4) 工作区。用来设计、编辑、显示以及运行表、查询、窗体、报表和宏等数据库对象的区域。

(5) 视图。Access 中对象的显示方式，表、查询、窗体、报表等数据库对象都有不同的视图，在不同视图中，可以对对象进行不同操作。

4.2.2　Access 2010 新增功能

1. 全新的用户界面

在 Access 2010 中，增强的全新用户界面能够轻松地查找命令和功能。过去，命令和功能常常深藏在复杂的菜单和工具栏中。

2. 功能区

功能区是包含按特征和功能组织命令组的选项卡集合。功能区取代了 Access 早期版本中分层的菜单和工具栏。

(1) Backstage 视图。新增的 Backstage 视图包含应用于整个数据库的命令。

(2) 导航窗格。导航窗格列出了当前打开的数据库中的所有对象，并可轻松访问这些对象。使用导航窗格按对象类型、创建日期、修改日期和相关表(基于对象相关性)组织对象，或在创建的自定义组中组织对象。可以轻松地折叠导航窗格，使之只占用极少的空间。

(3) 选项卡式对象。默认情况下，表、查询、窗体、报表和宏在 Access 窗口中都显示为选项卡式对象。

(4)“帮助”窗口。可以轻松地从同一个“帮助”窗口同时访问 Access 帮助和《开发人员参考》内容。

3. 更强大的对象创建工具

(1) 使用“创建”选项卡。可快速创建新窗体、报表、表、查询及其他数据库对象。如果在导航窗格中选择了一个表或查询，则可以通过单击一下“表”或“查询”命令，基于该对象来创建新的窗体或报表。

(2) 报表视图和布局视图。通过使用报表视图，可以浏览精确呈现的报表，而不必打印它或在打印预览中显示它。使用“布局”视图，可以在浏览数据时更改设计。可以在查看窗体或报表中的数据时使用“布局”视图进行许多常见设计更改。“布局”视图现在提供经过改进的设计布局。

4. 新的数据类型和控件

Access 2010 中新增的计算字段允许存储计算结果，即可以创建一个字段，以显示根据同一表中的其他数据计算而来的值。可以使用表达式生成器来创建计算，以便可以受益于智能感知功能并轻松访问有关表达式值的帮助。

5. 条件格式

Access 2010 新增了设置条件格式的功能，能够实现一些与 Excel 中提供的格式相同的样式。

6. 增强的安全性

Access 2010 继承了 Access 2007 安全模型并对其进行了改进。在 Access 2010 中，可以将数据导出为 PDF(可移植文档格式)或 XPS(XML 纸张规范)文件格式以进行打印、发布和电子邮件分发。

4.2.3 Access 数据库的对象

一个 Access 2010 数据库就是一个扩展名为.accdb 的 Access 文件，Access 数据库中包含表、查询、窗体、报表、宏和模块 6 个对象。

1. 表

表是 Access 有组织地存储数据的场所，每个表由记录和字段构成，关系数据库划分各个表时，一般应遵循关系规范化规则，以减少数据冗余、提高数据库的效率。表是数据库的基础与核心，表可以作为其他类型的对象，如查询、窗体和报表等的数据源。一个数据库可以包括若干个表，例如，高校的学生管理系统可以包括“学生信息”、“学生成绩”、“课程信息”等数据表。

2. 查询

查询是对数据库中数据重新进行筛选或分析形成新的数据源。被查询的数据可以取自一个表，也可以取自多个相关联的表，还可以取自已存在的其他查询。

3. 窗体

窗体是用户对数据库中数据操作的一个主要界面。窗体是以表、查询为数据源，通过窗体用户可以对数据做输入、浏览和编辑等操作。窗体可以进行个性化的设计，通常把窗体设计成便捷、美观的屏幕显示方式。

4. 报表

报表用于将选定的数据以特定的版式显示或打印，其数据源可以来自一个数据表或查询。

5. 宏

宏是某些操作的集合。Access 有几十种宏指令，用户可按照需求将它们组合起来，完成一些经常重复的或比较复杂的操作。宏经常与窗体配合使用。

6. 模块

模块是用 Access 提供的 VBA (Visual Basic for Applications)语言编写的程序，可用于完成无法用宏来实现的复杂的功能。

上面所介绍的 Access 对象，在一个具体的数据库系统中各自起着不同的作用。但是，它们又不是各自独立的，彼此之间存在相互关联。以上的对象中，前 4 类对象均用于数据的存储和显示，属于数据文件；后两类可以理解成程序文件，代表了应用程序的指令和操作。但宏和模块之间是有区别的：模块是用户自己编写的程序，宏是系统以命令的方式提供的程序。

4.3 节课件

4.3 设计与创建“学生管理系统”数据库

数据库设计是指对于一个给定的应用环境，构造最优的数据模式，使之能够有效地存储数据，满足各种用户的应用需求。数据库设计的设计内容包括需求分析设计、概念结构设计、逻辑结构设计、物理结构设计等。通过本节的学习，实现以下内容：

(1) 理解数据库设计的基本原则。

(2) 掌握创建空数据库的方法。

(3) 掌握利用实用数据模板创建数据库的方法。

4.3.1 设计“学生管理系统”数据库

1. 系统功能分析

学生管理系统应具有以下功能：

(1) 系统应允许管理员对学生信息、成绩、专业、班级、学院、课程信息进行管理。

(2) 系统应允许查询学生信息和相关成绩。

(3) 系统应允许打印学生信息和相关成绩。

2. 系统模块设计

对每一种信息的管理，都包括信息的录入、浏览、删除等功能。

(1) 学生模块：对学生的学号、姓名、性别、出生日期、籍贯、高考分数、班级编号进行管理。

(2) 学院模块：对学院的学院编号、学院名称进行管理。

(3) 班级模块：对班级的班级编号、班级名称、专业编码进行管理。

(4) 专业模块：对专业的专业编码、专业名称、学院编码进行管理。

(5) 课程模块：对所开课程的课程号、课程名、学分进行管理。

(6) 成绩模块：对成绩的学号、课程号、成绩进行管理。

实际上，学生管理系统只是教学管理系统的一部分，是一个非常复杂的系统，涉及的内容非常多。这里设计的学生管理系统只是一个具备最基本功能的、简单的教学演示系统，实际应用中可以根据具体情况进行扩充和修改。

4.3.2　创建“学生管理系统”数据库

在 Access 数据库应用系统中，所有的数据库资源都放在一个数据库文件中，该文件扩展名为：.accdb。要求在 F 盘根目录下新建文件夹“学生管理数据库系统”，然后在其下创建一个名为“学生管理系统”的数据库。Access 提供了两种建立数据库的方法。

1. 创建空数据库

创建空数据库的操作步骤如下：

(1) 启动 Access，进入 Backstage 视图窗格。

(2) 在 Backstage 视图窗格选择“新建”命令，在“可用模板”中选择“空数据库”类别，在右侧的文本框输入文件名。如图 4-3 所示，文件名为“学生管理系统.accdb”，路径为“F：\学生管理数据库系统”。

(3) 单击“创建”按钮，进入空白数据库的 Access 工作界面，在导航窗格中出现一个名称为“表 1 ”的空数据库，如图 4-4 所示。

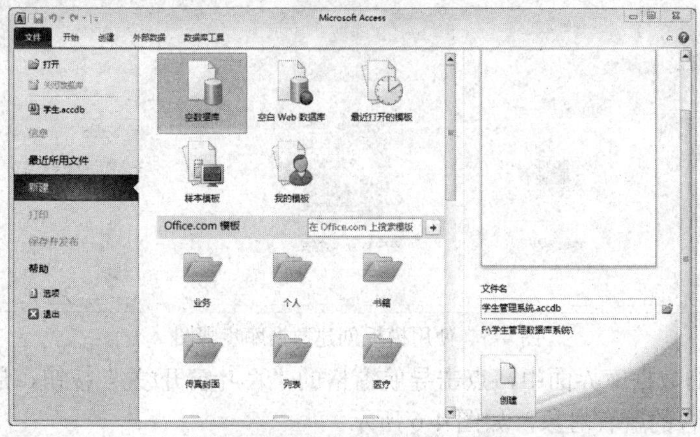

图 4-3　创建空白数据库步骤图

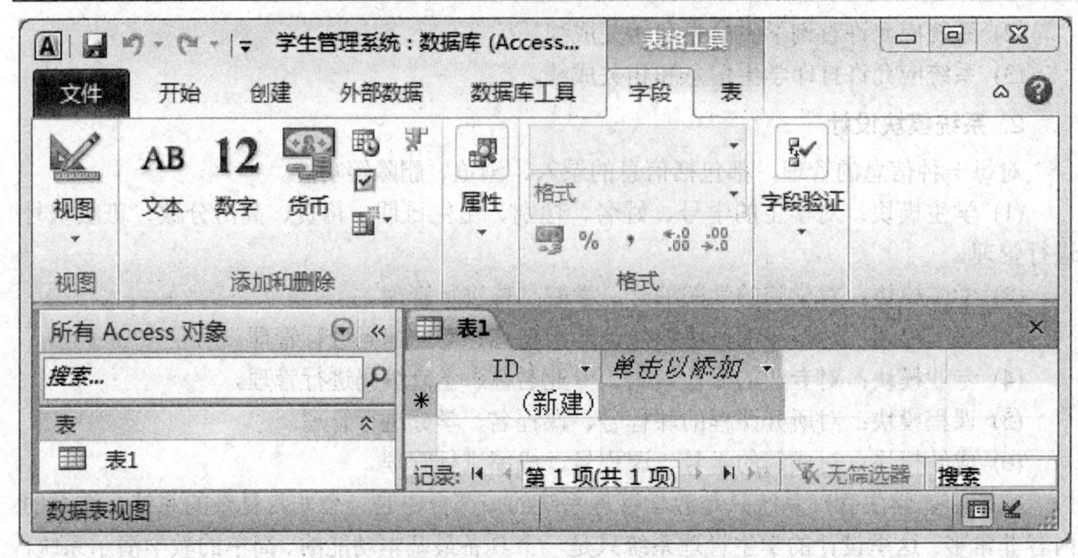

图 4-4　新创建的“学生管理系统”数据库

2. 使用数据库模板创建新数据库

模板是一种预先设计好的包含某个主题内容的数据库。模板中已建立了表、查询、窗体、报表等主题内容相关的数据库对象。创建数据库的基本操作步骤如下：

(1) 启动 Access，进入 Backstage 视图窗格。

(2) 在 Backstage 视图窗格选择“新建”命令，在“可用模板”中单击“样本模板”，打开“样本模板”列表。单击“学生”选项，选择保存路径，数据库名称设置为“学生 1”。单击“创建”完成数据库创建，并自动打开数据库，如图 4-5 所示。

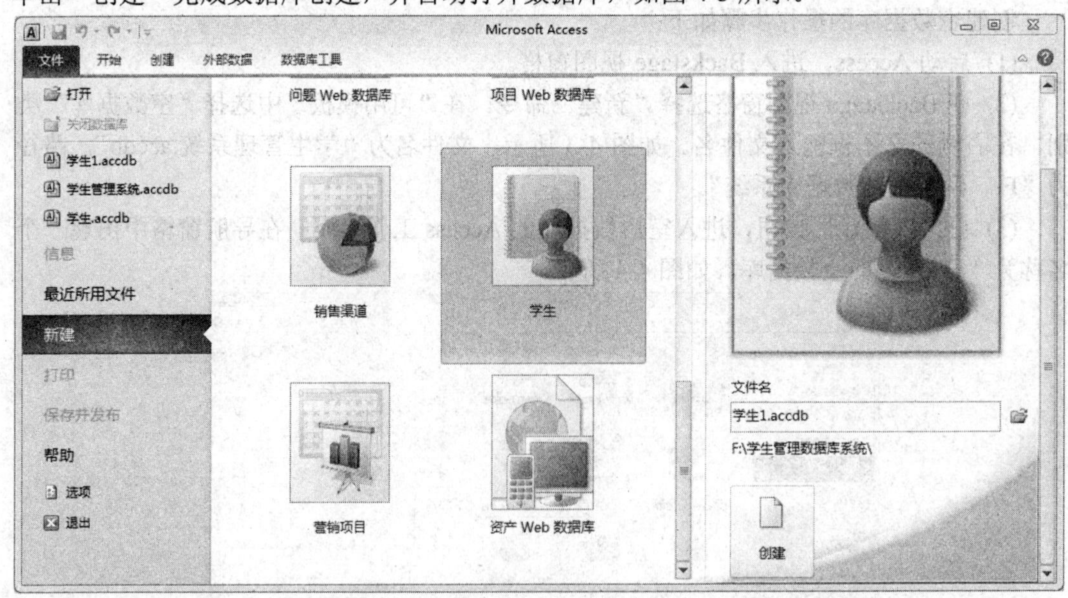

图 4-5　使用模板创建数据库步骤图

(3) 在打开的数据库界面中，点击导航窗格的“百叶窗开/关”按钮，展开导航列表，显示数据库中包含的所有对象，如图 4-6 所示。

图 4-6　用模板新创建的“学生”数据库

4.4　创建与使用“学生管理系统”数据库表

Access 中，表是存储数据的基本单位，是整个数据库系统的基础。创建数据库后，就可以在数据库中创建表对象了。通过本节的学习，掌握以下内容：

(1) 理解数据库表的基本属性。

(2) 能够用数据表视图或设计视图创建数据库表。

(3) 构建数据库表之间的关系。

(4) 掌握数据库表中记录的基本操作方法。

(5) 掌握数据库表导入导出的操作方法。

4.4 节课件

4.4.1　表结构的设计

1. 数据表构成

表以二维表形式存在，表中第一行为字段，为某方面的属性；从第二行开始每行为一个记录或一个元组。表由表结构和表内容组成，表结构就是每个字段的字段名、字段的数据类型和字段的属性等；表内容就是表的记录。一般来说，先创建表(结构)，然后再输入数据。

1) 表的字段

字段名称：标识表中一列，例：“学号”、“姓名”。每个字段有唯一的名称。字段命名规则为：

(1) 最长可达 64 个字符；

(2) 可以包含字母、汉字、数字、下划线、空格(只能在字段名称中间，不能以空格开头)；

(3) 字段名称中不能包含点号“.”、感叹号“!”、撇号“'”、方括号“[ ]”。

2) 数据类型

一个数据表中的同一列数据必须具有相同的数据特征，称为字段的数据类型。在一个数据表中，不同的字段可以存储不同类型的数据。Access 在设计数据表结构中提供了 12 种数据类型，表 4-11 列出了各种数据类型的用途和占用的长度。

表 4-11　字段的数据类型

数据类型	作用	大小
文本	存储文本、数字或文本与数字的组合	最多 255 个中文或西文字符
备注	存储较长的文本	最多为 64000 个字符
数字	存储用于数字计算的数值数据	1、2、4、8 或 16 个字节
日期/时间	存储 100～9999 年的日期和时间数据	8 个字节
货币	存储货币值	8 个字节
自动编号	存储一个唯一的顺序号或随机数	4 或 16 字字节
是/否	存储 “是” 或 “否” 值	1 位
OLE 对象	存储链接或嵌入的对象(如 Excel 电子表格、Word 文档、图形、声音或其他二进制数据)	最多 1 GB
超链接	以文本形式存储超链接地址	最多为 64000 个字符
附件	附加一个或多个不同类型的文件	单个文件的大小不能超过 256 MB，最多可以附加 2 GB 的数据
计算	存储计算结果	8 个字节
查阅向导	创建一个“查阅” 字段，可以使用组合框或列表框选择字段值	4 个字节

2. 表结构的设计

根据 4.3.1 小节的功能分析和模块设计，学生管理系统的表结构设计。包括对“学生”、“学院”、“专业”、“班级”、“课程”以及“成绩”几大模块的设计，具体如表 4-12～表 4-17 所示。

表 4-12　“学生”表结构

字段名	学号	姓名	性别	出生日期	籍贯	高考分数	班级编号
字段类型	文本	文本	文本	日期	文本	数字	文本
字段大小	9	10	1	—	50	长整型	7
主键	√	—	—	—	—	—	—
不允许为空	√	√	—	—	—	—	—

表 4-13　“学院”表结构

字段名	学院编号	学院名称
字段类型	文本	文本
字段大小	2	10
主键	√	—
不允许为空	√	√

表 4-14　“专业”表结构

字段名	专业编号	专业名称	学院编号
字段类型	文本	文本	文本
字段大小	4	10	2
主键	√	—	—
不允许为空	√	√	—

表 4-15　“班级”表结构

字段名	班级编号	班级名称	专业编号
字段类型	文本	文本	文本
字段大小	7	10	4
主键	√	—	—
不允许为空	√	√	—

表 4-16　“课程”表结构

字段名	课程编号	课程名称	学分
字段类型	文本	文本	文本
字段大小	8	10	2
主键	√	—	—
不允许为空	√	√	—

表 4-17　“成绩”表结构

字段名	学号	课程编号	成绩
字段类型	文本	文本	数字
字段大小	9	8	长整型
主键	—	—	—
不允许为空	√	√	—

4.4.2　表的创建

下面用两种方法，在“学生管理系统”数据库中，按“学生”表结构创建一个名为“学生”的表。

1. 使用数据表视图创建表

使用数据表视图创建表的操作步骤如下：

(1) 打开“学生管理系统”数据库。

(2) 选择功能区的“创建”选项卡中的“表”按钮，打开数据表视图，如图 4-7 所示。

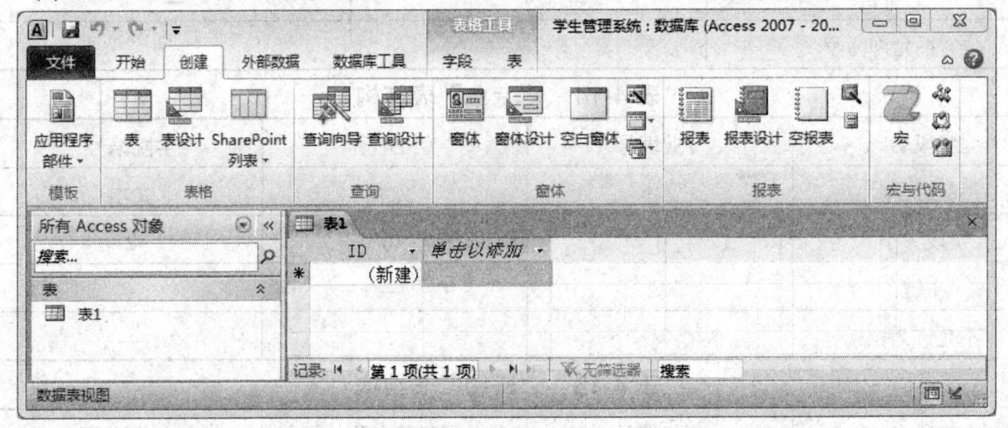

图 4-7　数据表视图

(3) 单击“数据表视图”中第二列“单击以添加”，右边下拉列表中选择字段类型“文本”，输入字段名“学号”。并在“表格工具”的“字段”选项卡里，将“字段大小”设置为 9，如图 4-8 所示。

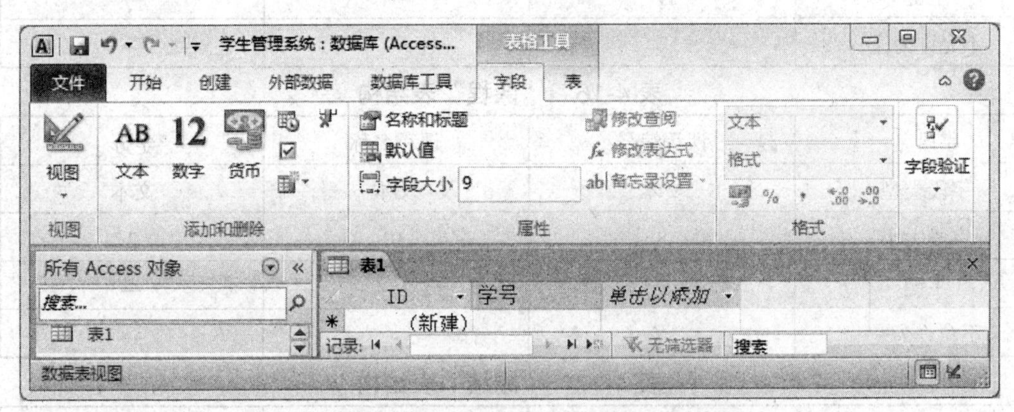

图 4-8　数据表视图中添加表字段和设置字段大小

(4) 依此类推，完成后续的字段和字段大小的设置，如图 4-9 所示。

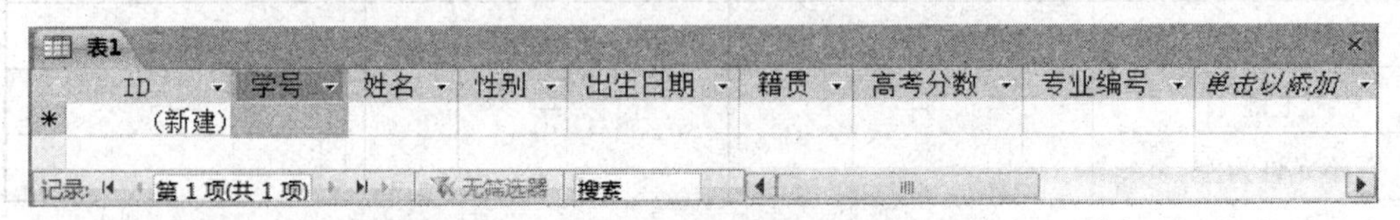

图 4-9　数据表视图中完成学生表字段添加和记录输入

(5) 单击“快速访问工具”栏的“保存”按钮，在“另存为”对话框中输入“学生”，单击“确定”按钮，保存“学生”表。

2. 使用设计视图创建表

使用设计视图创建表的操作步骤如下：

(1) 打开“学生管理系统”数据库。

(2) 选择功能区的“创建”选项卡中的“表设计”按钮，打开表的设计视图，如图4-10所示。

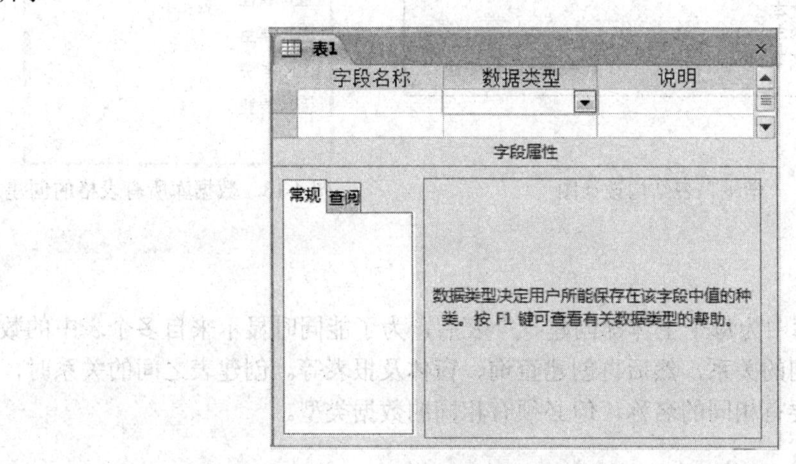

图4-10　表设计视图

(3) 在设计视图的第1行字段输入区输入，在“字段名称”单元格输入 “学号”，“数据类型”单元格选择 “文本”；字段属性区“字段大小”输入9；在“表工具”的“设计”选项卡中单击“主键”，将“学号”设置成主键，此时在“学号”单元格左边出现小钥匙图标。效果如图4-11所示。

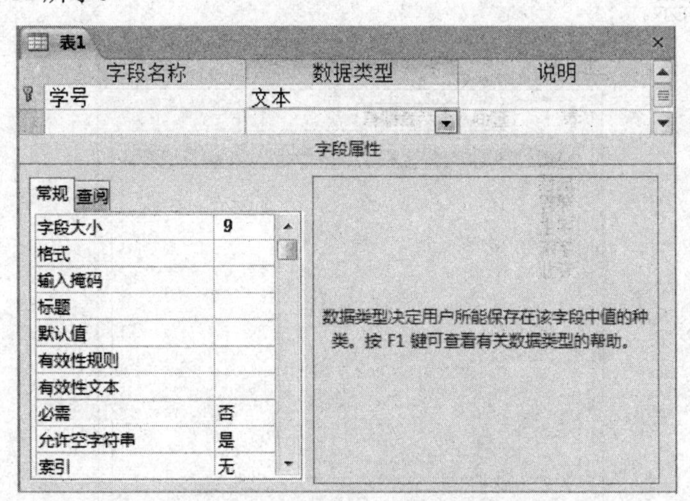

图4-11　添加字段及属性设置

(4) 依此类推，完成其他字段的输入和设置，最终结果如图4-12所示。

(5) 单击“快速访问工具”栏的“保存”按钮，在“另存为”对话框中输入“学生”，单击“确定”按钮，保存“学生”表。

选择一种上述方法，分别建立“学生”、“学院”、“专业”、“班级”、“课程”、“成绩”共6张表。建立后的导航窗格如图4-13所示。

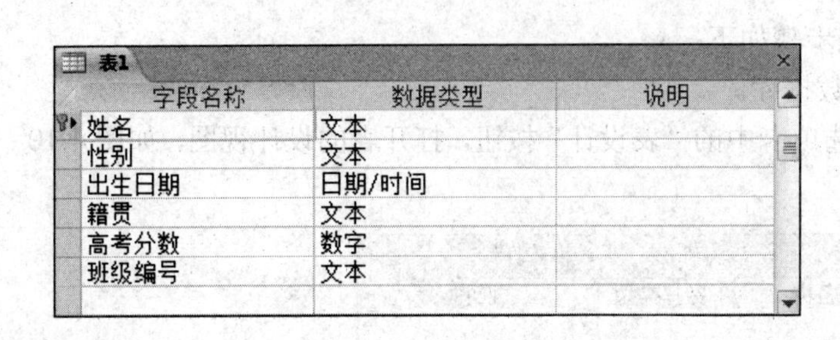

图 4-12　“学生”表结构设计图

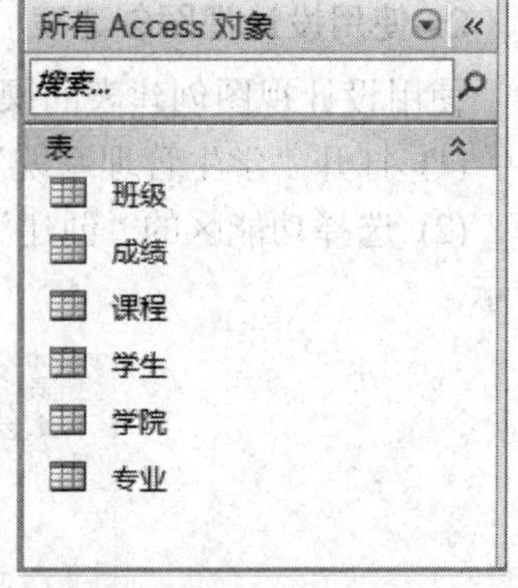

图 4-13　数据库所有表格的创建

4.4.3　表间关系

在 Access 数据库中为每个主体都创建一个表后，为了能同时显示来自多个表中的数据，需要先定义表之间的关系，然后再创建查询、窗体及报表等。创建表之间的关系时，相关联的字段不一定要有相同的名称，但必须有相同的数据类型。

1. 建立表间关系

在“学生管理系统”数据库中，建立 “学生”、“班级”、“成绩”之间的关系。操作步骤如下：

(1) 打开“学生管理系统”数据库。

(2) 选择功能区的“数据库工具”选项卡，单击“关系”按钮。出现“显示表”对话框，如图 4-14 所示。

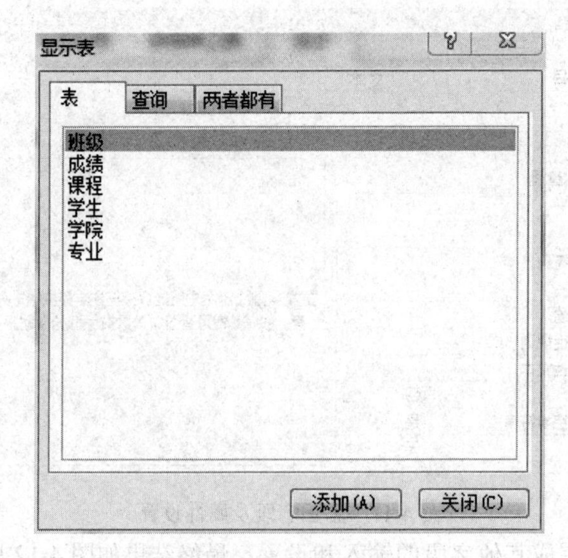

图 4-14　显示表对话框

(3) 将“学生”、“班级”、“成绩”3 张表格添加到“关系”窗口中，如图 4-15 所示，关闭“显示表”对话框。

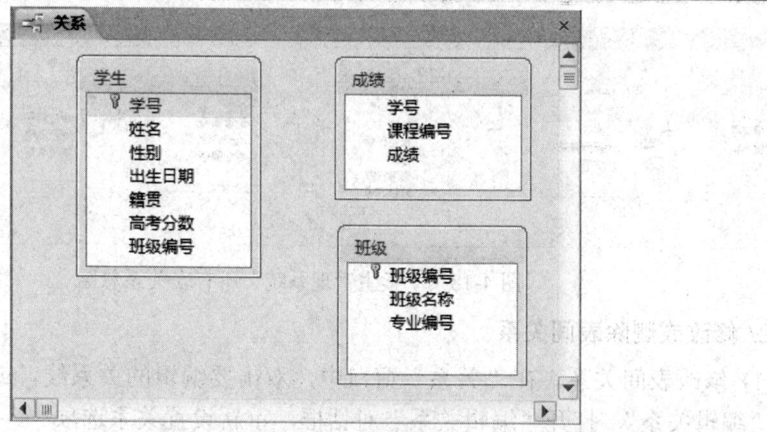

图 4-15　“关系”布局窗口

(4) 在“关系”窗口中，将“学生”表的主键“学号”字段，拖到“成绩”表的“学号”字段上，单击选择“编辑关系”对话框中的“实施参照完整性”，单击“创建”按钮，“编辑关系”对话框，如图 4-16 所示。

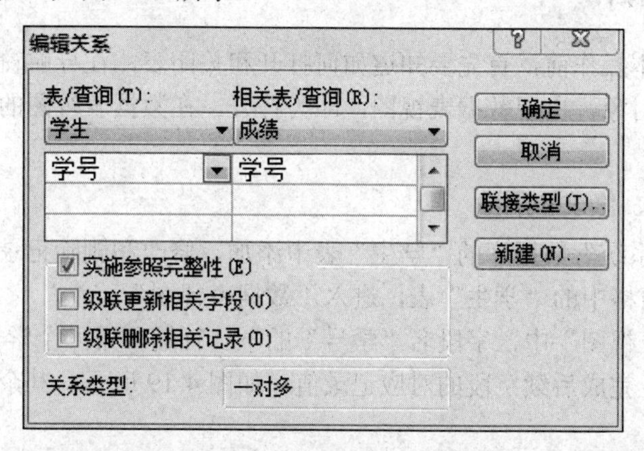

图 4-16　“编辑关系”对话框

(5) 重复刚才过程，将“班级”表的“班级编号”字段，拖到“学生”表的“班级编号”字段。最后完成图 4-17 所示的“关系”对话框。

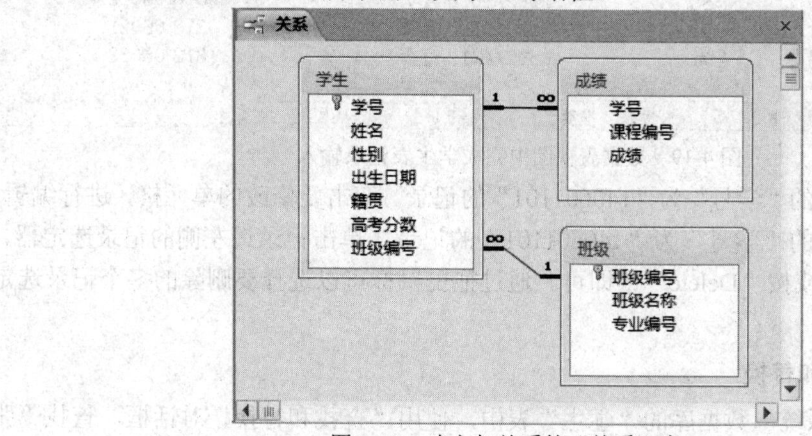

图 4-17　建立起关系的“关系”窗口

(6) 依此类推，创建“学生管理系统”中所有表间的关系，如图 4-18 所示。

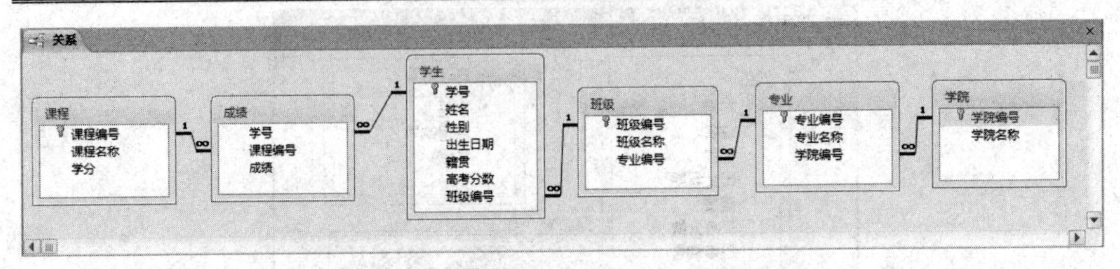

图 4-18　“学生管理系统”所有表关系总图

2. 修改或删除表间关系

(1) 修改表间关系。在“关系”窗口中，双击要编辑的关系线，或单击关系线，右键选择“编辑关系”，打开“编辑关系”对话框，重新设置关系选项。

(2) 删除表间关系。在“关系”窗口中，单击关系线，右键选择“删除”，或按“Delete”键即可。

4.4.4　表的基本操作

在进行表的基本操作前，首先要知道如何打开和关闭表，在导航窗格上数据库对象列表里，单击相应表对象，出现数据表视图，即为打开。在数据表视图的右上角有关闭表按钮，点击可关闭表。

1. 记录的添加、修改和删除

在“学生管理系统”数据库的“学生”表中添加、修改和删除记录。操作步骤如下：

(1) 打开导航窗格中的“学生”表，进入“数据表视图”。

(2) 在“数据表视图”中，字段名“学号”的下一行输入第一个学号“140601101”。

(3) 依此类推，完成后续字段的对应记录值，如图 4-19 所示。其余 5 张表的记录依次录入。

学生　班级　专业　学院

学号	姓名	性别	出生日期	籍贯	高考分数	班级编号
140601101	张竹岩	男	1991/8/5	江苏	316	06011
140601202	李娜	女	1992/10/6	江苏	310	06012
140602101	徐昕	男	1991/3/5	安徽	312	06021
140603201	高鹏	男	1992/4/12	江苏	312	06032

记录：第 1 项(共 4 项)　无筛选器　搜索

图 4-19　数据表视图中完成学生表记录输入

(4) 修改刚添加的“学号”为“140601101”的记录。双击要修改的单元格，进行编辑。

(5) 删除刚添加的“学号”为“140601101”的记录。单击记录最左侧的记录选定器，右键选择“删除”，或按“Delete”键即可。通过拖曳鼠标可以选择要删除的多个记录选定器，删除多个记录。

2. 记录的查找和替换

在“学生管理系统”数据库的“学生”表中，使用“查找和替换”对话框，查找“张竹岩”，并替换成“张岩”。操作步骤如下：

1) 记录的查找

(1) 打开导航窗格中的“学生”表。

(2) 在表的“数据表视图”下，首先将光标定位到要查找的数据所处的字段内，单击功能区“开始”选项卡的“查找”组中的“查找”按钮，将弹出“查找和替换”对话框的“查找”选项卡。

(3) 在“查找内容”栏中输入“张竹岩”，根据实际情况对“查找和替换”对话框的属性进行设置。此处具体设置如图 4-20 所示。

(4) 单击“查找下一个”按钮，查找的数据被选定，再次单击可以继续查找。如果没找到查找内容，则提示没有找到搜索项。

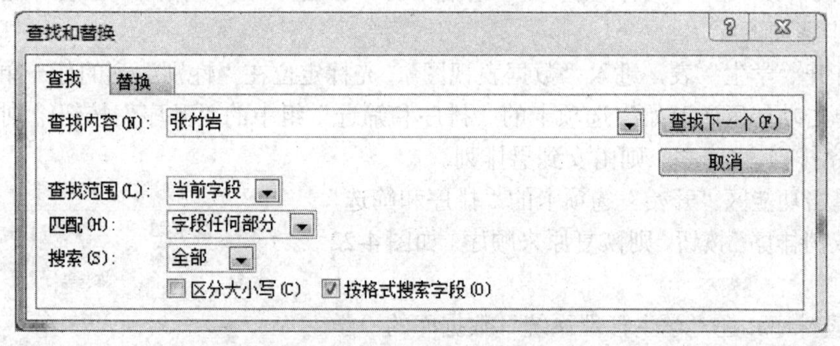

图 4-20　“查找”设置及步骤

2) 记录的替换

(1) 打开导航窗格中的“学生”表。

(2) 在表的“数据表视图”下，首先将光标定位到要查找的数据所处的字段内，单击功能区“开始”选项卡的“查找”组中的“替换”按钮，在“查找内容”栏中输入“张竹岩”,“替换为”栏中输入“张岩”。

(3) 根据实际情况对“查找和替换”对话框的属性进行设置。此处具体设置如图 4-21 所示。

(4) 单击“查找下一个”按钮，查找到的数据将被锁定，单击“替换”按钮，数据被替换。再进行下一次查找及替换。如果要替换的内容较多，也可以单击“全部替换”按钮，将被全部替换。

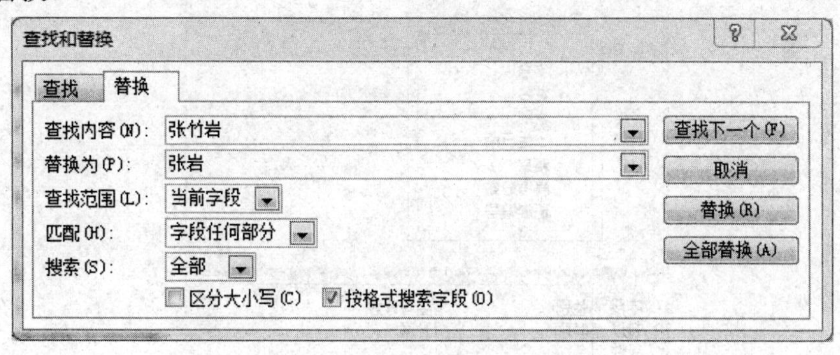

图 4-21　“替换”设置及步骤

3. 记录的排序和筛选

1) 记录的排序

排序是根据当前数据表中的一个或多个字段的值，对整个数据表中的全部记录重新排列顺序。可以按升序(从小到大)或降序(从大到小)对所有记录进行排序，排序结果可与表一起保存。对于不同数据类型的字段，升序(或降序)的排序规则为：英文的文本按字符的ASCII码顺序排序，升序是按ASCII码从小到大排序，即按A到Z排序，降序按Z到A排序；中文的文本按拼音字母的顺序排序，升序按A到Z排序，降序按Z到A排序；数字按数字的大小顺序排序，升序按从小到大排序，降序按从大到小排序。

单字段排序：在“学生管理系统”数据库的“学生”表中，按照“性别”进行升序排列。操作步骤如下：

(1) 打开“学生”表，进入“数据表视图”，光标定位在“性别”列的任一单元格里。

(2) 单击功能区“开始”选项卡的“排序和筛选”组中的“升序”按钮，则会按由男到女的顺序排列。“降序”则由女到男排列。

(3) 单击功能区“开始”选项卡的“排序和筛选”组中的“取消排序”按钮，则恢复原来顺序。如图4-22所示。

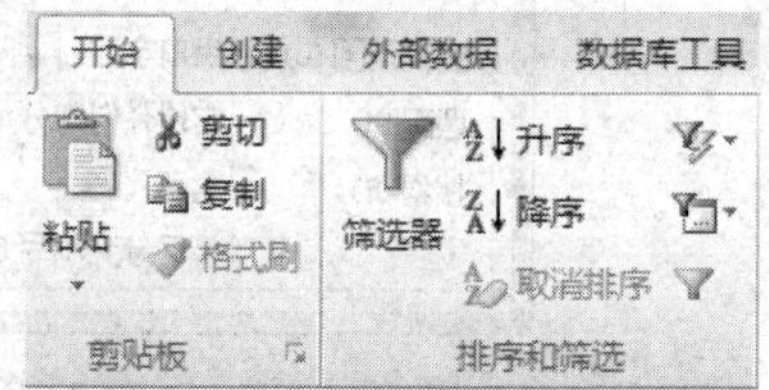

图4-22 “排序和筛选”组

多字段排序：在“学生管理系统”数据库的“学生”表中，按照“性别”进行降序排列然后按照“高考分数”升序排列。操作步骤如下：

(1) 打开“学生”表，进入“数据表视图”，单击功能区“开始”选项卡的“排序和筛选”组中的“高级筛选/排序”按钮，打开排序设置窗口，如图4-23所示。

(2) 字段行第一个选择“性别”，排序行选择“降序”；字段行第二个选择“高考分数”，排序行选择“升序”。设置如图4-23所示。

(3) 单击功能区 “开始”选项卡的“排序和筛选”组中的“切换筛选”按钮，排序结果如图4-24所示。

(4) 关闭该表的“数据表视图”时，可选择是否将排序结果与表一起保存。

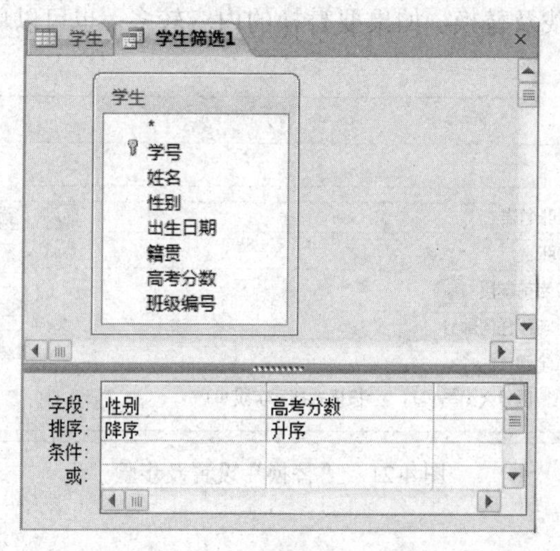

图4-23 设置高级排序

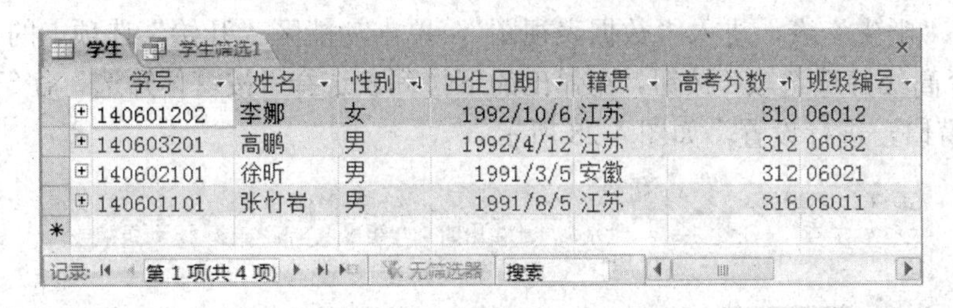

学号	姓名	性别	出生日期	籍贯	高考分数	班级编号
140601202	李娜	女	1992/10/6	江苏	310	06012
140603201	高鹏	男	1992/4/12	江苏	312	06032
140602101	徐昕	男	1991/3/5	安徽	312	06021
140601101	张竹岩	男	1991/8/5	江苏	316	06011

图 4-24　多字段排序结果

2) 记录的筛选

筛选是根据一定条件，从一个表中选出符合条件的记录，不满足条件的记录暂时隐藏，Access 提供了“选择”筛选、“使用筛选器筛选”、“按窗体筛选”和“高级筛选”等。

(1) “选择”筛选，即按选定内容筛选：在“学生管理系统”数据库的“学生”表中，筛选出性别为“男”的记录。操作步骤如下：

① 打开“学生”表，进入“数据表视图”，光标定位在“性别”为“男”的单元格中。

② 单击功能区“开始”选项卡的“排序和筛选”组中的“选择”按钮，在弹出的列表框中选择“等于‘男’”。结果如图 4-25 所示。

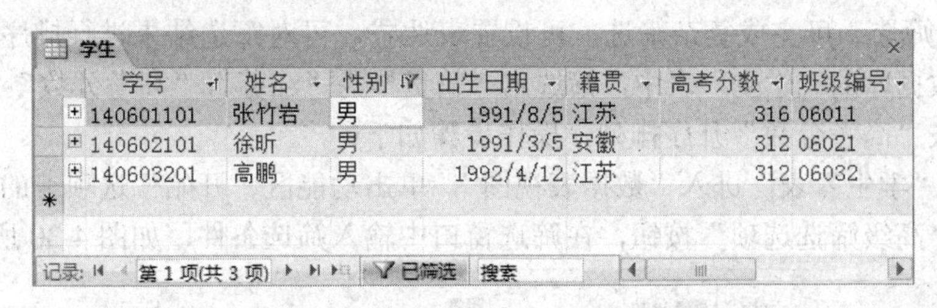

学号	姓名	性别	出生日期	籍贯	高考分数	班级编号
140601101	张竹岩	男	1991/8/5	江苏	316	06011
140602101	徐昕	男	1991/3/5	安徽	312	06021
140603201	高鹏	男	1992/4/12	江苏	312	06032

图 4-25　筛选男同学结果

(2) 使用筛选器筛选：筛选器提供多种类型，如：文本筛选器、日期筛选器、数字筛选器等。在“学生管理系统”数据库的“学生”表中，筛选出高考分数为 310～313 的记录。操作步骤如下：

① 打开“学生”表，进入“数据表视图”，单击“高考分数”字段右边的下拉列表。选择“数字筛选器”的“期间”命令，打开“数字边界之间”窗口，输入边界值，如图 4-26 所示。

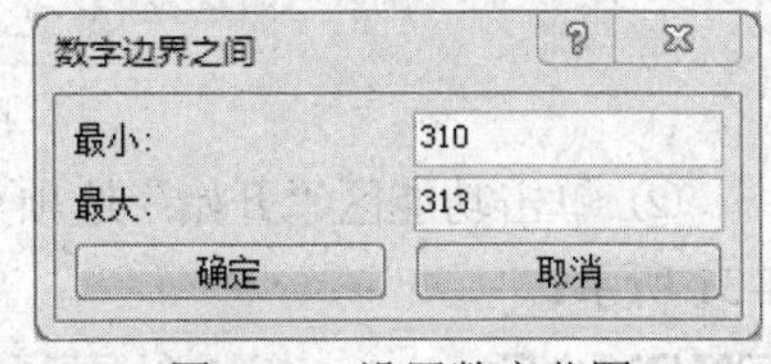

图 4-26　设置数字范围

② 单击“确定”，结果如图 4-27 所示。

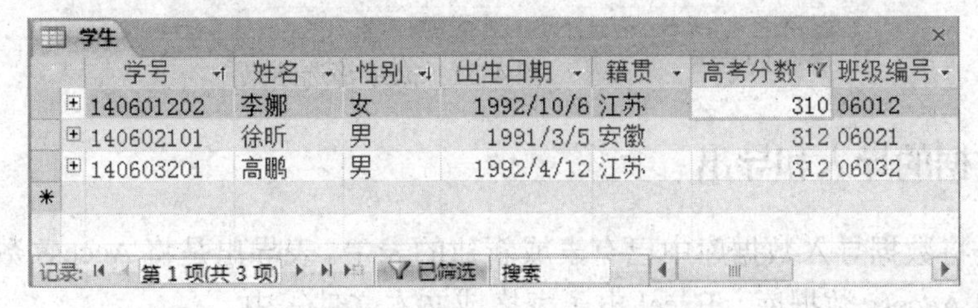

学号	姓名	性别	出生日期	籍贯	高考分数	班级编号
140601202	李娜	女	1992/10/6	江苏	310	06012
140602101	徐昕	男	1991/3/5	安徽	312	06021
140603201	高鹏	男	1992/4/12	江苏	312	06032

图 4-27　按高考分数筛选结果

(3) 按窗体筛选：指定多个筛选条件时，使用按窗体筛选。在“学生管理系统”数据库的“学生”表中，筛选出“性别”为“男”，“高考分数”为 312 的记录。操作步骤如下：

① 打开“学生”表，进入“数据表视图”，单击功能区“开始”选项卡的“排序和筛选”组中的“高级筛选选项”按钮，在弹出的下拉列表选择“按窗体筛选”命令，打开“按窗体筛选”窗口，进行设置，如图 4-28 所示。

图 4-28　按窗体筛选设置窗口

② 单击功能区“开始”选项卡的“排序和筛选”组中的“应用筛选”按钮。结果如图 4-29 所示。

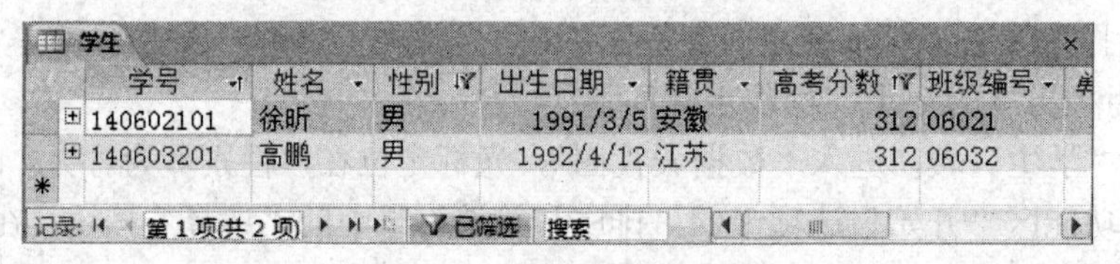

图 4-29　按窗体筛选结果

(4) 高级筛选：可完成复杂筛选，可设置表达式，可对筛选结果进行排序。在“学生管理系统”数据库的“学生”表中，筛选出“籍贯”为“江苏”，“高考分数”为 310～313 的记录，并按“高考分数”升序排列。操作步骤如下：

① 打开“学生”表，进入“数据表视图”，单击功能区“开始”选项卡的“排序和筛选”组中的“高级筛选选项”按钮，在筛选窗口中输入筛选条件，如图 4-30 所示。

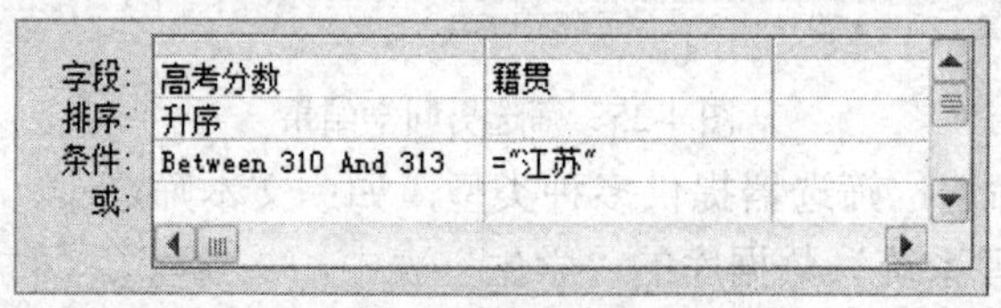

图 4-30　设置高级筛选条件

② 单击功能区“开始”选项卡的“排序和筛选”组中的“应用筛选”按钮。结果如图 4-31 所示。

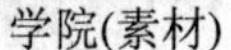

学院(素材)

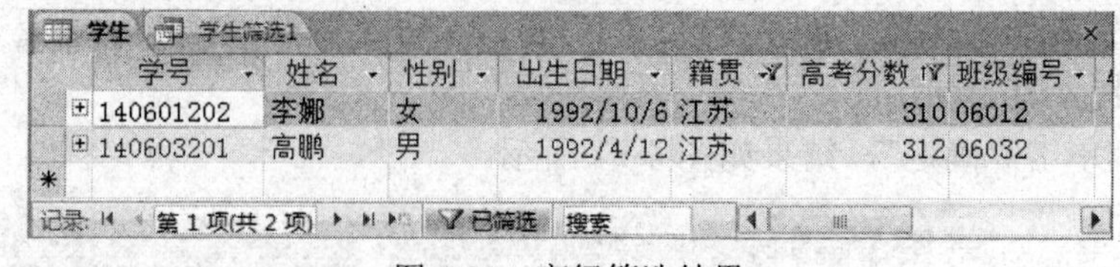

图 4-31　高级筛选结果

4.4.5　表数据的导入和导出

导入表是将数据导入数据库中已有表或新建的表中。表导出是将 Access 数据库中表数据导出到其他 Access 数据库、Excel 电子表格或文本文件等中。

1. 导入表

将本书资源包中“素材”文件夹“第 4 章”中的“学院. xlsx”导入 Access 数据库“学

生管理系统”中已创建的“学院”表中。操作步骤如下：

(1) 打开“学生管理系统”数据库。

(2) 单击功能区的“外部数据”选项卡的“导入并链接”组，单击“Excel”按钮，出现“获取外部数据-Excel电子表格”窗口，如图4-32所示。

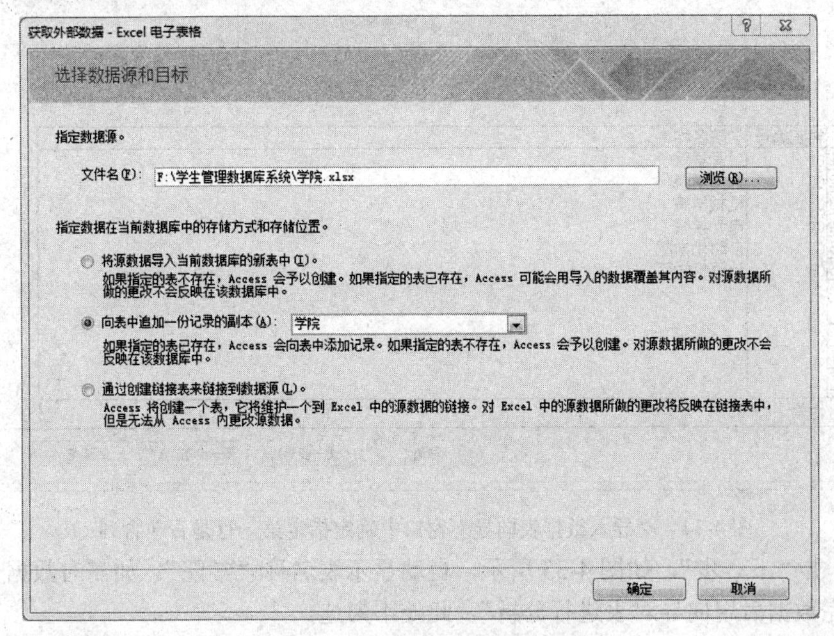

图4-32　选择数据源和目标设置

(3) “指定数据源”，选择要导入的Excel表格存储路径。

(4) “指定数据在当前数据库中的存储方式和存储位置”，选择向表中追加一份记录的副本，选择将要导入的数据库中表名称“学院”。单击“确定”进入“导入数据表向导”窗口。如图4-33所示。

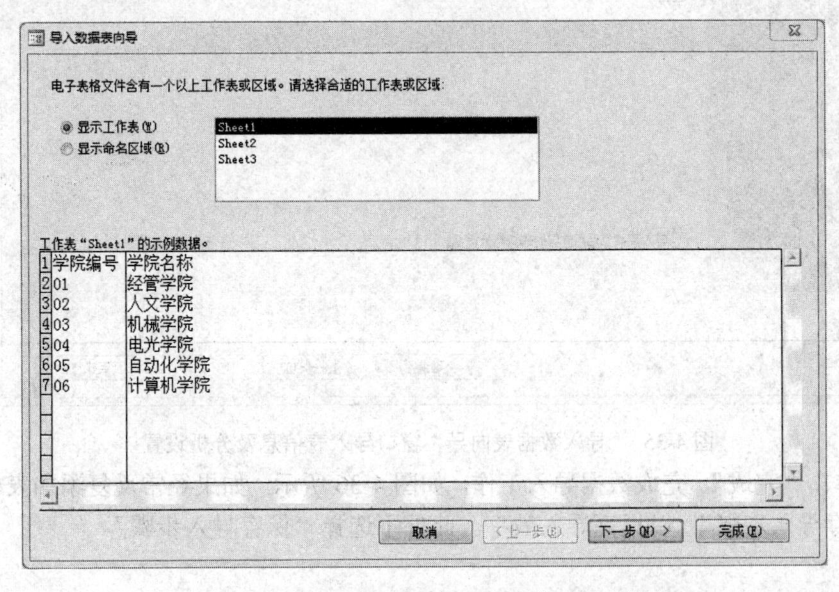

图4-33　“导入数据表向导”窗口中选择工作表

(5) 选择要导入的工作表“sheet1”，单击“下一步”，如图 4-34 所示。

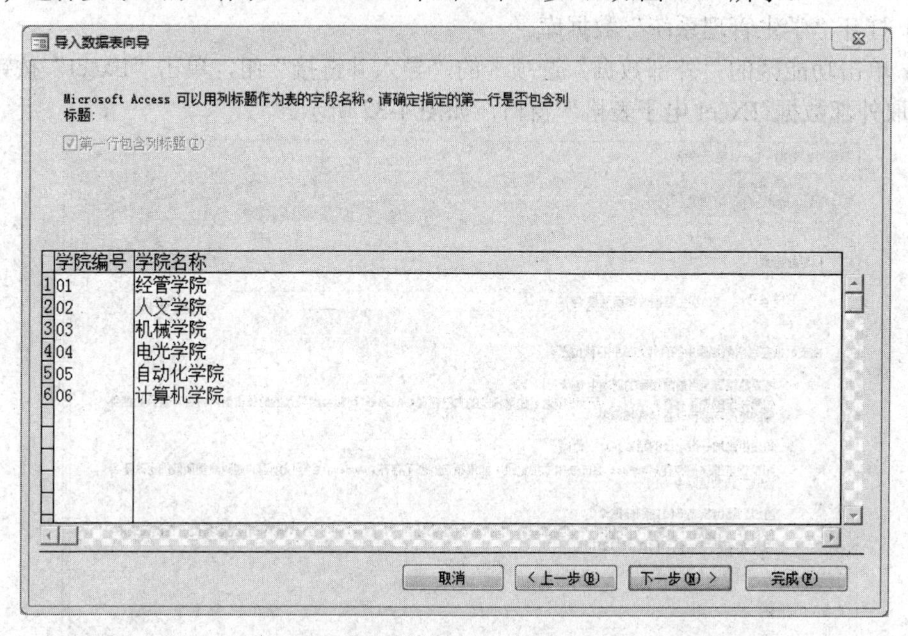

图 4-34　“导入数据表向导”窗口中确定指定第一行是否包含列

(6) 单击“下一步”，如图 4-35 所示，自动显示表名称“学院”。如需对数据分析则勾选“导入完数据后用向导对表进行分析”，此处不勾选。

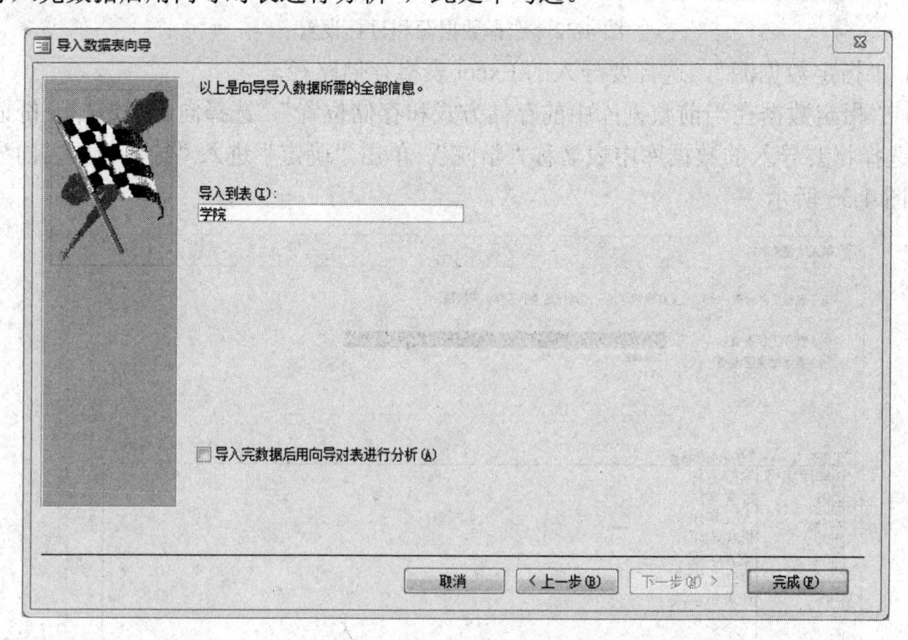

图 4-35　“导入数据表向导”窗口导入表信息及分析设置

(7) 单击“完成”，完成数据导入工作，如图 4-36 所示。如果经常反复添加表格，则可选择“保存导入步骤”，以提高导入效率。此处不选择“保存导入步骤”。

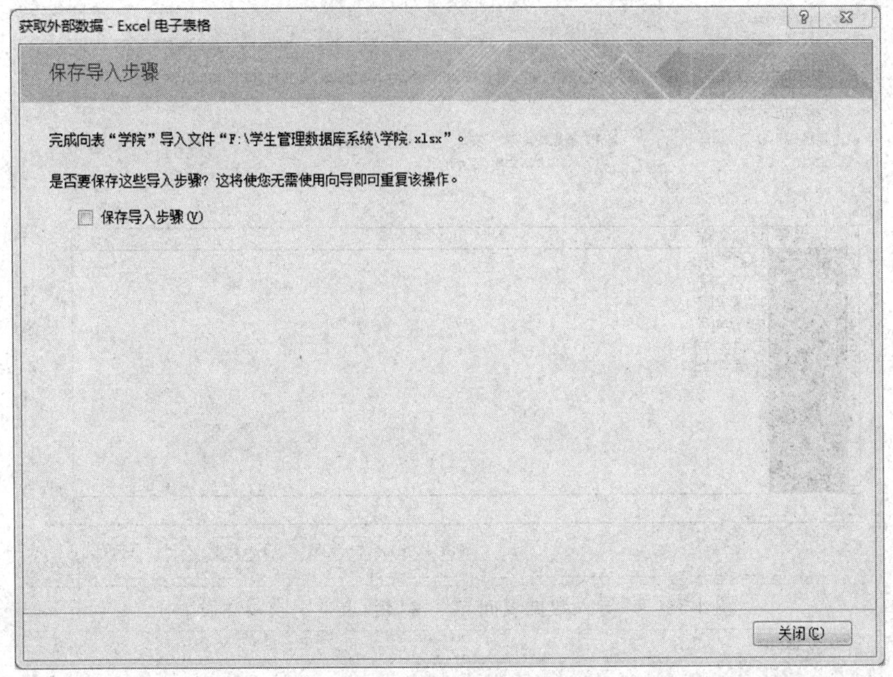

图 4-36　“导入数据表向导”窗口保存导入步骤设置

(8) 如果要求 Excel 表格导入到新建表中，则需要在第(4)步中，指定数据在当前数据库中的存储方式和存储位置选择，将源数据导入到当前数据库新表中。如图 4-37 所示，单击“确定”进入“导入数据表向导”窗口。可以设置新表字段的属性和表的主键，如图 4-38 和图 4-39 所示。

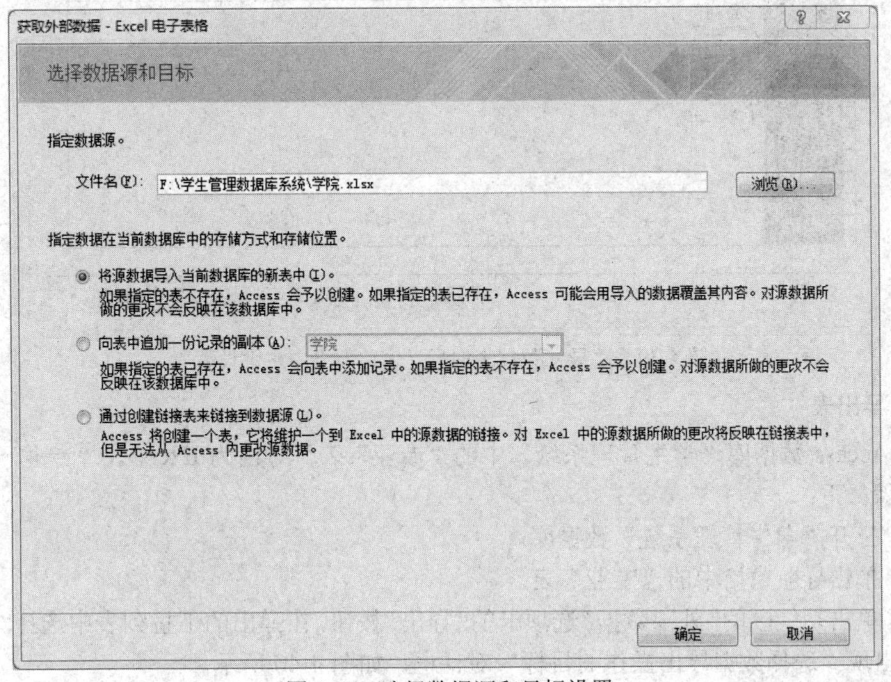

图 4-37　选择数据源和目标设置

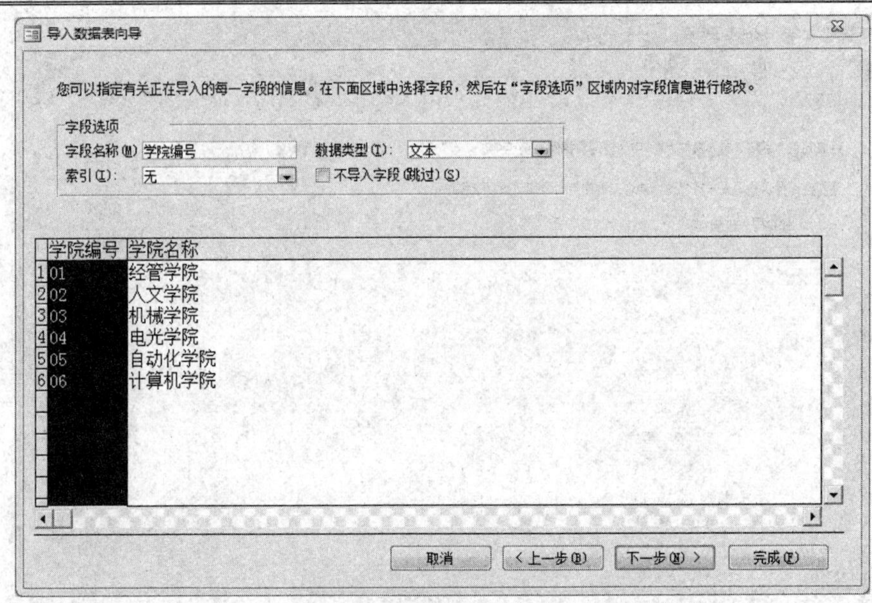

图 4-38 “导入数据表向导”窗口新表中字段属性设置

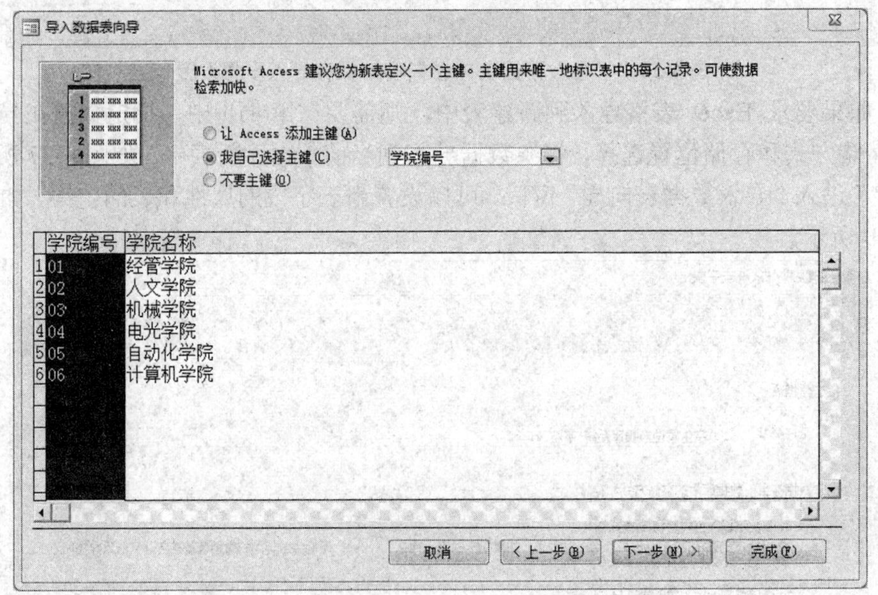

图 4-39 “导入数据表向导”窗口新表中主键设置

2. 导出表

将 Access 数据库“学生管理系统”中的“专业”表，导出为 Excel 表“专业. xlsx”。操作步骤如下：

(1) 打开“学生管理系统”数据库。

(2) 单击导航窗格中的“专业”表。

(3) 单击功能区的“外部数据”选项卡的“导出”按钮，在弹出的下拉列表中选择“Excel”按钮。出现“选择数据导出操作的目标”对话框，如图 4-40 所示。

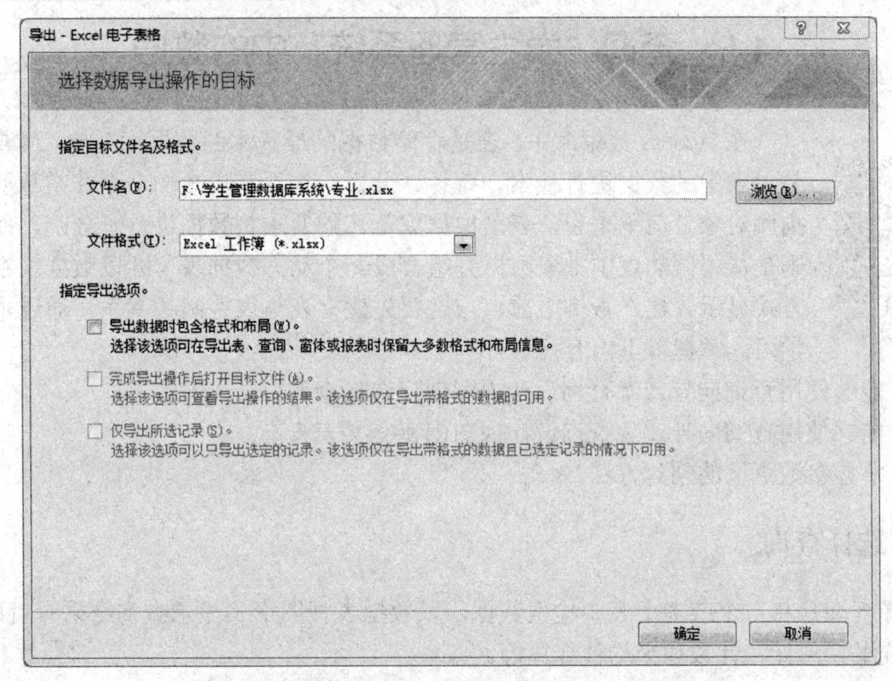

图 4-40　“选择数据导出操作的目标”对话框

(4) 单击“浏览”按钮，可选择导出表格存放的路径，此处存放在“学生管理系统”数据库文件夹下。单击“文件格式”右边下拉列表可选择输出文件格式，此处选择“Excel 工作簿”。单击“确定”按钮，显示“保存导出步骤”对话框，如图 4-41 所示。如要经常重复导出同样文件，则可勾选“保存导出步骤”，此处不勾选该项。至此，完成 Excel 表“专业.xlsx”的导出任务。导出后的文档见本书资源包中的“案例/第 4 章/专业.xlsx”文档。数据库导入和导出的方法扫二维码见数据库表的导入和导出(微课)文件。

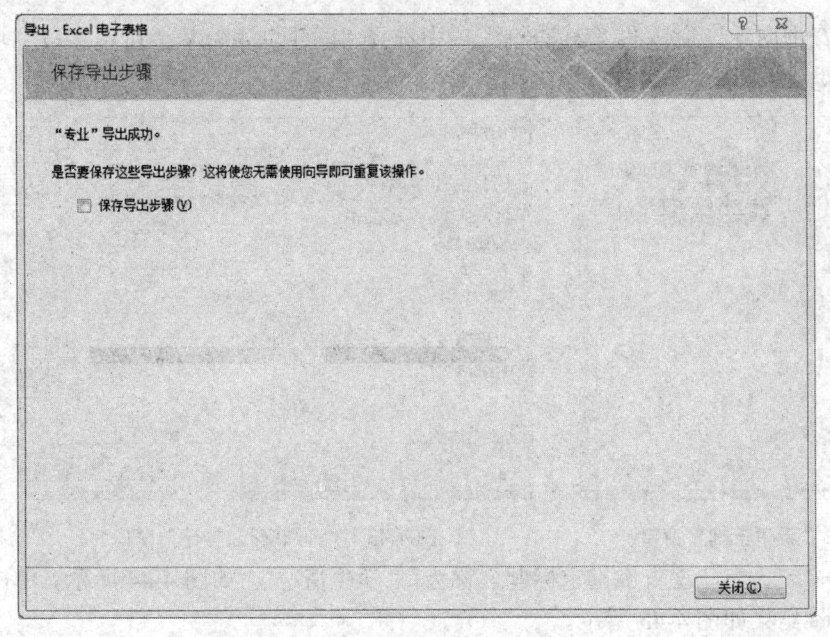

图 4-41　“保存导出步骤”对话框

专业(案例)

数据库表的导入和导出(微课)

4.5　查询“学生管理系统”中的数据

4.5 节课件

在 Access 数据库中，表是存储数据的最基本的数据库对象，而查询则是对表中的数据进行检索、统计、分析、查看和更改的一个非常重要的数据库对象。简单来说，表是根据规范化的要求将数据进行了分割，而查询则是从不同的表中抽取数据并组合成一个动态数据表，并以数据表视图的方式显示。建立查询之前，一定要先建立表与表之间的关系。通过本节的学习，掌握以下内容：

(1) 能够使用查询向导或者查询设计视图创建选择查询。

(2) 能够使用查询向导或者查询设计视图创建交叉表查询。

(3) 掌握参数查询的创建方法。

4.5.1　选择查询

选择查询是从一个或多个表中检索数据，以数据表视图形式显示查询结果。可以对数据进行分组、总计、计数和平均值计算等。

1. 使用查询向导创建查询

在 Access 数据库“学生管理系统”的“学生”表中，查询学生的“学号”、“姓名”、“籍贯”（单表查询）。操作步骤如下：

(1) 打开“学生管理系统”数据库。

(2) 单击功能区的“创建”选项卡的“查询”组，单击“查询向导”按钮，显示“新建查询”窗口，如图 4-42 所示。选择“简单查询向导”，单击“确定”后显示“简单查询向导”窗口。

(3) 在“简单查询向导”窗口的“表/查询”项中选择“学生”表，从“可用字段”项中选择要查询的字段，到“选定字段”中，如图 4-43 所示。

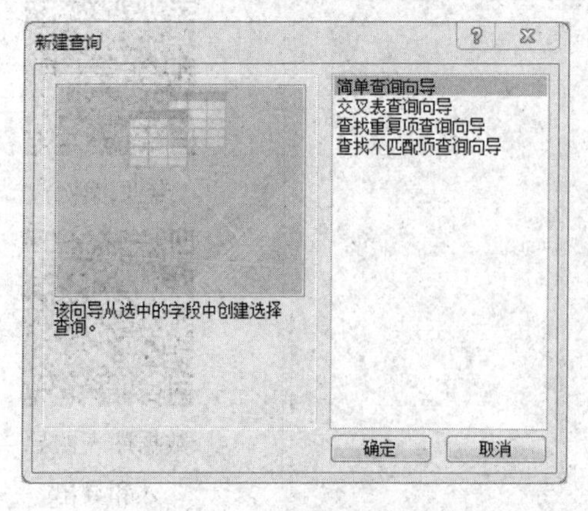

图 4-42　“新建查询”窗口

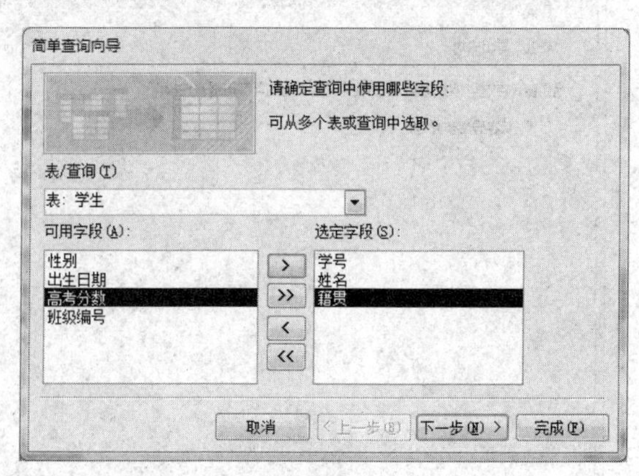

图 4-43　“简单查询向导”窗口

(4) 单击“下一步”，为此次查询指定标题名称为：“学生情况”，如图 4-44 所示。单击“完成”按钮，查询结果如图 4-45 所示。

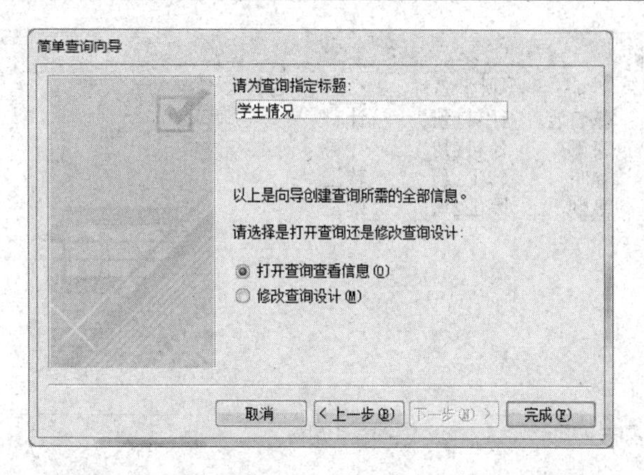

图 4-44　“简单查询向导”中指定“查询标题”

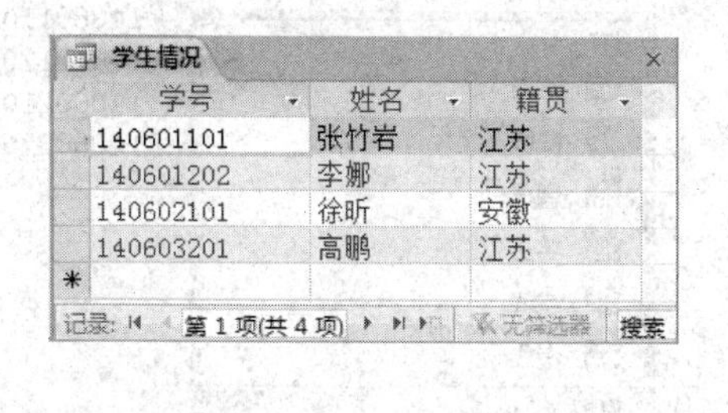

学号	姓名	籍贯
140601101	张竹岩	江苏
140601202	李娜	江苏
140602101	徐昕	安徽
140603201	高鹏	江苏

图 4-45　简单查询向导的查询结果

2. 在查询设计视图中创建查询

在 Access 数据库“学生管理系统”的“学生”表中，查询学生的“学号”、“姓名”、“班级名称”、“专业名称”(多表查询)。操作步骤如下：

(1) 打开“学生管理系统”数据库。

(2) 单击功能区“创建”选项卡的“查询”组，单击“查询设计”按钮，在“显示表”窗口中选择“学生”、“班级”、“专业”表后，单击“添加”按钮，如图 4-46 所示。进入查询设计视图，如图 4-47 所示。

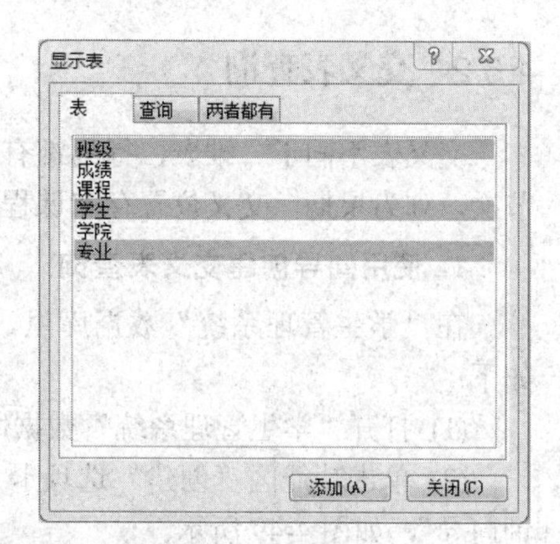

图 4-46　“显示表”窗口

(3) 在查询设计视图中，显示了需要的多张表及其关系，选择要显示的字段，字段下方自动出现其对应的表名称，如图 4-47 所示。

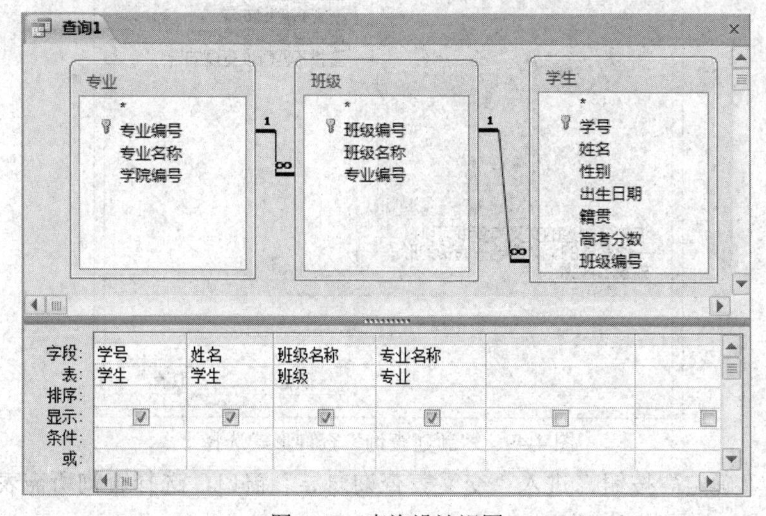

图 4-47　查询设计视图

(4) 单击快速查询工具栏的“保存”按钮，将查询结果另存为“学生详细信息”，查询结果如图 4-48 所示。导航窗格显示查询的名称，右侧工作区显示查询后的数据表。

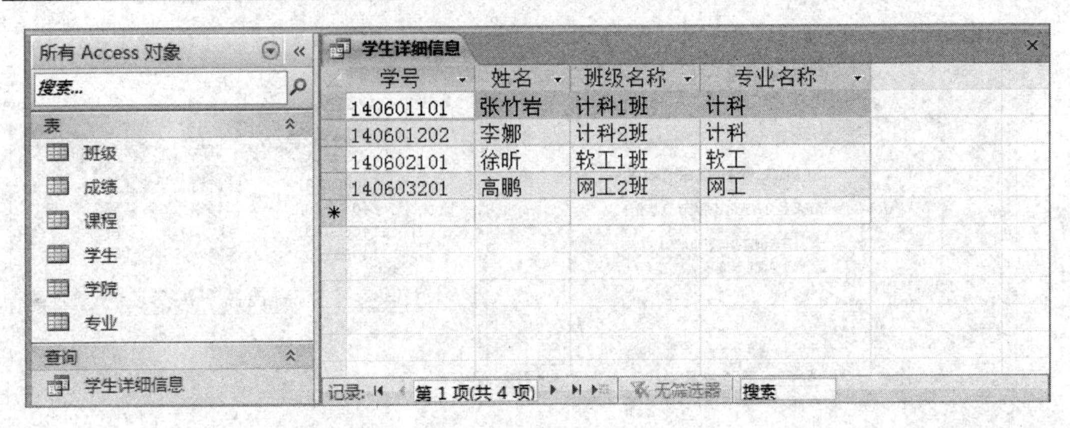

图 4-48　多表查询结果

4.5.2　交叉表查询

交叉表不同于二维表，行列都有字段名，行列交叉位置存储数据，比如课程表，行为节次，列为星期，交叉位置存储课程名称和上课地点。

1. 使用向导创建交叉表查询

在“学生管理系统”数据库里，创建查询，按性别统计不同籍贯的人数。操作步骤如下：

(1) 打开“学生管理系统”数据库。

(2) 单击功能区“创建”选项卡“查询”组中的“查询向导”按钮，选择“交叉表查询向导”，如图 4-49 所示。

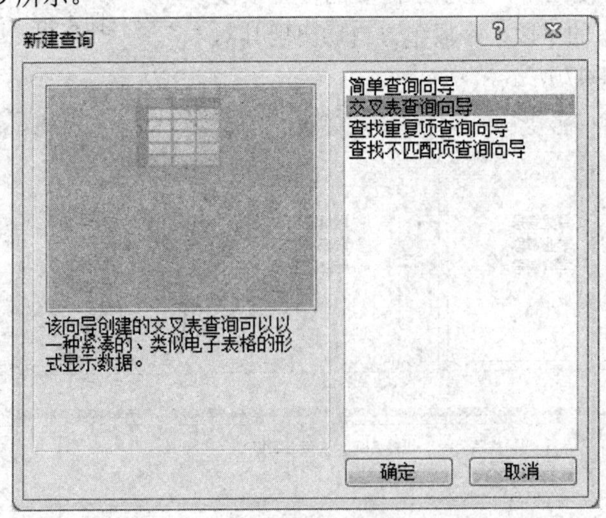

图 4-49　“新建查询”查询形式选择

(3) 单击“确定”按钮，进入“交叉表查询向导”窗口，选择查询所需表格，此处选择 “学生”表，如图 4-50 所示。

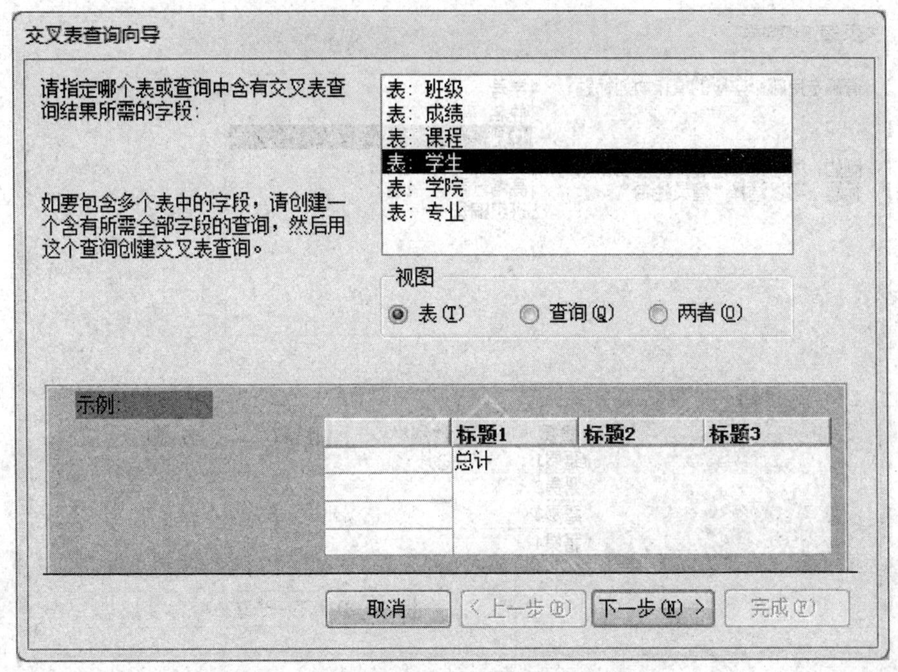

图4-50 “交叉表查询向导”表选择

(4) 单击“下一步”按钮，进行行“字段”选择，再次单击“下一步”按钮，进行列“字段”选择。行选择“籍贯”，列选择“性别”，如图4-51和图4-52所示。

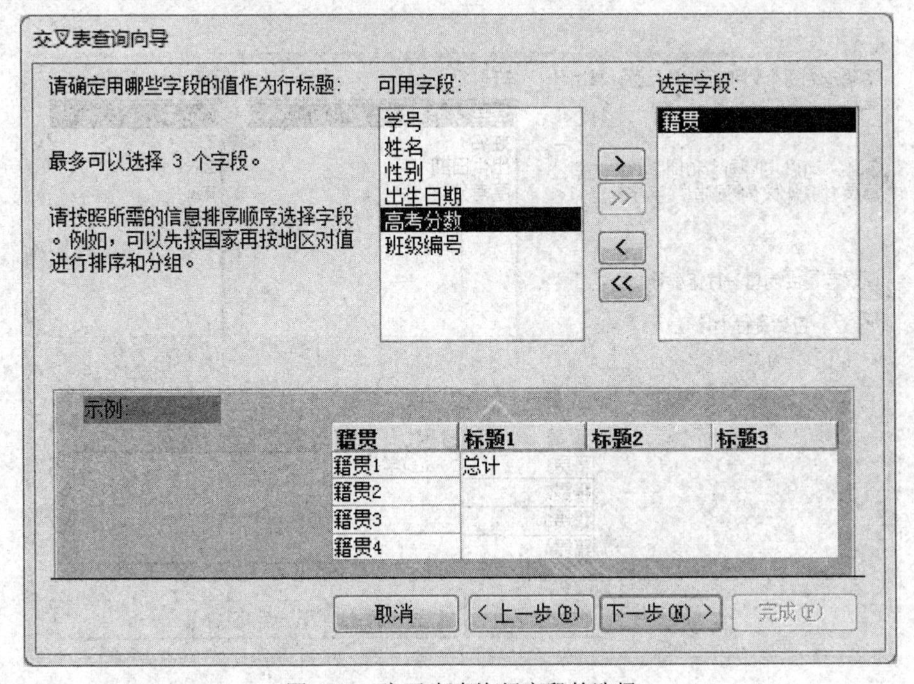

图4-51 交叉表查询行字段的选择

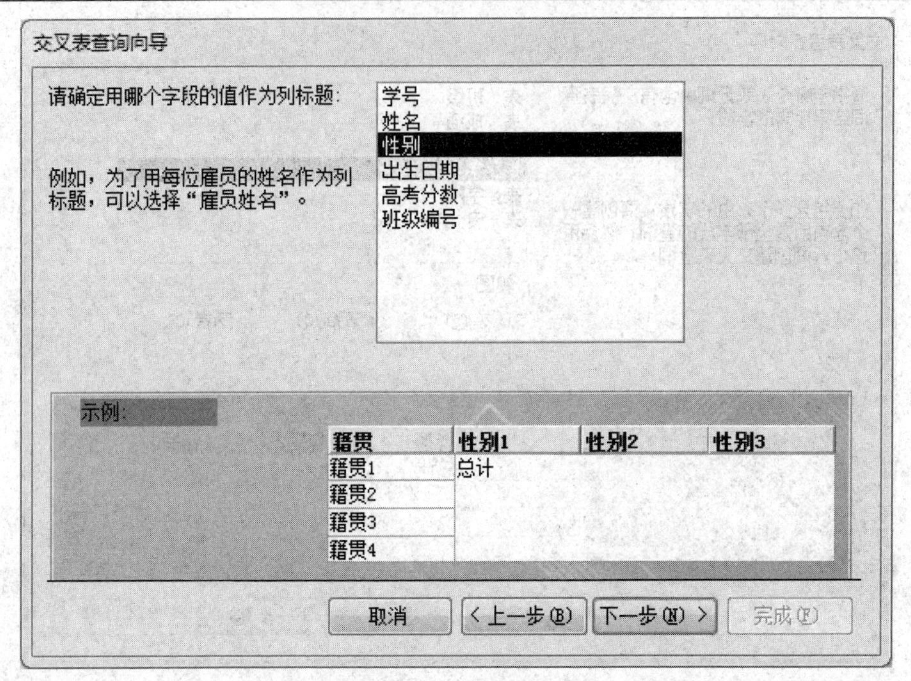

图 4-52　交叉表查询列字段的选择

(5) 单击“下一步”按钮，字段项选择“学号”，函数项选择“Count”，即对行列交叉点的“学号”进行计数，如图 4-53 所示。

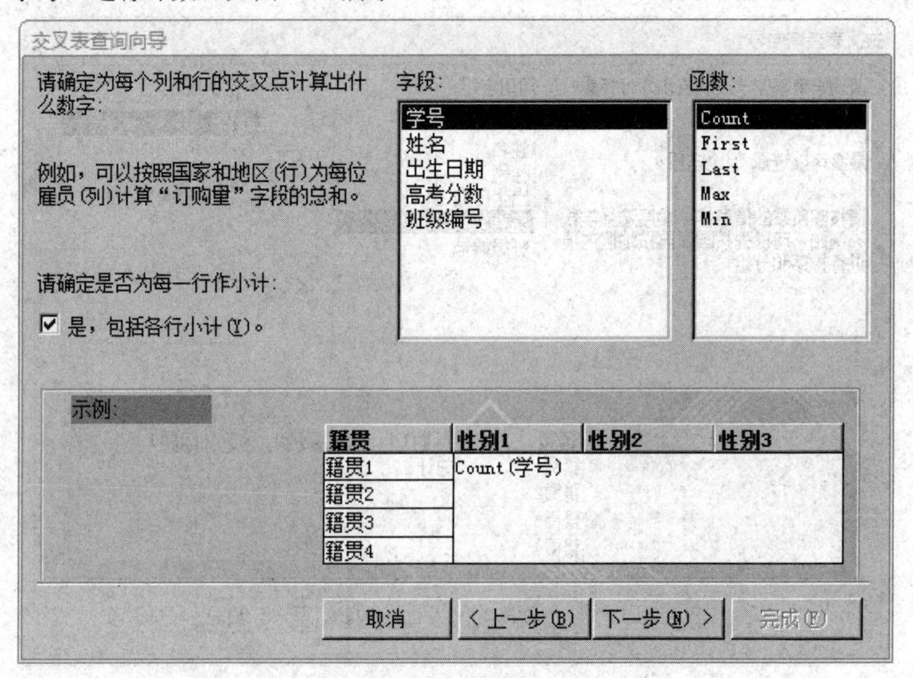

图 4-53　交叉点的学号计数

(6) 单击“下一步”按钮，设置交叉表查询的名称，此处为“学生不同籍贯人数”，如图 4-54 所示。

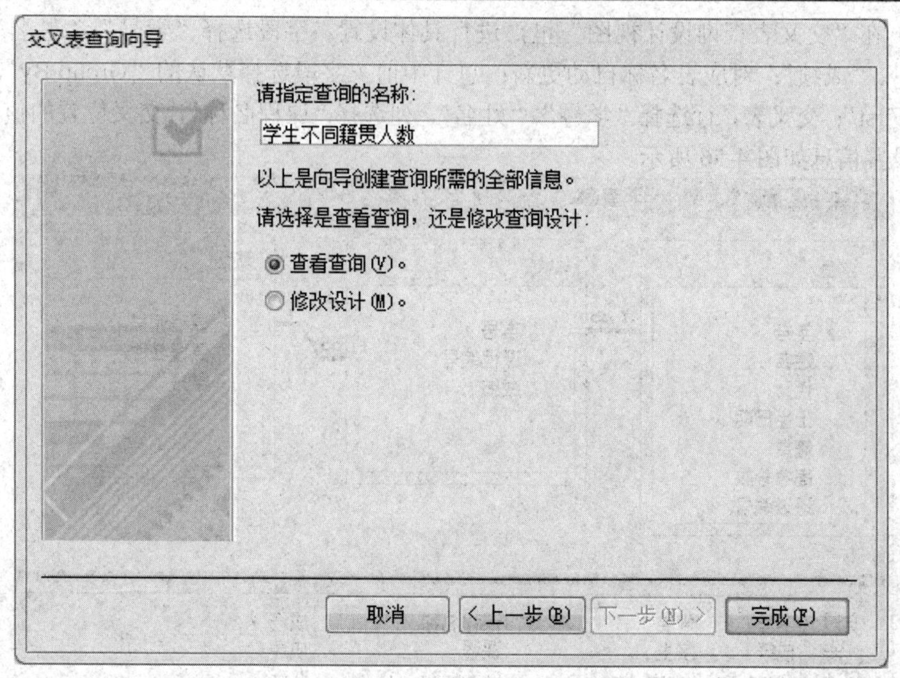

图 4-54　指定交叉表查询名称

(7) 单击“完成”按钮，导航窗格显示“学生不同籍贯人数”查询对象，工作区以数据表视图显示查询结果，如图 4-55 所示。

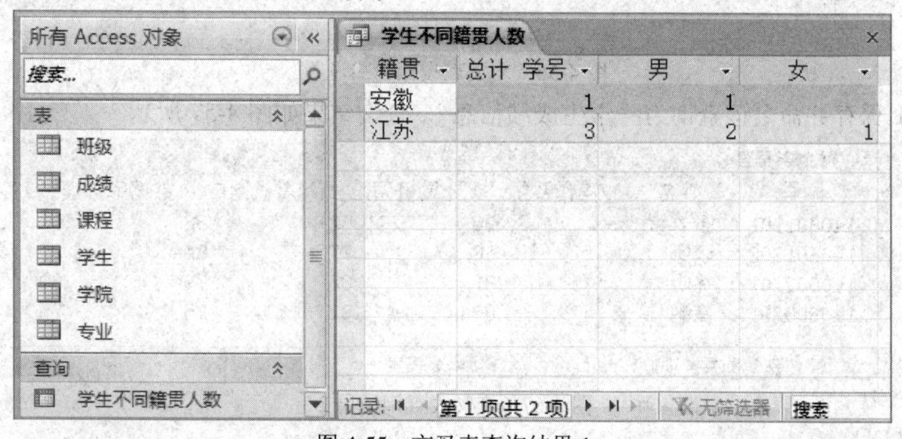

图 4-55　交叉表查询结果 1

2. 使用查询设计视图创建交叉表查询

在“学生管理系统”数据库里，创建成绩查询，显示学生的“学号”、“姓名”、“课程名称”、“成绩”。操作步骤如下：

(1) 打开“学生管理系统”数据库。

(2) 单击功能区“创建”选项卡“查询”组中的“查询设计”按钮。

(3) 在“显示表”窗口选择“学生”、“课程”、“成绩”3 张表。

(4) 在“查询工具”的“设计”选项卡中单击“查询类型”组的“交叉表”按钮，选择交叉表查询类型。

(5) 在“交叉表查询设计视图”里，进行具体设置。字段选择“学号”、“姓名”、“课程名称”、“成绩”；对应表名称自动更新；总计中前三字段选择默认的“Group By”，成绩选择“First”；交叉表，行选择“学号”、“姓名”，列选择“课程名称”，交叉位置的值为“成绩”。设置信息如图 4-56 所示。

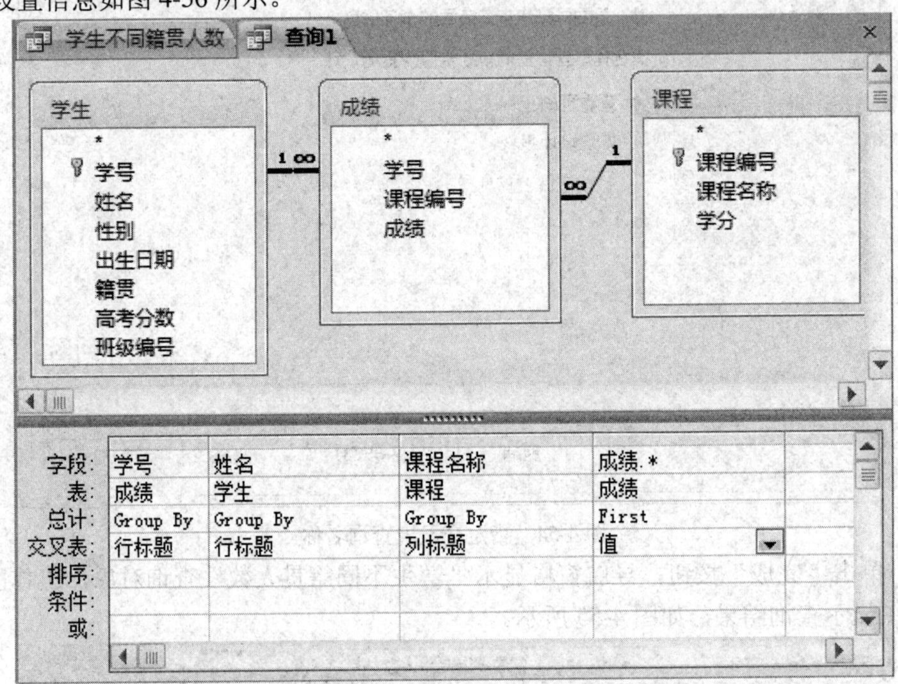

图 4-56　交叉表设计视图设置

(6) 保存并命名该查询为“学生成绩信息”，查询结果如图 4-57 所示。

学生成绩信息

学号	姓名	操作系统	计算机网络	计算机组成	数据库原理
140601101	张竹岩	90	92	88	91
140601202	李娜	90	77	84	85
140602101	徐昕	81	86	79	90
140603201	高鹏	89	91	85	75

记录: 第 1 项(共 4 项)　无筛选器　搜索

图 4-57　交叉表查询结果 2

4.5.3　参数查询

参数查询是在查询运行时设置查询参数，是一种动态查询，属于比较复杂的高级查询。

Access 数据库“学生管理系统”的“学生”表中，查询学生的“学号”、“姓名”、“籍贯”，其中籍贯要求为“江苏”(单表查询)。操作步骤如下：

(1) 打开“学生管理系统”数据库。

(2) 用“查询设计”视图创建查询，添加表“学生”。

(3) 在查询设计视图中设置：字段为“学号”、“姓名”、“籍贯”。在籍贯字段下方的条件单元格里输入“[请输入籍贯：]”，如图 4-58 所示。

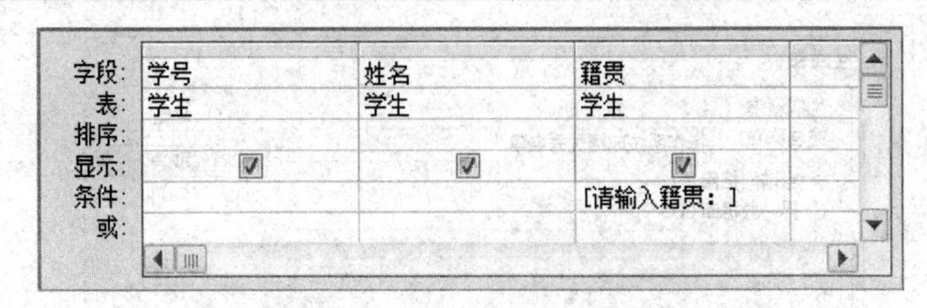

图 4-58 学生学籍查询设计视图设置

(4) 保存查询名为“学生籍贯”，运行后出现对话框，如图 4-59 所示。

(5) 在对话框中输入“江苏”后，单击“确定”按钮，查询结果如图 4-60 所示。

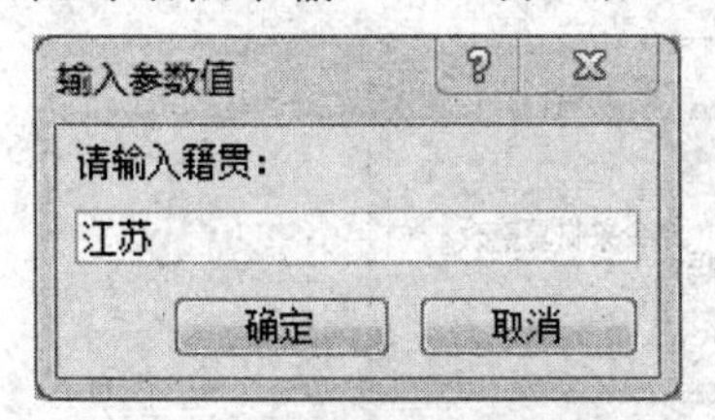

图 4-59 参数输入框

图 4-60 参数查询结果

4.5.4 操作查询

Access 的操作查询功能可以用一个查询实现批量数据的插入、更新和删除，还可以将查询结果生成一个基本表，写入数据库存储。

1. 生成表查询

生成表查询是选取一张或多张表中的全部或部分数据生成新表。

在“学生管理系统”数据库里，要求查询“操作系统”课程，考试成绩“大于等于 90 分”的学生的“学号”、“姓名”、“课程名称”、“成绩”，生成新表名称为“操作系统成绩优秀名单”。操作步骤如下：

(1) 打开“学生管理系统”数据库。

(2) 使用“查询设计”视图创建查询，添加“学生”、“课程”、“成绩”3 张表。

(3) 在查询设计视图下，进行设置：字段选择“学号”、“姓名”、“课程名称”、“成绩”；课程名称选择“操作系统”，成绩选择“>=90”。条件设置如图 4-61 所示。

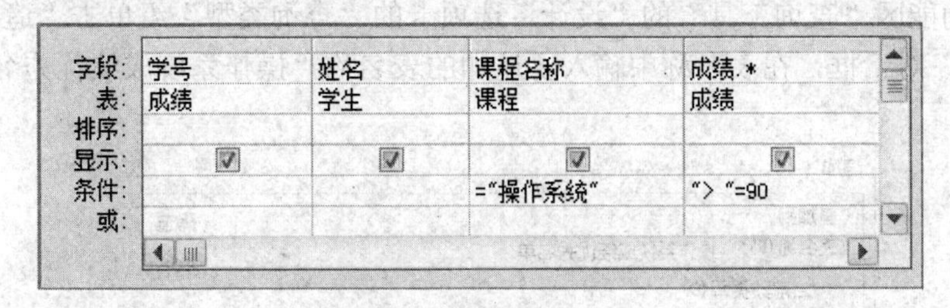

图 4-61 生成表查询的设置

(4) 单击功能区“查询工具”的“设计”选项卡里“查询类型”组的“生成表”按钮，给生成表进行命名，此处为“操作系统成绩优秀名单”，如图 4-62 所示。

图 4-62 生成表命名

(5) 单击“确定”按钮，弹出提示窗口，如图 4-63 所示。

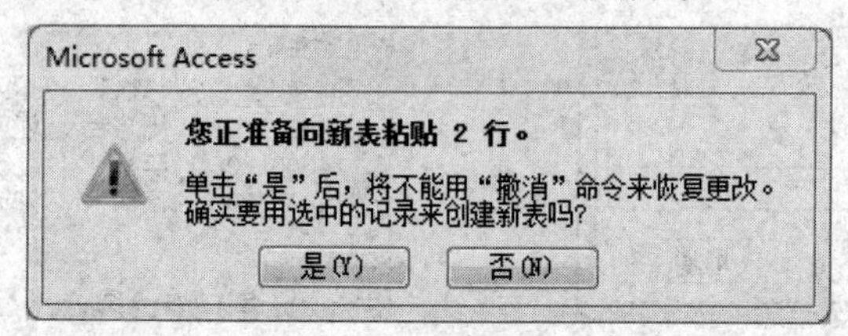

图 4-63 提示窗口

(6) 单击“是”按钮，则生成新表，出现在导航窗格中，如图 4-64 所示。

图 4-64 生成新表

2. 追加查询

追加查询是将一个或多个表中的一组记录，添加到另一个已经存在的表末尾。

在“学生管理系统”数据库里，要求将“操作系统”课程成绩优秀的学生信息，追加到“操作系统成绩优秀名单”表中。操作步骤如下：

(1) 打开“学生管理系统”数据库。

(2) 使用“查询设计”视图创建查询，添加“学生”、“课程”、“成绩”3 张表。

(3) 在查询设计视图下，进行设置：字段选择“学号”、“姓名”、“课程名称”、“成绩”。

(4) 在功能区“查询工具”的“设计”选项卡的“查询类型”组单击“追加”按钮，显示“追加”对话框，在表名称中输入要追加的表名称“操作系统成绩优秀名单”，如图 4-65 所示。

图 4-65 追加对话框

(5) 单击“确定”按钮，弹出“追加”设计视图，对查询条件进行设置，如图 4-66 所示。

字段:	姓名	课程名称	成绩	
表:	学生	课程	成绩	
排序:				
追加到:	姓名	课程名称	成绩	
条件:		="操作系统"	>=90	
或:				

图 4-66　追加设计视图设置

学生管理系统
(案例)

(6) 单击“查询工具”的“设计”选项卡“结果”组里的“运行查询”按钮，弹出提示框，如图 4-67 所示。单击“是”进行追加，单击“否”取消追加。

建设完成的系统见本书资源包中的“案例/第 4 章/学生管理系统.accdb”文档。查询方法扫二维码见数据查询(微课)文件。

数据查询
(微课)

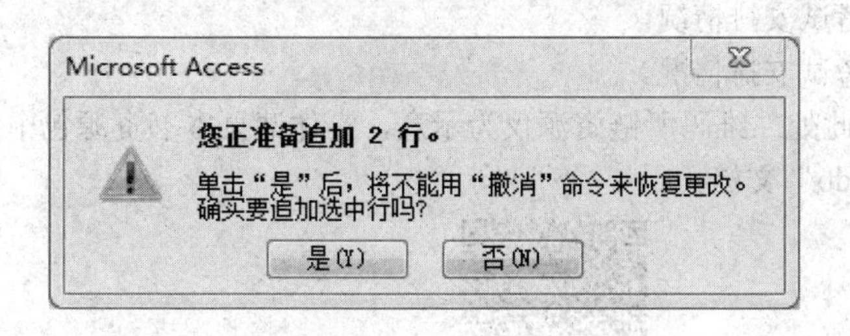

图 4-67　追加提示框

本章小结

Access 2010 是比较简单实用的关系数据库处理软件，能够方便地建立和编辑数据库管理系统，并对其数据进行编辑和处理，通过对数据的组织和管理，方便用户进行数据分析并获取实时有效数据。作为 Office 2010 中的重要组成部分，可以方便地与 Word 2010、Excel 2010 互通数据。

本章首先介绍了关系数据库的基础知识，进而结合关系数据库介绍了 Access 2010 的基本概况和特点。在此基础上，以“学生管理系统”为例，描述了在 Access 2010 中对数据库、数据表中数据进行操作的详细过程。其中包括：数据库的设计和创建方法，数据表的结构设计、数据表的创建、数据表间的关系、数据表的基本操作、表数据的导入和导出，数据库中数据的查询方法，选择查询、交叉表查询、参数查询、操作查询等。

Access 2010 不仅是一个简单的数据库管理系统工具，在本章的学习中，读者要更多地通过对其的了解和应用，加深对关系数据库的理解，提高利用 Access 2010 管理和分析数据的效率，更好体现它的实用价值。

习　题

题目描述

考试是在校学生期末的主要事务，考试期间生成的数据主要涉及学生的考试课程、参考学生、监考教师、考试时间和考试地点等具体信息。下面围绕学期末的考试活动，设计并创建“学生考试数据库管理系统”。具体要求有：

(1) 设计并创建数据库基本结构。

(2) 设计并创建数据表(学生信息表、学生选课表、学校教室记录表、教职工信息表、学生课程表)等。

(3) 输入数据表记录，或导入现有 Excel 表数据。

(4) 在数据库表基础上生成考场安排表。

(5) 按班级查询学生考试安排情况。

(6) 按时间查询学生考试安排情况。

(7) 按地点查询学生考试安排情况。

备注：因技术限制，此处二维码所链资源仅为示意，实体请见本书资源包中的“习题答案/第 4 章/习题答案.accdb”文档。

习题答案

第 5 章　VBA 基础与应用

VBA 是 Visual Basic for Application 的缩写，它是附属在 Office 办公软件包中的一套程序语言，其作用主要是自定义应用程序中的功能，以及加强应用程序间的互动。如果 Office 应用程序中包含了 VBA 应用程序，程序开发人员就可以在不同的应用程序中，使用共同的宏语言进行程序开发，以形成在 Word、Access、Excel、PowerPoint、FrontPage 和 Outlook 等 Office 应用程序中交互式的解决方案。VBA 作为自动化的程序语言，可以实现常用程序的自动化，可以创建针对性强、实用性强和效率高的解决方案。

通过本章学习，应掌握以下内容：

(1) VBA 的基本语法。
(2) VBA 控制的对象。
(3) VBA 编程的基本控制语句。
(4) VBA 程序的结构。
(5) VBA Excel 中宏的应用。
(6) VBA 对 Excel 的基本操作。
(7) 运用 VBA 进行 Excel 函数的自定义。
(8) 运用 VBA 对 Excel 数据进行处理和分析。

5.1 节课件

5.1　VBA 基础知识

VBA 是一种面向对象的编程语言，要灵活运用 VBA 对 Office 进行应用处理，首先需要掌握 VBA 的编程基础知识。

通过本节的学习，实现以下学习目标：

(1) 掌握 VBA 编程的基本语法。
(2) 熟悉 VBA 编程对象的概念及其属性和方法。
(3) 掌握 VBA 语句的三种结构。
(4) 掌握 VBA 常用过程的应用。

5.1.1　VBA 基本语法

常量、变量和运算符等是 VBA 编程的基本语法，下面分别对其进行介绍。

1. 常量

常量是指在程序执行过程中始终不变的量，通常用于存储固定的数据。VBA 中的常量有直接常量和符号常量两种。

1) 直接常量

直接常量是指在程序中可以直接使用的量，包括整型、长整型、单精度实型、双精度实型、货币型、字符型、日期型、字节型和布尔型等 9 种类型。使用直接常量时，对于单精度实型、双精度实型和货币型数据，若省略类型说明符，系统就会自动地将其默认为双精度实型。

2) 符号常量

符号常量是一种代替直接常量的标识符。在声明定义时，符号常量的值是固定的：在使用过程中，符号常量不能被改变或者赋予其他的新值。在 Excel 中通常使用 Const 关键字声明定义符号常量，其语法如下：

```
Const<常量标识符>=<表达式>[,<常量标识符>=<表达式>…]
```

例如，定义一个代表单精度型常量 3.141592657 的符号常量 Pi，应输入以下代码：

```
Const Pi=3.141592657
```

符号常量一经定义，就可以使用定义的符号常量代替相应的直接常量。

2. 变量

变量用来存储某个可变的量。变量可分为局部变量、模块变量和全局变量。

1) 局部变量

局部变量是指在程序执行的过程中其值可以改变的量，通常用来临时保存数据。在不同的过程中，局部变量可以同名，但是它们相互独立、互不干扰。局部变量只在声明它的过程中有效。在声明时，只需声明其数据类型和使用范围即可。可以使用 Dim 语句和 Static 语句两种方式声明局部变量。

(1) 使用 Dim 语句声明局部变量。Dim 语句声明的是动态变量，在过程结束时该变量的值不被保留，并且每次调用时都需要重新初始化，使用 Dim 语句声明变量类型的语法如下：

```
Dim<变量名> [As<数据类型>] [,<变量名>As<数据类型>]
```

其中“变量名”是指需要定义数据类型的变量的名称，“数据类型”可以是任意一个基本类型或者用户自定义的数据类型，当省略 As<数据类型>时，VBA 会自动将其默认为 Variant 数据类型。Variant 数据类型的变量可以存放任何数据类型的变量，并且该变量的实际数据类型将随着赋值数据的类型而发生变化。

例如：Dim i, j As string，这条语句是将变量 i 声明为 Variant 数据类型，而将变量 j 声明为 String 类型(字符串型)。

例如：Dim i As string, j As string，将变量 i 和 j 都声明为 String 类型。

在进行 VBA 程序设计时，如果不声明变量的数据类型，在编写程序时就很容易造成混乱，并且在程序与形式上可能会导致一些错误，同时会占用较多的内存，影响应用程序的性能，降低程序的可读性。

(2) 使用 Static 语句声明局部变量。使用 Static 语句声明变量类型的语法如下：

```
Static<变量名> As <数据类型>[,<变量名> As <数据类型>]
```

Static 语句与 Dim 语句的格式相同，但是 Static 语句声明的是静态变量，即在执行过程结束时，过程中用到的变量的值将被保留下来，下次调用该过程时，该变量的初值是上次调用结束时被保留的值。

2) 模块变量

模块变量是在同一窗体或者模块中的不同过程中使用的同一个变量。模块变量的作用域是整个窗体或者模块，即该窗体或者模块中的所有过程都可以访问这个模块变量。模块变量只能在模块的说明部分声明，然后使用 Private 语句或者 Dim 语句声明模块变量，其具体的声明方法与局部变量的声明方法相似。

3) 全局变量

全局变量是指可以被应用程序中的所有模块和窗体访问的变量，全局变量只能在模块的说明部分声明，然后使用 Public 语句声明全局变量。全局变量在整个应用程序中都有效，它可以被应用程序中的所有过程直接访问。

在声明变量时需注意：用户声明的变量名不能与 VBA 中的关键字和保留字相同。关键字是 VBA 系统规定的一些固定的并且具有特殊含义的字符串，在 VBA 代码窗口中，关键字以蓝色字体显示，以便于用户识别。VBA 常用关键字如表 5-1 所示。

表 5-1 VBA 常用关键字

Array	As	Binary	Byref	Byval	Currency
Case	Double	Date	Dim	End	Else
Empty	Error	Exit	False	Friend	Get
Integer	Input	Is	Imp	Len	Let
Lock	Long	Me	Mid	New	Next
Mod	Null	Nothing	Open	On	Option
Optional	Object	Or	ParamArray	Print	Private
Public	Resume	Result	Sub	Selection	Seek
Set	Static	Step	String	Select	True
To	Then	Time	Type	Until	Variant
WithEvents	With	Xor	Run	Boolean	Property

说明：保留字是指 VBA 本身定义的具有特殊含义的标识字符，包括语句、函数、方法和属性名等。在 VBA 中，所有的保留字都是第 1 个字母大写，其余的字母小写(运算符大写)，用户在定义变量名等标识字符时，应当遵循以下几个规则：

(1) 由字母、数字以及下划线等组成，但是不能包含空格和符号，并且第 1 个字符必须是字母或者下划线。

(2) 只能使用 ASCII 码中 0～255 的字符。

(3) 不能与 VBA 中的关键字相同，但是可以加前缀和后缀。

(4) 用户定义的标识字符不允许是保留字。

(5) 应尽量简明清晰，避免使用容易混淆的字母和数字。

(6) 应尽量使用有明确含义的英文单词或者汉语拼音。若一个标识字符由几个单词组成则应注意大小写字母的混用以及下划线的使用。

(7) 标识字符的最大长度为 80。

3. 数据类型

变量的数据类型表明了该变量能够存储哪些类型的数据。在 VBA 中常用的数据类型有很多种，不同的数据类型有不同的存储空间，对应的数值范围也不同，如表 5-2 所示。

表 5-2　基本数据类型

数据类型	数据名称	存储空间	使 用 范 围
Byte	字节型	1 字节	0～255
Boolen	布尔型	2 字节	True 或者 False
Integer	整型	2 字节	-32768～32767
Long	长整型	4 字节	-2147483648～2147483647
Single	单精度浮点型	4 字节	负数时：-3.402823×10^{38}～-1.401298×10^{-45} 正数时：1.401298×10^{-45}～3.402823×10^{38}
Double	双精度浮点型	8 字节	负数时：$-1.7976313486231\times10^{308}$ ～$-4.94065645841247\times10^{-324}$ 正数时：$4.94065645841247\times10^{-324}$～ $1.7976313486231\times10^{308}$
Currency	货币型	8 字节	-9223372036854775808～9223372036854775807
Decimal	十进制小数型	14 字节	没有小数时： ±79228162514264337593543950335 有 28 位小数时： ±7.9228162514264337593543950335 最小的非零值：±0.0000000000000000000000001
Date	日期型	8 字节	1000 年 1 月 1 日～9999 年 12 月 31 日
Object	对象	4	任何的 Object
String (定)	定长字符串	字符串长	1～64K 个字符
String (变)	变长字符串	10 字节+字符串长	0～约 20 亿个字符
Varient(数字)	变体数字型	16 字节	任何数字，最大可达 Double 类型的范围
Varient(文本)	变体字符型	22 字节+字符串长	0～约 20 亿个字符

除了上面介绍的基本数据类型外，用户还可以使用 Type 语句自定义数据类型。使用 Type 语句定义数据类型的语法如下。

```
Type<类型名>
< 元素名 1 >As< 类型 1 >
< 元素名 2 >As< 类型 2 >
…
```

其中“类型名”和各个“元素名”都是用户定义的标识符，类型1、类型2……可以是任意一个基本类型或者用户自定义的数据类型。在使用用户定义的数据类型时，必须先在标准模块中定义用户数据类型，默认的关键字为Public，如果用户定义的数据类型中的元素类型为字符型，则必须是定长字符串。

4. 运算符与表达式

运算符就是指定的某种运算的操作符号。将常量、变量和函数等用运算符连接起来的运算式称为表达式，单个常量、变量和函数等都可以理解成简单的表达式。在VBA中常用的运算符有算术运算符、比较运算符、连接运算符和逻辑运算符等。

1) 算术运算符

算术运算符的作用是对数值型数据进行算术运算。常用的算术运算符及其语法和功能说明如表5-3所示。

表5-3 算术运算符

算符运算符	名 称	语法：Result=	功 能 说 明
+	加法	exp1+exp2	正号或者加法运算
-	减法	exp1-expr2	负号或者减法运算
*	乘法	exp1*exp2	乘法运算
/	除法	exp1/exp2	除法运算
\	整除	exp1\exp2	整除运算
Mod	求余	exp1 Mod exp2	求余数运算
^	指数	Number^exponent	乘幂运算

在算术表达式中，算术运算符的优先级别和数学中的规定是相同的，参数Result的数据类型通常与最精确的表达式的数据类型相同。

2) 比较运算符

比较运算符的作用是对程序中的值进行比较和运算，其返回值为True或者False，常用的比较运算符及其语法和功能说明如表5-4所示。

表5-4 比较运算符

比较运算符	名 称	语法：Result=	功 能 说 明
=	等于	exp1=exp2	相等返回True，否则返回False
<>	不等于	exp1<>exp2	不相等返回True，否则返回False
>	大于	exp1>exp2	大于返回True，否则返回False
<	小于	exp1<exp2	小于返回True，否则返回False
>=	大于等于	exp1>=exp2	大于等于返回True，否则返回False
<=	小于等于	exp1<= exp2	小于等于返回True，否则返回False
Is	对象比较	Object1 Is object	对象相等返回True，否则返回False
Like	字符串比较	string Like pattern	字符串匹配样本返回True，否则返回False

3) 连接运算符

连接运算符的作用是将两个表达式作为字符串强制地连接在一起，它包含“&”和“+”运算符。“&”运算符用于将其他类型的数据转换为字符串数据：而“+”运算符则只有在两个表达式都是字符串数据时，才能将两个字符串连接成一个新的字符串，否则会报错。使用连接运算符的语法如下：

Result = exp 1 & exp 2

使用连接运算符连接两个表达式时，如果两个表达式都是字符串类型，则运算结果的数据类型也是字符串类型；如果两个表达式不都是字符串类型，那么运算后则将其他数据类型转换为字符串类型；如果两个表达式都是 Null，那么结果也是 Null；如果其中一个表达式是 Null 或者 Empty，则将其作为长度为零的字符串处理。

4) 逻辑运算符

逻辑运算符用来讨论问题的可能性，它的执行结果只能是 0 (False) 或者 1 (True)，它的取值并不代表量的大小。常用的逻辑运算符及其语法功能如表 5-5 所示。

表 5-5　逻辑运算符

逻辑运算符	名 称	语法：Result=	功 能 说 明
And	逻辑与	exp1 And exp2	两个表达式同为 True 则结果为 True，否则为 False
Or	逻辑或	exp1 Or exp2	两个表达式同为 False 则结果为 False，否则为 True
Not	逻辑非	Not exp1	表达式 1 为 True 则结果为 False，否则为 True
Xor	逻辑异或	exp1 Xor exp2	两个表达式相同结果为 False，否则为 True
Eqv	逻辑等价	exp1 Eqv exp2	两个表达式相同结果为 True，否则为 False
Imp	逻辑蕴涵	exp1 Imp exp2	只有表达式 1 为 True 且表达式 2 为 False 时结果为 False，其余情况结果都为 True

5) 运算符的优先级

当不同种类的运算符 (算术运算符、比较运算符、连接运算符和逻辑运算符) 在同一个复杂的表达式中出现时，VBA 会按照运算符的优先级判断它们的执行顺序。各种运算符的优先级如表 5-6 所示。

表 5-6　运算符的优先级

运 算 符	运算符名称	优 先 级 别
^和.	指数和从属连接	1
–	取负	2
*和/	乘法和除法	3
\	整除	4
Mod	求余	5
+和–	加法和减法	6
&	连接符号	7
=、<>、>、<、>=和<=	比较运算符	8
Not、And、Or、Xor、Eqv 和 Imp	逻辑运算符	9

5.1.2　VBA对象

在进行VBA程序设计时，除了要了解VBA的基本语法，还要认识VBA的对象，其包括：Application对象、Workbooks对象和Worksheets对象3种。

1. Application对象

Application对象是指整个应用程序，也就是VBA中的应用程序本身。Application对象的常用属性和方法如表5-7所示。

表5-7　Application对象的常用属性和方法

属　性	说　明
ActiveCell	代表当前工作表中被选中的单元格
ActiveSheet	代表当前正在作用中的工作表
ActiveWorkbook	代表当前正在作用的工作簿
Caption	设置应用程序的标题栏名称
Height	设置应用程序的高度
Left	设置应用程序左方的坐标位置
Top	设置应用程序顶端的坐标位置
Width	设置应用程序的宽度
DisplayAlert	设置宏执行时是否要出现特定的警告窗口，默认值为True
StatusBar	传回或者设置状态列上的文字
WindowState	设置应用程序的窗口状态，可设置的值由xlMaximized(最大化)、xlNormal(正常)、xlMinimized(最小化)
方　法	说　明
Quit	推出应用程序

2. Workbooks对象

Workbooks对象，是一个集合对象，其中包含了多个Workbook(工作簿)。Workbook对象的常用属性和方法如表5-8所示。Workbooks对象的常用属性和方法如表5-9所示。

表5-8　Workbook对象的常用属性和方法

属　性	说　明
ActiveSheet	返回当前的工作表，此为只读属性
Author	返回或者设置摘要信息中的用户名称
Path	返回当前打开文件的完整路径，但是不包括文件名称
Saved	检查工作簿中是否有未保存的变更项目
方　法	说　明
Active	将指定的工作簿激活
Close	将指定的工作簿关闭
Save	将指定的工作簿保存
SaveAs	将指定的工作簿另存为新文件

表 5-9 Workbooks 对象的常用属性和方法

属 性	说 明
Count	当前打开的工作簿的数量
Item	可用来指定工程表，指定方式可以是索引值或者工作表名称，索引值由 1 开始计算，并且最先被打开的工作表的索引值为 1
方 法	说 明
Add	增加一个工作簿
Close	关闭指定工作簿
Open	打开已经存在的工作簿

3. Worksheets 对象

Worksheets 对象也是一个集合对象，其中包含了需要的 Worksheet(工作表)。Worksheet 对象的属性和方法如表 5-10 所示。Worksheets 对象的属性和方法如表 5-11 所示。

表 5-10 Worksheet 对象的属性和方法

属 性	说 明
Cells	选中指定的单元格
Columns	选中指定列
Name	取得或者设置工作表的名称
Names	取得工作表集合的名称
Range	返回 Range 对象，用来选中指定的单元格或者单元格区域
Rows	选中指定行
Visible	设置是否显示工作表
方 法	说 明
Activate	激活工作表
Copy	复制单元格
Delete	删除单元格
Move	移动单元格
Select	选择单元格

表 5-11 Worksheets 对象的属性和方法

属 性	说 明
Count	显示当前工作簿中的工作表数量
Item	以工作表名称或者索引值返回指定的工作对象
Visible	设置是否显示工作表

续表

方　法	说　明
Add	插入一个工作表
Copy	复制工作表
Delete	删除工作表
Move	移动工作表

其中，“Add”、“Copy”、“Move”方法的后面还可以连接参数“After”和“Before”，表示将指定的工作表插入、复制、移动到某一工作表之前或之后。

5.1.3 VBA控制语句

语句是程序的基本组成部分，将多个语句按照一定的逻辑规则排列起来就组成了程序，而控制语句又是将各个语句规则性联系在一起的纽带。VBA中的基本控制语句按其构成的程序结构可分为顺序结构语句、选择结构语句和循环结构语句等。

1. 顺序结构语句

顺序结构语句就是按照语句的书写顺序执行的语句，主要有赋值语句和输入输出语句。

1) 赋值语句

赋值语句是最基本的顺序结构语句，用来将一个表达式赋给一个变量。VBA的赋值语句有两种形式：给内存变量赋值和给对象的属性赋值。

(1) 给内存变量赋值。给内存变量赋值的语法如下：

```
[Let] <变量名> = <表达式>
```

执行赋值语句的顺序是先计算表达式的值，然后将该值赋给变量。

(2) 给对象的属性赋值。给对象的属性赋值，也就是使用赋值语句设置对象的属性，其语法如下：

```
<对象>.<属性> = <属性值>
```

2) 输入输出语句

输入语句是用户向应用程序提供数据的主要途径，而输出语句则是应用程序将运算结果或者其他的一些信息提供给用户的主要途径。

(1) 输入数据。在VBA中一般使用InputBox函数输入数据。InputBox函数的作用是弹出一个输入对话框，等待用户输入一条信息或者单击某个按钮，从而向系统返回用户在该对话框中操作的内容。该函数的语法如下：

```
InputBox(prompt,[ title] [,default][, xpos] [,ypos] [,helpfile, context])
```

各参数的含义如下：

① prompt是必选参数，用来显示输入对话框内的提示信息。prompt的最大长度大约是1024个字符，由所用字符的宽度决定。如果prompt包含多个行，则可在各行之间用回车符(Chr(13))、换行符(Chr(10))或回车换行符的组合(Chr(13)&Chr(10))来分隔。

② title是可选参数，用来显示对话框标题栏中的信息。如果省略title，则把应用程序名放入标题栏中。

③ default 是可选参数，用来显示用户输入错误或者没有输入任何信息时的系统默认值。如果省略 default，文本框则为空。

④ xpos 是可选参数，用来指定输入对话框的左边框与屏幕左边界的水平距离。如果省略 xpos，输入对话框则位于水平居中的位置。

⑤ ypos 是可选参数，用来指定输入对话框的上边框与屏幕上边界的距离。如果省略 ypos，输入对话框则位于距离屏幕上边界大约三分之一的位置。

⑥ helpfile 是可选参数，识别后为对话框提供上下文相关的帮助文件。如果已提供 helpfile，则也必须提供 context。context 也是可选参数，是由帮助文件的作者指定给某个帮助主题的帮助上下文编号。如果已提供 context，则也必须提供 helpfile。

(2) 输出数据。在 VBA 中可以使用 Print 函数和 MsgBox 函数输出数据。

Print 函数是输出数据最常用的方法，它不仅可以将数值、字符串等内容输出到窗体或者图形框中，并将图形输出到图形框中，而且可以将各种数据输出到打印机上。该函数的语法如下：

```
[<对象>.] print [<表达式表>][;|,][<表达式表>]
```

其中对象可以是窗体 Form、图形框 PictureBox 或者打印机 Printer。当对象是窗体时可以省略，并且省略时默认的是当前窗体。符号“|”用来表示其两边的内容只能选其一，这里只是一种符号表示，并无语法规定。

MsgBox 函数是 Excel VBA 的一个库函数，其函数返回值是一个 VbMsgBoxResult 值，用户可以通过这个返回值来判断构造的输出对话框是否成功。该函数的语法如下：

```
MsgBox( prompt[, buttons][, title][, helpfile, context]
```

各参数的含义如下：

① prompt 是必选参数，用来显示输出对话框内的提示信息。prompt 的最大长度大约是 100 个字符，由所用字符的宽度决定。如果 prompt 包含多个行，则可在各行之间用回车符(Chr(13))、换行符(Chr(10))或回车换行符的组合(Chr(13)) &Chr(10))来分隔。

② buttons 是可选参数，指定显示按钮的数目及形式、使用的图标样式等。如果省略 buttons，默认值为 0，即只有一个“确定”的按钮。

③ title 是可选参数，表示输出对话框中显示的标题内容，默认情况下为应用程序名称“Microsoft Excel”。

④ helpfile 是可选参数，识别后为对话框提供上下文相关的帮助文件。context 是可选参数，是由帮助文件的作者指定给某个帮助主题的帮助上下文编号。必须同时提供参数 helpfile 和参数 context。

调用 InputBox 函数和 MsgBox 函数时，如果用户需要得到返回值，可以将对话框的返回值赋给一个变量；如果用户不需要得到返回值，可以直接使用该函数，这时函数中只能含有必选参数 prompt。

2. 选择结构语句

选择结构语句就是根据条件判断，选择要执行的语句，主要有 If-Then 语句和 Select Case 语句。

1) If-Then 语句

If-Then 语句的作用是根据给定的逻辑表达式判断条件是否成立，然后根据判断结果选择执行的语句。If-Then 语句有以下两种形式。

(1) 单行结构的 If-Then 语句。

语法 1：If<逻辑表达式> Then <语句>

功能：当逻辑表达式为 True 时执行 Then 后面的语句，否则不执行 If 语句。

语法 2：If <逻辑表达式> Then <语句 1> Else <语句 2>

功能：当逻辑表达式为 True 时执行语句 1，否则执行语句 2。

(2) 块结构的 lf-Then 语句。

语法 1：If<逻辑表达式>
　　Then<语句块>
　　End If

功能：当逻辑表达式为 True 时执行后面的语句块，否则不执行 If 语句

语法 2：If<逻辑表达式>
　　Then<语句块 1>
　　Else<语句块 2>
　　End If

功能：当逻辑表达式为 True 时执行语句块 1，否则执行语句块 2。

语法 3：If<逻辑表达式 1>
　　Then<语句块 1>
　　Else If<逻辑表达式 2>
　　　Else<语句块 2>
　　　……
　　　　<语句块 n>
　　　End If
　　End If

功能：当逻辑表达式 1 为 True 时执行语句块 1；否则，当逻辑表达式 2 为 True 时执行语句块 2……依此类推，否则执行语句块 n。

2) Select Case 语句

Select Case 语句的作用是根据表达式的值决定执行程序中某些固定的语句，通常用于 3 个或者更多选项之间的选择。该语句的语法如下。

Select Case<测试表达式>
　　Case<表达式 1>
　　　<语句块 1>
　　Case<表达式 2>
　　　<语句块 2>
……
　　Case<表达式 n>
　　　<语句块 n>
　　[Case Else]
　　<语句块 n+1>
End Select

Select Case 语句的执行过程是根据“测试表达式”的值，找到第 1 个与该值相匹配的表达式，然后执行其后面的语句块；如果找不到与之匹配的表达式，并且有 Case Else

语句，则执行 Case Else 语句后面的语句块，否则跳转到 End Select 后面的语句。

3. 循环结构语句

循环结构语句用于快速地完成一系列重复性的操作，主要有 For-Next、While-Wend 和 Do-Loop 等语句。

1) For-Next 语句

For-Next 语句通常在指定循环次数的情况下进行重复性操作，其语法如下：

```
    For <循环变量> = <初值> To <终值>[Step <步长值>]
<循环体>
    Next<循环变量>
```

For-Next 语句中必须有一个用于计数的变量，并且每次进行循环操作时其值会自动增加或者减少。For-Next 语句的执行过程如下：

(1) 初值赋给循环变量。

(2) 比较循环变量与终值的大小，如果循环变量超过终值则执行(5)，否则执行(3)。

(3) 执行循环体。

(4) 执行 Next 语句，即自动将循环变量值加上步长值，然后再赋值给循环变量以继续执行(2)。

(5) 执行 Next 后面的语句。

2) While-Wend 语句

While-Wend 语句通常用在指定条件为 True 时的一系列重复性操作，其语法如下：

```
    While <逻辑表达式>
    <循环体>
    Wend
```

While-Wend 语句的执行过程如下：

(1) 判断逻辑表达式的值是否为 True。

(2) 如果为 True 则执行循环体，否则执行(4)。

(3) 执行 Wend 语句，然后返回(1)继续执行。

(4) 跳出循环体，循环结束，执行 Wend 语句后面的语句。

需要注意的是：While-Wend 语句没有自动修改循环条件的功能，因此循环体内必须设置修改循环条件的语句，否则会出现 “死循环”。

3) Do-Loop 语句

Do-Loop 语句只有在满足指定条件的时候才可以执行，其语法如下：

```
    Do [While | Until <逻辑表达式> ]
<循环体>
    Loop [While | Until<逻辑表达式>]
```

使用 Do-Loop 语句时要注意以下几个问题：

(1) Do-Loop 语句本身不能自动修改循环条件，因此循环体内必须设置修改循环条件的语句。

(2) 一般不使用无条件的 Do-Loop 语句，但是如果要用到这种循环，就需要在循环体内使用 Exit Do 语句跳出 Do-Loop 循环，执行 Loop 后面的语句。

(3) 使用 Do-Loop 语句有两种格式。一种是执行 Do While-Loop 语句。当逻辑表达式的值为 True 时，使用 While 关键字执行循环体，直到逻辑表达式为 False 时跳出循环体。

另一种是执行 Do Until-Loop 语句。当逻辑表达式的值为 False 时，使用 Until 关键字执行循环体，直到逻辑表达式的值为 True 时跳出循环体。

4) 循环的嵌套

循环的嵌套是指在一个循环体内完整地包含另一个循环，其中外层的循环称为外循环，被包含的内部循环称为内循环。

前面介绍的 3 种循环语句是可以互相嵌套的。使用嵌套语句时要注意以下几个问题：

(1) 循环嵌套程序的执行过程是：外循环每执行一次，内循环都要执行全部次数的循环。

(2) 内循环和外循环不能交叉使用。

(3) 内外循环的循环变量名称不能相同，否则得不到正确的结果。

5.1.4 VBA 程序结构

VBA 程序设计中包含 Sub 过程和 Function 过程两种结构。所谓“过程”是指一系列位于 VBA 模块中的 VBA 语句，VBA 模块中可以包含任意数量的过程。

1. Sub 过程

Sub 过程也就是子程序过程。当几个不同的事件过程要执行同一段语句时，即可将这段语句单独地放在一个通用的过程中，以供各个事件过程调用。Sub 过程的语法如下：

```
[Public | Private] | [Static] Sub<过程名>(<形式参数>)
<语句块>
End Sub
```

关键字 Public 用于定义该过程是“共有的”，该属性的过程可在整个程序范围内被调用。关键字 Private 用于定义该过程是“私有的”，该属性的过程只能被本窗体或者本工作表中的过程调用。关键字 Static 用于定义该过程中的局部变量为静变量。

在调用 Sub 过程时，形式参数用于定义传递给该过程的参数类型和个数。如果有多个参数，各个参数之间则需要用逗号隔开。形式参数的语法如下：

```
[By Val] <变量名> [As <数据类型>]
```

其中，“By Val”表示该参数为传值参数，如果省略则表示该参数为引用参数。变量名必须是一个合法的简单变量名或者数组名，如果是数组名，则需要在数组名的后面加上括号。

End Sub 表示 Sub 过程结束。Sub 与 End Sub 之间的语句称为过程体，当过程执行到 End Sub 语句时，系统会自动地退出该过程体，并返回调用该过程的事件过程中继续执行下面的语句。

Sub 过程的调用方法主要有“使用 Call 语句调用”和“直接使用过程名调用”两种。

1) 使用 Call 语句调用

Call 语句的功能是将程序执行的流程跳转到指定的过程中执行该过程。使用 Call 语句调用 Sub 过程的语法如下。

```
Call<过程名>[<实际参数>]
```

其中“实际参数”中的参数类型和个数要与被调用过程中的“形式参数”的类型和个数一一对应。实际参数可以是常量、已赋值的变量或表达式。如果过程是一个无参过程，则可将 Call 语句中的实际参数和括号省略，而直接使用保留字 Call。

当定义的过程为 Public 属性的过程时，如果是在工作表中定义的该过程，则可在整个的程序范围内直接调用；如果是在窗口模块中定义该过程，则可在该窗体的其他模块中直接调用；如果要在其他窗体的过程中调用该过程，则需要在该过程名的前面加上窗体名。

2) 直接使用过程名调用

调用 Sub 过程也可以直接使用过程名，如果过程是一个有参过程，那么调用过程语句中的实际参数不需要加括号。

在 VBA 中，任何过程都不允许嵌套定义，但是允许嵌套调用，也就是说可以在一个过程体内调用另一个过程。而且 VBA 不仅允许在一个过程中调用其他过程，还可以调用该过程本身，即实现自身调用。

在一个过程体内部调用该过程本身，这种调用被称为递归调用，相应的过程被称为递归过程。对于阶乘运算、级数运算、指数运算等具有递归特性的问题，均可以使用递归调用以方便描述。

2. Function 过程

Function 过程也就是自定义函数过程，用来完成某一个独立的功能。与 Sub 过程相比，Function 过程的不同之处在于，Function 过程可以给调用的过程带回一个返回值。Function 过程的语法如下：

```
[Public | Private] | [static] Function<过程名> [(<形式参数>)] [As <类型>]
End Function
```

在 Function 过程中，<类型>用来定义函数返回值的数据类型，可以是整型(Integer)、长整型(Long)、单精度型(Single)、双精度型(Double)、货币型(Currency)或者字符串型(String)等。当省略该部分时，系统默认为 Variant 数据类型。其他语法要求与 Sub 过程相同。调用 Function 过程的目的就是得到一个返回值，因此需要在“语句块”中包含赋值语句“<函数名> = <表达式>”，通过这个赋值语句，可将表达式的值传递给函数名，然后通过函数名将该值返回调用的过程中。

3. 参数的传递

参数是过程中使用的信息，在调用过程时才会传递到这个过程中。VBA 中包含传值参数和引用参数两种类型的形式参数。

1) 传值参数

如果形式参数的前面带有 ByVa1 保留字，则表示该参数为传值参数。当调用某一个过程时，实际参数值将其值传递给形式参数，传递完成，实际参数与形式参数之间不再有任何联系，被调用过程对形式参数的任何改变都影响不到实际参数。

2) 引用参数

如果在形式参数的前面省略了 By Va1 保留字，则表示该参数为引用参数。如果形式参数为引用参数并且实际参数为变量，则只是将该变量的“地址”传递给形式参数，传递完成，形式参数和实际参数将使用同一个地址单元。因此被调用过程对形式参数的任何改变，实际上都是在实际参数变量的内存地址单元进行的，即对实际参数变量值的改变。于是当过程运行完毕，返回调用过程的实际参数值就是形式参数的最终结果。

在 VBA 程序设计的过程中一定要注意参数的选择，要根据具体情况选择传值参数或者引用参数。

(1) 形式参数不用于传递过程的结果时，最好使用传值参数。因为传值参数只是单纯地接收数据，可以避免错误地改变数据，不至于对一个过程的修改而影响其他的过程，使用起来比较安全。

(2) 如果需要将过程中对形式参数的运算结果返回调用它的过程，那么最好使用引用参数，否则达不到想要的结果。

在过程中交换信息不仅可以使用引用参数，还可以使用全局变量、窗体级变量和工作表变量，但是应尽量少使用全局变量，以免因一个过程的修改而影响其他的过程。

5.2　VBA 在 Excel 2010 上的应用

5.2 节课件

Excel 提供了直观快捷的数据输入、灵活的数据处理、丰富的图表制作、完善的报表设计和完备的分析统计等功能。因此，办公人员几乎没有不用 Excel 的。如果用户只是用手工操作，在处理一些重复工作时效率较低，使用 VBA 编辑器，能减轻工作负担，使 Excel 重复操作变得简单快捷。通过本节的学习，掌握以下学习目标：

(1) 熟悉 Excel 2010 的基本概念和操作。

(2) 掌握 VBA 编程中宏的具体应用。

(3) 掌握 VBA 对 Excel 工作簿的基本操作。

(4) 掌握 VBA 对 Excel 工作表的基本操作。

(5) 掌握 VBA 对 Excel 单元格的基本操作。

(6) 掌握使用 VBA 自定义函数的应用。

(7) 掌握使用 VBA 对 Excel 数据的处理和分析。

5.2.1　Excel VBA 中的宏

宏是 Excel 能够执行的一系列 VBA 语句，它是一个指令集合，可以使 Excel 自动完成用户指定的各项动作组合。宏的录制和使用方法相对而言比较简单，录制宏命令时，Excel 会自动记录并存储用户所执行的一系列菜单命令信息；运行宏命令时，Excel 会自动将已经录制的命令组合重复执行一次或者回放，从而实现重复操作的自动化。也就是说，宏命令本身就是一种 VBA 应用程序，它是存储在 VBA 模块中的一系列命令和函数的集合。当执行宏命令所对应的任务组合时，Excel 会自动启动该 VBA 程序模块中的运行程序。

1. 录制宏

当一个宏录制了用户想要进行的全部操作，而应用程序再次执行这个宏时，它将以准确的顺序执行用户上次执行的全部操作。如果宏记录中有一个严重的错误，那么改正这个错误的唯一办法就是重新录制这个宏。可是在重新录制这个宏的过程中又有可能引发新的错误，这会给用户带来很大的麻烦。为了避免这种麻烦，软件开发者在宏记录器中增加了编辑宏的功能，方便用户改正错误或进行其他变动而无需重新录制宏。

下面将以“学生基本信息表”为例介绍一个简单的“设置字体格式”宏，如图 5-1 所示。

	A	B	C	D	E
1	学生基本信息表				
2	学号姓名	姓名	性别	身份证号码	籍贯
3	140601101	邵文倩	女	320981199506238626	盐城
4	140601102	韩妍婷	女	320106199505191244	南京
5	140601103	宁馨	女	320102199409290028	南京
6	140601104	丁丽娟	女	320981199409305962	盐城
7	140601105	徐茂君	男	342401199407158563	安徽六安
8	140601106	徐文秋	男	321088199409265266	扬州
9	140601107	朱露	女	32108419941126462X	扬州
10	140601108	张盼盼	女	152123199209010345	内蒙古呼伦贝尔
11	140601109	聊美燕	女	321281199301215669	泰州
12	140601110	顾瑶	女	321088199503156322	扬州
13	140601111	仲玥	女	320981199411180468	盐城
14	140601112	施金金	女	320681199405296820	南通
15	140601113	张颖	女	321282199511051427	泰州
16	140601114	王文静	女	320321199401294841	徐州
17	140601115	杨帆	男	320281199503016261	无锡
18	140601116	赵蓓蓓	女	320684199407168741	南通
19	140601117	刘俐颖	女	320982199506171026	盐城
20	140601118	何璐	女	321283199410081420	南通
21	140601119	景晨	男	321088199501110347	扬州
22	140601120	朱鑫宇	男	321084199407265849	扬州

图 5-1　学生基本信息表

操作步骤如下：

(1) 选中单元格区域“A2:B22”，然后在菜单栏上依次单击“开发工具”选项卡的“代码”功能组，选择“录制宏”命令按钮，如图 5-2 所示。

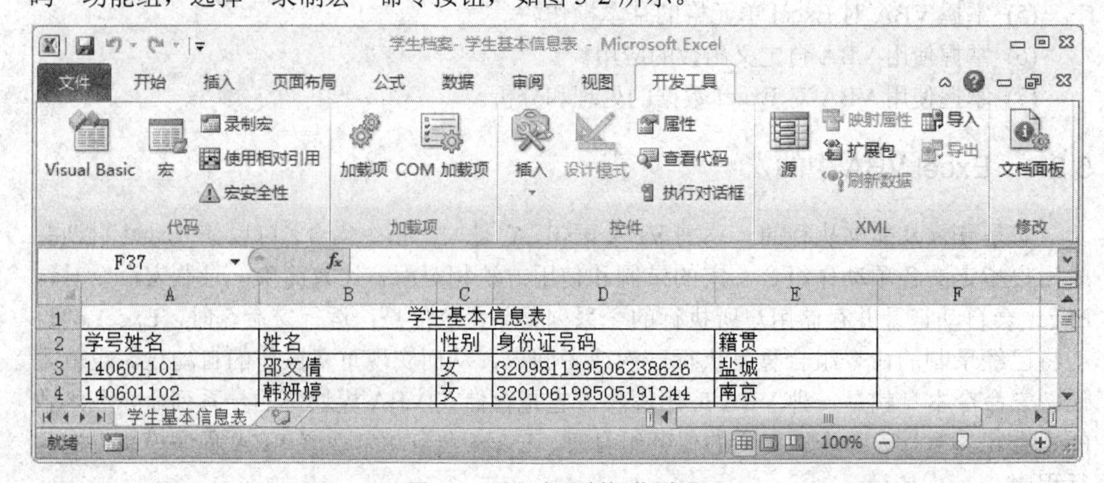

图 5-2　进行宏录制操作说明

(2) 在弹出的“录制新宏”对话框中，进行宏的相关设置。在“宏名”文本框中输入“设置字体格式”；在“快捷键”文本框中设置运行该宏的快捷方式，也可以不设置；在“保存在”下拉列表中选择“当前工作簿”选项，表示只有当该工作簿打开时，录制的宏才可以使用；在“说明”文本框中输入一些说明性的文字，如图 5-3 所示。

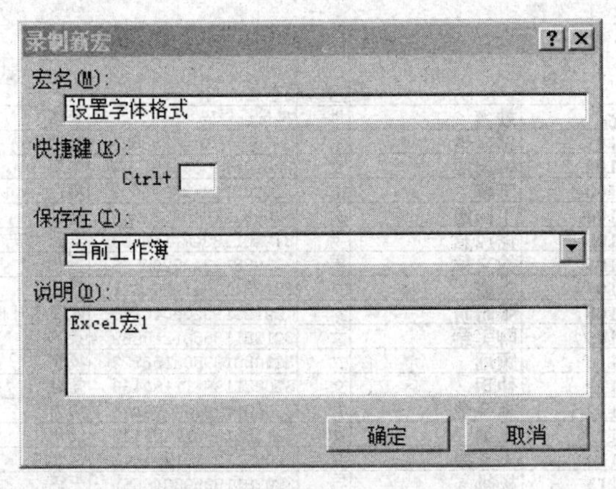

图 5-3　录制新宏对话框设置

(3) 单击“确定”按钮，即可进入宏的录制。

(4) 在“开始”选项卡里的“单元格”功能组里，选择“格式”下拉列表中的“设置单元格格式”命令。在弹出的“设置单元格格式”对话框里，对字体格式进行设置，设置内容如图 5-4 所示。“字体”为宋体，“字形”为加粗，“字号”为 12。

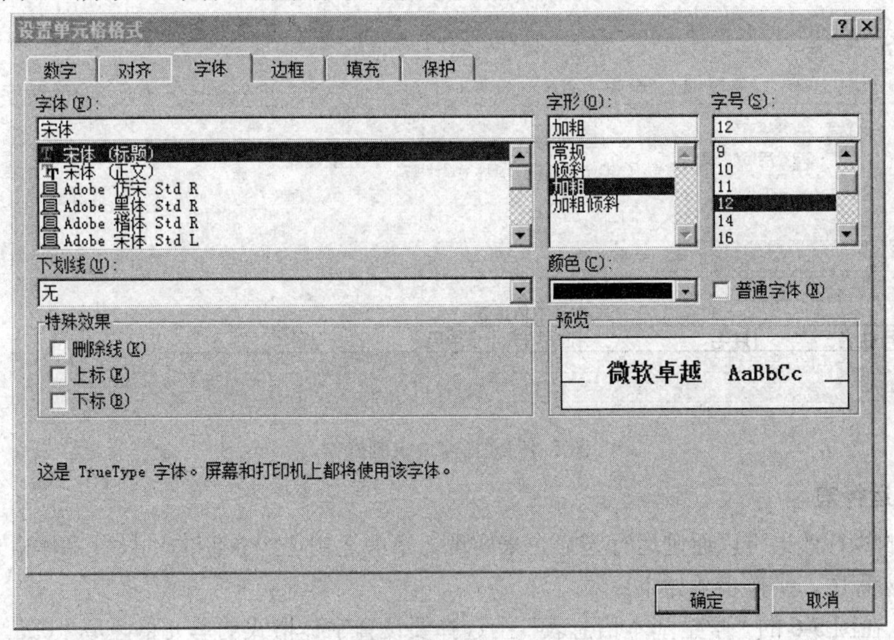

图 5-4　设置单元格格式对话框

(5) 单击“确定”按钮，完成选定单元格的字体设置，结果如图 5-5 所示。

(6) 在“开发工具”选项卡的“代码”功能组，单击“停止录制”命令按钮。停止宏的录制，如图 5-6 所示。

	A	B	C	D	E
1	学生基本信息表				
2	学号姓名	姓名	性别	身份证号码	籍贯
3	140601101	邵文倩	女	320981199506238626	盐城
4	140601102	韩妍婷	女	320106199505191244	南京
5	140601103	宁馨	女	320102199409290028	南京
6	140601104	丁丽娟	女	320981199409305962	盐城
7	140601105	徐茂君	男	342401199407158563	安徽六安
8	140601106	徐文秋	男	321088199409265266	扬州
9	140601107	朱露	女	32108419941126462X	扬州
10	140601108	张盼盼	女	152123199209010345	内蒙古呼伦贝尔
11	140601109	聊美燕	女	321281199301215669	泰州
12	140601110	顾瑶	女	321088199503156322	扬州
13	140601111	仲玥	女	320981199411180468	盐城
14	140601112	施金金	女	320681199405296820	南通
15	140601113	张颖	女	321282199511051427	泰州
16	140601114	王文静	女	320321199401294841	徐州
17	140601115	杨帆	男	320281199503016261	无锡
18	140601116	赵蓓蓓	女	320684199407168741	南通
19	140601117	刘俐颖	女	320982199506171026	盐城
20	140601118	何璐	女	321283199410081420	南通
21	140601119	景晨	男	321088199501110347	扬州
22	140601120	朱鑫宇	男	321084199407265849	扬州

图 5-5　设置字体格式的“学生基本信息表”

图 5-6　选择停止录制操作

2. 运行宏

宏的执行效果可以通过运行宏命令来实现，下面运用已经录制的“设置字体格式”宏来执行宏程序。操作步骤如下：

(1) 在图 5-6 的“学生基本信息表”上选择要设置字体格式的单元格区域“C2：C22”，在“开发工具”选项卡的“代码”功能组，选择“宏”命令按钮，弹出“宏”对话框，如图 5-7 所示。

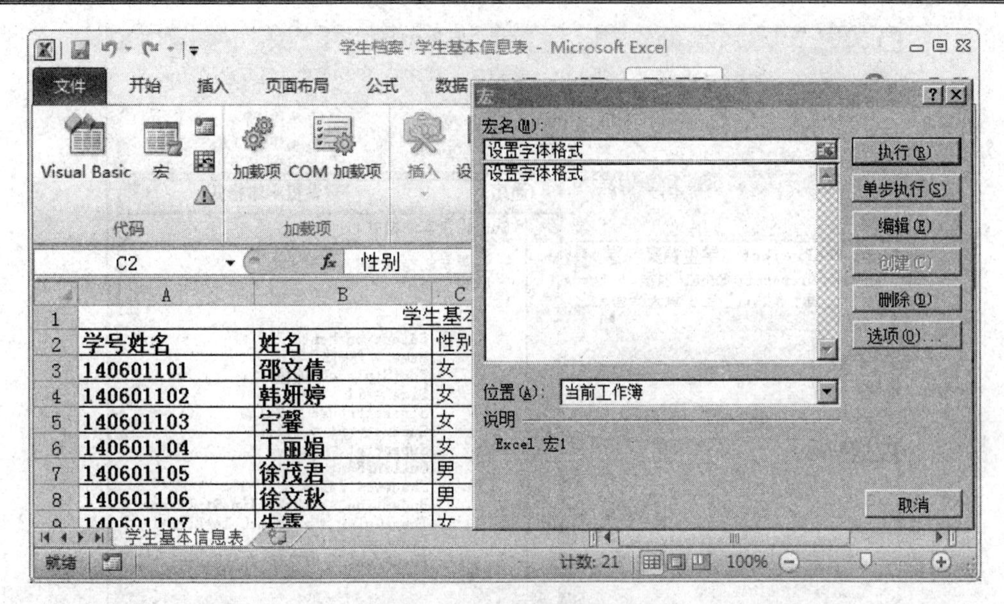

图 5-7　“宏”对话框设置

(2) 在图 5-7 中的“宏名”列表框里，选择“设置字体格式”宏，“位置”下拉列表选择“当前工作簿”。单击“执行”命令按钮，即可看到宏的运行效果，如图 5-8 所示。

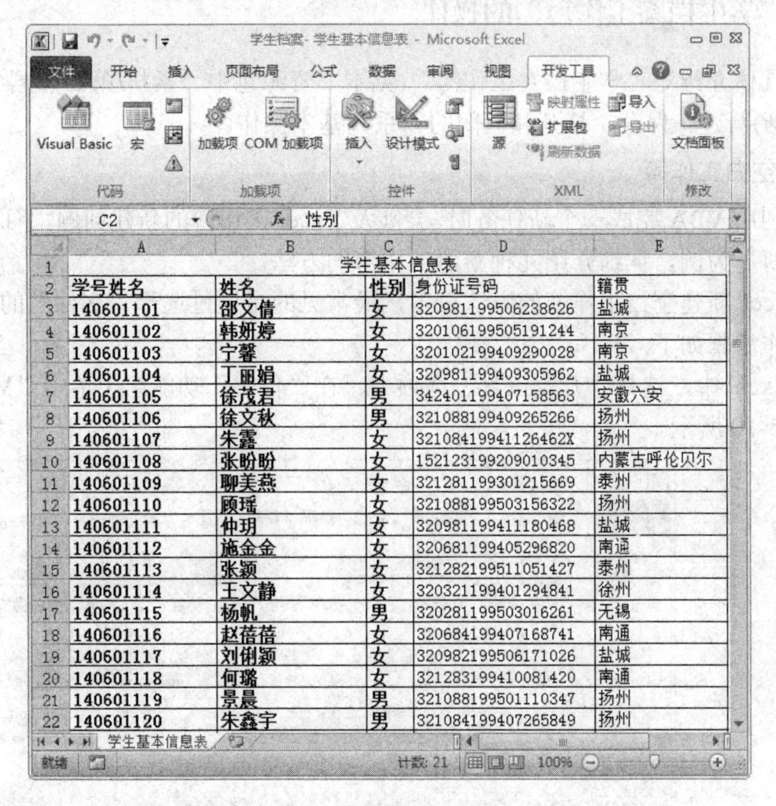

图 5-8　宏的运行效果

(3) 如果在图 5-7“宏”的对话框里，单击“编辑”命令按钮，则进入与 Excel 绑定的 Visual Basic 编辑器，可看到该宏命令的内部代码，如图 5-9 所示。

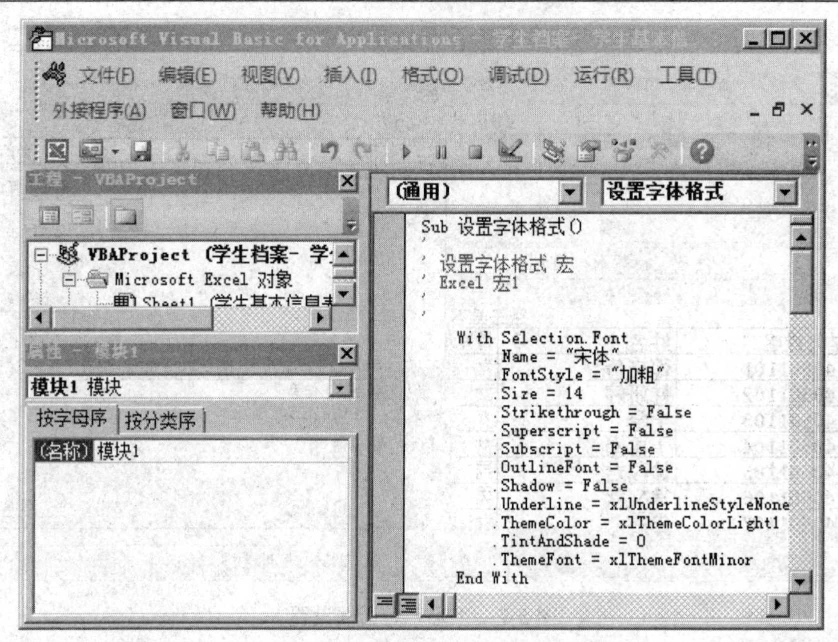

图 5-9　Visual Basic 编辑器

5.2.2　对“学生档案工作簿”的操作

下面将具体介绍对“学生档案工作簿”(见本书资源包中“素材/第 5 章/学生档案工作簿.xlsx”文档)新建、保存、打开和关闭的一系列基本操作。

1. 新建空白工作簿

当需要利用 VBA 完成一个新任务时，会涉及 Excel 工作簿的新建问题，下面以新建“学生档案工作簿”为例，详细介绍几种新建工作簿的方法。

使用 Excel 新建空白工作簿的方法很多，最常见的是通过选择“文件”的“新建”菜单命令。操作步骤如下：

(1) 在 Excel 中，选择“开发工具”选项卡，在“代码”功能组中单击“Visual Basic”按钮，如图 5-10 所示。

学生档案工作簿(素材)

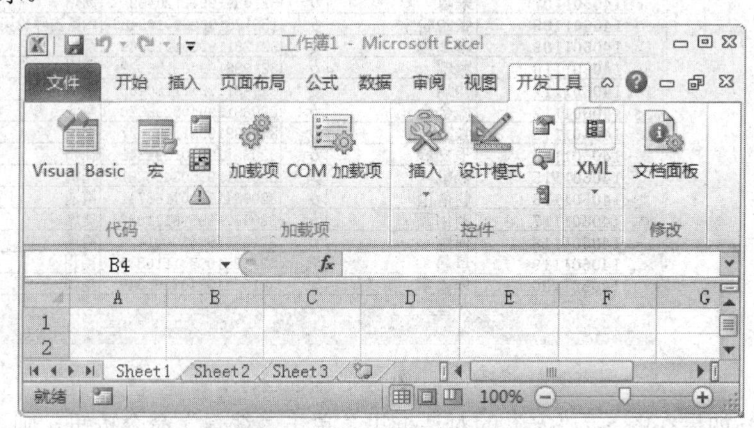

图 5-10　新建空白工作簿

(2) 打开 VBA 代码窗口，选择“插入”的“模块”菜单命令。弹出界面如图 5-11 所示。

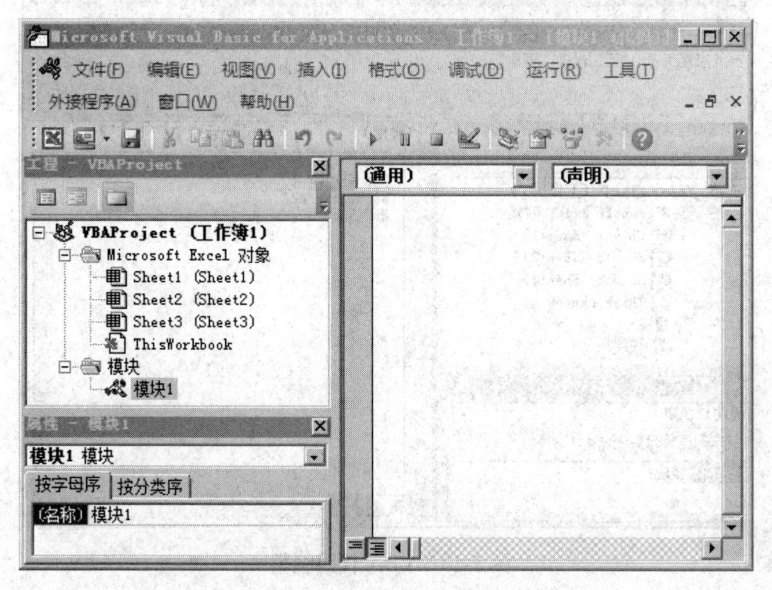

图 5-11　VB 代码编辑界面

(3) 单击“运行”按钮，弹出“宏”对话框，对其进行设置，如图 5-12 所示。“宏名称”设置为“新建空白工作簿”，“加载宏”选择“VBAProject(工作簿 1)”，最后单击“创建”按钮。

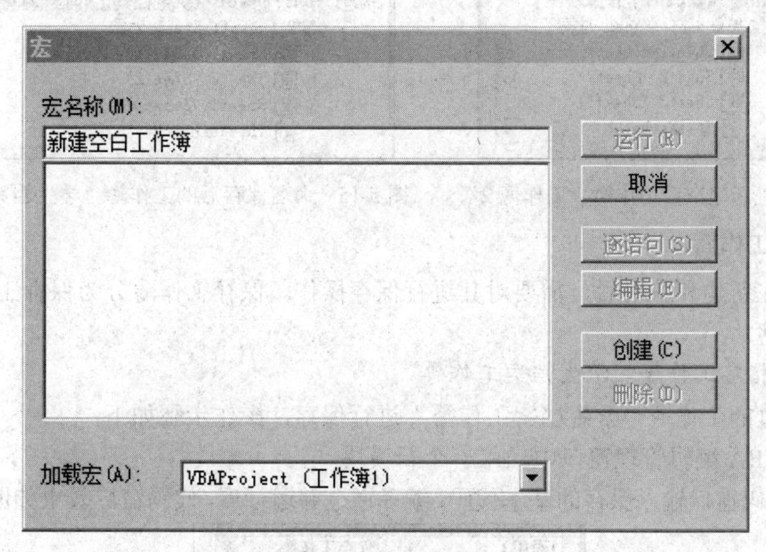

图 5-12　“宏”设置对话框

(4) 利用工作簿集合的 Add 方法来添加新工作簿，在 VBA 代码编辑界面窗口输入如下代码，如图 5-13 所示。

(5) 单击“运行”按钮，在弹出的“宏”对话窗口选择刚创建的 VBA 程序“新建空白工作簿”，单击“运行”命令按钮，在左侧工程框里出现新建的空白工作簿“工作簿 2”，如图 5-14 所示，单击保存按钮，保存工作簿为“学生档案工作簿”，结果如图 5-15 所示。

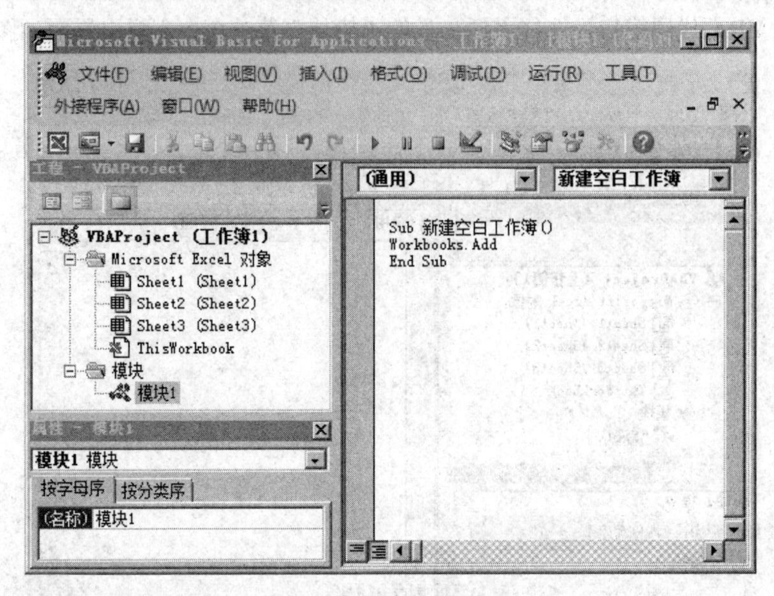

图 5-13　VBA 代码编辑

图 5-14　新建空白工作簿“工作簿 2”　　图 5-15　命名保存后的工作簿“学生档案工作簿”

2. 保存工作簿

工作簿在新建和编辑后，需要对其进行保存操作。保存工作簿分为保存工作簿和另存为其他工作簿。

1) 保存指定工作簿“学生档案工作簿”

将编辑过的工作簿“学生档案工作簿”进行保存，操作步骤如下：

(1) 在 VBA 编辑管理窗口中插入一个新模块。

(2) 在代码窗口输入保存的基本代码，编译通过并运行后，代码窗口效果如图 5-16 所示。

图 5-16　保存指定工作簿编译运行后代码效果

2) 将工作簿“学生档案工作簿”进行另存

将当前工作簿“学生档案工作簿”另存到“E: /学生档案工作簿 1.xlsx”，操作步骤如下：

(1) 在 VBA 编辑管理窗口中插入一个新模块。

(2) 在代码窗口输入另存为的基本代码，编译通过并运行后，代码窗口效果如图 5-17 所示。

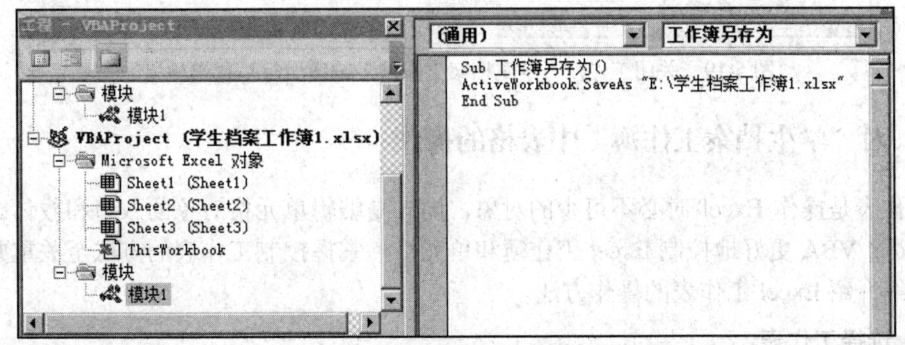

图 5-17　当前工作簿另存为其他工作簿编译运行后代码效果

3. 打开工作簿

由于每个工作簿都有相对应的路径，而且在硬盘中其他的位置还可能存在同样文件名的 Excel 文件，所以在打开时要指定路径。打开指定的 E 盘下“学生档案工作簿”时，操作步骤如下：

(1) 在 VBA 编辑管理窗口中插入一个新模块。

(2) 在代码窗口输入打开工作簿的基本代码，编译通过并运行后，代码窗口效果如图 5-18 所示。左边工程窗口显示打开的“学生档案工作簿”，右边代码窗口为编译运行后的代码。

图 5-18　打开工作簿“学生档案工作簿”编译运行后代码效果

4. 关闭工作簿

工作簿完成并保存后，需将其关闭。现需要关闭已经打开的工作簿“学生档案工作簿”。操作步骤如下：

(1) 在 VBA 编辑管理窗口中插入一个新模块。

(2) 在代码窗口输入关闭工作簿的基本代码，编译通过并运行后，代码窗口效果如图 5-19 所示。左边工程窗口之前打开的“学生档案工作簿”已经关闭，右边代码窗口为编译运行后的代码。

图 5-19　关闭工作簿“学生档案工作簿”编译运行后代码效果

5.2.3　对“学生档案工作簿”中表格的操作

工作表是操作 Excel 时必不可少的对象，同时是编辑单元格对象的入口和载体。要想利用 Excel VBA 更好地控制 Excel 工作簿和单元格，掌握控制工作表的方法至关重要。下面将详细介绍 Excel 工作表的操作方法。

1. 选择工作表

在“学生档案工作簿”中选择工作表“学生基本信息表”，操作步骤如下：

(1) 在 VBA 编辑管理窗口中插入一个新模块。

(2) 在代码窗口输入“选择指定工作表”的基本代码，编译通过并运行后，代码窗口效果如图 5-20 所示。左边工程窗口显示打开的“学生档案工作簿”，右边代码窗口为编译运行后的代码。同时在“学生档案工作簿”窗口打开并显示“学生基本信息表”，如图 5-21 所示。

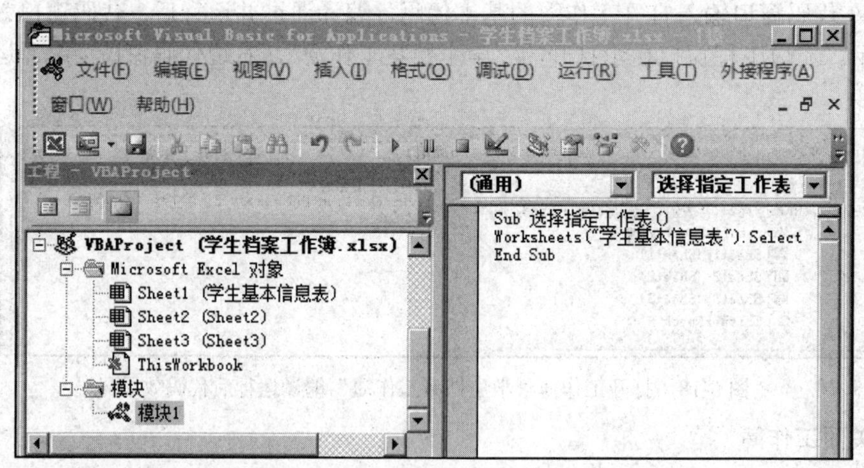

图 5-20　在“学生档案工作簿”中选择“学生基本信息表”编译运行后效果

2. 插入工作表

一般新建的工作簿中默认有 3 个工作表，当工作表的数量不够时，可以插入工作表，现在“学生档案工作簿”中插入“学生成绩表”。操作步骤如下：

(1) 在 VBA 编辑管理窗口中插入一个新模块。

(2) 在代码窗口输入插入表的基本代码 1，编译通过并运行后，代码窗口及结果如图 5-22 所示。结果是在当前工作表“学生基本信息”前插入新表“Sheet1”。

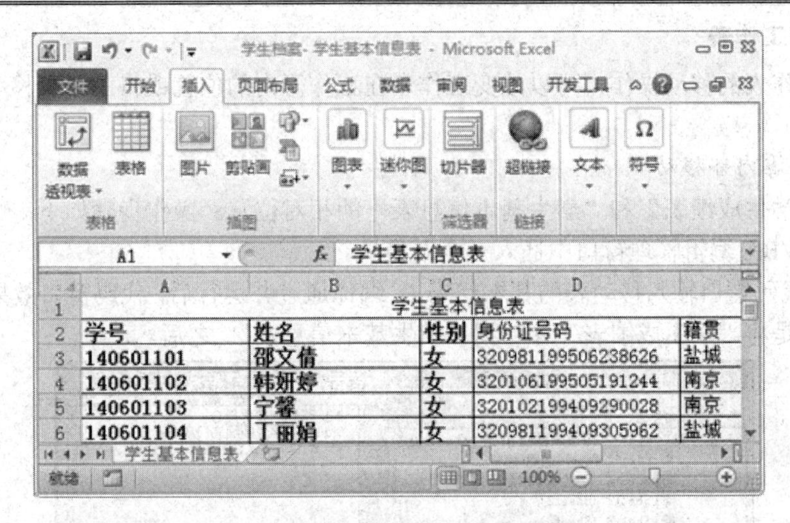

图 5-21　打开的“学生基本信息表”

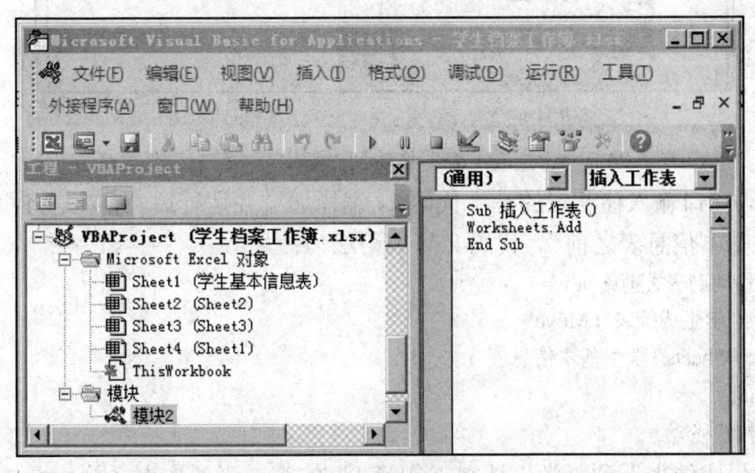

图 5-22　当前表前插入新表

(3) 在代码窗口输入插入表的基本代码 2，编译通过并运行后，代码窗口效果如图 5-23 所示。结果是在当前工作表“学生基本信息”前插入新表“学生成绩表”。

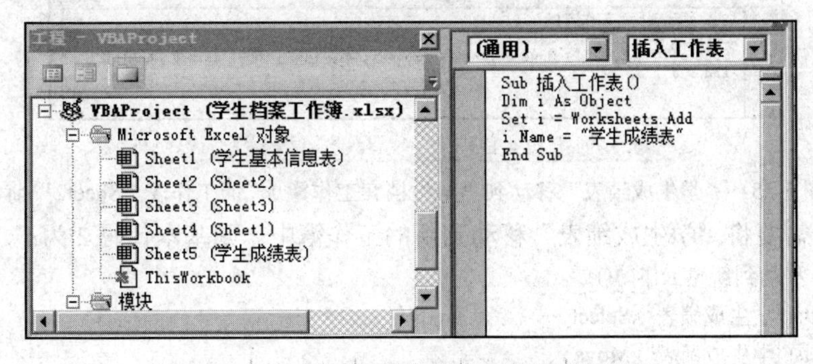

图 5-23　当前表前插入“学生成绩表”

3. 移动工作表

通过工作表的移动操作，可以改变工作表在工作簿内的位置或将工作表移动到别的工作簿内。

1) 工作簿内部移动

移动“学生成绩表”和“学生基本信息表”的相对位置。操作步骤如下：

(1) 在 VBA 编辑管理窗口中插入一个新模块。

(2) 在代码窗口输入移动表的基本代码 1，编译通过并运行后，代码窗口效果如图 5-24 所示。结果是将“学生成绩表”移动到“学生基本信息表” 之后。

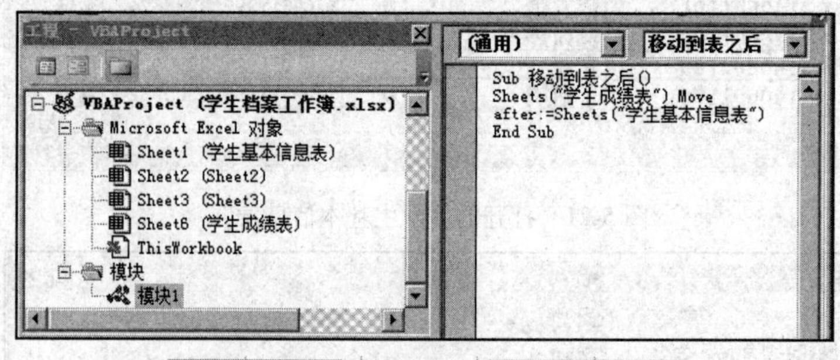

图 5-24　“学生成绩表”移动到“学生基本信息表”之后

(3) 在代码窗口输入移动表的基本代码 2，编译通过并运行后，结果是将“学生成绩表”移动到“学生基本信息表之前”。代码 2 基本语法为：

```
Sub 移动到表之前()
Sheets("学生成绩表").Move
before:=Sheets("学生基本信息表")
End Sub
```

2) 工作簿间移动

移动“学生成绩表”到“学生档案工作簿 1”的第二张工作表之前。操作步骤如下：

(1) 在 VBA 编辑管理窗口中插入一个新模块。

(2) 在代码窗口输入工作簿间移动表的基本代码 1，编译通过并运行后代码窗口效果如图 5-25 所示。结果是将“学生成绩表”移到“学生档案工作簿 1”的工作表“Sheet2”之前。

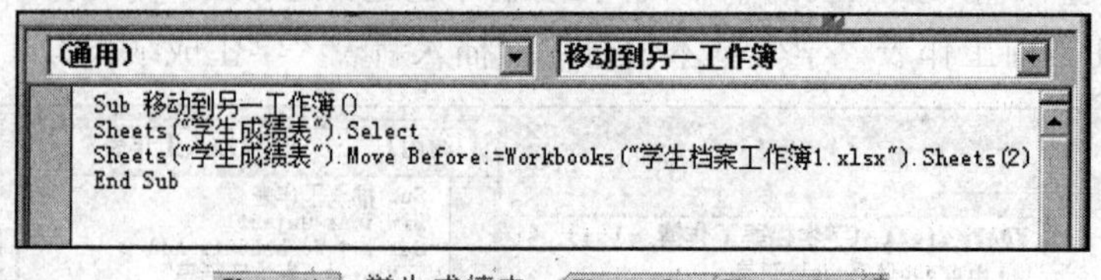

图 5-25　“学生成绩表”移动到“学生档案工作簿 1”的工作表“Sheet2”前

(3) 如果需要将“学生成绩表”移动到新的工作簿中。则基本代码 2 为：

```
Sub 移动到新建工作簿()
Sheets("学生成绩表").Select
Sheets("学生成绩表").Move
End Sub
```

4. 复制工作表

1) 工作簿内部复制

复制“学生成绩表”到“学生基本信息表”的相对位置。操作步骤如下：

(1) 在 VBA 编辑管理窗口中插入一个新模块。

(2) 在代码窗口输入复制表的基本代码，编译通过并运行后代码窗口效果如图 5-26 所示。结果是将“学生成绩表”复制到“学生基本信息表”之前。

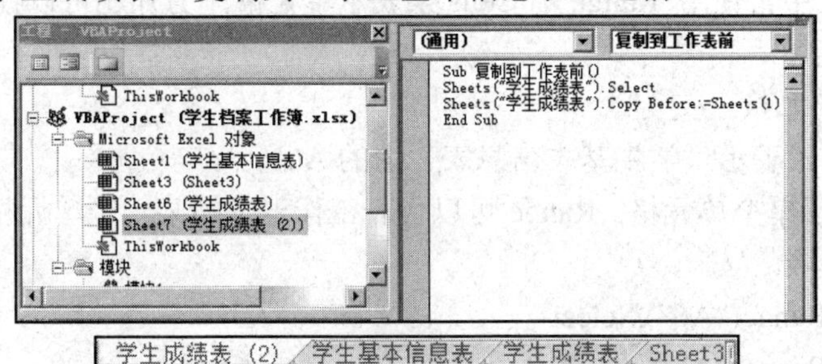

图 5-26　“学生成绩表”复制到“学生基本信息表”之前

2) 工作簿间复制

复制“学生档案工作簿”的“学生成绩表”到“学生档案工作簿 1”的第二张工作表之前。操作步骤如下：

(1) 在 VBA 编辑管理窗口中插入一个新模块。

(2) 在代码窗口输入工作簿间复制表的基本代码，编译通过并运行后代码窗口效果如图 5-27 所示。

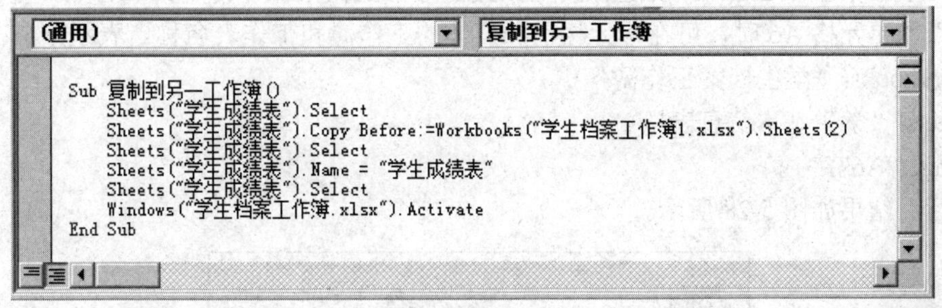

图 5-27　工作簿间复制

5. 删除工作表

不用的工作表可以通过删除操作实现。在“学生档案工作簿”中删除刚才复制的“学生成绩表(2)”。操作步骤如下：

工作簿的操作(微课)

(1) 在 VBA 编辑管理窗口中插入一个新模块。

(2) 在代码窗口输入删除工作表的基本代码：

```
Sub 删除工作表()
Sheets("学生成绩表(2)").Select
ActiveWindow.SelectedSheets.Delete
End Sub
```

工作薄和工作表的操作方法分别扫二维码见工作簿的操作(微课)和工作表的操作(微课)文件。

工作表的操作

5.2.4　对“学生档案工作簿”中单元格的操作

熟练操作单元格对用 Excel VBA 对进行数据分析处理至关重要。下面将介绍基本的单元格操作编程。

1. 单元格的选择

在 Excel VBA 中常使用 Range 和 Cells 来表示单元格，另外还可以使用一种简单的方法表示单元格。

1) 选择单个单元格

下面用三种方式表示“学生基本信息表”中的 A6。

(1) Range 表示单个单元格。Range 可以代表工作表中的某一个单元格、某一行、某一列、某一个选定区域。

表示方法 1：Range(“A6”).Select

表示方法 2：Range(“A” &“6”).Select

(2) Cells 表示单个单元格。

表示方法 1：Cells(6,1)(Cells(行序号, 列序号))

表示方法 2：Cells(6, “A”)(Cells(行序号, “列字母序号”))

表示方法 3：Cells(1281)(Cells(单元格序号)单元格序号=(行号-1)*256+列号)

(3) 简化表示单个单元格。

表示方法：[A6].Select

(4) 选择指定单元格。当要选择指定工作簿“学生档案工作簿”的工作表“学生基本信息表”的单元格 A6 时，可在单元格前加具体的工作簿和工作表名称。表示方法：

Workbooks(“学生档案工作簿”).

Sheets(“学生基本信息表”).

Range(“A6”)

运行后结果如图 5-28 所示。

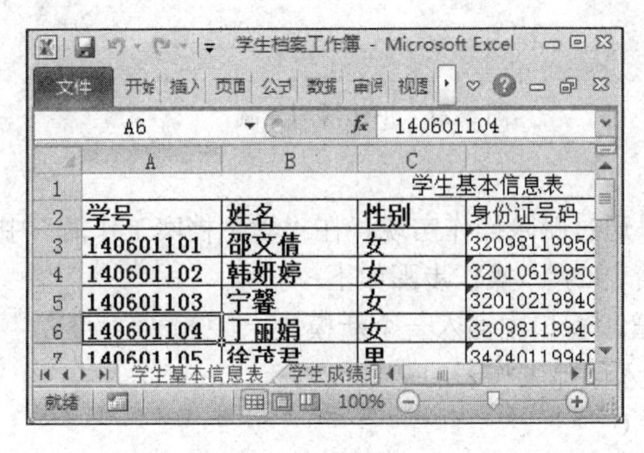

图 5-28　选中 A6 单元

2) 选择全部单元格

当要选择一个工作表里的所有单元格时，可以有三种表示方法。

表示方法 1：Cells.Select(Cells 表示所有单元格)

表示方法 2：Rows.Select(Rows 表示所有行的集合)

表示方法 3：Columns.Select(Columns 表示所有列的集合)

运行后结果如图 5-29 所示。

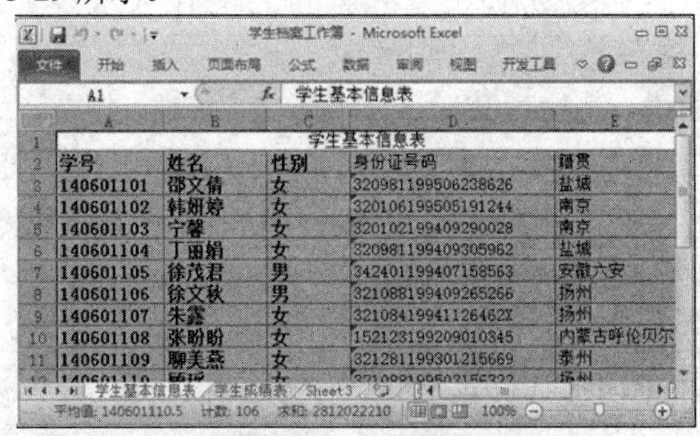

图 5-29　选中全部单元格

3) 选择单元格区域

(1) 选择连续单元格区域。

① 选择工作表的 A2 到 B8 区域的连续单元格区域。

表示方法 1：Range(“A2:B8”).Select

表示方法 2：Range(“A2”, “B8”).Select

表示方法 3：Range(Cells(2,1),Cells(8,2)).Select

表示方法 4：[A2：B8].Select

② 选择工作表的第 2 到第 8 行的连续单元格区域。

表示方法 1：Range(“2:8”).Select

表示方法 2：Rows(“2:8”).Select

③ 选择工作表的第 C 到第 F 列的连续单元格区域。

表示方法：Columns(“C:F”).Select

(2) 选择不连续单元格区域。

① 选择 A4:A7,B4:B7;C5:C9 的不连续区域。

表示方法：Range("A4:A7,B4:B7,C5:C9").Select

运行后结果如图 5-30 所示。

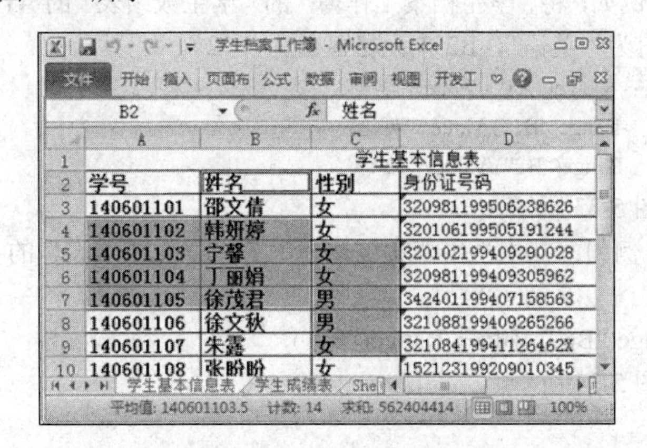

图 5-30　选择不连续区域

② 选择第 2 行，第 4、5 行，第 7 行的不连续区域。

表示方法：Range("2:2,4:5,7:7").Select

运行后结果如图 5-31 所示。

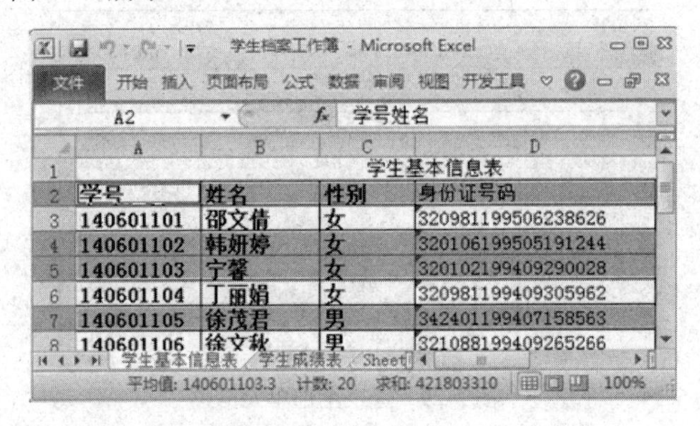

图 5-31　选择不连续的行

③ 选择第 A 列，D～E 列的不连续区域。

表示方法：Range("A:A,D:E").Select

运行后结果如图 5-32 所示。

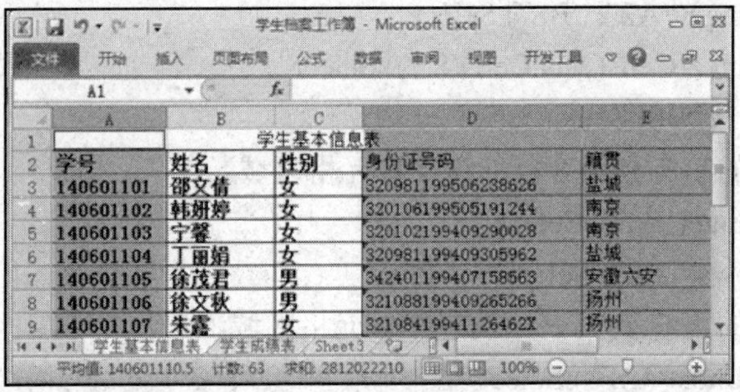

图 5-32　选择不连续的列

2. 对单元格进行赋值

1) 直接赋值与引用

(1) 直接赋值。例如，将“学生档案工作簿”的“学生成绩表”的 A1 单元格赋值为“学号”，B1 单元格赋值为“英语”，B2 单元格赋值为“72”。

```
表示方法：Range(“A1”).Value=“学号”
          Range(“B1”).Value=“英语”
          Range(“B2”).Value=“72”
```

运行后结果如图 5-33 所示。

(2) 直接引用。例如，在“学生档案工作簿”的“学生成绩表”的 B6 单元格为引用 B2 单元格的值。

表示方法：Range(“B6”).Value= Range(“B2”)

运行后结果如图 5-34 所示。

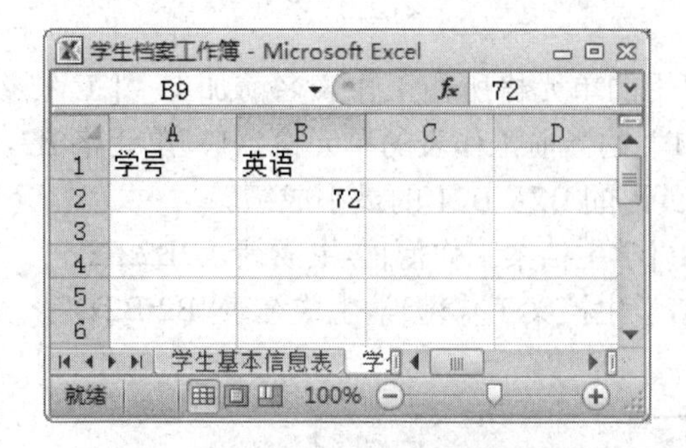

图 5-33　单元格赋值结果

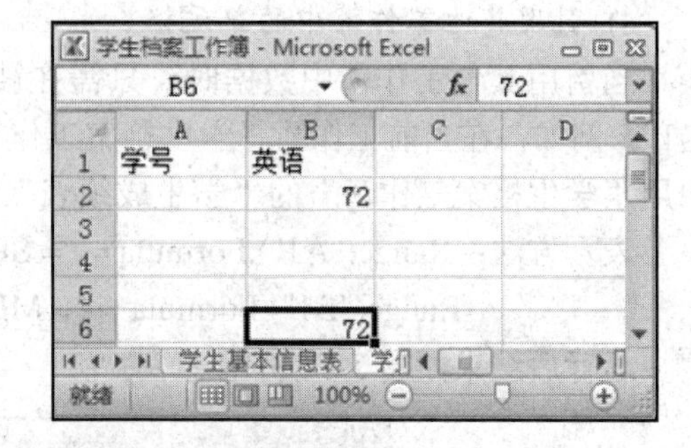

图 5-34　引用后结果

2) 利用公式赋值

可以利用单元格的 Formula 属性来实现赋值。例如，要求将“学生成绩表”最后一列即 G 列 G2 单元格赋值为所有课程的总分，即：G2=B2+C2+D2+E2+F2。

表示方法 1：Range(“G2”).Formula=“= B2+C2+D2+E2+F2”

表示方法 2：Range(“G2”).Formula=“=SUM(B2:F2)”

运行后结果如图 5-35 所示。

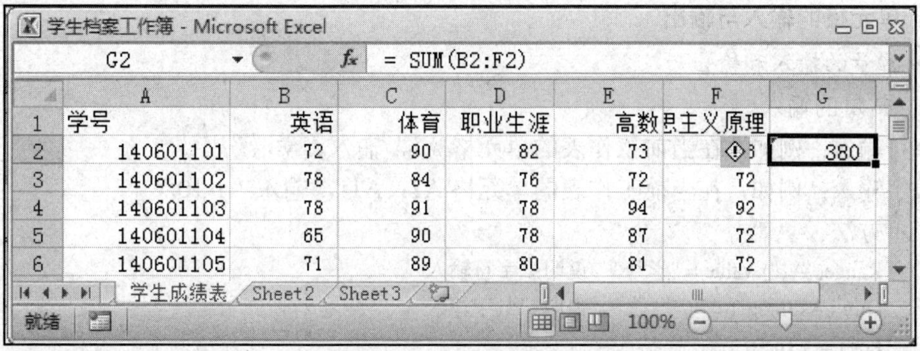

学生档案工作簿 - Microsoft Excel

G2　　= SUM(B2:F2)

	A	B	C	D	E	F	G
1	学号	英语	体育	职业生涯	高数	思主义原理	
2	140601101	72	90	82	73	3	380
3	140601102	78	84	76	72	72	
4	140601103	78	91	78	94	92	
5	140601104	65	90	78	87	72	
6	140601105	71	89	80	81	72	

学生成绩表 / Sheet2 / Sheet3　　就绪　100%

图 5-35　公式赋值后结果

3) 引用其他工作表中的单元格

当引用其他工作表中的数据时，只需在被引用的单元格前加上‘工作表名’!。例如，在“学生基本信息表”的 F2 单元，引用“学生成绩表”的 B2：F2 的总分数。

表示方法：Range("F2").Formula = "= SUM('学生成绩表'!B2:F2)"

运行后结果如图 5-36 所示。

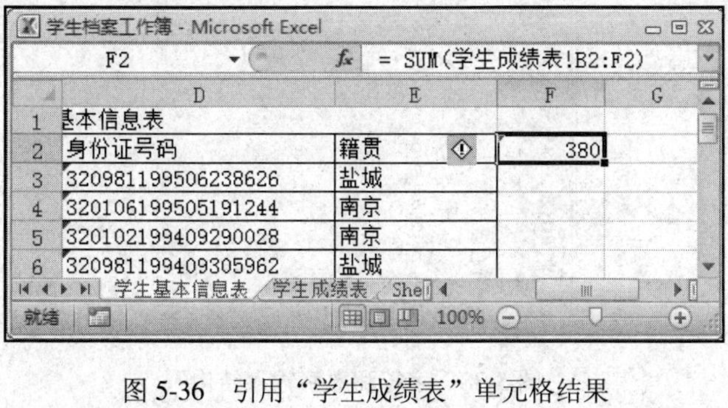

学生档案工作簿 - Microsoft Excel

F2　　= SUM(学生成绩表!B2:F2)

	D	E	F	G
1	基本信息表			
2	身份证号码	籍贯	380	
3	320981199506238626	盐城		
4	320106199505191244	南京		
5	320102199409290028	南京		
6	320981199409305962	盐城		

学生基本信息表 / 学生成绩表 / Shel　　就绪　100%

图 5-36　引用“学生成绩表”单元格结果

4) 引用其他工作簿中的单元格

当引用其他工作簿中数据时，只需在被引用的单元格所在工作表名前加上“[工作簿名]”。例如，在当前工作簿“学生档案工作簿 1”的当前工作表的单元格 A1，单元格 B2，引用“学生档案工作簿”的“学生成绩表”中英语的 B2：B21 的最小成绩。

表示方法：Range("A1").Formula = "= SUM('[学生档案工作簿]学生成绩表'!B2:F2)"

Range("B1").Formula = "= MIN('[学生档案工作簿]学生成绩表'!B2:B21)"

运行后结果如图 5-37 所示。

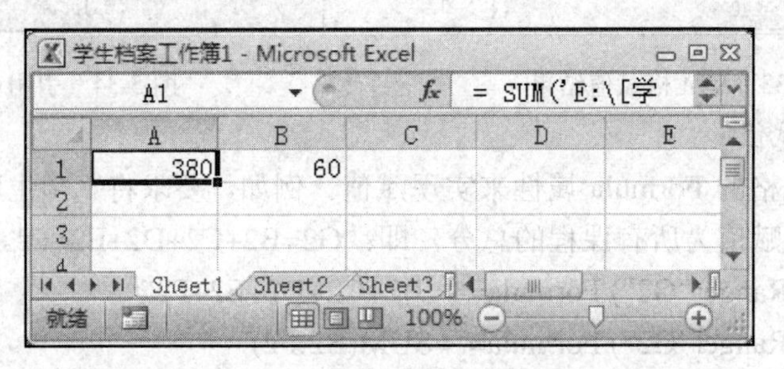

图 5-37　工作簿外单元格引用的结果

3. 单元格的输入与输出

1) 常量的输入和输出

(1) 常量的输入。

字符输入：例如，在当前工作表的单元格 A1，输入“学号”

数字输入：例如，在当前工作表的单元格 A2：A11，输入“1-10”

表示方法：

```
Range("A1").Value = "学号"    说明：字符输入
Dim i As Integer              说明：数字输入
For i = 1 To 10
Cells(i + 1, 1) = i
Next i
```

运行后结果如图 5-38 所示。

图 5-38　字符和数字输入结构

(2) 常量的输出。可以直接引用单元格的值参与计算或处理。例如，“学生成绩表”中计算 B2 英语和体育 C2 的成绩总和，输出到单元格 G2 中。

表示方法：Range("G2") = Range("B2") + Range("C2")

运行后结果如图 5-39 所示。

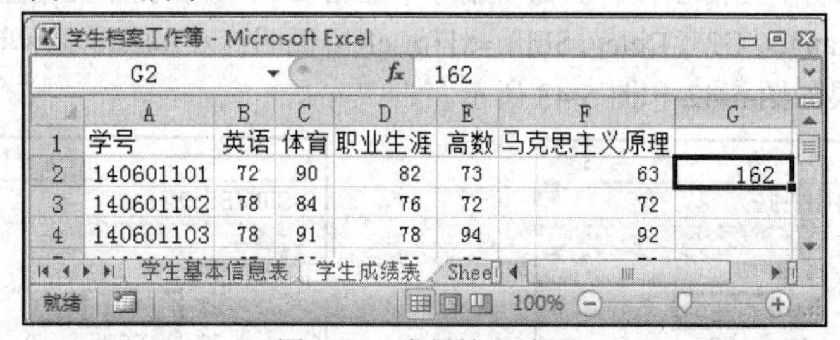

图 5-39　常量输出结果

2) 公式的输入和输出

(1) 公式的输入。例如，在当前“学生成绩表”G 列的 G2：G4，输入每位同学的成绩总和。

表示方法：

```
Range("G2").Select
        ActiveCell.FormulaR1C1 = "=SUM(RC[-5]:RC[-1])"
Range("G2").Select
        Selection.AutoFill Destination:=Range("G2:G4"), Type:=xlFillDefault
        Range("G2:G4").Select
```

运行后结果如图 5-40 所示。

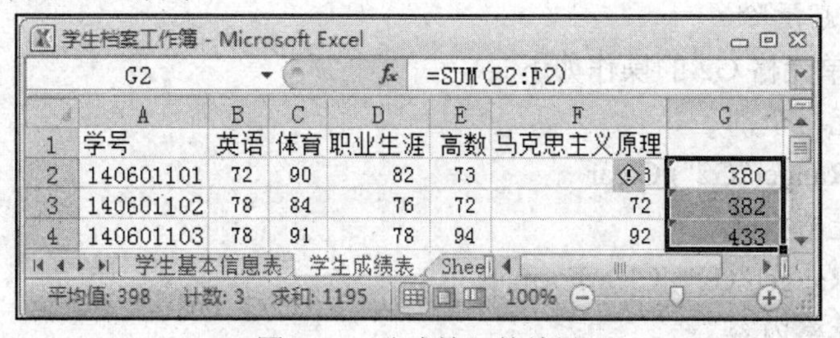

图 5-40　公式输入的结果

(2) 公式的输出。通过 Formula 属性，获取单元格公式文本，并通过对话框输出。例如，使用对话框显示单元格 G2 的公式内容。

表示方法：MsgBox "G2 单元格的公式为：" & Range("G2").Formula

运行后结果如图 5-41 所示。

图 5-41　公式输出对话框

4. 单元格的删除与信息清除

使用 Delete 方法可以实现删除操作。

1) 单元格删除

(1) 删除后右侧单元格左移。例如，删除单元格 G2，后右侧单元格左移。

表示方法：Range("G2").Delete Shift:=xlToLeft　说明：xlToLeft 表示单元格左移

运行前后结果如图 5-42 和图 5-43 所示。

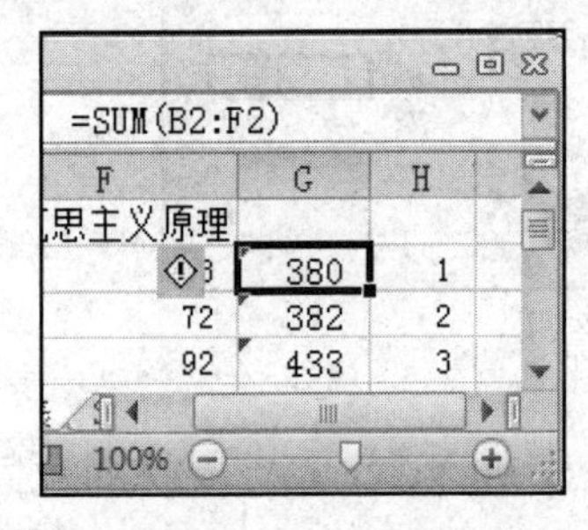

图 5-42　删除前单元格 G2 内容

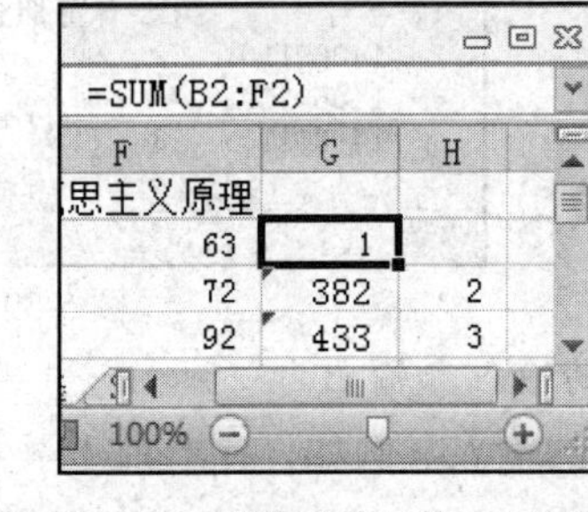

图 5-43　删除后单元格 G2 内容

(2) 删除后下方单元格上移。例如，删除单元格 G2，后下方单元格上移。

表示方法：Range("G2").Delete Shift:=xlUp　说明：xlUp 表示单元格上移

(3) 删除单元格所在行。例如，删除单元格 G2 所在行。

表示方法：Range("G2").EntireRow.Delete　说明：EntireRow 表示单元格所在行。

(4) 删除单元格所在列。例如，删除单元格 G2 所在列。

表示方法：Range("G2").EntireColumn.Delete　说明：EntireColumn 表示单元格所在列。

2) 单元格信息清除

例如，清除单元格 G2 的操作如下。

(1) 清除单元格全部

表示方法：Range("G2").Clear

(2) 清除单元格格式

表示方法：Range("G2").ClearFormats

(3) 清除单元格内容

表示方法：Range("G2").ClearContents

5. 单元格的插入、隐藏及查找

1) 单元格的插入

使用 Insert 方法可以实现插入操作。例如，在 A1：B2 单元格区域上方插入等量的单元格。

表示方法：Range("A1:B2").Insert Shift:=xlDown

例如，在第 2 行前插入一个空行，在第 4 列前插入一个空列。

表示方法：Rows(2).Insert

Columns(4).Insert

行列插入前后结果如图 5-44 和图 5-45 所示。

	A	B	C	D	E
1	1	1	3	6	4
2	1	1	3	6	4
3	1	2	3	6	4
4	1	3	3	6	4
5	1	4	3	6	4

图 5-44　行列插入前的效果

	A	B	C	D	E
1	1	1	3		6
2					
3	1	1	3		6
4	1	2	3		6
5	1	3	3		6

图 5-45　行列插入后的效果

2) 单元格的隐藏

使用 Hidden 方法，可以实现隐藏操作。例如，隐藏 1-2 行和 4-5 列。

表示方法：Rows("1:2").Hidden = True

　　　　　Columns("D:E").Hidden = True

例如，取消隐藏的 1-2 行和 4-5 列。只需要将值改为 False。

表示方法：Rows("1:2").Hidden = False

　　　　　Columns("D:E").Hidden = False

例如，隐藏 G2 单元格所在的行和列。

表示方法：Range("G2").EntireRow.Hidden = True

　　　　　Range("G2").EntireColumn.Hidden = True

在图 5-44 表上，隐藏第二行和 B 列运行后结果如图 5-46 所示。

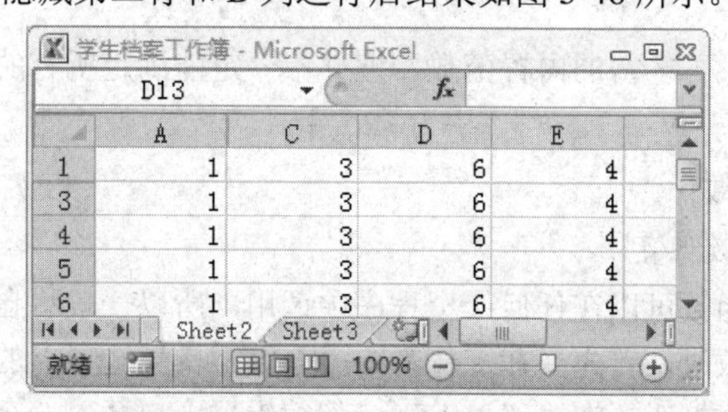

图 5-46　隐藏了第二行和第 B 列的结果

3) 单元格的查找

可以使用 Find 方法和工作表函数两种方法进行单元格查找。例如，在“学生基本信息表”的 B 列中查找，与单元格 F2 内容“丁丽娟”相同的单元格的行数，将行数在单元格 F3 中输出。

(1) Find 方法。

表示方法：Range("F3") = Range("B:B").Find(Range("F2")).Row

运行后结果如图 5-47 所示。

(2) 工作表函数方法。

Match 函数：Match(查找目标，查找范围，查询方式)

表示方法：Range("F3") = Application.Match (Range("F2"), Range("B:B"),0)

查询结果同图 5-47 一样。

Vlookup 函数：Vlookup(查找目标，查找范围，返回值的列数，精确 OR 模糊查找)

表示方法：Range("F3") = Application.VLookup(Range("F2"), Range("B:E"), 4, 0)

	A	B	C	D	E	F
1	学生基本信息表					
2	学号	姓名	性别	身份证号码	籍贯	丁丽娟
3	140601101	邵文倩	女	320981199506238626	盐城	6
4	140601102	韩妍婷	女	320106199505191244	南京	
5	140601103	宁馨	女	320102199409290028	南京	
6	140601104	丁丽娟	女	320981199409305962	盐城	
7	140601105	徐茂君	男	342401199407158563	安徽六安	
8	140601106	徐文秋	男	321088199409265266	扬州	

学生基本信息表 / 学生成绩表 / Sheet2

图 5-47　Find 方法查找结果

该函数返回了与“丁丽娟”匹配的记录，在 B：E 这个区域的第四列即第 E 列对应的内容为“盐城”。运行后结果如图 5-48 所示。

操作方法扫二维码见单元格的操作(微课)文件。

单元格的操作

(微课)

	A	B	C	D	E	F
1	学生基本信息表					
2	学号	姓名	性别	身份证号码	籍贯	丁丽娟
3	140601101	邵文倩	女	320981199506238626	盐城	盐城
4	140601102	韩妍婷	女	320106199505191244	南京	
5	140601103	宁馨	女	320102199409290028	南京	
6	140601104	丁丽娟	女	320981199409305962	盐城	

学生基本信息表 / 学生成绩表 / Sheet2

图 5-48　VLookup 函数查询结果

5.2.5　Excel VBA 自定义函数的应用

Excel 2010 中提供了丰富的内置函数，但并不一定能满足所有的需求，这时可以通过自定义函数来解决。

1. 编写自定义函数

1) 自定义函数存放位置

因为在模块中的函数可以在任何一个程序中调用，所以一般将自定义函数存放在模块中。当需要自定义函数时，首先要在工作簿中“开发工具”选项卡的“代码”功能组里选择“Visual Basic”命令按钮。在“Visual Basic”编辑器窗口插入一个新的模块。在模块中进行自定义函数的编写。界面如图 5-49 所示。

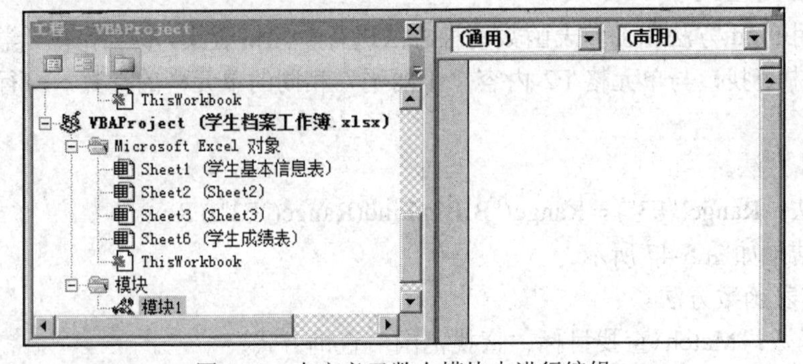

图 5-49　自定义函数在模块中进行编辑

2) 自定义函数编写

自定义函数采用的是 Function 过程，以 Function 开始以 End Function 结束，格式如下：

```
Function 函数名称(自变量)
程序代码
End Function
```

例如，在“学生成绩表”里需要统计，学生5门课的加权总分。即总分数=“英语”*0.4+“数学”*0.3+“体育”*0.1+“职业生活”*0.1+“马克思主义原理”*0.1

表示方法：

```
Function JQ_SUM(Eng,Math,Phy,Marx)
JQ_SUM= Eng*0.4+ Math*0.4+ Phy*0.1+ work*0.1+Marx*0.1
End Function
```

输入代码后效果如图5-50所示。

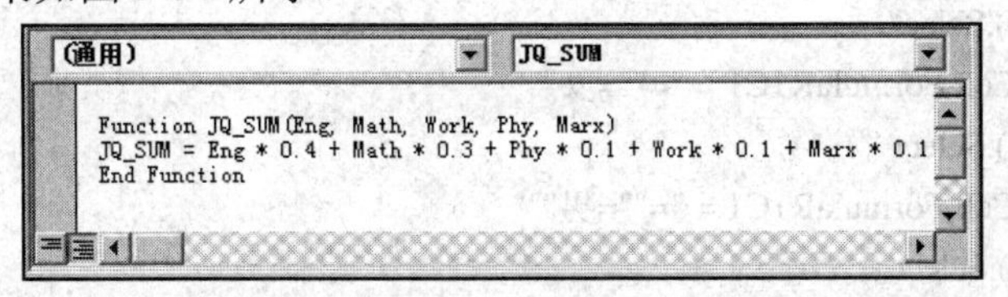

图5-50 自定义函数代码编辑后结果

2. 使用自定义函数

1) 工作表中公式的使用

在工作表中，选中单元格G2，在公式输入栏输入：$f_{x=}$ JQ_SUM(B2, E2, D2, C2, F2)最终单元格G2结果如图5-51所示。

学生档案工作簿 - Microsoft Excel

G2 = JQ_SUM(B2, E2, D2, C2,

	A	B	C	D	E	F	G
1	学号	英语	体育	职业生涯	高数	马克思主义原理	
2	140601101	72	90	82	73	63	74.20
3	140601102	78	84	76	72	72	
4	140601103	78	91	78	94	92	

学生基本信息表 学生成绩表 Sheet2 就绪 100%

图5-51 工作表中公式的使用结果

2) 其他VBA代码调用

例如，将“学号”为“140601101”的学生的加权总分，显示在单元格“G2”里，并用弹出对话框显示。首先，要插入新的模块，然后进行代码编辑。

表示方法：

```
Range("G2").Formula = "= JQ_SUM(B2, E2, D2, C2, F2)"
MsgBox "加权后总分为：" & Range("G2")
```

最终显示结果如图5-52所示。

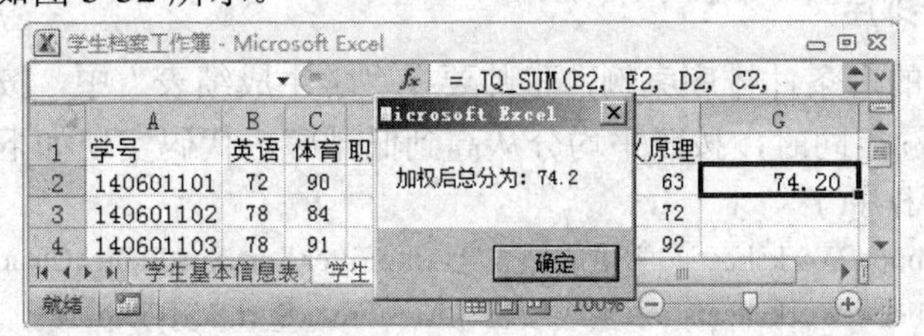

图5-52 代码调用后单元格G2内容和弹出对话框结果

5.2.6 Excel VBA 实现“学生档案工作簿”的数据分析

1. 对数据进行筛选

例如，2.5.3 节的高级筛选案例，张帅要筛选出 1 班、2 班、3 班，英语在 75 分以上同时平均分在 75 分以上的女生，以及英语在 70 分以上同时平均分在 75 分以上的男生。用高级筛选的方式，代码实现如下：

```
Sub 高级筛选()
Range("A1").Select
    ActiveCell.FormulaR1C1 = "性别"
Range("A2").Select
    ActiveCell.FormulaR1C1 = "=""=女"""
Range("A3").Select
    ActiveCell.FormulaR1C1 = "=""=男"""
Range("B1").Select
    ActiveCell.FormulaR1C1 = "英语"
Range("B2").Select
    ActiveCell.FormulaR1C1 = ">75"
Range("B3").Select
    ActiveCell.FormulaR1C1 = ">70"
Range("C1").Select
    ActiveCell.FormulaR1C1 = "平均分"
Range("C2").Select
    ActiveCell.FormulaR1C1 = ">75"
Range("C3").Select
    ActiveCell.FormulaR1C1 = ">75"
Range("A5").Select  //上面部分为高级筛选条件的设置。
Sheets("学生成绩表").Range("A2:M62")  //选择筛选工作表“学生成绩表”及其筛选区域
“A2:M62”
AdvancedFilter Action:=xlFilterCopy,CriteriaRange:=Range("A1:C3")//筛选条件区域选择“A1:C3”
CopyToRange:=Range("A5") //将筛选结果复制到 A5 开始的区域
Unique:=False //不考虑重复的记录
End Sub
```

代码执行结果如图 2-102 所示。

2. 对数据进行排序

例如，2.5.4 节的多条件排序案例，张帅要在“学生成绩表”中，按照获得奖学金金额从高到低排序，金额相同时，按照平均分从高到低排序。代码实现如下：

```
Sub 多条件排序()
ActiveWorkbook.Worksheets("学生成绩表").AutoFilter.Sort.SortFields.Clear //清空排序集合
ActiveWorkbook.Worksheets("学生成绩表").AutoFilter.Sort.SortFields.
Add Key:=Range("M3:M62")//选择排序主键 M 列的“奖学金金额”及其有效数据区域"M3:M62"
SortOn:=xlSortOnValues,Order:=xlDescending, DataOption:= xlSortNormal//依据主键 M 列采用降
```

```
序排列
ActiveWorkbook.Worksheets("学生成绩表").AutoFilter.Sort.SortFields.
Add Key:=Range("K3:K62")//选择下级主键 K 列的“平均分”及其有效数据区域"K3:K62"
SortOn:=xlSortOnValues,Orde r:=xlDescending, DataOption:= xlSortNormal//依据主键 K 列采用降
序排列
    With ActiveWorkbook.Worksheets("学生成绩表").AutoFilter.Sort
        .Header = xlYes //第一行为列标题不参与排序
        .MatchCase = False //不区分大小写
        .Orientation = xlTopToBottom //排序方向为列中从上到下进行排序
        .SortMethod = xlPinYin //排序方法为按拼音排序
        .Apply
    End With
End Sub
```

排序结果如图 2-114 所示。

3. 对数据进行分类汇总

例如，2.5.6 节的分类汇总案例，张帅打算将 1 班、2 班、3 班的各科成绩以及总分、平均分，拿奖学金的情况进行汇总，了解一下两个班之间的学习情况。代码实现如下：

```
Sub 分类汇总( )
Selection.Subtotal GroupBy:=4 //分类依据为第四列“班级”
Function:=xlAverage //汇总方式选择取平均值
TotalList:=Array(5, 6, 7, 8, 9) //汇总选项为第 5-9 列的五门课程
Replace:=False //不替换现有分类汇总
PageBreaks:=False //每一组之后不添加分页符
SummaryBelowData:=True //汇总结果在数据下方
End Sub
```

汇总结果如图 2-131 所示。

本 章 小 结

VBA 作为 Office 办公软件包中的一套程序语言，程序开发人员可以用其在不同的应用程序中，使用共同的宏语言进行程序开发的工作，给出在 Word、Access、Excel、PowerPoint、FrontPage 和 Outlook 等 Office 应用程序中交互式的解决方案。Excel 2010 可以用来制作电子表格，完成许多复杂的数据运算，进行数据的分析和预测并且具有强大的图表制作功能。已成为国内外广大用户管理公司整理个人财务、统计数据、绘制各种专业化表格的得力助手。其与 VBA 的结合和交互操作，可提高 Excel 2010 进行数据处理和分析的效率，更好发挥 Excel 2010 数据处理的优势。

本章作为 Office 进阶篇，主要讲解了 VBA 编程基础和 Excel VBA 的具体应用。讲解中既涉及 VBA 编程的核心基础，又能与第二章的 Excel 紧密结合。其中 VBA 编程基础提供了 VBA 编程中所需的基本语法、面向的具体对象、基本的控制语句、程序的过程执行。Excel VBA 具体应用部分主要包括 Excel VBA 中宏的应用、VBA 对 Excel 中工作簿/工作表

/单元格的基本操作、VBA 中自定义函数的应用以及 Excel 具体数据的综合处理和分析。

本章在 VBA 编程基础上围绕第二章 Excel 处理对象“学生档案工作簿”展开讲解。以“学生档案工作簿”为对象介绍了 VBA 对工作簿的基本操作；以“学生基本信息表”和“学生成绩表”为对象介绍了 VBA 对工作表的基本操作；以“学生成绩表”为对象介绍了工作表中单元格的基本操作；最终以“学生档案工作簿”为数据处理对象，实现了对数据的筛选、排序和分类汇总等应用。

习　题

题目描述

(1) VBA 编程语言的特点是？

(2) VBA 编程语言的语句结构有哪些？

(3) VBA 应用的对象有哪些？

(4) VBA 编程中什么是过程？具体过程有哪些？

(5) 什么是宏？宏的作用是？

(6) 工作簿对象的属性和方法主要有哪些？

(7) 工作表对象的属性和方法主要有哪些？

(8) 单元格的基本操作主要有哪些？

(9) 用 VBA 编程筛选“学生档案工作簿”的“学生成绩表”中英语成绩良好(成绩在70～80)的学生记录。并统计符合条件的学生人数。

习题答案

参 考 文 献

[1] 教育部考试中心.(2016)全国计算机等级考试二级教程：MS Office 高级应用. 北京：高等教育出版社, 2015.

[2] 陈薇薇, 巫张英. Access 基础与应用教程（2010 版）. 北京: 人民邮电出版社, 2013.

[3] 费岚, 王峰, 黄仙姣. Access 2010 数据库应用教程. 北京: 人民邮电出版社, 2015.

[4] 教传艳. Excel 高效办公: VBA 范例应用（修订版）. 北京: 人民邮电出版社, 2012.

[5] 李政, 陈卓然, 陆思辰, 等. VBA 应用案例教程. 北京: 国防工业出版社出版, 2012.

[6] 神龙工作室. Office 2010 办公应用从入门到精通. 北京: 人民邮电出版社, 2013.